普通高等教育化工类规划教材

化工设备设计基础

（第4版）

谭 蔚 ◎主编

刘丽艳 朱国瑞
郭 凯 ◎参编

天津大学出版社
TIANJIN UNIVERSITY PRESS

内容提要

本书根据国家和相关部委颁布的最新标准在《化工设备设计基础》第 3 版的基础上修改、补充和完善而成。内容包括工程力学、化工设备材料、容器设计、塔器、管壳式热交换器和搅拌反应釜等六章。每章均安排了适量的例题，通过实例阐明各类化工设备设计的具体步骤和方法；各章后都附有习题，可供读者进一步复习和巩固相关知识使用。

本书可作为高等理工院校本科或专科化工类专业及成人教育化工类专业的教材使用，也可作为化工企业与科研院所工程技术人员的实用参考书。

图书在版编目（CIP）数据

化工设备设计基础／谭蔚主编. －－ 4 版. －－ 天津：
天津大学出版社，2021.7（2024.1重印）
  普通高等教育化工类规划教材
  ISBN 978-7-5618-6993-2

  Ⅰ. ①化… Ⅱ. ①谭… Ⅲ. ①化工设备 - 设计 - 高等
学校 - 教材 Ⅳ. ①TQ051

  中国版本图书馆 CIP 数据核字（2021）第 146516 号

出版发行	天津大学出版社
地　　址	天津市卫津路 92 号天津大学内（邮编：300072）
电　　话	发行部：022-27403647
网　　址	www.tjupress.com.cn
印　　刷	天津泰宇印务有限公司
经　　销	全国各地新华书店
开　　本	210mm×275mm
印　　张	20
字　　数	605 千
版　　次	2021 年 7 月第 4 版
印　　次	2024 年 1 月第 2 次
定　　价	65.00 元

《化工设备设计基础》自 2014 年 8 月再版以来，作为高等学校本科生教材以及工程技术人员的参考书籍，深受高校师生和工程技术人员的认可，并得到了广泛使用。近年来压力容器新结构、新设计方法不断出现，相关设计标准也持续更新，因此编者根据最新国家标准规范，对第 3 版的《化工设备设计基础》进行了修订与增补，以期达到教材的科学性、先进性和适用性的统一。

本次修订和增补的内容主要有：

（1）在化工设备材料部分增加了各种材料的举例，并增加了有关钢材的品种及规格的内容；

（2）按照 NB/T 47041—2014 对塔器的相关内容进行了修订，增加了一节"特殊结构塔器及其减振设计"；

（3）按照 GB/T 151—2014 对热交换器的相关内容进行了修订，增加了一节"其他形式的热交换器及其应用"；

（4）在搅拌反应釜部分增加了有关搅拌器的形式和选用的内容；

（5）在附录部分增加了钢材的弹性模量、平均线膨胀系数以及压力容器设计常用标准和国家法规；

（6）修订和补充了各章的习题与参考文献。

本次修订与增补的人员分工情况是：第一章由天津大学刘丽艳编写，第二章由天津大学朱国瑞编写，第三、四章由天津大学谭蔚编写，第五章由天津大学谭蔚与燕山大学郭凯共同编写，第六章和附录由天津大学朱国瑞编写。天津大学樊显涛博士参与了第四章的部分编校工作。

由于编者水平有限，书中如有不完善或欠妥之处，衷心希望读者予以指正。

编者

2021 年 6 月

　　《化工设备设计基础》自 2007 年 3 月再版以来,作为高等学校本科生教材以及工程技术人员的参考书籍,在高校师生和工程技术人员中得到了广泛的使用,并深受欢迎。随着科学技术的发展和压力容器设计方法与制造技术的成熟,化工设备在材料和设计方法等方面都在不断改进与提高,新的标准也应运而生。因此,编者根据最新国家标准规范,对第 2 版的《化工设备设计基础》进行了修订与增补,以期达到教材的科学性、先进性和适用性的统一。

　　本次修订和增补的内容主要有:

　　(1)按照 GB 150—2011 以及相关最新标准对材料、容器设计等内容进行了更新与修订;

　　(2)对塔设备部分的一些图例进行了修订;

　　(3)在换热器部分增加了大型换热器的相关内容;

　　(4)在反应釜部分修改了机械密封的相关内容;

　　(5)修订和补充了各章的习题与参考文献。

　　本次修订与增补的人员分工情况是:第一章由天津大学陈刚编写,第二、三章由天津大学谭蔚编写,第四章由青岛科技大学段振亚编写,第五章由天津理工大学安钢编写,第六章由河北科技大学于新奇编写,附录由天津大学谭蔚编写。

　　由于编者水平有限,书中如有不完善或欠妥之处,衷心希望读者予以指正。

编者

2014 年 6 月

《化工设备设计基础》自 2000 年 10 月出版以来，深受高校师生和工程技术人员的欢迎，曾进行多次印刷。随着科学技术的发展和化工设备的日益大型化，化工设备在材料和结构等方面都在不断改进与提高。因此，编者根据最新国家标准规范，对第 1 版的《化工设备设计基础》进行了修订与增补。

本次修订和增补的内容主要有：

(1)根据国家或部委的最新标准对材料、容器设计等相关内容进行了更新与修订；

(2)在换热器部分增加了管壳式废热锅炉和列管式石墨换热器的相关内容；

(3)在反应釜部分修改了夹套的结构形式和搅拌器的选型；

(4)增加了有关搅拌釜内的流型的内容。

本次修订与增补的人员分工情况是：第一章由天津大学陈旭、许莉编写，第二、三、四章由天津大学谭蔚编写，第五章由天津理工大学安钢编写，第六章由河北科技大学于新奇编写，附录由天津大学谭蔚编写。全书由天津大学聂清德教授主审。

本书可作为高等理工院校本科或专科化工类专业及成人教育化工类专业的教材使用，也可作为化工企业与科研院所工程技术人员的实用参考书。

由于编者水平有限，书中如有不完善或欠妥之处，衷心希望读者予以指正。

编者
2006 年 12 月

化工容器与设备是化工、石油、轻工、冶金等工业生产中的重要装置。其设计包括工艺设计和机械设计两部分。工艺设计是根据设计任务提供的原始数据和生产工艺要求确定设备的主要尺寸;机械设计是根据工艺尺寸确定容器与设备的结构,选择结构材料,进行强度、刚度和稳定性计算,以及给出设备与零部件的施工图。虽然我国化工类专业人员主要进行工艺设计,但工艺与设备联系紧密,因此经常会遇到机械设计方面的问题。因此,丰富化工类专业人员的机械知识和提高他们的设计能力很有必要。

根据面向 21 世纪化工类专业的教学要求,本书包括工程力学、化工设备材料、容器设计等机械设计基础知识,并以塔设备、换热器及反应器为例,阐明基本结构、材料选择及设计计算方法。书中涉及的材料、计算方法及结构设计尽量与现行国家标准和部委标准一致,在编写中注重加强工程概念,采用法定计量单位。

本书共分六章。第一章工程力学,重点介绍拉伸、剪切、弯曲和扭转等基本概念与计算;第二章化工设备材料,介绍常用的碳钢、合金钢及特殊性能钢、有色金属材料、非金属材料、化工材料防腐等内容;第三章容器设计,在阐明基本概念的基础上,根据现行的国家标准介绍零部件的设计计算方法;第四章塔设备,重点对板式塔和填料塔的结构进行分析与讨论,阐明塔设备的强度计算方法;第五章管壳式换热器,主要介绍管壳式换热器的结构与零部件的设计方法、特殊工况用的换热器和换热器强化传热等内容;第六章搅拌反应釜,在介绍了釜体结构之后,还对搅拌装置、传热装置、传动装置以及轴封装置进行了重点阐述。

本书第一章由天津大学陈旭编写,第二、三章由天津大学谭蔚编写,第四章由天津大学谭蔚、河北科技大学翟建华编写,第五章由天津理工大学安钢编写,第六章由河北科技大学于新奇编写,附录由天津大学谭蔚编写。全书由天津大学聂清德教授主审。

由于编者水平有限,书中如有错误或欠妥之处,衷心希望读者予以指正。

编者
2000 年 4 月

第一章　工程力学　　1

第一节　物体的受力分析及平衡条件　2
第二节　杆的拉伸和压缩　16
第三节　梁的弯曲　29
第四节　剪切　51
第五节　圆轴的扭转　54
第六节　压杆稳定　64
习题　68
参考文献　73

第二章　化工设备材料　　75

第一节　概述　76
第二节　材料的性能　76
第三节　碳钢与铸铁　80
第四节　合金钢　86
第五节　有色金属材料　90
第六节　非金属材料　93
第七节　化工设备的腐蚀及防腐措施　95
第八节　化工设备材料选择　100
习题　102
参考文献　102

第三章　容器设计　　103

第一节　概述　104
第二节　内压薄壁容器设计　111
第三节　外压圆筒设计　121
第四节　封头设计　132
第五节　法兰连接　143
第六节　容器支座　156
第七节　容器的开孔与附件　162
第八节　容器设计举例　167
习题　172
参考文献　173

第四章　塔器　　175

第一节　概述　176
第二节　板式塔及其结构设计　176
第三节　填料塔及其结构设计　183
第四节　其他结构设计　189
第五节　塔体和裙座的强度计算　193
第六节　特殊结构塔器及塔器减振设计　206
习题　211
参考文献　211

第五章　管壳式热交换器　　213

第一节　概述　214
第二节　管壳式热交换器的结构形式　214
第三节　管壳式热交换器的构件　219
第四节　管壳式热交换器的温差应力计算　239
第五节　管壳式热交换器设计的有关标准　246
第六节　用于特殊工况的管壳式热交换器　248
第七节　管壳式热交换器的强化传热　254
第八节　其他形式的热交换器及其应用　256
习题　259
参考文献　260

第六章　搅拌反应釜　261

第一节　概述　262

第二节　釜体与传热装置　263

第三节　反应釜的搅拌装置　269

第四节　传动装置　278

第五节　轴封装置　281

习题　285

参考文献　285

附录　287

附录1　碳素钢和低合金钢钢板许用应力　288

附录2　高合金钢钢板许用应力　290

附录3　碳素钢和低合金钢钢管许用应力　292

附录4　高合金钢钢管许用应力　293

附录5　碳素钢和低合金钢锻件许用应力　296

附录6　高合金钢锻件许用应力　298

附录7　筒体的容积、面积及质量(钢制)　299

附录8　EHA椭圆形封头总深度、内表面积和容积　300

附录9　以内直径为基准的碳素钢、普通低合金钢、复合钢钢板制椭圆形封头的质量　301

附录10　无缝钢管的尺寸范围及常用系列(GB/T 17395—2008)　304

附录11　法兰垫片宽度　305

附录12　长颈法兰的最大允许工作压力(NB/T 47020—2012)　306

附录13　压力容器设计常用标准和国家法规　308

第一章　工程力学

生产中使用的任何机器或设备的构件均应满足适用、安全和经济这三个基本要求。工程实践表明,任何机器或设备在工作时都会受到各种各样的外力作用,而机器或设备的构件在这些外力作用下都会发生一定程度的变形。如果构件材料选择不当或尺寸设计不合理,则机器或设备在外力作用下是不安全的。当外力达到一定值时,构件可能发生过大的变形,也可能突然失去原来的形状,使机器或设备不能正常工作;构件还可能发生破坏,从而毁坏整个机器或设备。因此,为了使机器或设备能安全、正常地工作,在设计时必须使构件满足三方面要求:①有足够的强度,以保证构件在外力作用下不致破坏;②有足够的刚度,以保证构件在外力作用下不致发生过大的变形;③有足够的稳定性,以保证构件在外力作用下不致突然失去原来的形状。

工程力学的任务就是研究构件在外力作用下的变形和破坏规律,为构件设计提供必要的基础理论知识。本章的主要内容可以归纳为两方面:①研究构件受力的情况,进行受力大小的计算;②研究材料的力学性能和构件受力变形与破坏的规律,进行构件强度、刚度或稳定性的计算。

化工机械设备的构件既有杆件,也有平板和回转壳体。杆件的变形与应力分析较简单,但它是分析平板与回转壳体的基础,所以将其作为工程力学的基础内容。本章将介绍等截面直杆的应力分析、强度计算与变形计算,以便为平板、回转壳体及传动零件的强度计算奠定必要的理论基础。

第一节　物体的受力分析及平衡条件

一、力的概念和基本性质

(一)力的概念

人们对力的感性认识最初是从推、拉、举、掷等肌肉活动中得来的。例如推小车时,手臂上的肌肉变得紧张,有用力的感觉,同时观察到小车由静止变为运动且速度越来越快,或者小车的运动方向发生改变。又如用手拉一根弹簧时,手臂上的肌肉也有用力的感觉,还会看到弹簧伸长发生变形。在进一步的实践中又观察到,不仅人对物体有这样的作用,物体对物体也会产生这种作用。如在弹簧上挂一个重锤,同样会使弹簧伸长。归纳各种受力的例子发现:物体与物体间的相互作用既会引起物体运动状态的改变,也会引起物体的变形,其程度与物体间相互作用的强弱有关。人们为了量度物体间相互作用所产生的效果,就把这种物体间的相互作用称为力。

由此可见,力是通过物体间相互作用所产生的效果体现出来的。因此,我们认识力、分析力、研究力都应该着眼于力的作用效果。上面提到的力使物体运动状态发生改变的现象,称为力的外效应;而力使物体发生变形的现象,则称为力的内效应。

单个力作用于物体时,既会引起物体运动状态的改变,又会引起物体的变形。两个或两个以上的力作用于同一物体时,则有可能不改变物体的运动状态而只引起物体变形。当出现这种情况时,称物体处于平衡状态。这表明作用于该物体的几个力的外效应彼此抵消。

力作用于物体时,总会引起物体变形。但在正常情况下,工程用的构件在力的作用下的变形都很小。这种微小的变形对力的外效应影响很小,可以忽略。这样在讨论力的外效应时,就可以把实际变形的物体看成不发生变形的刚体。当称物体为刚体时,就意味着不考虑力对它的内效应。本节研究的对象都是刚体,讨论的都是力的外效应。

对力的概念的理解应注意两点:①力是物体之间的相互作用,离开了物体,力是不能存在的;②由于力是物体之间的相互作用,所以力总是成对地出现于物体之间。相互作用的方式可以是直接接触,如人推小车;也可以是不直接接触而相互吸引或排斥,如地球对物体的引力(即重力)。因此,在分析力时,首先必须明确以哪一个物体为研究对象,然后分析其他物体对该物体的作用。

实践证明,力对物体的作用效果取决于三个要素:①力的大小;②力的方向;③力的作用点。其中任何一个有了改变,力的作用效果也必然改变。力的大小表明物体间作用的强弱程度。

按照相互作用的范围分类,力有集中力和分布力之分:集中力是作用于物体某一点上的力;分布力则是作用于物体某一体积、面积或线段上的力。按照国际单位制,集中力的单位用牛顿(N)和千牛顿(kN)表示;分布力的单位用牛顿每立方米(N/m^3)、牛顿每平方米(N/m^2)、牛顿每平方毫米(N/mm^2)和牛顿每米(N/m)表示,中间两个单位又称帕斯卡(Pa)和兆帕斯卡(MPa)。

力是具有大小和方向的物理量,这种量叫作矢量,与常见的仅用数量大小就可以表达的物理量(如体积、温度、时间等)不同。只有大小而无方向的量叫作标量。矢量用斜体加粗字母或字母上加一横表示,例如 $\boldsymbol{F}$ 和 $\bar{F}$ 都表示力。在图示中通常用带箭头的线段来表示力。线段的长度表示力的大小,箭头所指的方向表示力的方向,线段的起点或终点画在力的作用点上,如图1-1中作用在小车的重心 C 上的重力 $\boldsymbol{P}$ 与铰接点 A 上的拉力 $\boldsymbol{T}$。

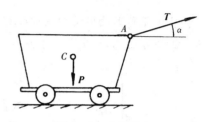

图1-1　小车受力

(二)力的基本性质

1. 作用与反作用定律

物体间的作用是相互的,作用与反作用定律反映了两个物体之间相互作用力的客观规律。如图1-2所示,起吊重物时,重物A对钢丝绳的作用力 $\boldsymbol{P}$ 与钢丝绳对重物的反作用力 $\boldsymbol{T}$ 同时产生,且大小相等,方向相反,作用在同一条直线上。既然力是两个物体之间的相互作用,那么就两个物体而言,**作用力与反作用力必然永远同时产生,同时消失,而且一旦产生,它们的大小必相等,方向必相反,必作用在同一条直线上。** 这就是力的作用与反作用定律。成对出现的两个力分别作用

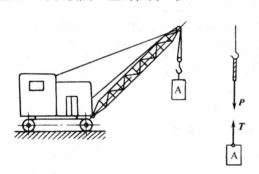

图1-2　起吊重物时的相互作用力

在两个物体上,因而它们对物体的作用效应不能相互抵消。

2. 二力平衡定律

任何物体的运动都是绝对的,任何物体的静止都是相对的、暂时的、有条件的。在力学分析中,把物体相对于地球表面处于静止或匀速直线运动的状态称为平衡。当物体只受到两个外力作用而处于平衡状态时,这两个外力一定大小相等,方向相反,并且作用在同一条直线上。

仍以起吊重物为例,重物A受两个力(向下的重力 $\boldsymbol{P}$ 和向上的拉力 $\boldsymbol{T}$)作用,它们方向相反,沿同一条直线,如图1-3所示。当物体停在半空中或做匀速直线运动时,物体处于平衡状态,即 $T=P$。由此可知,作用于同一物体上的两个力处于平衡状态时,**这两个力总是大小相等,方向相反,并且作用在同一条直线上。** 这就是二力平衡定律。

注意:在分析物体受力时,不要把二力平衡同作用与反作用混淆,前者描述的是作用于同一物体上的两个力,它们的效果可以互相抵消;后者描述的是分别作用于两个物体上的两个力,它们的效果不能互相抵消。

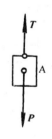

图1-3
起吊重物
受力分析

3. 力的平行四边形法则

力的平行四边形法则是同一物体上力的合成与分解的基本规则。作用在同一物体上的相交的两个力可以合成为一个合力。**合力的大小和方向可以用以这两个力的大小为边长所构成的平行四边形的对角线表示,作用线通过交点,这个规则叫作力的平行四边形法则。**

如图1-4所示,作用于物体上 A 点的两个力 $\boldsymbol{F}_1$ 与 $\boldsymbol{F}_2$ 的合力为 $\boldsymbol{R}$。按照平行四边形法则进行合成的方法叫作矢量加法,写作

$$R = F_1 + F_2 \tag{1-1}$$

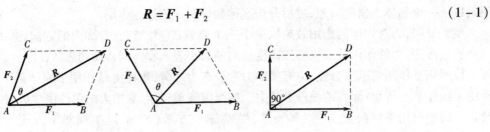

图1-4　力的平行四边形法则

由力的平行四边形法则不难看出,在一般情况下,合力的大小不等于两个分力大小的代数和。合力可以大于或等于分力,也可以小于分力,还可以等于零。

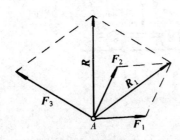

图1-5　力的合成

作用于同一物体上的所有力的集合称为力系,其中所有力的作用线汇交于一点的力系叫作汇交力系。对于汇交力系求合力,平行四边形法则依然适用,只要依次两两合成就可以求得最后的合力 R。现假设有三个力(F_1、 F_2、 F_3)作用于某物体的 A 点上,可以先求得 F_1 与 F_2 的合力 R_1,然后再将 R_1 与 F_3 合成为合力 R,如图1-5所示。

不但可以合成力,根据实际问题的需要还可以把一个力分解为两个分力。分解的方法仍是应用力的平行四边形法则。例如搁置在斜面上的重物,它的重力 P 就可以分解为与斜面平行的下滑力 P_x 和与斜面垂直的正压力 P_y,如图1-6所示。正是下滑力 P_x 使得物体有向下滑动的趋势。

对于多个力的合成,用矢量加法作图求解不是很方便。如果应用力在直角坐标轴上投影的方法,将矢量运算转化为代数运算,则可较方便地求出合成的结果。下面介绍力在直角坐标轴上的投影。

图1-7表示物体上的 A 点受力 F 的作用, Oxy 是任意选取的直角坐标系。

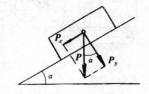

图1-6　力的分解

设力 F 与 x 轴的正向夹角为 α。由图可以看出,力 F 在 x 轴与 y 轴上的投影分别为

$$F_x = F\cos\alpha \tag{1-2a}$$

$$F_y = F\sin\alpha \tag{1-2b}$$

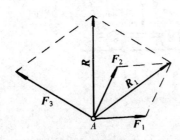

图1-7　力的投影

力在 x 轴上的投影等于力的大小乘以力与投影轴所夹锐角的余弦,力在 y 轴上的投影等于力的大小乘以力与投影轴所夹锐角的正弦。如果投影的方向与坐标轴的正向相同,投影为正,反之为负。力的投影是代数量。显然,当 $\alpha = 0°$ 或 $180°$ 时,力 F 与 x 轴平行,则力 F 在 x 轴上的投影 $F_x = F$ 或 $-F$;当 $\alpha = 90°$ 时,力 F 与 x 轴垂直, $F_x = 0$。

设物体上的某点 O 受两个力(F_1、 F_2)作用,如图1-8所示。为了求合力,可以先分别求出两个力在某一坐标轴上的投影,然后代数相加,就可以得到合力在坐标轴上的投影:

$$R_x = \sum F_x = F_{1x} + F_{2x} = F_1\cos\alpha_1 + F_2\cos\alpha_2 \tag{1-3a}$$

$$R_y = \sum F_y = F_{1y} + F_{2y} = F_1\sin\alpha_1 + F_2\sin\alpha_2 \tag{1-3b}$$

合力在某一坐标轴上的投影等于所有分力在同一坐标轴上投影的代数和,这个规律叫作合力的投影定理,它对于多个力的合成仍然适用。有了合力在坐标轴上的投影,就不难求出合力的大小和方向:

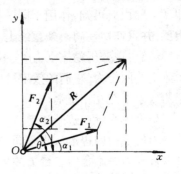

图1-8　两个力的合成

$$R = \sqrt{R_x^2 + R_y^2} = \sqrt{\left(\sum F_x\right)^2 + \left(\sum F_y\right)^2} \tag{1-4a}$$

$$\tan \theta = \frac{R_y}{R_x} = \frac{\sum F_y}{\sum F_x} \tag{1-4b}$$

二、力矩与力偶

(一)力矩

在生产实践中,人们利用了各式各样的杠杆,如撬动重物的撬杠、称东西的秤等。这些不同的杠杆都利用了力矩的作用。由实践经验知道,用扳手拧螺母时,扳手和螺母一起绕螺栓的中心线转动。因此,力使物体转动的效果不仅取决于力的大小,而且与力的作用线到 O 点的距离 d 有关,如图 1-9 所示。这样就有了力矩的定义:**力矩是量度力对物体产生的转动效应的物理量**。它可以用一个代数量

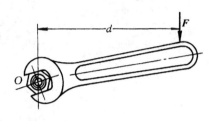

图 1-9 力矩示意

表示,其绝对值等于力矢的模与力臂的乘积,它的正负分别表示该力矩使物体产生的逆时针和顺时针两种转向。O 点叫作力矩中心;力的作用线到 O 点的距离 d 叫作力臂;力臂和力的乘积叫作力对 O 点的力矩,可以表示为

$$M_O(\boldsymbol{F}) = \pm Fd \tag{1-5a}$$

式中正负号表示力矩使物体转动的方向。一般规定:**使物体逆时针转动的力矩取正号;使物体顺时针转动的力矩取负号**。力矩的单位为 N·m 或 kN·m。

显然,力的大小等于零,或力的作用线通过力矩中心(力臂等于零),则力矩为零。这时力不能使物体绕 O 点转动。如果物体上有若干个力,当这些力对力矩中心的力矩代数和等于零,即

$$\sum M_O(\boldsymbol{F}) = 0 \tag{1-5b}$$

时,原来静止的物体不会绕力矩中心转动。

(二)力偶

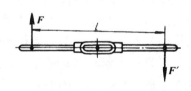

图 1-10 力偶示意

力偶是由大小相等,方向相反,作用线平行但不重合的两个力组成的力系,它对物体产生纯转动效应(即不需要固定转轴或支点等辅助条件)。例如,用丝锥攻螺纹(图 1-10)、用手旋开水龙头等均是常见的力偶实例。力偶记为 $(\boldsymbol{F}, \boldsymbol{F}')$。力偶中二力之间的垂直距离(图 1-10 中的 l)称为力偶臂。力偶对物体产生的转动效应应该用构成力偶的两个力对力偶作用平面内任一点之力矩的代数和来量度,称之为力偶矩。所以力偶矩是力偶对物体的转动效应的量度。若用 M 或 $M(\boldsymbol{F}, \boldsymbol{F}')$ 表示力偶 $(\boldsymbol{F}, \boldsymbol{F}')$ 的力偶矩,则有

$$M = \pm Fl \tag{1-6}$$

力偶矩和力矩一样,也可以用一个代数量表示,其数值等于力偶中一力的大小与力偶臂的乘积,正负号则分别表示力偶的两种相反转向,若规定逆时针转向为正,则顺时针转向为负。这是人为规定的,做与上述相反的规定也可以。

力偶具有以下三个主要性质。

(1)只要保持力偶矩的大小及力偶的转向不变,力偶的位置可以在其作用平面内任意移动或转动(图 1-11(a)和(b)),也可以任意改变力的大小和力臂的长短(图 1-11(c)),而不会影响该力偶对刚体的效应。基于力偶的这一性质,当物体受力偶作用时,不必像图 1-11(c)那样画出力偶中力的大小及作用线位置,只需用箭头示出力偶的转向,并注明力偶矩的简写符号 M 即可,如图 1-11(d)所示。

(2)组成力偶的两个力既不平衡,也不能合成为一个合力。因此,力偶的作用不能用一个力代替,只能用力偶矩相同的力偶代替;力偶只能用力偶平衡。

(3)组成力偶的两个力对作用平面内任意点的力矩之和等于力偶矩。因此,力偶也可以合成。在同一

平面内有两个以上的力偶同时作用时,合力偶矩等于各分力偶矩的代数和,即 $M = \sum M_i$。如果静止的物体不发生转动,则力偶矩的代数和为零,即 $\sum M_i = 0$。

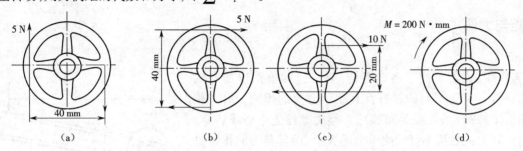

图1-11　力偶的性质示意
(a)受力图之一;(b)受力图之二;(c)受力图之三;(d)受力图之四

(三)力的平移

力和力偶都是基本物理量,力与力偶不能互相等效代替,也不能相互抵消各自的效应。但是这并不能说明力与力偶之间没有联系。下面要讨论的力的平移定理揭示了两者之间的联系。

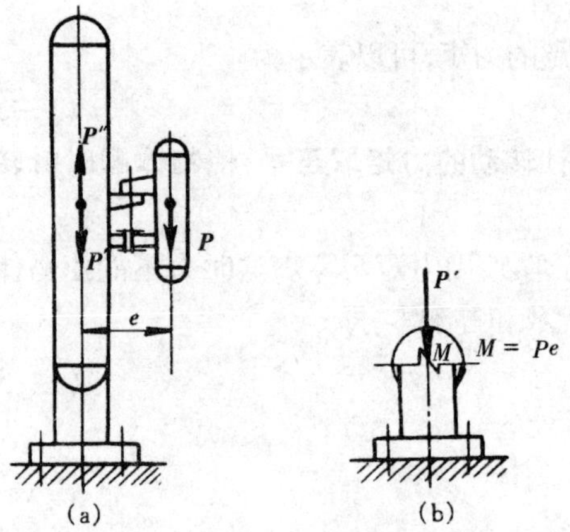

力的平移定理可用来分析力对物体的作用效果。图1-12为侧面附有悬挂件的蒸馏塔,悬挂件的总重量为 P,与主塔中心线间有一个偏心距 e,P 对主塔支座的作用效果可用力的平移定理来分析。为此在主塔中心线上加上两个力 P' 与 P'',并令 $P' = P'' = P$,P' 与 P'' 方向相反,与 P 平行。不难看出 P' 与 P'' 符合二力平衡条件。整体而言,加上这两个力后,由 P、P' 与 P'' 三个力组成的力系的作用与 P 单独作用的效果相等。但从另一个角度分析,可以把 P 平移一个偏心距 e 成为 P',与此同时附加一个力偶(P, P''),其力偶矩 M 的大小等于 Pe。因此,有偏心距的力 P 对支座的作用相当于一个力 P' 和一个力偶矩 M 的共同作用,力 P' 压向支座,力偶矩 M 使塔体弯曲,支座承受了压缩和弯曲的联合作用。

图1-12　力的平移
(a)结构图;(b)受力图

可以从"等效代替"的角度理解力的平移定理:虽然力与力偶都是基本物理量,这二者不能相互等效代替,但是一个力却可以用一个与之平行且相等的力和一个附加力偶来等效代替。反之,一个力和一个力偶也可以用另一个力来等效代替。

三、物体的受力分析及受力图

物体的受力分析,就是具体分析物体所受力的形式及大小、方向与位置。只有对物体进行正确的受力分析,才有可能根据平衡条件由已知外力求出未知外力,从而为机器或设备零部件的强度、刚度等设计和校核打下基础。

已知外力主要指作用在物体上的主动力,按作用方式有体积力和表面力两种。体积力是连续分布在物体内各点处的力,如均质物体的重力,单位是 N/m^3 或 kN/m^3;表面力常是在接触面上连续分布的力,如内压容器的压力和塔器表面承受的风压等,单位是 N/m^2 或 kN/m^2;如果被研究物体的横向尺寸远远小于长度,则可按一维分布处理,其体积力和表面力均用线分布力表示,单位是 N/m 或 kN/m。两个直接接触的物体在很小的接触面上互相作用的分布力可以简化为作用在一点上的集中力,单位是 kN 或 N,如化工管道对托架的作用力。

未知外力主要指约束反力。如何分析约束反力是本节讨论的重点。

(一)约束和约束反力

如果物体只受主动力作用,而且能够在空间沿任何方向完全自由地运动,则称该物体为自由体。如果物体在某些方向上受到限制而不能完全自由地运动,那么就称该物体为非自由体。限制非自由体运动的物体叫约束。例如轴只能在轴承孔内转动,不能沿轴承孔径向移动,所以轴就是非自由体,而轴承就是轴的约束;塔器被地脚螺栓固定在基础上,任何方向都不能移动,地脚螺栓就是塔的约束;重物被吊索限制不能掉下来,吊索就是重物的约束;等等。可以看到,无论是轴承、基础还是吊索,它们的共同特点是直接和物体接触,并限制物体在某些方向的运动。

当非自由体受到它的约束限制时,在非自由体与其约束之间就会产生相互作用的力,这时约束作用于非自由体上的力就称为该约束的约束反力。当一个非自由体同时受到几个约束作用时,该非自由体就会同时受到几个约束反力的作用。如果这个非自由体处于平衡状态,那么这几个约束反力对该非自由体所产生的联合效应正好抵消主动力对该物体所产生的外效应。所以**约束反力的方向必定与该约束限制的运动方向相反**。应用这个原则,可以确定约束反力的方向或作用线的位置。至于约束反力的大小,则需要用平衡条件求出。

工程中的各种约束,可以归纳为以下几种基本形式。

1. 柔性体约束

这类约束由柔性物体(如绳索、链条、皮带、钢丝绳等)构成。这种约束的特点是:①只有当绳索被拉直时才能起到约束作用;②只能阻止非自由体沿绳索伸直的方向朝外运动,而限制不了非自由体在其他方向的运动。所以,这种约束的约束反力的作用线应和绳索伸直时的中心线重合,方向沿作用点背离自由体。例如图 1-13 中的均质杆,若将两根限制它运动的绳子用约束反力表示,则两个约束反力 T_A 和 T_B 的作用线方向应与绳子的中心线重合。图 1-13(b) 是均质杆的受力图。从受力图可清晰地看出,均质杆在重力 G、绳索约束反力 T_A 和 T_B 这三个外力的作用下处于平衡状态。其中 G 是已知力。图 1-14 是另一个柔性体约束实例,图 1-14(b) 是被起吊设备的受力图,读者可自行分析。

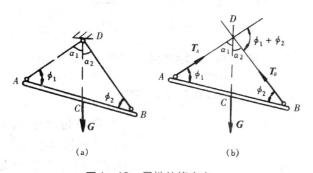

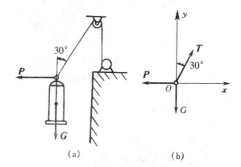

图 1-13 柔性体约束之一
(a)结构图;(b)受力图

图 1-14 柔性体约束之二
(a)结构图;(b)受力图

2. 光滑接触面约束

这类约束由光滑支撑面(如滑槽、导轨等)构成。支撑面与非自由体间的摩擦力很小,可以略去不计。它的特点是只能限制非自由体沿接触面的公法线方向向支撑面内的运动。因此这种约束的约束反力的方向是沿着接触面的公法线方向指向非自由体。图 1-15 所示为托轮对滚筒的约束反力 N_1、N_2,图 1-16 所示为滑块所受的滑槽的约束反力 N。

3. 铰链约束

常见的铰链约束为圆柱形铰链约束,它是由两个端部带有圆孔的构件用一个销钉或螺栓连接而成的,如图1-17所示。例如生活中使用的剪刀、折叠尺等都具有这种圆柱形铰链约束。工业中常见的圆柱形铰链约束有下列两种。

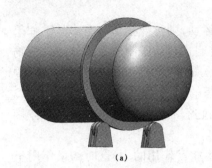
(a)

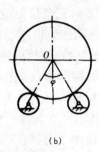
(b)

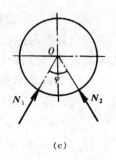
(c)

图1-15　光滑接触面约束之一
(a)实体图;(b)结构图;(c)受力图

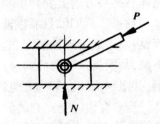

图1-16　光滑接触面约束之二

1)固定铰链支座约束

图1-18(a)中的固定铰链支座由固定支座1、杆2和螺栓3连接而成。它的特点是非自由体只能绕螺栓的轴线转动,而不能上下左右移动。约束反力的方向随主动力的变化而变化,通过铰链中心,可以用它的两个分力 N_x 与 N_y 表示,如图1-18(b)所示。

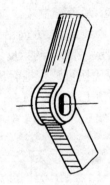

图1-17　圆柱形
铰链约束

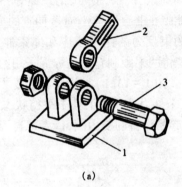
(a)　　　　(b)

图1-18　固定铰链支座约束
(a)结构图;(b)受力图
1—固定支座;2—杆;3—螺栓

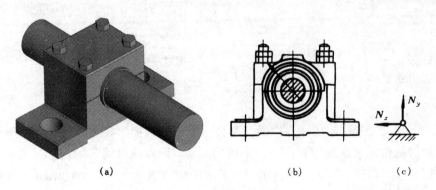
(a)　　　　　　(b)　　　　(c)

图1-19　滑动轴承
(a)实体图;(b)结构图;(c)受力图

在机械传动中,轴承对轴的约束作用也可以简化为固定铰链支座约束。图1-19(a)和(b)分别为滑动轴承的实体图和结构图。轴在轴承中可以转动,摩擦力不计。轴承对轴的约束反力 N 应通过转轴中心,但方向不定,用两个分力 N_x 与 N_y 表示,如图1-19(c)所示。只能承受径向载荷的向心球轴承和向心滚子轴承的约束反力可以用垂直于转轴的平面内的两个分力 N_x 与 N_y 表示,如图 1-20 所示。

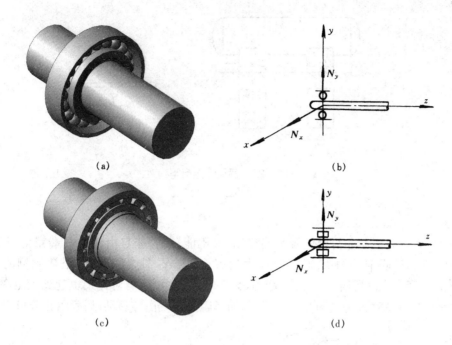

图 1-20　向心球轴承和向心滚子轴承
(a)向心球轴承实体图;(b)向心球轴承受力图;(c)向心滚子轴承实体图;(d)向心滚子轴承受力图

　　化工厂中立式容器上用的吊柱是用支撑板 A 和球面支撑托架 B 支撑的,吊柱可绕转杆转动,如图 1-21(a)和(b)所示,支撑板圆孔对吊柱的作用可简化为颈轴承,球面支撑托架可简化为止推轴承,对吊柱的约束反力分析如图 1-21(c)所示。

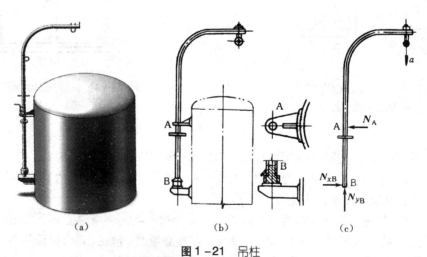

图 1-21　吊柱
(a)实体图;(b)结构图;(c)受力图

2)活动铰链支座约束

　　桥梁、屋架上经常采用活动铰链支座约束,当温度变化引起桥梁伸长或缩短时,允许两支座的间距有微小变化。又如化工厂中卧式容器的鞍式支座,左端是固定的,右端是可以活动的,如图 1-22(a)所示,也可以简化为活动铰链支座。这类支座的特点是只限制非自由体沿垂直于支撑面方向的运动,因此约束反力的方向必垂直于支撑面,并通过铰链中心。活动铰链支座受力图如图1-22(b)所示。

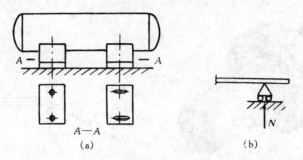

图1-22 活动铰链支座约束
(a)结构图;(b)受力图

4. 固定端约束

固定端约束的特点是限制非自由体既不能移动,又不能转动,非自由体的一端完全固定。如塔器的基础对塔底座的约束就是固定端约束,其约束反力除有 N_x 与 N_y 外,还有阻止塔体倾倒的力偶矩 M,如图1-23所示;又如悬管式管道托架,一端插入墙内,另一端为自由端,墙对托架也起到固定端约束的作用,如图1-24所示。固定端约束反力由力与力偶组成,前者阻止非自由体移动,后者阻止非自由体转动。

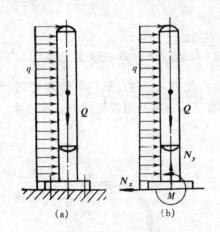

图1-23 塔底座的固定端约束
(a)结构图;(b)受力图

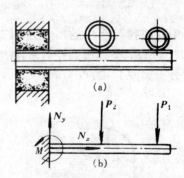

图1-24 托架的固定端约束
(a)结构图;(b)受力图

(二)受力图

为了清晰地表示和准确地分析构件的受力情况,需要将所研究的构件(研究对象)和与它发生联系的周围物体分离,然后把作用于其上的全部外力(包括已知的主动力和未知的约束反力)都表示出来。以这种方式画出的表示物体受力情况的简图称为受力图。

正确地画出受力图,是进行力学计算的重要前提。下面通过一些实例来说明画受力图的方法。

例1-1 某化工厂的卧式容器如图1-25(a)所示,容器总重量(包括物料、保温层等的重量)为 Q,全长为 L,支座B采用固定式鞍座,支座C采用活动式鞍座。试画出容器的受力图。

解: 首先将容器简化成一根外伸梁。根据鞍座的结构,将B简化为固定铰链支座,C简化为活动铰链支座。再以整个容器为研究对象,已知主动力为总重 Q,沿梁的全长均匀分布,因而梁受均布载荷 $q(q=Q/L)$ 的作用。最后按照约束的特性画出支座反力 N_B 与 N_C。图1-25(b)是容器的受力图。

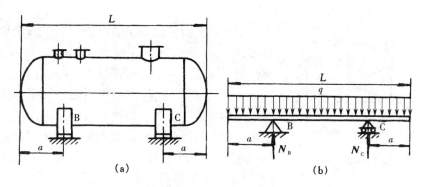

图1-25　卧式容器
(a)结构图;(b)受力图

例1-2　图1-26(a)为焊接在钢柱上的三角形钢结构管道支架,上面铺设三根管道,试画出结构整体及各构件的受力图。

解:首先对三角形钢结构管道支架的结构进行简化。当连接处的焊缝相对于构件很短时,受载荷后,连接处有一定的变形,可以将焊接近似地看成铰链连接,而不看成固定端约束。画出来的结构简图如图1-26(b)所示。

以 BC 杆为研究对象,当自重相对很小可不计时,BC 杆只在 B、C 两端受两个力作用而处于平衡状态,这种杆件叫作二力杆。根据二力平衡条件,N'_B 与 N'_C 大小相等、方向相反。BC 杆的受力图如图1-26(c)所示。

以 AB 杆为研究对象。主动力有 P_1、P_2、P_3,铰链 A 的约束反力用 X_A 与 Y_A 两个分力表示;BC 杆对 AB 杆的约束反力 N_B 与 AB 杆对 BC 杆的约束反力 N'_B 是作用力与反作用力的关系,因此 N_B 与 N'_B 大小相等、方向相反。AB

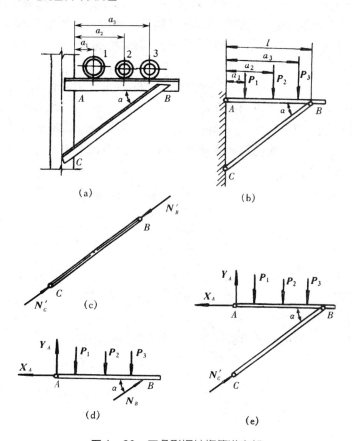

图1-26　三角形钢结构管道支架
(a)结构图;(b)结构简图;(c)BC 杆受力图;(d)AB 杆受力图;(e)整体受力图

杆的受力图如图1-26(d)所示。若以整体为研究对象,画出来的受力图如图1-26(e)所示。因为 AB 杆与 BC 杆通过铰链 B 连接,它们之间存在着相互作用的力,这种相互作用力从整体来看属于内力,且是成对出现的,所以铰链 B 处的力不必画出。

由以上两例可以归纳出画受力图的步骤:①简化结构,画结构简图;②选择研究对象,画出作用在其上的全部主动力;③根据约束的性质,画出作用于研究对象上的约束反力。

四、平面力系的平衡方程

作用在一个物体上的各力的作用线在同一平面内或者可以简化到同一平面内的力系叫作平面力系;各力的作用线分布在空间中的力系叫作空间力系。在工程实际中有很多结构的受力情况可以简化为平面力系。

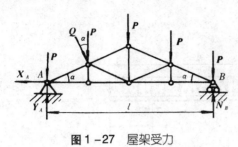

图1-27 屋架受力

图1-27所示的屋架的厚度相对于其余两个方向的尺寸小得多,这种结构称为平面结构。图1-26所示的管道支架也是平面结构。如图1-27所示,屋架上作用有载荷P与Q,支座反力为X_A、Y_A与N_B。这些力都作用在结构平面内,构成平面力系。有的结构虽然不是平面结构,但具有结构对称、受力对称的特点,也可以将其所受的力简化到对称平面内,作为平面力系来处理。如化工设备中的塔器,由于结构对称,重力Q一定在对称平面内;塔体上的风载荷在塔体的迎风面上本来是呈空间分布的,但由于受力对称,同样可以简化到对称平面内,用沿塔体高度方向的风压分布力q来表示,如图1-28所示。重力Q,风压分布力q,支座反力N_x、N_y与力偶矩M共同组成平面力系,如图1-23所示。

上述屋架、管道支架和塔器都是物体在平面力系作用下的实例。下面讨论物体在平面力系作用下平衡应满足的条件、平衡方程式及其应用。

物体在平面力系作用下处于平衡状态,就意味着物体相对于地球表面不能有任何运动,既不能移动,又不能转动。不能移动,就要求所有力在水平方向和铅垂方向投影的代数和等于零;不能转动,就要求所有力对任意点的力矩的代数和等于零。因此平面力系平衡时必须满足下面三个代数方程式:

图1-28 塔器受力

$$\sum F_x = 0 \tag{1-7}$$

$$\sum F_y = 0 \tag{1-8}$$

$$\sum M_O(F) = 0 \tag{1-9}$$

式(1-7)和式(1-8)称为力的投影方程,表示力系中所有力对任选的直角坐标系x、y两轴投影的代数和等于零。式(1-9)称为力矩方程,表示所有力对任意点之矩的代数和等于零。由于这三个方程相互独立,故可用来解三个未知量。

平面力系的平衡方程还可以写成其他形式,如

$$\sum M_A = 0 \tag{1-10}$$

$$\sum M_B = 0 \tag{1-11}$$

$$\sum F_x = 0 \tag{1-12}$$

其中A和B是平面内任意两个点,但AB连线不能垂直于x轴。

如果平面力系满足$\sum M_A = 0$,则表示该平面力系向A点简化的主矩为零,也就是说,该平面力系的简化结果不是力偶;如果它是一个合力的话,那么这个合力的作用线必过A点。如果该平面力系又满足$\sum M_B = 0$,那么可断定该平面力系的简化结果如果为合力,则此力必过A、B点。但若同时满足$\sum F_x = 0$,而且AB连线不垂直于x轴,那就否定了该平面力系的简化结果为合力的可能性。于是可得结论:满足式(1-10)~式(1-12)的平面力系必是平衡力系。

此外,平面力系的平衡方程还可用第三种形式表达,即

$$\sum M_A = 0 \tag{1-13}$$

$$\sum M_B = 0 \tag{1-14}$$

$$\sum M_C = 0 \qquad\qquad (1-15)$$

其中 A、B、C 是平面内不共线的三个任意点。为什么满足这三个条件的力系必是平衡力系？这个问题请读者自证。

下面举例说明平面力系的平衡方程的应用。

例 1-3 加料小车由卷扬机拉着沿斜坡匀速上升,设小车与物料的重力为 P,斜坡与水平面成 α 角,其他尺寸如图 1-29 所示。不计轨道与车轮之间的摩擦,试求钢丝绳的拉力与小车对轨道的压力。

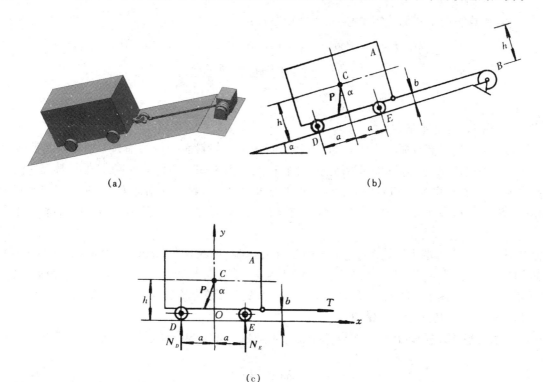

图 1-29 小车
(a)实体图;(b)结构简图;(c)受力图

解:第 1 步,了解题意,简化结构,画结构简图。本题中的加料小车为四轮小车,如图 1-29(a)和(b)所示,由于结构对称,受力对称,可简化为平面力系问题。

第 2 步,选取研究对象。原则上应考虑以作用有已知力和未知力的物体为研究对象,本题以小车为研究对象,不以卷扬机为研究对象。

第 3 步,画受力图。画出主动力 P,再根据约束的性质画出约束反力。钢丝绳为柔性体约束,约束反力沿绳长方向离开小车,用 T 表示;轨道对车轮为光滑支撑面,约束反力垂直于支撑面并指向小轮中心,用 N_D 和 N_E 表示。受力图如图 1-29(c)所示。所要求的小车对轨道的压力与 N_D 和 N_E 是作用与反作用关系,大小与它们相等。

第 4 步,选择坐标轴。以列出的平衡方程运算是否简单为原则。本题选择的坐标轴如图 1-29(c)所示。

第 5 步,列平衡方程,求解。

$$\sum F_x = 0, \ T - P\sin\alpha = 0, \ T = P\sin\alpha$$

$$\sum M_D(\boldsymbol{F}) = 0, \ N_E \cdot 2a - Tb + P\sin\alpha \cdot h - P\cos\alpha \cdot a = 0$$

$$N_E = \frac{P\cos\alpha \cdot a - P\sin\alpha \cdot h + Tb}{2a}$$

$$\sum F_y = 0, N_D + N_E - P\cos\alpha = 0$$

$$N_D = P\cos\alpha - N_E = P\cos\alpha - \frac{P\cos\alpha \cdot a - P\sin\alpha \cdot h + Tb}{2a}$$

$$= \frac{P\cos\alpha \cdot a + P\sin\alpha \cdot h - Tb}{2a}$$

第6步,验算。选 E 点为力矩中心,写出力矩方程:

$$\sum M_E(\boldsymbol{F}) = 0, P\cos\alpha \cdot a + P\sin\alpha \cdot h - Tb - N_D \cdot 2a = 0$$

$$N_D = \frac{P\cos\alpha \cdot a + P\sin\alpha \cdot h - Tb}{2a}$$

结果一致。

对上例有以下四点需要补充。

(1)选投影坐标轴时没有局限于水平轴与竖直轴,而选用了与斜面平行的轴为 x 轴和与斜面垂直的轴为 y 轴。显然这一种选法投影较简单,因为所选的坐标轴与多数未知力平行或垂直,可使计算简化。

(2)列力矩方程时,选多数未知力的交点为力矩中心最简单。本题当求出力 $\boldsymbol{T}$ 后,选 D 点或 E 点为力矩中心,列出的方程中只有一个未知力,易于求解。选其他点(如 C 点或 O 点)为力矩中心,都包含两个未知力。

(3)力 $\boldsymbol{P}$ 对 D 点或 E 点的力矩是通过它的 x 轴方向与 y 轴方向的分力来计算的: $P_x = P\sin\alpha$, $P_y = P\cos\alpha$; $\boldsymbol{P}_x$ 到 D 点或 E 点的距离为 h; $\boldsymbol{P}_y$ 到 D 点或 E 点的距离为 a。直接计算力 $\boldsymbol{P}$ 到 D 点或 E 点的距离比较难,所以才用它的两个分力取力矩。可以证明合力对某一点的力矩等于它的分力对同一点的力矩的代数和(称之为合力矩定理),这里直接应用了这一结论。

(4)平面力系的平衡方程只有三个,可以求出三个未知数。如未知数超过三个,单用平衡方程就不能完全解出。

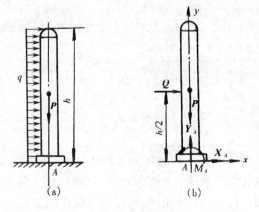

图1-30　塔器
(a)结构图;(b)受力图

例1-4　有一个塔器,见图1-30(a),塔体自重 $P = 300$ kN,塔高 $h = 20$ m,塔体所受风压力简化为平面均布载荷 $q = 400$ N/m。求塔器在支座 A 处所受到的约束反力。

解:第1步,由于塔身与基础用螺栓连接得很牢固,可将塔器简化为具有固定端约束的悬臂梁。

第2步,画受力图。以塔体为研究对象,主动力有自重 $\boldsymbol{P}$ 和风载荷 q;在计算支座 A 的约束反力时,分布力 q 可用其合力 $\boldsymbol{Q}$ 表示,合力的大小等于 hq,合力的方向与均布的风力方向一致,合力的作用线在中间(即 $h/2$ 处),见图1-30(b)。根据固定端约束的特点,约束反力分为 $\boldsymbol{X}_A$、$\boldsymbol{Y}_A$ 和 M_A 三部分,它们的指向与转向可以假设。

第3步,建立平衡方程。首先要建立适当的 Axy 坐标系,该力系为平面力系,其平衡方程列举如下。

$$\sum F_x = 0, X_A + Q = 0 \qquad\qquad (a)$$

得

$$X_A = -Q = -qh = -400 \times 20 = -8\,000 \text{ N} = -8 \text{ kN}$$

$$\sum F_y = 0, Y_A - P = 0 \qquad\qquad (b)$$

得

$$Y_A = P = 300 \text{ kN}$$

$$\sum M_A(\boldsymbol{F}) = 0, M_A - Q \cdot \frac{h}{2} = 0 \tag{c}$$

得
$$M_A = Q \cdot \frac{h}{2} = q \cdot \frac{h^2}{2} = 400 \times \frac{20^2}{2} = 80\,000 \text{ N} \cdot \text{m} = 80 \text{ kN} \cdot \text{m}$$

由式(a)求得的 X_A 为负值,说明受力图上假设的方向与实际的方向相反,即 X_A 应指向 x 轴的负方向。

平面力系中有两种经常遇到的特殊情况:平面汇交力系和平面平行力系。平面汇交力系中各力的作用线既分布在同一平面内又汇交于一点,如果取汇交点为力矩中心 O,则力系中所有力对 O 点之矩都等于零。因此,力矩方程 $\sum M_O(\boldsymbol{F}) = 0$ 一定能够满足。于是平面汇交力系的平衡方程只有如下方程:

$$\sum F_x = 0 \tag{1-16}$$

$$\sum F_y = 0 \tag{1-17}$$

满足以上两个方程,就表示平面汇交力系的合力 $\boldsymbol{R}$ 等于零,即物体在任何方向都不会移动。

平面平行力系中各力的作用线既分布在同一平面内又互相平行。如果所选投影坐标轴的 x 轴与力垂直,则所有力在 x 轴上的投影的代数和必然等于零。于是平面平行力系的平衡方程只有如下方程:

$$\sum F_y = 0 \tag{1-18}$$

$$\sum M_O(\boldsymbol{F}) = 0 \tag{1-19}$$

满足以上两个方程,则物体在任何方向都不会移动,也不会转动。

应用平面汇交力系或平面平行力系的平衡方程可求解两个未知力。

例 1-5 如图 1-31 所示,锅炉半径 $R = 1$ m,重 $Q = 40$ kN,两砖座间的距离 $l = 1.6$ m,试求锅炉在 A、B 两处对砖座的压力(略去摩擦力)。

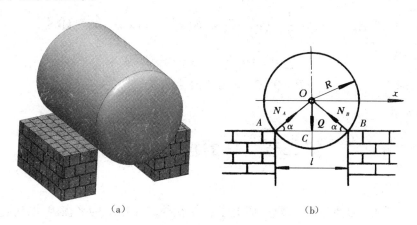

图 1-31 锅炉
(a)实体图;(b)受力图

解: 以锅炉为研究对象,画受力图。此力系为平面汇交力系,主动力有自重 Q。按题意求锅炉在 A、B 两处对砖座的压力,根据作用与反作用关系,只要求出 A、B 两支座处的约束反力 N_A 与 N_B,问题就解决了。

由图知
$$OC = \sqrt{OB^2 - BC^2} = \sqrt{1 - \left(\frac{1.6}{2}\right)^2} = 0.6 \text{ m}$$

$$\sin \alpha = \frac{OC}{OB} = \frac{0.6}{1} = 0.6$$

选坐标轴如图 1-31(b)所示,列平衡方程:

$$\sum F_x = 0, N_A \cos \alpha - N_B \cos \alpha = 0 \tag{a}$$

$$\sum F_y = 0, N_A \sin \alpha + N_B \sin \alpha - Q = 0 \qquad\qquad (b)$$

由式(a)得 $N_A = N_B$，代入式(b)求得

$$N_A = N_B = \frac{Q}{2\sin \alpha} = \frac{40}{2 \times 0.6} = 33.3 \text{ kN}$$

例1-6 如图1-32所示,桥式起重机梁重 $P = 60$ kN,跨度 $l = 12$ m。当起吊重物 $Q = 40$ kN,离左端轮子 $a = 4$ m时,求轨道A、B对起重机的约束反力。

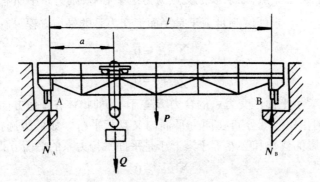

图1-32 桥式起重机梁

解: 吊车所受的轨道约束反力竖直向上,与载荷组成平面力系。由平衡方程求两个未知力,计算过程如下:

$$\sum M_A(F_y) = 0, N_B l - P \cdot \frac{l}{2} - Qa = 0$$

$$N_B = \frac{1}{l}\left(P \cdot \frac{l}{2} + Qa\right) = \frac{1}{12} \times \left(60 \times \frac{12}{2} + 40 \times 4\right) = 43.3 \text{ kN}$$

$$\sum F_y = 0, N_A + N_B - P - Q = 0$$

$$N_A = P + Q - N_B = 60 + 40 - 43.3 = 56.7 \text{ kN}$$

第二节　杆的拉伸和压缩

上一节介绍了力、力矩、力偶等基本概念,研究了物体在外力作用下的平衡规律,讨论了物体平衡时约束反力的求法。现在进一步研究物体在外力作用下发生变形或破坏的规律,以保证机器或设备的零部件在外力作用下不致破坏或发生过大的变形。要设计一个构件,使之既满足强度、刚度和稳定性等方面的要求,又满足尺寸小、重量轻、结构和形状合理的要求,就必须正确地分析和计算构件的变形和内力,同时了解和掌握构件材料的力学性质,使材料在安全使用的前提下发挥最大的潜力。

在工程实际中,构件的形状很多。如果构件的长度比横向尺寸大得多,这样的构件就称为杆件。杆件的各个横截面形心的连线称为轴线。如果杆件的轴线(简称杆轴)是直线,而且各个横截面都相同,就称之为等截面直杆(图1-33(a))。除此以外,还有变截面直杆(图1-33(b))、曲杆(图1-33(c))等。下面主要研究等截面直杆。如果构件的厚度比长度和宽度小得多,这样的构件就称为薄板或薄壳(图1-33(d)和(e)),例如锅炉和化工容器等。这将在本书第三章中介绍。

当载荷以不同方式作用在杆件上时,杆件将发生不同的变形。杆件的基本变形形式有以下几种(表1-1)。

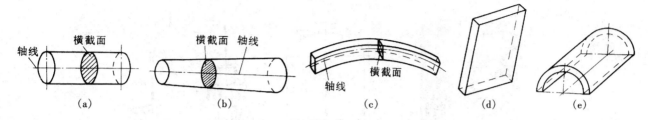

图 1 – 33 工程构件的形状

(a)等截面直杆;(b)变截面直杆;(c)曲杆;(d)薄板;(e)薄壳

表 1 – 1 杆件的基本变形形式

基本变形形式	变形简图	实例
拉伸		连接内压容器法兰用的螺栓
压缩		容器的立式支腿
弯曲		各种机器的传动轴、受水平风载的塔体
剪切		悬挂式支座与筒体间的焊缝、键、销等
扭转		搅拌器的轴

(1)拉伸。当杆件受到作用线与杆轴重合且大小相等、方向相反的两个拉力作用时,杆件将产生沿轴线方向的伸长。这种变形称为拉伸变形。

(2)压缩。当杆件受到作用线与杆轴重合且大小相等、方向相反的两个压力作用时,杆件将产生沿轴线方向的缩短。这种变形称为压缩变形。

(3)弯曲。当杆件受到与杆轴垂直的力作用(或受到在通过杆轴的平面内的力偶作用)时,杆轴将变成曲线。这种变形称为弯曲变形。

(4)剪切。当杆件受到作用线与杆轴垂直且相距很近、大小相等、方向相反的两个力作用时,杆件上两个力作用点之间的部分,各个截面将相互错开。这种变形称为剪切变形。

(5)扭转。当杆件受到在垂直于杆轴的平面内的大小相等、转向相反的两个力偶作用时,杆件表面的纵线(即原来平行于轴线的纵向直线)扭歪成螺旋线。这种变形称为扭转变形。

复杂的变形可以看成以上几种基本变形的组合。下面几节讨论基本变形的强度、刚度和稳定性问题,也就是材料力学通常要解决的问题。本节首先讨论直杆的拉伸与压缩。

一、直杆的拉伸和压缩

(一)工程实例

在工程实际中,直杆拉伸和压缩的实例很多。例如:连接内压容器法兰用的螺栓(图 1 – 34(a)和(c))和起吊设备时的绳索所受的都是拉伸作用力;容器的立式支腿(图 1 – 34(a)、(b)和(d))和千斤顶的螺杆则是受压缩的构件。

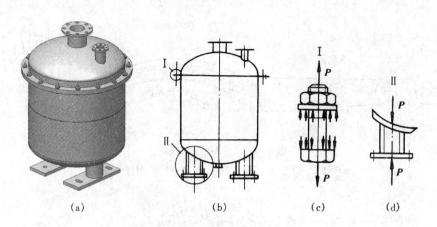

图 1-34　直杆拉伸和压缩实例
(a)容器实体图;(b)容器结构图;(c)螺栓;(d)立式支腿

拉伸和压缩时直杆的受力特点是:沿着杆件的轴线方向作用一对大小相等、方向相反的外力。外力背离杆件时的变形称为轴向拉伸,外力指向杆件时的变形称为轴向压缩。

拉伸和压缩时直杆的变形特点是:拉伸时杆件沿轴向伸长,横向尺寸减小;压缩时杆件沿轴向缩短,横向尺寸增大。

(二)拉伸和压缩时横截面上的内力

物体未受外力作用时,组成物体的分子间本来就存在相互作用的力。受外力作用后,物体内部相互作用力的情况发生变化,同时物体发生变形,这种由外力引起的物体内部相互作用力的变化量称为附加内力,简称内力。物体的变形及破坏情况与内力有着密切联系,因而在分析构件的强度与刚度问题时,要从分析内力着手。现在来讨论杆件拉伸和压缩时横截面上的内力的求法。

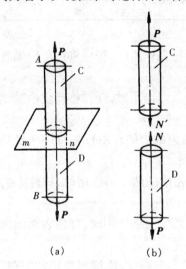

图 1-35　杆受力分析
(a)结构图;(b)受力图

研究图 1-35(a)所示的杆件 AB,它在外力的作用下处于平衡状态。为了计算内力,假想用一个垂直于杆件轴线的 $m—n$ 平面将杆截开,分成 C、D 两部分。以任一部分(如 D)为研究对象,进行受力分析。由于 AB 杆是平衡的,因而 D 部分也必然是平衡的。在 D 部分上除了外力 P 以外,在横截面 $m—n$ 上必然还有作用力存在,这就是 C 部分对 D 部分的作用力,也就是横截面 $m—n$ 上的内力,以 N 表示,如图 1-35(b)所示。根据平衡条件,可求出内力 N 的大小:

$$\sum F_y = 0, N - P = 0, 即 N = P$$

在图 1-35(b)中,还分析了 D 作用在 C 上的力 N',显然 $N = N'$。如果以 C 为研究对象,也可求出横截面上的内力,并得到相同的结果。

通常规定:伴随拉伸变形产生的内力取正值,伴随压缩变形产生的内力取负值。为了区分杆件在发生不同变形(拉伸、压缩、弯曲、剪切、扭转)时所产生的内力,把由于拉伸或压缩变形而产生的横截面上的内力称为轴力,用 N 表示。

轴力 N 的数值怎样确定呢? 图 1-36 是一个受到四个轴向力作用而处于平衡状态的杆,现求 $m—m$ 截面上的内力。首先假想用一个平面将杆从 $m—m$ 处截开,然后取其中的任何一部分为研究对象,列出其平衡方程。例如取左半段为研究对象,可得

$$N = P - Q_1$$

若取右半段为研究对象,则有

$$N' = Q_2 + Q_3$$

由于　　　　　$$P = Q_1 + Q_2 + Q_3$$

所以　　　　　$$P - Q_1 = Q_2 + Q_3$$

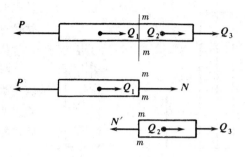

图1-36　截面法求内力

不难看出,无论取左半段还是取右半段来建立平衡方程,最后得到的结果都一样。

上述求内力的方法称为截面法,它是求内力的普遍方法。用截面法求内力的步骤为:①在需要求内力处假想用一个横截面将构件截开,分成两部分;②以任一部分为研究对象;③在截面上加上内力,以代替另一部分对研究对象的作用;④写出研究对象的平衡方程,解出截面上的内力。

凡是使该截面产生拉伸轴力的外力取正值,凡是使该截面产生压缩轴力的外力取负值。所得内力的计算结果若为正,则表示作用在该截面上的是拉伸轴力;结果为负,则表示作用在该截面上的是压缩轴力。

（三）拉伸和压缩时横截面上的应力

用截面法只能求出杆件横截面上内力的总和,单凭内力的大小不能直接判断杆件是否会发生破坏。实践证明,用相同的材料制成粗细不同的杆件,在相等的拉力作用下,细杆比粗杆易断。因此,杆件的变形及破坏不仅与内力有关,而且与杆件的横截面大小及内力在截面上的分布情况有关。

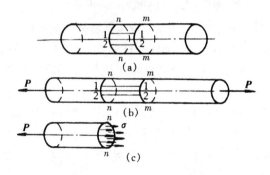

图1-37　变形分析和应力分布

（a）结构图;（b）受力变形图;（c）受力图

为了确定杆件在简单拉伸时内力在横截面上的分布情况,取一个等直径的直杆,在其外表面画两条横向圆周线,表示杆件的两条横截面(图1-37)。在两条圆周线之间画数条与轴线平行的纵向线1—1、2—2等。然后在杆件的两端沿轴线作用一对拉力 P,于是可以看到:圆周线 n—n 与 m—m 变形后仍是圆周线;纵向平行直线1—1、2—2变形后仍为纵向平行直线,且它们的伸长量相等。这表明,垂直于杆件轴线的各平截面(即杆的横截面)在杆件受拉伸而变形后仍为平面(平截面假定)。两个相邻的横截面之间只发生了沿轴线方向的移动(间距增大)。

由这种变形的均匀一致性可以推断,杆件受拉伸时内力在横截面上是均匀分布的,它的方向与横截面垂直,如图1-37(c)所示。这些均匀分布的内力的合力为 N。如横截面面积为 A,则作用在单位横截面面积上的内力的大小为

$$\sigma = \frac{N}{A} \qquad\qquad (1-20)$$

式中:σ 为杆件横截面上的正应力,方向垂直于横截面。

应力是单位面积上的内力,在国际单位制中这个单位是 N/m^2(牛顿每平方米),又称帕斯卡(简称帕,用Pa)。由于 Pa 这个单位太小,实际应用时常用 MPa(1 MPa $= 10^6$ Pa)作为单位。1 MPa 相当于每平方毫米的截面上作用有 1 N 的内力,即 1 N/mm^2。

应力的大小可以表示内力分布的密集程度。用相同的材料制成粗细不同的杆件,在相等的拉力作用下细杆易断,就是因为横截面上的正应力较大。

式(1-20)是在杆件受拉伸时推导所得的,但在杆件受压缩时也适用。杆件受拉伸时的正应力称为拉应力,受压缩时的正应力称为压应力。

附带指出,当横截面尺寸急剧改变时,在截面突变附近的局部范围内应力急剧增大,在离这个区域稍远处,应力即大为降低并趋于均匀,如图1-38所示。这种在截面突变处应力局部增大的现象称为应力集中。

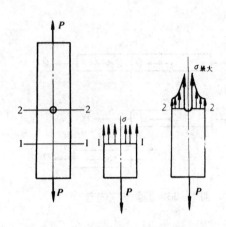

图 1-38 截面突变处应力局部增大

由于应力集中,零件容易从最大应力处开始发生破坏,在设计时必须采取某些补救措施。例如容器开孔以后,要采取开孔补强措施,就是这个原因。

(四)应变的概念

杆件在受拉伸或压缩时,其长度将发生改变,在图 1-39 中,杆件原长为 L,受轴向拉伸后其长度变为 $L+\Delta L$,ΔL 称为绝对伸长。试验表明,用同样的材料制成的杆件,其变形量与应力的大小及杆件原长有关。在截面面积相同、受力相等的条件下,杆件越长,绝对伸长越大。为了确切地表示变形程度,引入单位长度上的伸长量

$$\varepsilon = \frac{\Delta L}{L} \qquad (1-21)$$

式中:ε 为相对伸长或线应变,它是一个无量纲的量。

二、拉伸和压缩时材料的力学性能

(一)低碳钢的拉伸试验及力学性能

金属在拉伸和压缩时的力学性能是正确设计、安全使用机器或设备零件的重要依据。材料的力学性能只有在受力作用时才能表现出来,所以它们都是通过各种

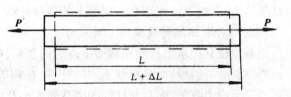

图 1-39 受轴向拉伸变形

试验测定的。测定材料力学性能的试验种类很多,最常用的几项性能指标是通过拉伸和压缩试验测出的。

试验表明,杆件拉伸或压缩时的变形和破坏,不仅与作用力的大小有关,而且与材料的力学性能有关。低碳钢和铸铁是工程上最常用的材料,因此它们的力学性能比较典型。下面重点讨论低碳钢和铸铁的拉伸和压缩试验。

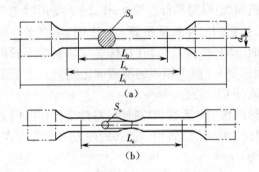

图 1-40 拉伸标准试件(GB/T 228.1—2021)
(a)试验前;(b)试验后
d_0—圆试样平行长度的原始直径;L_0—原始标距;L_e—平行长度;L_t—试样总长度;L_u—断后标距;S_0—平行长度的原始横截面;S_u—断后最小横截面

试件是按标准尺寸制作的,以便统一比较试验的结果。对于圆形截面拉伸标准试件,标距 L_0 与直径 d_0 之间有如下关系(图 1-40):长试件 $L_0=10d_0$;短试件 $L_0=5d_0$。规定 $d_0=10$ mm。

试验时,先量出试件的标距 L_0 和直径 d_0,然后将试件装在材料试验机上,启动加力机构,缓慢增大拉力 P 直至试件断裂为止。在加力过程中随时记录拉力 P 和相应的绝对变形量(或称位移)ΔL 的数值。同时还要注意观察试件变形和破坏的现象。

目前的材料试验机均配有计算机数据采集系统,在试验时,通过计算机可采集拉力 P 和位移 ΔL,在坐标纸上以横坐标表示 ΔL,纵坐标表示 P,画出试件的受力与变形关系的曲线,这个曲线称为拉伸曲线。图 1-41 所示为低碳钢的拉伸曲线(不按比例)。

拉伸试验所得结果可以通过 $P-\Delta L$ 曲线全面反映出来,但是用它来直接定量表达材料的某些力学性能不甚方便。因为即使材料一样,试件尺寸不同时,也会得到不同的 $P-\Delta L$ 曲线。为排除试件尺寸的影响,对拉伸曲线的坐标进行变换:纵坐标 P 除以试件原有横截面面积,变换成应力 σ;横坐标 ΔL 除以试件原长 L_0,变换成应变 ε。这样得到的 $\sigma-\varepsilon$ 曲线就与试件尺寸无关,称为应力-应变曲线(图 1-42),它直接反映了材料的力学性能。下面就以应力-应变曲线为根据来分析低碳钢拉伸时表现出的主要力学性能。

图 1-42 为低碳钢拉伸时的应力-应变曲线(不按比例)。显然它与 $P-\Delta L$ 曲线相似。这条曲线大体

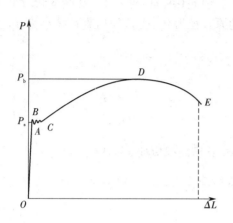

图 1-41 低碳钢的拉伸曲线（不按比例）

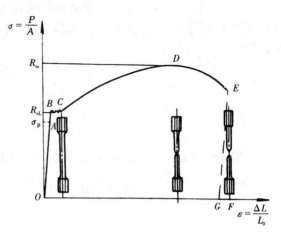

图 1-42 低碳钢拉伸时的应力-应变曲线（不按比例）

上可以分成 OA、BC、CD、DE 四个阶段。下面逐段进行分析。

1. 弹性变形阶段及胡克定律

在图 1-42 中，OA 段表示弹性变形阶段。在这个阶段，可认为变形是完全弹性的。如果在试件上加载，使应力不超过 A 点所对应的应力，那么卸载后试件将完全恢复原状。因此 A 点所对应的应力是保证材料不发生不可恢复的变形的最高限值，这个应力值称为材料的弹性极限，用 σ_p 表示。例如 Q235A 钢的 σ_p = 200 MPa。

在弹性变形阶段，应力与应变成正比，即

$$\sigma = E\varepsilon \tag{1-22}$$

式中：E 为材料的弹性模量，它是一个材料常数。式（1-22）还可以写成另一种形式：

$$\frac{P}{A} = E\frac{\Delta L}{L_0} \tag{1-23}$$

于是有

$$\Delta L = \frac{PL_0}{EA} \tag{1-24}$$

再假设由不同材料（如一种是钢，另一种是橡胶）制成的两个试件的尺寸完全相同，若在相同的外力 P 作用下进行拉伸，它们的变形量肯定不一样（钢试件的 ΔL 小，橡胶试件的 ΔL 大）。那么根据式（1-24）可以知道，相同的 P、L_0、A 不能得到相同的 ΔL 的原因是两种材料的 E 值不同。E 值大的材料，弹性变形量就小；E 值小的材料，弹性变形量就大。由此可见，材料 E 值的大小反映的是材料抵抗弹性变形能力的高低。E 的单位与应力相同。低碳钢的 $E = (2.0 \sim 2.1) \times 10^5$ MPa，其他材料的 E 值可查材料手册。

从式（1-24）还可以发现，一根直杆在拉力 P 作用下所产生的伸长量 ΔL 是与 EA 值成反比的，所以常把杆的 EA 值叫作杆的抗拉刚度。这个值越大，杆越不容易发生变形。

式（1-22）或式（1-24）所反映的规律是 1678 年英国科学家胡克以公式的形式提出的，所以通常称为胡克定律。其可简述为：若应力未超过弹性极限，则应力和应变成正比。

胡克定律同样适用于受压缩的杆。这时 ΔL 表示纵向缩短，ε 表示压缩应变，σ 是压缩应力。就大多数材料而言，它们在压缩时的弹性模量与拉伸时的弹性模量大小相同。使用式（1-22）时，拉伸应力和应变取正值，压缩应力和应变取负值。

胡克定律在弹性变形范围内定量地反映了物体受力变形的基本规律。但它是从试验结果简化得到的，只是近似地反映了客观规律，并不绝对精确。对于大多数金属材料，误差很小；对于铸铁、石料、混凝土等，误差较大。在实际应用中，这些误差一般可以忽略。

以上讨论的变形都是直杆的轴向伸长或缩短,实际上当杆沿轴向(纵向)伸长时,其横向尺寸将减小(图1-39);反之,当杆受到压缩时,其横向尺寸将增大。设杆的原直径为 d_0,受拉伸后直径减小为 d_1,则其横向收缩为

$$\Delta d = d_1 - d_0$$

令

$$\frac{\Delta d}{d_0} = \varepsilon' \qquad (1-25)$$

称 ε' 为横向线应变。当杆受拉伸时,其纵向线应变 $\varepsilon = \dfrac{\Delta L}{L_0}$ 为正值,其横向线应变 ε' 为负值。

试验已证明,在弹性变形阶段拉(压)杆的横向线应变与纵向线应变之比的绝对值是一个常数,即

$$\nu = \left| \frac{\varepsilon'}{\varepsilon} \right| \qquad (1-26)$$

式中: ν 为横向变形系数或泊松比,是一个无量纲的量,其数值随材料而异,也是通过试验测定的。表1-2给出了常用材料的弹性模量及泊松比的值。

表1-2　常用材料的弹性模量及泊松比

材料名称	弹性模量 $E/(\times 10^5 \text{MPa})$	泊松比 ν
低碳钢	2.0~2.1	0.24~0.28
中碳钢	2.05	
低合金钢	2.0	0.25~0.30
合金钢	2.1	
灰铸铁	0.60~1.62	0.23~0.27
球墨铸铁	1.5~1.8	
铝合金	0.71	0.33
硬质合金	3.8	
混凝土	0.152~0.360	0.10~0.18
木材(顺纹)	0.09~0.12	—

2. 屈服阶段及屈服极限 R_{eL}

当应力超过弹性极限以后,曲线上升坡度变缓,在 B 点附近,试件的应变在应力基本保持不变的情况下不断增大。这种现象说明,当试件内应力达到 B 点所对应的应力时,材料抵抗变形的能力暂时消失了,不再像弹性变形阶段那样随着变形量的增大而不断增大抗力了。于是人们形象地说,材料这时对外力"屈服"了,并把出现这种现象的最低应力值 R_{eL} 称作材料的屈服极限。例如 Q235B 钢的 $R_{\text{eL}} = 235$ MPa。试件在应力达到屈服极限以后所发生的变形经试验证明是不可恢复的变形,这时即使将外力卸掉,试件也不会完全恢复原来的形状。

材料出现屈服现象,就会有较大的塑性变形。这对一般零件都是不允许的。因此,一般认为应力达到屈服极限是材料丧失工作能力的标志。一般零件的实际工作应力都必须低于 R_{eL}。

对于没有明显屈服极限的材料,规定用出现 0.2% 塑性变形时的应力作为名义屈服极限,用 $R_{\text{p0.2}}$ 表示。

3. 强化阶段及强度极限 R_{m}

曲线过 C 点以后又逐渐上升,表示经过屈服阶段,材料显示出抵抗变形的能力。这时要使材料继续发生变形,就必须继续增大外力,这种现象称为材料的强化现象。CD 段称为强化阶段。强化阶段的顶点 D 所对应的应力是材料所能承受的最大应力,称为强度极限,以 R_{m} 表示。例如 Q235B 钢的 $R_{\text{m}} = 375 \sim 500$ MPa。

4. 颈缩阶段及断后伸长率 A 和截面收缩率 Z

当应力达到强度极限后,试件不再均匀地变形,试件某一部分的截面显著收缩,即发生所谓的颈缩现象,见图 1-42。过 D 点以后,因颈缩处横截面面积已显著减小,抵抗外力的能力也继续减弱,变形还在继续发生,载荷下降,到达 E 点时试件发生断裂。

在图 1-42 中,试件将要断裂时的总应变(包括弹性应变和塑性应变)为 OF。在试件断裂后,弹性应变 $\varepsilon_e = FG$ 立即消失,而塑性应变 $\varepsilon_p = OG$ 残留在试件上。

试件断裂后所遗留下来的塑性变形的大小可以用来表示材料的塑性性能。一般有两种表示方法。

(1)试件断裂后的残余伸长用断后伸长率 A 表示,即

$$A = \frac{L_u - L_0}{L_0} \times 100\% \qquad (1-27)$$

式中:L_0 为试件原来的标距;L_u 为试件断裂后的标距。A 值反映的是材料在断裂前能够经受的最大塑性变形量。A 值越大,说明材料在断裂前能够经受的塑性变形量越大,也就是说材料的塑性越好。所以 A 值是评价材料塑性的一个指标。通常将 $A \geqslant 5\%$ 的材料称为塑性材料,如钢、铜、铝及塑料等;将 $A < 5\%$ 的材料称为脆性材料,如铸铁、陶瓷、混凝土、玻璃等。低碳钢的 A 值可达 20% ~ 30%,因此它具有良好的塑性;而灰铸铁的 A 值只有约 1%,因此它是较典型的脆性材料。

把具有较大 A 值的材料称为塑性材料,反之则称为脆性材料。但是也应该指出:塑性材料在一定条件下也会发生脆性断裂,即在不发生明显变形的情况下突然断裂;反之,脆性材料在某些特定的受力条件下也会发生较明显的塑性变形。所以应当明确,依据在常温、静载条件下经简单拉伸试验所得出的 A 值来区分材料塑性的好坏,虽然在大多数情况下可以,但不是绝对的,因为影响材料塑性的因素还有受力状态等。

(2)试件在拉伸时其横截面面积会减小,特别是在颈缩处试件被拉断时,其横截面面积减小得更多。所以也可用截面收缩率 Z 来表示材料塑性的好坏,即

$$Z = \frac{S_0 - S_u}{S_0} \times 100\% \qquad (1-28)$$

式中:S_0 为试件原来的截面面积;S_u 为试件断裂后颈缩处测得的最小截面面积。低碳钢的 Z 值约为 60%。

综上所述,反映材料力学性能的主要指标有以下三个。

(1)强度性能。用屈服极限 R_{eL} 和强度极限 R_m 来表示,反映材料抵抗破坏的能力。

(2)弹性性能。用弹性模量 E 来表示,反映材料抵抗弹性变形的能力。

(3)塑性性能。用断后伸长率 A 和截面收缩率 Z 来表示,反映材料具有的塑性变形的能力。

(二)铸铁拉伸时的应力 - 应变图分析

图 1-43 为铸铁拉伸时的 $\sigma - \varepsilon$ 曲线(不按比例)。由图可以看出,$\sigma - \varepsilon$ 曲线无直线部分,但是应力较小时的一段曲线很接近直线,故胡克定律还适用。

铸铁拉伸时无屈服现象和颈缩现象,试件断裂时也无明显的塑性变形,断口平齐,强度极限较小。例如灰铸铁的强度极限 $R_m = 205\ MPa$。

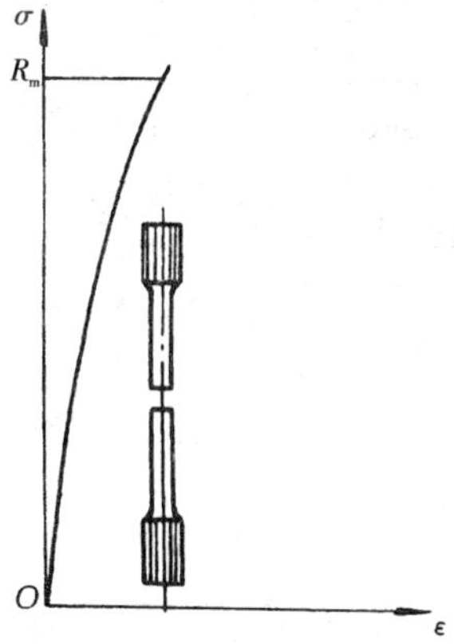

图 1-43　铸铁拉伸时的
$\sigma - \varepsilon$ 曲线(不按比例)

(三)低碳钢和铸铁压缩时的应力 - 应变图分析

在静载压缩试验中,当应力小于弹性极限或屈服极限时,低碳钢所表现出的性质与拉伸时相似,而且弹性极限和弹性模量的数值与拉伸试验所得到的大致相同,屈服极限也一样。当应力超过弹性极限以后,材料发生显著的塑性变形,圆柱形试件高度减小,直径增大。由于试验机平板与试件两端之间有摩擦力,致使试件两端的横向变形受到阻碍,于是试件呈现鼓形(图 1-44)。随着

载荷逐渐增大,试件继续变形,最后被压成饼状。由于塑性良好的材料在压缩时不会发生断裂,所以测不出材料的强度极限。图 1-44 是低碳钢压缩时的 $\sigma-\varepsilon$ 曲线(不按比例)。

由于低碳钢在压缩时的 R_{eL} 和 E 值与拉伸时基本相同,所以一般可不做低碳钢的压缩试验。

作为脆性材料,铸铁在压缩试验中所表现出的力学性能的最大特点是抗压强度极限比抗拉强度极限高出数倍。图 1-45 是铸铁压缩时的 $\sigma-\varepsilon$ 曲线(不按比例),图中虚线是拉伸时的 $\sigma-\varepsilon$ 曲线,由图可见铸铁压缩时的 $\sigma-\varepsilon$ 曲线也没有直线部分和屈服阶段,铸铁是在很小的变形下发生断裂的。断裂的截面与轴线大约成 45°角,这一现象说明,铸铁受压时,在与其轴线以 45°角相交的各斜截面上作用着最大剪应力,铸铁正是在这一剪应力作用下断裂的。

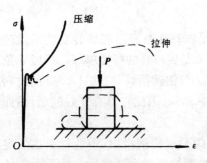

图 1-44　低碳钢压缩时的 $\sigma-\varepsilon$ 曲线
(不按比例)

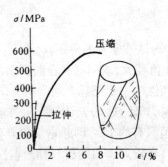

图 1-45　铸铁压缩时的 $\sigma-\varepsilon$ 曲线(不按比例)

低碳钢和铸铁在拉伸与压缩时的力学性能反映了塑性材料和脆性材料的力学性能。通过比较可知,塑性材料和脆性材料的力学性能主要有以下区别。

(1)塑性材料在断裂时有明显的塑性变形,而脆性材料在断裂时变形很小。

(2)塑性材料在拉伸和压缩时的弹性极限、屈服极限和弹性模量都相同,抗拉和抗压强度也相同。而脆性材料的抗压强度远高于抗拉强度。因此,脆性材料通常用来制造受压零件。应当注意,塑性材料和脆性材料的划分是相对的、有条件的。随着温度、外力等条件的变化,材料的力学性能也会发生变化。

表 1-3 列出了几种常用材料在常温、静载条件下的部分力学性能。各种材料的力学性能数据可查阅成大先主编的《机械设计手册》(第六版)(2017 年由化学工业出版社出版)。

表 1-3　几种常用材料的 R_{eL}、R_m、A 值

材料		屈服极限 R_{eL}/MPa	强度极限 R_m/MPa	断后伸长率 A/%	用途举例
普通碳素钢	Q245R	220～240	375～500	25～27	用于制造螺钉、螺母,低压储槽、容器,热交换器的外壳及底座
优质碳素钢	Q245	240	410	25	用于制造低压设备的法兰、换热器的管板及减速机轴、蜗杆等;
	45	335	570	19	用于制造各种运动设备的轴、大齿轮及重要的紧固零件等
低合金钢	16Mn	325	470～620	21	用于制造各种压力容器(如高压锅炉)、大型储罐等
	15MnNi	355	490～640	18	
不锈耐酸钢	1Cr13	345	540	25	用于制造轴、壳体、活塞、活塞杆等;
	0Cr18Ni9	205	520	40	用于制造阀体、管道、容器及其他零件
灰铸铁	HT150		120		用于制造对强度要求不高,且具有较强耐腐蚀能力的泵壳、容器、塔器、法兰等;
	HT250		205		用于制造泵壳、容器、齿轮、气缸、泵体、阀体等
球墨铸铁	QT500-7	320	500	7	用于制造轴承、涡轮、受力较大的阀体等;
	QT450-10	310	450	10	用于制造管路附件及阀体等

（四）温度对材料力学性能的影响

上面讨论的是材料在常温下的力学性能。若材料处于高温或低温条件下,它的力学性能会有什么变化呢?

1.高温对材料力学性能的影响

（1）高温对短期静载试验的影响。利用材料试验机给试件均匀缓慢加载,并在短时间内完成试验,即为短期静载试验。温度对于通过这种试验所得到的低碳钢的 E、R_{eL}、R_m、ν、A、Z 值的影响分别示于图 1-46 和图 1-47 中。由图 1-46 可见,低碳钢的屈服极限随温度升高而下降,超过 400 ℃就测不出来了;强度极限在 350 ℃以下随温度的升高而升高,但超过 350 ℃则迅速下降,所以低碳钢在超过 400 ℃时就不能使用了;弹性模量 E 也随着温度升高而下降;泊松比随着温度升高而上升;断后伸长率 A 和截面收缩率 Z 在温度低于 400 ℃时随着温度升高而减小,但是在温度超过 400 ℃后,则随着温度升高而增大。

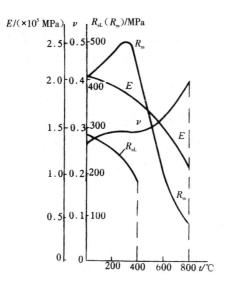

图 1-46 温度对低碳钢的
E、R_{eL}、R_m、ν 值的影响

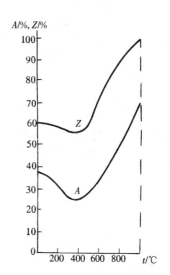

图 1-47 温度对低碳钢的
A、Z 值的影响

（2）高温对长期加载的影响。常温或温度不太高时,试件的变形量只与所加载荷有关,只要外力大小不变,试件的变形量就不变。然而这种情况在高温条件下却不存在,例如在生产中发现,碳钢构件在超过 400 ℃的高温条件下承受外力时,虽然外力大小不变,但是构件的变形却随着时间的延长而不断增大,而且这种变形是不可恢复的。高温时受力构件所特有的这种现象称为材料的蠕变,其变形称为蠕变变形。

发生蠕变的条件有二:一是要有一定的高温,二是要有一定的应力。二者缺一不可。在满足这两个条件的前提下,提高温度或增大应力都会加快蠕变速度。在生产中构件的温度经常是由工艺条件确定的,在此温度下,构件的工作应力越大,蠕变速度越快,则构件的工作寿命就越短。所以,根据对构件工作寿命的要求,必须把蠕变速度控制在一定限度之内。而要做到这一点,只有限制应力值。

2.低温对材料力学性能的影响

在低温条件下,碳钢的弹性极限和屈服极限都有所提高,但断后伸长率降低。这表明碳钢在低温条件下强度提高而塑性下降,倾向于变脆。材料的力学性能在低温下的这种变化可以通过材料的冲击试验明显地表现出来。

三、拉伸和压缩的强度条件

如果直杆受到的是简单拉伸作用,由力的平衡条件可知其轴力 N 等于外力 P,应力计算公式(式 (1-20))也可以写成用外力表达的形式:

$$\sigma = \frac{P}{A} \qquad (1-29)$$

由此可知,当 P 增大时,杆内应力 σ 随之增大,从保证杆的安全工作的角度出发,对杆的工作应力应规定一个最高的允许值。这个允许值建立在材料力学性能的基础之上,称作材料的许用应力,用 $[\sigma]$ 表示。

为了保证拉(压)杆的正常工作,必须使其最大工作应力不超过材料在拉伸(压缩)时的许用应力,即

$$\sigma \leqslant [\sigma] \qquad (1-30)$$

或

$$\frac{P}{A} \leqslant [\sigma] \qquad (1-31)$$

式(1-30)和式(1-31)都称作受拉伸(压缩)直杆的强度条件。这是为保证杆在强度方面安全工作所必须满足的条件。

材料的许用应力怎么确定呢?

如果杆是用塑性材料制作的,那么当杆内最大工作应力达到材料的屈服极限时,沿整个杆的横截面同时发生塑性变形,这将影响杆的正常工作,所以通常将材料的 R_{eL} 作为确定许用应力的基础,并用下式计算:

$$[\sigma] = \frac{R_{eL}}{n_s} \qquad (1-32)$$

式中:R_{eL} 为工作温度(蠕变温度以下)下材料的屈服极限;n_s 为以屈服极限为极限应力的安全系数。

如果杆是用脆性材料制作的,那么杆直到被拉断也不发生明显的塑性变形,而且杆只有在断裂时才丧失工作能力,所以脆性材料的许用应力改用下式确定:

$$[\sigma] = \frac{R_m}{n_b} \qquad (1-33)$$

式中:R_m 为常温时材料的强度极限;n_b 为以强度极限为极限应力的安全系数。

在式(1-32)和式(1-33)中引入安全系数出于以下两方面的考虑。一方面,强度条件(式(1-30)和式(1-31))中有些量本身就存在主观考虑与客观实际间的差异,例如材料的性质不均匀,设计载荷的估计不够精确,进行力的计算时所做的简化、假设等与实际情况有出入,等等。这些因素都有可能使构件的实际工作条件比设计时所设想的条件偏于不安全。另一方面,构件要有必要的强度储备,这是因为构件在使用期内可能碰到意外的载荷或其他不利的工作条件。考虑这些意外因素时,应该将它们和构件的重要性以及构件损坏所引起后果的严重性联系起来。在意外因素相同的条件下,越重要的构件应该有越大的强度储备。由此可见,安全系数只在后一方面的考虑中真正具有安全倍数的意义,因此笼统地把安全系数看作安全倍数是不合适的。

根据以上对安全系数的讨论还可看出,对于一种材料规定统一的安全系数,从而得到统一的许用应力,并以此来设计在各种具体条件下工作的构件,显然不够科学,往往造成材料的浪费。因此,在不同的机器或设备零件的设计中,一般规定不同的安全系数。规定安全系数的数值并不是单纯的力学问题,还有诸如加工工艺和经济等方面的考虑。对于一般构件的设计,n_s 规定为 $1.5 \sim 2.0$,n_b 规定为 $2.0 \sim 5.0$。

有了材料的许用应力,就可以利用强度条件解决以下三方面的问题。

1. 校核强度

已知杆件的材料、截面尺寸和所受拉力(或压力)的大小,可应用式(1-31)校核杆件的强度是否足够。先分别计算出式(1-31)不等号左右两边的数值,再加以比较,看是否满足不等式。如果满足,则强度足够;如果不满足,说明强度没有得到充分保证,解决的办法是增大杆件的横截面面积或改用强度较高的材料以增大许用应力。

例1-7 某化工厂管道吊架如图1-48所示。设管道重量对吊杆的作用力为 10 kN;吊杆材料为Q235A 钢,许用应力 $[\sigma] = 125$ MPa。吊杆选用直径为 8 mm 的圆钢,试校核其强度;若选用直径为 12 mm 的

圆钢,试校核其强度。

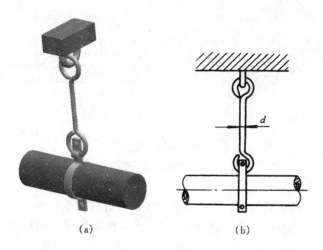

图 1-48　管道吊架

（a）实体图；（b）结构图

解：当吊杆选用直径为 8 mm 的圆钢时,杆内应力

$$\sigma = \frac{P}{A} = \frac{P}{\frac{\pi}{4}d^2} = \frac{10 \times 10^3}{\frac{3.14}{4} \times 8^2} = 199 \text{ MPa} > 125 \text{ MPa}$$

不满足强度条件

$$\sigma = \frac{N}{A} \leqslant [\sigma]$$

故强度不够。

若选用直径为 12 mm 的圆钢,则有

$$\sigma = \frac{P}{\frac{\pi}{4}d^2} = \frac{10 \times 10^3}{\frac{3.14}{4} \times 12^2} = 88 \text{ MPa} < 125 \text{ MPa}$$

因 $\sigma < [\sigma]$,故强度足够。

2. 设计截面尺寸

已知杆件的材料和所受拉力（或压力）的大小,要求确定杆件安全工作时横截面的尺寸。将式（1-31）改写为

$$A \geqslant \frac{P}{[\sigma]} \tag{1-34}$$

即可求得横截面面积,再根据横截面的形状可进一步计算横截面的尺寸。

例 1-8　图 1-49 所示起重用链环由圆钢制成,工作时受到的最大拉力 $P = 15$ kN。已知圆钢的材料为 Q235A,许用应力 $[\sigma] = 40$ MPa,若只考虑链环两边所受的拉力,试确定圆钢的直径 d。设标准链环圆钢的直径有 5 mm、7 mm、8 mm、9 mm、11 mm、13 mm、16 mm、18 mm、20 mm 和 23 mm。

解：因为承受拉力 P 的圆钢有两根,所以每根圆钢承受的拉力为

$$\frac{P}{2} = \frac{15 \times 10^3}{2} = 7\ 500 \text{ N}$$

此外,$A = \frac{\pi}{4}d^2$,$[\sigma] = 40$ MPa $= 40$ N/mm^2,代入式（1-34）得

$$\frac{\pi}{4}d^2 \geqslant \frac{7\ 500}{40}, d \geqslant \sqrt{\frac{750}{3.14}} = 15.5 \text{ mm}$$

故可选用 $d = 16$ mm 的圆钢制作。

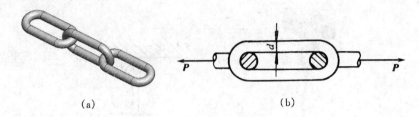

图 1-49 链环
(a)实体图;(b)结构图

3. 确定最大许可载荷

已知构件的材料和尺寸(即已知[σ]及A),要求确定构件允许承受的最大载荷。

例1-9 图 1-50(a)为简易的可旋转悬臂式吊车,由三角架构成。斜杆由两根 5 号等边角钢组成,每根角钢的横截面面积 $A_1 = 4.8$ cm²;水平横杆由两根 10 号槽钢组成,每根槽钢的横截面面积 $A_2 = 12.74$ cm²。材料都是 Q235A 钢,许用应力[σ] = 120 MPa。整个三角架可绕 O_1—O_1 轴转动,电动葫芦能沿水平横杆移动,求允许起吊的最大重量。为简化计算,设备自重不计。

解:(1)受力分析。

①AB 杆。由于 AB 杆的两端只受到 A、B 处的两个销钉作用给它的力,因而它是一个二力杆。两端受到的拉力用 N'_A、N_B 表示(图 1-50(b))。

②AC 杆。它受到三个力的作用(图 1-50(c)):①重物作用给它的竖直向下的重力 G;②AB 杆通过销钉 A 作用给它的约束反力 N_A,N_A 的方向与 N'_A 的方向相反,共线;③销钉 C 作用给杆左端的约束反力 N_C,N_C 的作用线必过 N_A 和 G 的交点 A,所以 N_C 的作用线应当与 AC 杆的轴线重合。

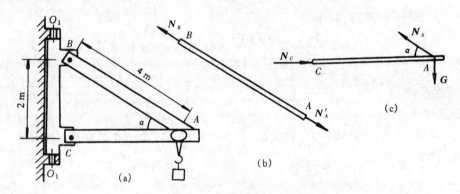

图 1-50 悬臂式吊车
(a)结构图;(b)AB 杆受力图;(c)AC 杆受力图

(2)利用平衡条件求出 AB、AC 两杆所受外力 N_A、N_C 与 G 之间的关系。

根据平面汇交力系的平衡条件可列出 AC 杆上三个力之间的关系式:

$$\sum F_x = 0, N_C - N_A \cos \alpha = 0 \tag{a}$$

$$\sum F_y = 0, N_A \sin \alpha - G = 0 \tag{b}$$

由△ABC 可知,sin α = 2/4 = 1/2,所以,α = 30°。

代入式(b)得

$$N_A = \frac{G}{\sin \alpha} = \frac{G}{1/2} = 2G \tag{c}$$

代入式(a)得

$$N_C = 2G\cos 30° = \sqrt{3}\,G$$

(3)求允许起吊的最大重量。

根据强度条件 $N/A \leqslant [\sigma]$ 可知,杆允许承受的最大轴力 $N = A[\sigma]$。本题中斜杆 AB 的横截面面积 $A_{AB} = 2 \times 4.8 = 9.6\ \text{cm}^2$,许用应力 $[\sigma] = 120\ \text{MPa} = 120\ \text{N/mm}^2$,所以 AB 杆能承受的最大轴力为

$$N_{AB} = [\sigma]A_{AB} = 120 \times 9.6 \times 10^2 = 115\,200\ \text{N} = 115.2\ \text{kN}$$

同理,AC 杆允许承受的最大轴力为

$$N_{AC} = [\sigma]A_{AC} = 120 \times 2 \times 12.74 \times 10^2 = 305\,760\ \text{N} = 305.8\ \text{kN}$$

从 AB 杆来看,G 多大就会使 AB 杆内产生 115.2 kN 的轴力呢?由 $N_A = N_{AB} = 2G$ 得

$$G = \frac{N_A}{2} = \frac{115.2}{2} = 57.6\ \text{kN}$$

从 AC 杆来看,G 多大就会使 AC 杆内产生 305.8 kN 的轴力呢?由 $N_C = N_{AC} = \sqrt{3}\,G$ 得

$$G = \frac{N_C}{\sqrt{3}} = \frac{305.8}{1.73} = 176.8\ \text{kN}$$

所以为了保证两个杆承受的最大轴力均不超过许用应力,允许起吊的最大重量为 57.6 kN。

第三节 梁的弯曲

一、梁的弯曲实例与概念

在化工厂中发生弯曲变形的构件有很多,如桥式吊车起吊重物时,吊车梁会发生弯曲变形,如图1-51所示;卧式容器在内部液体重量和自重作用下,也会发生弯曲变形,如图1-52所示;安装在室外的塔器受到风载荷的作用和管道托架受到管道重量的作用同样会发生变形,如图1-53与图1-54所示。这些以弯曲为主要变形形式的构件在工程上通称梁。

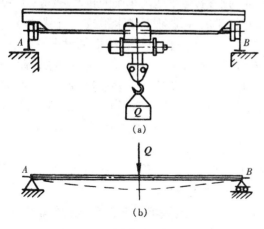

图1-51 桥式吊车(简支梁)
(a)结构图;(b)受力变形图

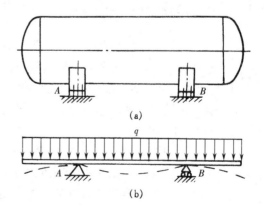

图1-52 卧式容器(外伸梁)
(a)结构图;(b)受力变形图

以上这些构件的受力特点是:在构件的纵向对称平面内,受到垂直于梁的轴线的力或力偶(包括主动力与约束反力)作用。如图1-55所示,使构件的轴线在此平面内弯曲成曲线,这样的弯曲称为平面弯曲。它

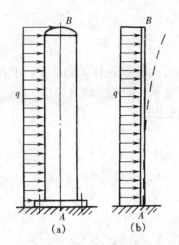

图1-53　塔器(悬臂梁)
(a)结构图;(b)受力变形图

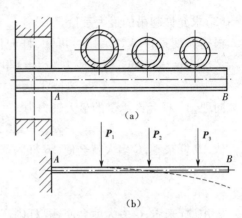

图1-54　管道托架(悬臂梁)
(a)结构图;(b)受力变形图

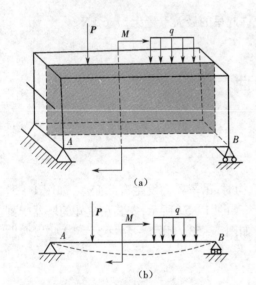

图1-55　平面弯曲示意
(a)结构图;(b)受力图

是工程上常见的且最简单的一种弯曲。本节只讨论等截面直梁的平面弯曲问题。这一类梁的横截面除矩形以外,还有圆形、圆环形、工字形、丁字形。它们都有自己的对称轴(对截面来说)和对称平面(对整个梁来说)。

根据支座的结构形式,可以将梁简化为以下三种。

(1)简支梁。如图1-51(b)所示的吊车梁,一端是固定铰链,另一端是活动铰链。

(2)外伸梁。由一个固定铰链和一个活动铰链支撑,但有一端或两端伸出支座以外,如图1-52(b)所示的卧式容器。

(3)悬臂梁。一端固定,另一端自由,如图1-53(b)所示的塔器与图1-54(b)所示的管道托架。

由前述铰链约束的特点可知,固定铰链支座的基本特征为:可以阻止梁端部的平移,但不能阻止梁的转动。如图1-51和图1-52所示,两种梁的A端都不能水平或竖直移动,但两种梁的轴线却可在图纸平面内转动。其结果是固定铰链支座能够产生一个具有水平和铅垂分量的反作用力,但它却不能产生一个反作用力矩。在两种梁的B端,活动铰链支座可以阻止铅垂方向的位移,但不能阻止水平方向的位移。因此,活动铰链支座可以抵抗铅垂力,但不能抵抗水平力,也不能阻止梁在B端的转动。活动铰链支座与固定铰链支座处的铅垂反作用力的方向既可能向上,也可能向下;固定铰链支座处的水平反作用力的方向既可能向左,也可能向右。

如图1-53和图1-54所示,悬臂梁在固定支座(或夹持支座)处既不能平移也不能转动,而在自由端处却可以平移与转动。因此,固定支座处可能同时存在反作用力和反作用力矩。

图1-52中的外伸梁在A点处有一个固定铰链支座,在B点处有一个活动铰链支座,该梁的轴线可绕A、B点转动。此外,该梁还自A、B点处向外伸出一段,其外伸段类似于一个悬臂梁。

工程中常见的三种梁的约束类型如图1-56所示。图1-56(a)为支撑在混凝土墙上的宽翼板工字梁,地脚螺栓穿过该梁下翼板上的槽孔将其夹持在混凝土墙上。这一连接方式约束了该梁在铅垂方向的移动(向上或向下),但不能阻止其在水平方向的移动;同时它对该梁绕纵向轴的转动约束非常小,通常可忽略不计。因此,通常用一个滚柱代表这类活动铰链支座,如图1-56(b)所示。

　　图1-56(c)表示梁与立柱的连接。由图可知,梁被螺栓与角钢连接到立柱的翼板上。通常认为,这类支座可约束水平和铅垂方向的位移,但不能约束梁的转动(转动约束是轻微的,因为角钢和立柱均可以弯曲)。因此,这种连接通常被表示为固定铰链支座(图1-56(d))。

　　图1-56(e)为一根焊接在底板上的金属立柱,底板被锚固在深埋于地下的混凝土基座上。由于该底板的平移和转动受到了完全的约束,因此该底板被表示为一个固定支座(图1-56(f))。

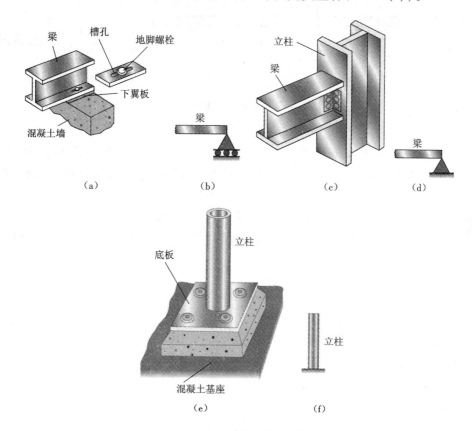

图1-56　梁支撑的例子
(a)、(b)活动铰链约束的结构图和简化图;(c)、(d)固定铰链约束的结构图和简化图;(e)、(f)固定约束的结构图和简化图

　　几种作用在梁上的载荷类型如图1-51~图1-55所示。当某一载荷被施加在一个非常小的面积上时,该载荷可被理想化为一个集中载荷,即一个单一的力,如图1-51中的载荷 Q,图1-54中的 P_1、P_2、P_3 和图1-55中的 P。当某一载荷沿梁的轴线连续分布时,该载荷可被表示为一个分布载荷,如图1-52、图1-53和图1-55中的载荷 q,其单位为每单位距离的力(如N/m)。此外,还有一种载荷类型为力偶,如图1-55中的力偶矩 M。

　　这里的讨论均假设载荷作用在图1-55阴影所示的平面内,梁还必须关于该阴影平面对称。在这些条件下,梁将仅在该平面内发生弯曲变形,如图1-55所示。

　　在直梁的平面弯曲问题中,中心问题是它的强度和刚度问题,讨论的顺序是:外力—内力—应力—强度条件和刚度条件。关于梁外力(支座反力)的求法,在第一节中已经讨论过,不再赘述。

二、梁横截面上的内力——剪力与弯矩

(一)用截面法求内力——剪力 Q 与弯矩 M

当一根梁受到力或力偶的作用时,梁的内部就会产生应力和应变。为了求出这些应力和应变,首先必

须求出作用在该梁横截面上的内力。

下面以一根在自由端处承受着力 P 的悬臂梁 AB(图1–57)为例,说明如何求出内力。用过点 C 的横截面 m—n(设 m—n 截面至自由端的距离为 x)切割该梁,将该梁分为如图1–57(b)和(c)所示的两部分,并将该梁的左侧部分隔离出来作为研究对象(图1–57(b))。该部分梁在力 P 和内力的作用下保持平衡。

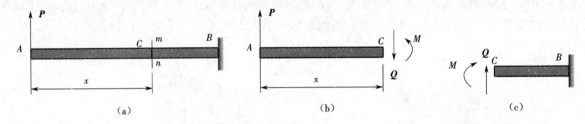

图1–57　梁中的剪力 Q 和弯矩 M
(a)整体受力图;(b)截面左侧受力图;(c)截面右侧受力图

根据静力学相关知识,作用在横截面上的应力的合力可以被化简为一个剪力 Q 和一个弯矩 M (图1–57(b))。根据平衡方程,y 方向的合力为零,对 C 点的合力矩为零,即可计算出该部分梁中的内力。

$$\sum F_y = 0, P - Q = 0, Q = P$$

$$\sum M_C = 0, M - Px = 0, M = Px$$

例1–10　图1–58(a)为一个简支梁 AB,梁上有集中载荷 P,求截面1—1与2—2上的内力。

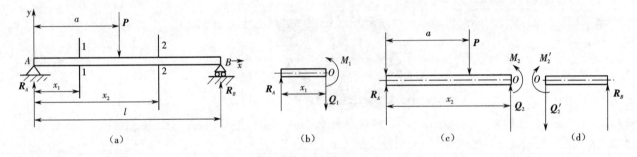

图1–58　用截面法求内力
(a)受力图之一;(b)受力图之二;(c)受力图之三;(d)受力图之四

解:以整个梁为研究对象,先求出支座反力 R_A 与 R_B:

$$\sum M_A(\boldsymbol{F}) = 0, R_B l - Pa = 0$$

$$R_B = P\frac{a}{l}$$

$$\sum F_y = 0, R_A + R_B - P = 0$$

$$R_A = P - R_B = P\frac{l-a}{l}$$

再用1—1截面将 AB 梁截为两部分,移去右半部分,考虑左半部分的平衡,用内力代替右半部分对左半部分的作用。由图1–58(b)可以看出,因为在这段梁上作用有向上的力 R_A,所以在横截面1—1上必定有一个作用方向与 R_A 相反的内力,才能满足平衡条件,设此力为 Q_1,则由平衡方程

$$\sum F_y = 0, R_A - Q_1 = 0$$

可得 $Q_1 = R_A$。Q_1 称为剪力,它实际上是梁横截面上切向分布内力的合力。显然,根据左半段梁的全部平衡条件,此横截面上必定还有一个内力偶,因为外力 R_A 与剪力 Q_1 组成了一个力偶,必须有横截面上的这个内

力偶才能与它平衡。设此内力偶的力矩为 M_1，则由平衡方程

$$\sum M_O(\boldsymbol{F}) = 0, M_1 - R_A x_1 = 0$$

可得 $M_1 = R_A x_1$。

这里的矩心 O 是横截面的形心。此内力偶的力矩称为弯矩。

同理，在 2—2 截面上也应存在剪力 $\boldsymbol{Q}_2$ 与弯矩 M_2（图 1-58(c)），并可用平衡方程求出：

$$\sum F_y = 0, R_A - P + Q_2 = 0$$

$$Q_2 = P - R_A$$

$$\sum M_O(\boldsymbol{F}) = 0, M_2 - R_A x_2 + P(x_2 - a) = 0$$

$$M_2 = R_A x_2 - P(x_2 - a)$$

由此可知，剪力 $\boldsymbol{Q}$ 在数值上等于截面一侧所有外力投影的代数和，弯矩 M 在数值上等于截面一侧所有外力对截面形心 O 的力矩的代数和，即

$$Q = \sum F_y, M = \sum M_O(\boldsymbol{F}) \tag{1-35}$$

在一般情况下，梁弯曲时，任一截面上的内力有剪力 $\boldsymbol{Q}$ 与弯矩 M，其数值随截面的位置不同而不同。在求横截面上的内力时并没有限制只能考虑左半部分的平衡，取右半部分也是正确的。如果取右半部分，在进行内力分析时，应注意剪力 $\boldsymbol{Q}$ 与弯矩 M 的方向都应和左半部分截面上的剪力 $\boldsymbol{Q}$ 与弯矩 M 的方向相反，大小则应当相等。图 1-58(d) 画出了截面 2—2 右半段梁的受力图，读者可自行验算剪力 $\boldsymbol{Q}_2'$ 与弯矩 M_2' 的大小，其结果一定和以上结果相同。

对于较细长的梁，试验和理论证明，它的弯曲变形以至破坏主要是由于弯矩 M 的作用，受剪力的影响很小，可以忽略。因此下面着重对弯矩的计算做进一步的分析和讨论。

例 1-11　如图 1-59(a) 所示，简支梁 AB 支撑着两个载荷，一个载荷是力 $\boldsymbol{P}$，另一个载荷是力偶 M_0。请求出该梁以下横截面处的剪力 $\boldsymbol{Q}$ 和弯矩 M：(1) 紧靠该梁中点左侧的横截面；(2) 紧靠该梁中点右侧的横截面。

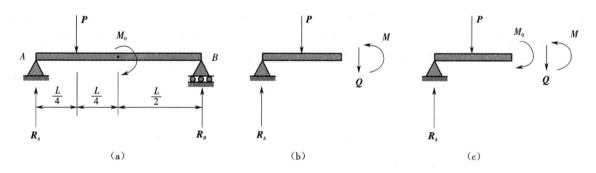

图 1-59　例 1-11 图
（a）受力分析图；（b）中点左侧梁受力图；（c）中点右侧梁受力图

解：分析该梁的第一步是求解支座处的反作用力 R_A、R_B。分别对各端点求力矩和，可得到两个平衡方程，根据这两个平衡方程可分别求出

$$R_A = \frac{3P}{4} - \frac{M_0}{L}, R_B = \frac{P}{4} + \frac{M_0}{L} \tag{a}$$

(1) 求中点左侧处的剪力和弯矩。在紧靠中点左侧的横截面处切割该梁，取左半部分作为研究对象（图 1-59(b)）。该部分梁由载荷 $\boldsymbol{P}$、反作用力 $\boldsymbol{R}_A$ 以及未知内力（剪力 $\boldsymbol{Q}$ 和弯矩 M）来保持平衡，应以正的作用方向来表示这两个未知内力。力偶 M_0 没有作用在该部分梁上，因为切割面在其作用点的左侧。

对各力在铅垂方向上求和（向上为正），可得

$$\sum F_y = 0, R_A - P - Q = 0 \tag{b}$$

据此可求得剪力为

$$Q = R_A - P = -\frac{P}{4} - \frac{M_0}{L} \tag{c}$$

这一结果表明,当 P 和 M_0 的作用方向如图 1-59(a)所示时,剪力值(在所选位置处)为负,其作用方向与图 1-59(b)所假设的正方向相反。

对该切割截面(图 1-59(b))上的某一条轴线求力矩和,可得

$$\sum M = 0, -R_A \cdot \frac{L}{2} + P \cdot \frac{L}{4} + M = 0 \tag{d}$$

其中,逆时针力矩为正。求解式(d),可得到弯矩 M 为

$$M = R_A \cdot \frac{L}{2} - P \cdot \frac{L}{4} = \frac{PL}{8} - \frac{M_0}{2} \tag{e}$$

弯矩 M 的正负取决于载荷 P 和 M_0 的大小。如果它是正的,那么它将作用在图示方向;如果它是负的,那么它将作用在相反方向。

(2)求中点右侧处的剪力和弯矩。在这种情况下,在紧靠中点右侧的横截面处切割该梁,并取左半部分作为研究对象(图 1-59(c))。该图与图 1-59(b)的区别在于:力偶 M_0 作用在该部分梁上。

根据力在铅垂方向的平衡条件以及关于该切割截面上某一轴线的力矩平衡条件,可得到两个平衡方程,即

$$Q = -\frac{P}{4} - \frac{M_0}{L} \tag{f}$$

$$M = \frac{PL}{8} + \frac{M_0}{2} \tag{g}$$

这些结果表明,当把切割截面从力偶 M_0 的左侧移至右侧时,剪力不会改变(因为作用在自由体上的铅垂力没有发生变化),而弯矩的代数值却增大了 M_0(比较式(e)和式(g))。

例 1-12 一根外伸梁在点 A、B 处受到支撑(图 1-60(a))。一个强度为 $q = 6$ kN/m 的均布载荷作用在该梁的整个长度上,一个 $P = 28$ kN 的集中载荷作用在与左端支座相距 3 m 的位置。该梁的跨度为 8 m,外伸段的长度为 2 m。请计算横截面 D(该横截面与左端支座相距 5 m)上的剪力 Q 和弯矩 M。

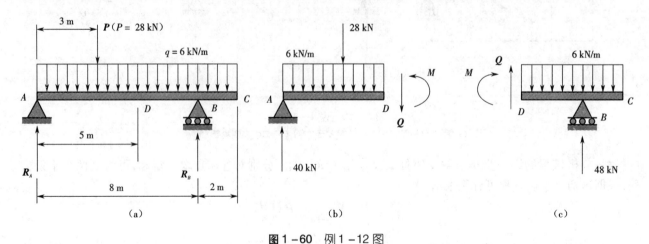

图 1-60 例 1-12 图

(a)整体受力图;(b)左半部分受力图;(c)右半部分受力图

解:首先,把整个梁作为一个自由体,根据该自由体的平衡方程来求解反作用力 R_A、R_B。分别求关于点 B、点 A 的力矩和,可得

$$R_A = 40 \text{ kN}, R_B = 48 \text{ kN} \tag{a}$$

其次,沿着截面 D 进行切割,取左半部分进行受力分析(图1-60(b))。绘制该图时,假设未知的内力 Q 和 M 为正。

平衡方程为

$$\sum F_y = 0,40 \text{ kN} - 28 \text{ kN} - 6 \text{ kN/m} \times 5 \text{ m} - Q = 0 \tag{b}$$

$$\sum M_D = 0, -40 \text{ kN} \times 5 \text{ m} + 28 \text{ kN} \times 2 \text{ m} + 6 \text{ kN/m} \times 5 \text{ m} \times 2.5 \text{ m} + M = 0 \tag{c}$$

在式(b)中,向上的力为正;在式(c)中,逆时针的力矩为正。求解这两个方程,可得

$$Q = -18 \text{ kN}, M = 69 \text{ kN} \cdot \text{m}$$

Q 为负号意味着剪力为负,即其作用方向与图1-60(b)所示的方向相反;M 为正号表明弯矩的作用方向与图示方向一致。

求解 Q 和 M 的另一种方法是根据该梁的右半部分(图1-60(c))。绘制该图时,再次假设未知的剪力和弯矩为正。两个平衡方程为

$$\sum F_y = 0, Q + 48 \text{ kN} - 6 \text{ kN/m} \times 5 \text{ m} = 0$$

$$\sum M_D = 0, -M + 48 \text{ kN} \times 3 \text{ m} - 6 \text{ kN/m} \times 5 \text{ m} \times 2.5 \text{ m} = 0$$

据此可得 $Q = -18 \text{ kN}, M = 69 \text{ kN} \cdot \text{m}$。

如前所述,受力对象的选择主要考虑方便性和个人偏好。

(二)弯矩正负号的规定

据式(1-35)可直接写出任意截面上的弯矩,而不需要列平衡方程。至于选用梁的横截面的左侧还是右侧来计算弯矩,取决于运算简便与否。为了使由截面左侧求得的弯矩和由截面右侧求得的弯矩具有相同的符号,通常根据梁的变形来规定:**当梁向下凹弯曲,即下侧受拉时,弯矩规定为正值;当梁向上凸弯曲,即上侧受拉时,弯矩规定为负值**,见图1-61。

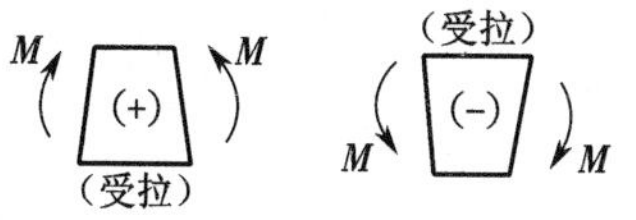

图1-61 弯矩正负号的规定

根据如上定义,仍以图1-58所示的简支梁为例,看看2—2截面上的弯矩是怎样得到的。从图1-58可看出,不论是截面的左侧还是右侧,只要是向上的外力均产生正弯矩,只要是向下的外力均产生负弯矩。因此,在借助外力矩计算弯矩时,只要是向上的外力,它对截面中性轴取矩均为正值,这时就不用考虑这个力矩的转向是顺时针还是逆时针了。同理,凡是向下的外力对截面中性轴取矩均为负值。于是可得横截面上弯矩的计算法则:梁在外力作用下,其任意指定截面上的弯矩等于该截面一侧所有外力对该截面中性轴取矩的代数和;凡是向上的外力,其矩取正值,向下的外力,其矩取负值。若梁上作用有集中力偶,则截面左侧顺时针转向的力偶或截面右侧逆时针转向的力偶取正值,反之取负值。

作为例子,现在按上述规定应用式(1-35)来求图1-58中梁截面2—2上的弯矩 M_2。如取梁的左半部,对 O' 点取矩,得

$$M_2 = R_A x_2 - P(x_2 - a)$$

R_A 向上,力矩为正;P 向下,力矩为负。将 $R_A = P \cdot \dfrac{l-a}{l}$ 代入上式,可得

$$M_2 = P \cdot \frac{l-a}{l} \cdot x_2 - P(x_2 - a) = \frac{P(l-a)x_2 - Pl(x_2-a)}{l} = P \frac{a(l-x_2)}{l}$$

如取梁的右半部,对 O' 点取矩,R_B 的力矩为正,得

$$M_2 = R_B(l - x_2) = P \frac{a}{l}(l - x_2)$$

这与前式得出的结果一致。

三、弯矩方程与弯矩图

从以上讨论可知,截面上弯矩的数值随截面位置而变化。为了解弯矩随截面位置的变化规律及最大弯矩的位置,可利用函数关系和函数图形来表达。下面介绍建立弯矩方程和画弯矩图的方法。

(一)弯矩方程

根据作用在梁上的载荷和支座情况,可利用直角坐标系找出任意截面的弯矩 M 与该截面在梁上的位置之间的函数关系。取轴上某一点为原点,则距原点 x 处的任意截面上的弯矩 M 可写成 x 的函数:

$$M = f(x)$$

这个函数关系叫作弯矩方程。它表达了弯矩随截面位置的变化规律。

(二)弯矩图

上述弯矩随截面位置的变化规律可以用函数图形更清楚地表示出来。作图时以梁的轴线为横坐标,表示各截面的位置,以相应截面上的弯矩值为纵坐标,并且规定正弯矩画在横坐标的上面,负弯矩画在横坐标的下面,这样画出来的图形就叫弯矩图。从弯矩图上可非常清楚地看出弯矩的变化情况与最大弯矩的位置。现举例说明弯矩图的画法。

例1-13 管道托架见图 $1-62$(a)。设臂长为 L ,作用在其上的管道重力为 P_1 与 P_2 ,单位为 kN, L、a、b 的单位为 m。托架可简化为悬臂梁,试画出它的弯矩图。

解:(1)建立弯矩方程。将坐标原点取在梁的 A 端,参考图 $1-62$(b),分别考虑截面1—1、2—2、3—3 左半部分的平衡,这样可避免求支座反力。根据截面左边梁上的外力,按前述直接从外力计算的方法写出弯矩方程为

$$M_1 = 0 \quad (0 \leqslant x_1 \leqslant a) \tag{a}$$
$$M_2 = -P_1(x_2 - a) \quad (a \leqslant x_2 \leqslant b) \tag{b}$$
$$M_3 = -P_1(x_3 - a) - P_2(x_3 - b) \quad (b \leqslant x_3 \leqslant L) \tag{c}$$

式(a)表明,当 x_1 处于从 0 到 a 这一段时,梁没有弯矩,式(a)右边的括弧内标明了这个方程的适用范围。式(b)表明 M_2 是负弯矩,大小随 x_2 的变化而变化,在 $x_2 = a$ 处, $M_2 = 0$;在 $x_2 = b$ 处, $M_2 = -P_1(b - a)$,式(b)后面的括弧内也标明了该弯矩方程的适用范围。在 $x_3 = b$ 处, $M_3 = -P_1(b - a)$;当 $x_3 = L$ 时, $M_3 = -P_1(L - a) - P_2(L - b)$ 。注意到在 $x_1 = a$、$x_2 = a$ 处,由两边不同的弯矩方程求出的弯矩值相同,表明弯矩值是连续变化的。

(2)作弯矩图。不难看出,弯矩方程式(b)与(c)都是 x 的一次函数,作出的图形均为直线,如已知两点的弯矩值,即可画出一段直线。因此梁的弯矩图如图 $1-62$(c)所示。从弯矩图上可看出,最大弯矩产生在固定端 B 所在的横截面(简称 B 截面)上, $M_{max} = -P_1(L - a) - P_2(L - b)$,是负值。应当注意,弯矩的正负号实际上仅表示弯曲变形的方向(向下凹还是向上凸),而无一般代数符号的含义。因而截面 B 是危险截面,且最大拉应力在上侧。

例1-14 塔器可以简化为具有固定端支座的悬臂梁,如图 $1-63$ 所示。风压为均布载荷 q ,单位为 kN/m, l 的单位为 m,试画它的弯矩图。

解:以 B 点为原点,这样可避免求支座反力, x 轴向左为正,从右边的自由端考虑列任意截面 $n—n$ 处的弯矩方程:

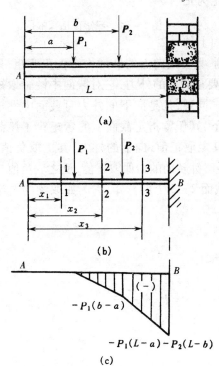

图1-62　例1-13图

(a)结构图;(b)受力图;(c)弯矩图

$$M = -qx \cdot \frac{x}{2} = -\frac{1}{2}qx^2 \quad (0 \leqslant x \leqslant l)$$

由此可知,弯矩方程为在 $0 \leqslant x \leqslant l$ 这一范围内的二次抛物线方程,因此需要确定其上至少三个点(例如 $x = 0$ 处,$M = 0$;$x = l/2$ 处,$M = -\frac{ql^2}{8}$;$x = l$ 处,$M = -\frac{ql^2}{2}$)才可画出弯矩图。

有了这个弯矩图,任意截面上的弯矩都可以直接求出。由图 1-63 可知,最大弯矩产生在塔器底座 A 所在的横截面(简称 A 截面)上,数值等于 $\frac{1}{2}ql^2$。如果悬臂梁受的不是均布载荷,而是一个作用在 B 点的集中力 $P = ql$,则很容易求得 A 截面处的最大弯矩等于 ql^2,比均布载荷时的最大弯矩大 1 倍。

在以上两个例题中,由于有固定支座,从自由端考虑建立弯矩方程时不需要先求支座反力,弯矩方程也比较简单。下面再介绍几个例子。

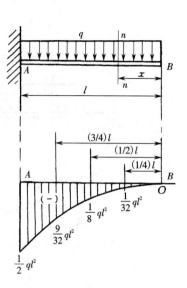

图 1-63 例 1-14 图

例 1-15 填料塔内支撑填料的栅条,长 l,受填料重力的作用,可简化为受均布载荷 q 的简支梁 AB,如图 1-64 所示,试画出弯矩图。

解:先求支座反力。由于载荷是均匀分布的,支座又是对称布置的,所以两支座的反力相等,即

$$R_A = R_B = \frac{ql}{2}$$

再列弯矩方程。取离 A 点 x 处的任意截面 n—n,观察截面左侧部分,有外力 R_A 和均布载荷 q,且均布载荷的合力 qx 到左端的距离为 $x/2$,则

$$M = R_A x - qx \cdot \frac{x}{2} = \frac{ql}{2}x - \frac{qx^2}{2} \quad (0 \leqslant x \leqslant l)$$

由于 M 是 x 的二次抛物线,因此弯矩图是抛物线。求出几个特征点的弯矩值如下:

x	0	$\frac{1}{4}l$	$\frac{1}{2}l$	$\frac{3}{4}l$	l
M	0	$\frac{3}{32}ql^2$	$\frac{1}{8}ql^2$	$\frac{3}{32}ql^2$	0

最大弯矩在弯矩方程的一阶导数等于零的位置,即

$$\frac{\mathrm{d}M}{\mathrm{d}x} = 0, \frac{1}{2}ql + \left(-2q \cdot \frac{x}{2}\right) = 0, x = \frac{l}{2}$$

将 $x = \frac{l}{2}$ 代入弯矩方程,得

$$M_{\max} = \frac{1}{8}ql^2$$

画出的弯矩图如图 1-64(b)所示,弯矩为正值。

如果是集中力 $P = ql$ 作用在梁的中点,画出来的弯矩图如图 1-65 所示,最大弯矩在集中力 P 所在的横截面上,等于 $\frac{1}{4}ql^2$,比均布载荷时的最大弯矩大 1 倍。

例 1-16 如图 1-66(a)所示,简支梁在中部受力偶 M 的作用,跨度为 l。力偶到左端 A 点的距离为 a,到右端 B 点的距离为 b。画出梁的弯矩图。

解:先求支座反力。因载荷为力偶,故支座反力 R_A 与 R_B 也组成力偶,与力偶 M 平衡。于是有

$$R_A = R_B = \frac{M}{l}$$

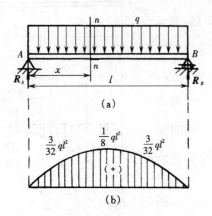

图 1-64　例 1-15 图
(a)结构图;(b)弯矩图

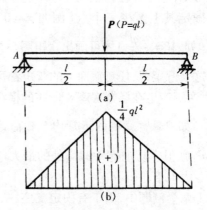

图 1-65　集中力作用下梁的弯矩
(a)结构图;(b)弯矩图

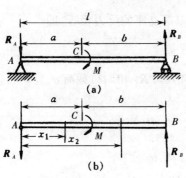

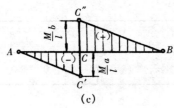

图 1-66　例 1-16 图
(a)结构图;(b)受力;(c)弯矩图

将梁分成受力情况不同的 AC 和 BC(图 1-66(b))两段,分别列出它们的弯矩方程(坐标原点设在 A 点处)。

AC 段($0 \leqslant x_1 \leqslant a$):

$$M_1 = -R_A x_1 = -\frac{M}{l}x_1$$

此方程的函数图形为一条直线,由两点可确定:

当 $x_1 = 0$ 时,　　　　　　　$M_1 = 0$

当 $x_1 = a$ 时,　　　　　　　$M_1 = -\frac{M}{l}a$

BC 段($a \leqslant x_2 \leqslant l$):

$$M_2 = -R_A x_2 + M = -\frac{M}{l}x_2 + M = M\frac{l-x_2}{l}$$

此方程的函数图形为一条直线,由两点可确定:

当 $x_2 = a$ 时,　　　　$M_2 = M\frac{l-a}{l} = M\frac{b}{l}$

当 $x_2 = l$ 时,　　　　$M_2 = 0$

画出的弯矩图如图 1-66
(c)所示。由图可知,在 C 点所在的横截面(即载荷力偶的作用截面)上,弯矩的数值突然发生变化。最大弯矩在载荷力偶作用的截面上,其数值为以下两个数值中的较大者:

$$|M_{max}| = M\frac{a}{l} \quad \text{或} \quad |M_{max}| = M\frac{b}{l}$$

在卧式化工容器采用鞍式支座时,一般推荐的鞍式支座位置为 $a = 0.2L$,式中 L 为容器的长度,a 为支座到容器一端的距离,见图 1-67(a)。现从弯矩的分布规律来看这种推荐方法的根据。

例 1-17　卧式容器可以简化为受均布载荷的外伸梁。如图 1-67(a)所示,L 表示受均布载荷 q 作用的容器总长,a 表示

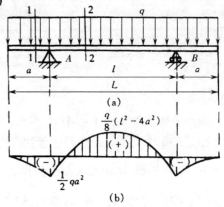

图 1-67　例 1-17 图
(a)结构图;(b)弯矩图

外伸段的长度，l 表示两支座的距离。问：支座放在什么位置可使设备的受力情况最好？

解：（1）求支座反力。首先求支座反力 R_A 与 R_B，由于梁的结构和载荷均处于对称状态，显然

$$R_A = R_B = \frac{1}{2}q(l+2a)$$

（2）写弯矩方程。支座 A 和 B 的外伸部分载荷相同，弯矩相同，以支座 A 的外伸部分为例，则外伸段 1—1 截面的弯矩方程为

$$M_1 = -\frac{1}{2}qx_1^2 \quad (0 \leq x_1 \leq a)$$

在这一段中，当 $x_1 = a$ 时，弯矩最大值为 $M_{1max} = -\frac{1}{2}qa^2$。

中间段 2—2 截面的弯矩方程为

$$M_2 = R_A(x_2 - a) - qx_2 \cdot \frac{1}{2}x_2 = \frac{1}{2}q(l+2a)(x_2 - a) - \frac{1}{2}qx_2^2 \quad (a \leq x_2 \leq a+l)$$

由数学知识可知，二次函数的极值出现在对称轴所在位置，因此 $x_2 = \frac{1}{2}l + a$ 时弯矩最大，其值为

$$M_{2max} = \frac{1}{8}q(l^2 - 4a^2)$$

欲使设备受力情况最好，就必须适当选择 a 与 L 的比例，使得外伸段和中间段的最大弯矩的绝对值相等，即 $|M_{1max}| = |M_{2max}|$，由此得到

$$\frac{1}{2}qa^2 = \frac{1}{8}q(l^2 - 4a^2)$$

$$l^2 = 8a^2$$

所以

$$a = \frac{l}{2\sqrt{2}}$$

因为 $l = L - 2a$，代入上式，得

$$a = \frac{L - 2a}{2\sqrt{2}}$$

简化后，得

$$a = \frac{L}{2(1+\sqrt{2})} = 0.207L$$

因此，鞍座的位置推荐满足 $a = 0.2L$。

通过以上各例，可以总结出三点：①梁受集中力作用时，弯矩图必为直线，并且在集中力作用处，弯矩发生转折；②梁受力偶作用时，弯矩图也是直线，但是在力偶作用处，弯矩发生突变，突变的大小等于力偶矩；③梁受均布载荷作用时，弯矩图必为抛物线，如均布载荷向下，则抛物线开口向下，如均布载荷向上，则抛物线开口向上。

根据上面的总结，不仅可以检查所画的弯矩图是否正确，而且可以直接画出弯矩图。直接画弯矩图时只要求几个截面上的弯矩值，确定弯矩图上的几个点，点与点之间按上述规律以直线或抛物线连接即可，而不必列出弯矩方程。下面举例说明这种方法。

例 1-18 外伸梁受载荷作用，如图 1-68 所示，已知 q 和 a 值，画出此梁的弯矩图。

解：先求支座反力。

$$\sum M_A(F) = 0, \quad R_B \cdot 2a - Pa - qa \cdot \frac{5a}{2} = 0$$

$$R_B = \frac{7}{4}qa$$

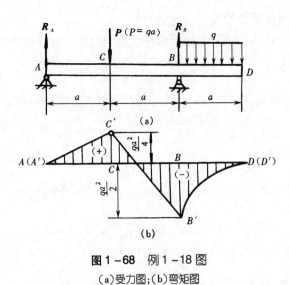

图 1-68　例 1-18 图

（a）受力图；（b）弯矩图

$$\sum F_y = 0, R_A + R_B - P - qa = 0$$

$$R_A = \frac{1}{4}qa$$

再求 A、B、C、D 点所在截面的弯矩。

$$M_A = R_A \times 0 = 0$$

由 AC 段梁得

$$M_C = R_A a = \frac{1}{4}qa^2$$

由 AB 段梁得

$$M_B = R_A \cdot 2a - P \cdot a = \frac{1}{4}qa \cdot 2a - qa \cdot a = -\frac{1}{2}qa^2$$

或由 BD 段梁得

$$M_B = -qa \cdot \frac{a}{2} = -\frac{1}{2}qa^2$$

$$M_D = 0$$

然后在弯矩图上定出相应的弯矩值 A'、B'、C'、D' 各点。由于梁的 AC 段和 BC 段的弯矩图为直线,连 $A'C'$ 线和 $B'C'$ 线,梁的 BD 段的弯矩图为开口向下的抛物线,在 $B'D'$ 段内多取几点的弯矩值,连 $B'D'$ 成抛物线,得图 1-68（b）所示弯矩图。由图可知,此梁的危险截面为 B 点所在的横截面,最大弯矩为

$$|M_{max}| = \frac{1}{2}qa^2$$

工程实际中几种常见受载情况下梁的弯矩图汇集于表 1-4 中,供参考。某些复杂受载梁的弯矩图可以由这些简单的受载弯矩图叠加得到。

表 1-4　常见受载情况下梁的弯矩图

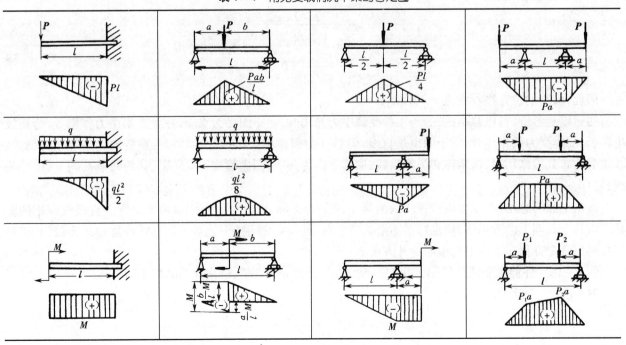

四、梁弯曲时横截面上的正应力及其分布规律

弯矩是梁弯曲时横截面上的内力总和,并不能反映内力在梁横截面上分布的情况。要对梁进行强度计算,还必须知道横截面上的应力分布规律和应力的最大值。要知道应力分布规律,就必须从梁弯曲变形的试验出发,观察其变形现象,找出变形的变化规律。

（一）纯弯曲梁实例及弯曲变形特征

前面讨论了梁在弯曲时横截面上的内力,在一般情况下,截面上既有弯矩 M 又有剪力 Q。为了使问题简化,先来研究横截面上只有弯矩没有剪力的纯弯曲。小推车的轮轴如图 1-69 所示,在车轴上作用有静载荷 P,地面对它的反力 $R_A = R_B = P$。画出来的弯矩图如图 1-69(c)所示,从图上可以看出 CD 段的弯矩保持一个常量 $M = Pa$,横截面上的剪力 $Q = 0$,因而车轴上 CD 段的横截面上只有弯矩,是纯弯曲的情形。

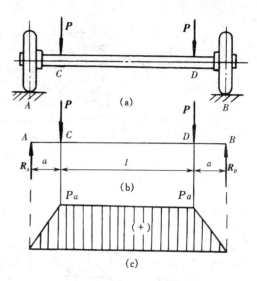

图 1-69　纯弯曲梁实例
(a)结构图;(b)受力图;(c)弯矩图

现在研究纯弯曲时梁的变形规律。如图 1-70 所示,一块矩形截面的泡沫塑料梁的两端受在纵向对称平面内的两个大小相等、转向相反的力偶的作用,梁就产生平面纯弯曲。为便于观察变形的情况,在泡沫梁的前、后、上、下四个表面上画上与轴线平行的纵线 $a-a$、$c-c$、$b-b$,与轴线垂直的横线 $m-m$ 与 $n-n$。观察到:①上半部的纵线 $a-a$ 缩短,下半部的纵线 $b-b$ 伸长,中间的纵线既不伸长也不缩短;②前、后表面上的横线 $m-m$ 与 $n-n$ 保持直线,并且与弯曲后的纵线垂直。

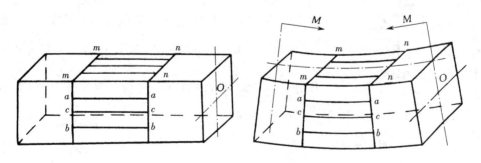

图 1-70　梁的平面纯弯曲

由以上两点可以设想梁由许多纵向纤维组成,上面的纵向纤维因受压而缩短,下面的纤维由于拉伸而伸长,其间必有一层纤维既不伸长也不缩短,这一层叫作中性层(图 1-71)。中性层与横截面的交线叫中性轴(图 1-71)。而梁的横截面在弯曲之后仍然保持平面形态,只是绕中性轴旋转了一个很小的角度,并且仍与弯曲后梁的轴线垂直,这就是梁在纯弯曲时的变形特征。

（二）正应力及正应力的分布规律

图 1-71 中 y 轴是梁的纵向对称面与横截面的交线,是截面的对称轴。z 轴为中性轴,它通过截面的重心,并且与 y 轴垂直。在梁未弯曲时,各层纵向纤维的原长为 L;在梁变形之后,只有中性层上的纵向纤维保持原长,中性层以上的各层纤维都会缩短,中性层以下的各层纤维都会伸长。由图可以看出,除中性层以外,各层纵向纤维的长度改变量 ΔL 与该层到中性层的距离 y 成正比,即 $\Delta L \propto y$,也就是说,各层纤维的绝对

变形 ΔL 与 y 成正比,离中性轴越远,变形越大。以 L 除 ΔL,可以得到纵向纤维的应变 ε,它也与 y 成正比,即

$$\varepsilon \propto y$$

在弹性范围内,由胡克定律 $\sigma = E\varepsilon$ 可知,轴向正应力 σ 也与 y 成正比,可写成

$$\sigma \propto y$$

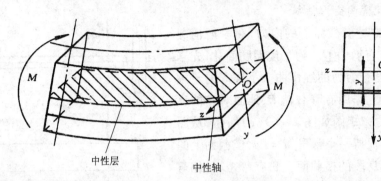

图 1-71   梁纯弯曲分析

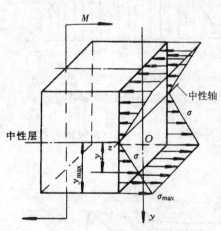

图 1-72   正应力分布

由此可知轴向正应力 σ 的变化规律:σ 沿截面高度方向呈线性变化,即离中性轴越远,应力越大,在中性轴($y=0$)上应力为零,中性轴的一侧为拉应力,另一侧为压应力。正应力的分布规律如图 1-72 所示。由图 1-72 可知,距中性轴 y 处的正应力 σ 与距中性轴 $y_{\max}$ 处的最大应力 $\sigma_{\max}$ 有如下关系:

$$\frac{\sigma}{\sigma_{\max}} = \frac{y}{y_{\max}}, \quad \sigma = \frac{y}{y_{\max}}\sigma_{\max}$$

为了计算 $\sigma_{\max}$,考虑梁的一部分平衡,如图 1-73 所示,在横截面上距中性轴 y 处取微面积 $\mathrm{d}A$,其上作用的内力为 $\sigma\mathrm{d}A$,对中性轴的力矩为 $y\sigma\mathrm{d}A$,横截面上内力矩的总和就是横截面上的弯矩 M,即

$$M = \int_A y\sigma\mathrm{d}A = \int_A \frac{y}{y_{\max}}\sigma_{\max}y\mathrm{d}A = \frac{\sigma_{\max}}{y_{\max}}\int_A y^2\mathrm{d}A$$

积分 $\int_A y^2\mathrm{d}A$ 称为横截面对中性轴 z 的惯性矩,用 J_z 表示,单位为 m^4,它是与截面尺寸和形状有关的几何量,代入上式,得

$$M = \frac{\sigma_{\max}}{y_{\max}}J_z$$

由此得到

$$\sigma_{\max} = \frac{My_{\max}}{J_z} \qquad (1-36)$$

令 $\dfrac{J_z}{y_{\max}} = W_z$,称为抗弯截面模量,单位为 m^3,它也是与截面尺寸和形状有关的几何量。于是梁弯曲时横截面上的最大正应力的公式可写为

$$\sigma_{\max} = \frac{M}{W_z} \qquad (1-37)$$

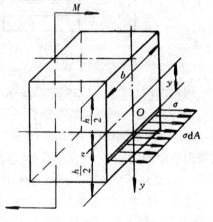

图 1-73   梁的平衡

式(1-37)由纯弯曲推导而得。对于一般的剪切弯曲,在梁的横截面上不仅有正应力,而且有剪应力。由于剪应力的存在,梁的横截面将发生翘曲。此外,在与中性层平

行的纵截面上,还有由横向力引起的挤压应力。因此,梁在纯弯曲时所做的平面假设和各层纵向纤维间互不挤压的假设都不能成立。但在均布载荷作用下的矩形截面简支梁,当其跨度与截面高度之比 L/h 大于 5 时,横截面上的最大正应力按纯弯曲时的公式(1-37)来计算误差不超过 1%。对于工程实践中常用的梁,用纯弯曲时的正应力计算式(1-37)可以足够精确地计算梁在剪切弯曲时横截面上的最大正应力。梁的跨度与截面高度之比 L/h 越小,误差就越大。

应当指出,式(1-37)的推导过程用了胡克定律,如果梁的正应力超过了弹性极限,则该式就不能应用。

对于常用的矩形截面,用积分的方法来求惯性矩和抗弯截面模量。矩形截面的宽度为 b,高度为 h,如图 1-73 所示,因截面的形心在截面的中心,故通过形心的中性轴到截面底边、顶边的距离都是 $h/2$。在截面上取微面积 $dA = bdy$,因微面积 dA 上各点到中性轴的距离都是 y,故截面对中性轴 z 的惯性矩为

$$J_z = \int_A y^2 dA = \int_{-h/2}^{h/2} y^2 b dy = b \int_{-h/2}^{h/2} y^2 dy = \frac{bh^3}{12}$$

矩形截面的抗弯截面模量为

$$W_z = \frac{J_z}{y_{max}} = \frac{bh^3/12}{h/2} = \frac{bh^2}{6}$$

几种常用截面的惯性矩和抗弯截面模量的计算公式见表 1-5,轧制型钢的惯性矩等几何性质可由设计手册中的型钢表直接查得。表 1-6 是热轧工字钢的截面几何特性,查表时应注意中性轴的位置。

表 1-5　常用截面的几何性质

截面形状	惯性矩	抗弯截面模量
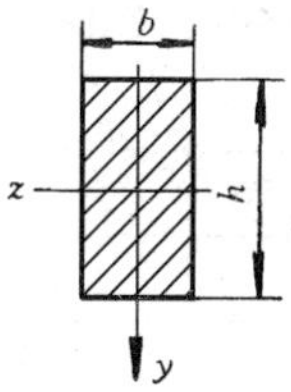	$J_z = \dfrac{bh^3}{12}$ $J_y = \dfrac{hb^3}{12}$	$W_z = \dfrac{bh^2}{6}$ $W_y = \dfrac{hb^2}{6}$
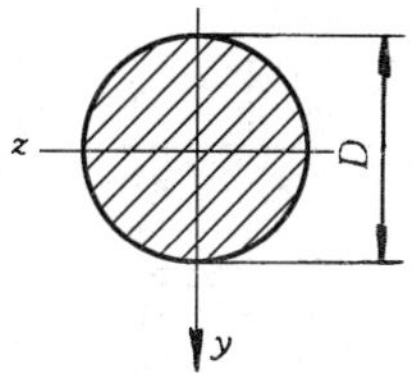	$J_z = J_y = \dfrac{\pi D^4}{64}$	$W_z = W_y = \dfrac{\pi D^3}{32}$
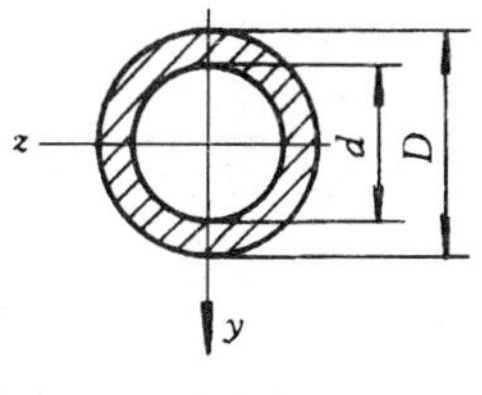	$J_z = J_y = \dfrac{\pi}{64}(D^4 - d^4)$	$W_z = W_y = \dfrac{\pi}{32D}(D^4 - d^4)$

表1-6   工字钢的截面尺寸、截面面积、理论质量及截面特性

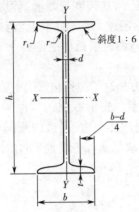

h—高度；
b—腿宽度；
d—腰厚度；
t—平均腿厚度；
r—内圆弧半径；
r_1—腿端圆弧半径。

型号	截面尺寸/mm						截面面积/cm²	理论质量/(kg/m)	惯性矩/cm⁴		惯性半径/cm		截面模量/cm³	
	h	b	d	t	r	r_1			J_x	J_y	i_x	i_y	W_x	W_y
10	100	68	4.5	7.6	6.5	3.3	14.345	11.261	245	33.0	4.14	1.52	49.0	9.72
12	120	74	5.0	8.4	7.0	3.5	17.818	13.987	436	46.9	4.95	1.62	72.7	12.7
12.6	126	74	5.0	8.4	7.0	3.5	18.118	14.223	488	46.9	5.20	1.61	77.5	12.7
14	140	80	5.5	9.1	7.5	3.8	21.516	16.890	712	64.4	5.76	1.73	102	16.1
16	160	88	6.0	9.9	8.0	4.0	26.131	20.513	1 130	93.1	6.58	1.89	141	21.2
18	180	94	6.5	10.7	8.5	4.3	30.756	24.143	1 660	122	7.36	2.00	185	26.0
20a	200	100	7.0	11.4	9.0	4.5	35.578	27.929	2 370	158	8.15	2.12	237	31.5
20b	200	102	9.0	11.4	9.0	4.5	39.578	31.069	2 500	169	7.96	2.05	250	33.1
22a	220	110	7.5	12.3	9.5	4.8	42.128	33.070	3 400	225	8.99	2.31	309	40.9
22b	220	112	9.5	12.3	9.5	4.8	46.528	36.524	3 570	239	8.78	2.27	325	42.7
24a	240	116	8.0	13.0	10.0	5.0	47.741	37.477	4 570	280	9.77	2.42	381	48.4
24b	240	118	10.0	13.0	10.0	5.0	52.541	41.245	4 800	297	9.57	2.38	400	50.4
25a	250	116	8.0	13.0	10.0	5.0	48.541	38.105	5 020	280	10.2	2.40	402	48.3
25b	250	118	10.0	13.0	10.0	5.0	53.541	42.030	5 280	309	9.94	2.40	423	52.4
27a	270	122	8.5	13.7	10.5	5.3	54.554	42.825	6 550	345	10.9	2.51	485	56.6
27b	270	124	10.5	13.7	10.5	5.3	59.954	47.064	6 870	366	10.7	2.47	509	58.9
28a	280	122	8.5	13.7	10.5	5.3	55.404	43.492	7 110	345	11.3	2.50	508	56.6
28b	280	124	10.5	13.7	10.5	5.3	61.004	47.888	7 480	379	11.1	2.49	534	61.2
30a	300	126	9.0	14.4	11.0	5.5	61.254	48.084	8 950	400	12.1	2.55	597	63.5
30b	300	128	11.0	14.4	11.0	5.5	67.254	52.794	9 400	422	11.8	2.50	627	65.9
30c	300	130	13.0	14.4	11.0	5.5	73.254	57.504	9 850	445	11.6	2.46	657	68.5
32a	320	130	9.5	15.0	11.5	5.8	67.156	52.717	11 100	460	12.8	2.62	692	70.8
32b	320	132	11.5	15.0	11.5	5.8	73.556	57.741	11 600	502	12.6	2.61	726	76.0
32c	320	134	13.5	15.0	11.5	5.8	79.956	62.765	12 200	544	12.3	2.61	760	81.2
36a	360	136	10.0	15.8	12.0	6.0	76.480	60.037	15 800	552	14.4	2.69	875	81.2
36b	360	138	12.0	15.8	12.0	6.0	83.680	65.689	16 500	582	14.1	2.64	919	84.3
36c	360	140	14.0	15.8	12.0	6.0	90.880	71.341	17 300	612	13.8	2.60	962	87.4

续表

型号	截面尺寸/mm						截面面积/cm²	理论质量/(kg/m)	惯性矩/cm⁴		惯性半径/cm		截面模量/cm³	
	h	b	d	t	r	r_1			J_x	J_y	i_x	i_y	W_x	W_y
40a	400	142	10.5	16.5	12.5	6.3	86.112	67.598	21 700	660	15.9	2.77	1 090	93.2
40b		144	12.5				94.112	73.878	22 800	692	15.6	2.71	1 140	96.2
40c		146	14.5				102.112	80.158	23 900	727	15.2	2.65	1 190	99.6
45a	450	150	11.5	18.0	13.5	6.8	102.446	80.420	32 200	855	17.7	2.89	1 430	114
45b		152	13.5				111.446	87.485	33 800	894	17.4	2.84	1 500	118
45c		154	15.5				120.446	94.550	35 300	938	17.1	2.79	1 570	122
50a	500	158	12.0	20.0	14.0	7.0	119.304	93.654	46 500	1 120	19.7	3.07	1 860	142
50b		160	14.0				129.304	101.504	48 600	1 170	19.4	3.01	1 940	146
50c		162	16.0				139.304	109.354	50 600	1 220	19.0	2.96	2 080	151
55a	550	166	12.5	21.0	14.5	7.3	134.185	105.335	62 900	1 370	21.6	3.19	2 290	164
55b		168	14.5				145.185	113.970	65 600	1 420	21.2	3.14	2 390	170
55c		170	16.5				156.185	122.605	68 400	1 480	20.9	3.08	2 490	175
56a	560	166	12.5				135.435	106.316	65 600	1 370	22.0	3.18	2 340	165
56b		168	14.5				146.635	115.108	68 500	1 490	21.6	3.16	2 450	174
56c		170	16.5				157.835	123.900	71 400	1 560	21.3	3.16	2 550	183
63a	630	176	13.0	22.0	15.0	7.5	154.658	121.407	93 900	1 700	24.5	3.31	2 980	193
63b		178	15.0				167.258	131.298	98 100	1 810	24.2	3.29	3 160	204
63c		180	17.0				179.858	141.189	102 000	1 920	23.8	3.27	3 300	214

注:表中 r、r_1 的数据用于孔型设计,不作为交货条件。

五、梁弯曲时的强度条件

梁横截面上的弯矩 M 是随截面位置而变化的。因此,在进行梁的强度计算时,要使危险截面——最大弯矩截面上的最大正应力不超过材料的弯曲许用应力 $[\sigma]$,则梁的弯曲强度条件为

$$\sigma_{\max} = \frac{M}{W_z} \leqslant [\sigma] \qquad (1-38)$$

应用强度条件同样可解决校核强度、设计截面和确定许可载荷等三类问题。以下举例说明它的应用。

例 1 - 19 图 1 - 74(a)所示的容器四个耳座支撑在四根长 2.4 m 的工字钢梁的中点上,工字钢梁再由四根混凝土柱支撑。容器(包括物料)重 110 kN,工字钢梁为 16 号型钢,钢材的弯曲许用应力 $[\sigma]$ = 120 MPa,试校核工字钢梁的强度。

解:将每根钢梁简化为简支梁,如图 1 - 74(b)所示,通过耳座加给每根钢梁的力为 $P = \dfrac{110}{4} = 27.5$ kN。

简支梁在集中力的作用下,最大弯矩发生在集中力作用的截面上,力 P 在梁的中间 $L/2$ 处,最大弯矩值为

$$M = \frac{1}{4}PL = \frac{1}{4} \times 27.5 \times 10^3 \times 2.4 = 16\ 500\ \text{N} \cdot \text{m}$$

由表 1 - 6 查得 16 号工字钢的 $W_z(W_x) = 141\ \text{cm}^3$,故钢梁的最大正应力为

$$\sigma_{\max} = \frac{M}{W_z} = \frac{16\ 500}{141 \times 10^{-6}} = 117.02 \times 10^6\ \text{Pa} = 117.02\ \text{MPa} < 120\ \text{MPa}$$

所以此梁安全。

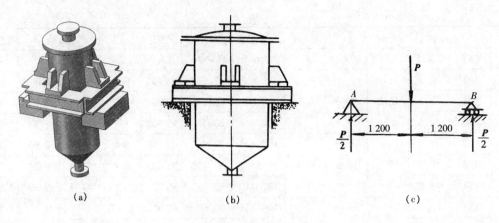

(a)　　　　　　　　(b)　　　　　　　　(c)

图1-74　例1-19图

(a)实体图;(b)结构图;(c)受力图

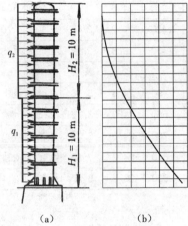

(a)　　　(b)

图1-75　例1-20图

(a)受力图;(b)弯矩图

例1-20　如图1-75(a)所示,分馏塔高 $H=20$ m,作用在塔上的风载荷分两段计算: $q_1=420$ N/m, $q_2=600$ N/m。塔的内径为1 m,壁厚为6 mm,塔与基础的连接方式可看成固定端连接。塔体的 $[\sigma]=100$ MPa。试校核由风载荷引起的塔体内的最大弯曲应力。

解:将塔看成受均布载荷 q_1 和 q_2 作用的悬臂梁,画出弯矩图(图1-75(b)),得

$$M=q_1H_1\cdot\frac{H_1}{2}+q_2H_2\left(H_1+\frac{H_2}{2}\right)$$

$$=420\times10\times\frac{10}{2}+600\times10\times\left(10+\frac{10}{2}\right)=111\times10^3\text{ N}\cdot\text{m}$$

塔为圆环截面,内径 $d=1$ m,塔体壁厚 $\delta=6$ mm,外径 $D=1.012$ m。对于薄壁圆柱形容器和管道,其横截面的抗弯截面模量(表1-5)可简化为

$$W_z=\frac{\pi}{32}\cdot\frac{D^4-d^4}{D}=\frac{\pi}{32}\cdot\frac{(D^2-d^2)(D^2+d^2)}{D}=\frac{\pi}{32}\cdot\frac{(D-d)(D+d)(D^2+d^2)}{D}$$

因为　　　　$D-d=2\delta,D+d=2.012\approx2=2d,\dfrac{D^2+d^2}{D}=\dfrac{1.012^2+1^2}{1.012}=2.000\,1\approx2d$

所以　　　　　　　　　　$W_z=\dfrac{\pi}{32}\cdot2\delta\cdot2d\cdot2d=\dfrac{\pi}{4}\delta d^2$

则此塔体的抗弯截面模量为

$$W_z=\frac{\pi}{4}\delta d^2=\frac{3.14}{4}\times6\times1\,000^2=4.71\times10^6\text{ mm}^3=4.71\times10^{-3}\text{ m}^3$$

由风载荷引起的最大弯曲应力为

$$\sigma_{max}=\frac{M}{W_z}=\frac{111\times10^3}{4.71\times10^{-3}}=23.6\times10^6\text{ Pa}=23.6\text{ MPa}<[\sigma]$$

例1-21　悬臂梁架由两根工字钢组成,设备总重 P(包括物料重)为10 kN,设备中心到固定端的距离 $L=1.5$ m,如图1-76所示。钢材的许用应力 $[\sigma]=140$ MPa。试按强度要求选择工字钢尺寸。

解:按强度条件 $M/W_z\leqslant[\sigma]$ 选择工字钢尺寸。对每一根梁,最大弯矩 $M=\dfrac{PL}{2}$,因此

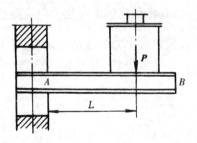

图1-76　例1-21图

$$W_z \geqslant \frac{PL}{2[\sigma]} = \frac{10 \times 10^3 \times 1.5}{2 \times 140 \times 10^6} = 53.57 \times 10^{-6} \text{ m}^3 = 53.57 \text{ cm}^3$$

查表 1-6,选 12 号工字钢,它的抗弯截面模量为 72.7 cm³,符合强度条件。

例 1-22　一根型号为 40a 的工字钢简支梁跨度 $l = 8$ m,弯曲许用应力 $[\sigma] = 140$ MPa,求梁能承受的均布载荷 q(图 1-77)。

解:最大弯矩发生在梁的中点所在的横截面上,$M = \frac{1}{8}ql^2$,强度条件为 $M \leqslant [\sigma]W_z$,查表 1-6 可知 40a 工字钢的 $W_z(W_x) = 1\,090$ cm³,代入强度条件得

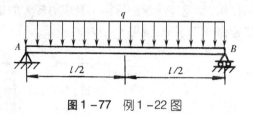

图 1-77　例 1-22 图

$$\frac{1}{8}ql^2 = 140 \times 10^6 \times 1\,090 \times 10^{-6}$$

$$q = \frac{140 \times 10^6 \times 1\,090 \times 10^{-6} \times 8}{8^2} = 19\,075 \text{ N/m}$$

40a 工字钢的截面面积为 86.112 cm²。如果换成矩形截面的钢梁,截面高度 h 与宽度 b 之比 $h/b = 2$,仍要求其承受 19 075 N/m 的均布载荷,试计算矩形截面面积。

矩形截面梁的抗弯截面模量为 $\frac{bh^2}{6}$,最大弯矩仍为 $\frac{1}{8}ql^2$,弯曲许用应力 $[\sigma] = 140$ MPa。要承受 19 075 N/m 的均布载荷,矩形截面的 W_z 也应为 1 090 cm³。因此 $\frac{bh^2}{6} = 1\,090$ cm³,即 $\frac{2b^3}{3} = 1\,090$ cm³,得

$$b = \sqrt[3]{\frac{1\,090 \times 3}{2}} = 11.8 \text{ cm}, h = 23.6 \text{ cm}$$

则矩形截面面积为

$$A = bh = 11.8 \times 23.6 = 278.5 \text{ cm}^2$$

可见承受同样载荷的矩形截面梁的截面面积是 40a 工字钢梁的截面面积(86.112 cm²)的 3.23 倍,如用矩形截面梁会浪费大量钢材。由此可见,在承受相同载荷的情况下,合理选择梁的截面形状可大大节省材料。

六、梁截面形状的合理选择

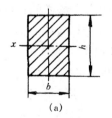
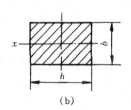

图 1-78　矩形梁的横截面
(a)直立;(b)横放

从例 1-22 可知,同样材料的梁在相同工作条件下选择不同形状的截面,则材料用量是不同的。由公式 $\sigma_{max} = M/W_z$ 可以看出,当梁截面上的弯矩一定时,梁的抗弯截面模量 W_z 越大,弯曲正应力就越小,即梁的强度越高;而梁的截面面积 A 越大,则材料用量越大。从强度的观点看,两个截面面积相等而形状不同的截面中,截面模量较大的一个比较合理。例如图 1-78 所示为两根矩形梁的横截面,如果这两根梁的材料相同,而且它们的截面面积相等,$bh = hb = A$,那么它们对中性轴 x 的抗弯截面模量分别为

$$W_{z1} = \frac{bh^2}{6} = \frac{1}{6}Ah \quad (\text{直立时})$$

$$W_{z2} = \frac{hb^2}{6} = \frac{1}{6}Ab \quad (\text{横放时})$$

因为　　　　　　　　　　　　　　　　$h > b$

所以　　　　　　　　　　　　　　　　$W_{z1} > W_{z2}$

这说明矩形截面的梁直立时比横放时具有较高的抗弯强度。

其实,直立的矩形截面也不是最理想的形状。从横截面上的应力分布情况可知,梁内只是上下边缘处正应力最大,而靠近中性轴处正应力较小,显然这些地方的材料没有充分发挥作用。要使梁的材料充分发挥作用,就应该尽量把材料用到应力较大的地方,也就是将材料放到离中性轴较远的地方。为此,钢梁的截面常做成工字形,如图1-79(a)所示。

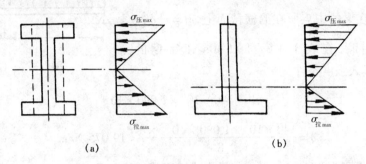

图1-79　截面的理想形状
(a)工字钢截面形状及应力分布;(b)T形钢截面形状及应力分布

此外,为使截面形状符合经济的原则,还应当使截面上下边缘的最大拉应力与最大压应力同时达到许用应力。对于塑性材料,例如钢材,它的许用拉应力和许用压应力相等,故应采用关于中性轴上下对称的截面形状(如矩形、工字形等),这样就能使最大拉应力和最大压应力相等,并同时达到材料的许用应力。对于脆性材料,例如铸铁,它的许用拉应力与许用压应力不相等,因许用压应力大于许用拉压力,所以在选择梁横截面的形状时,最好使截面的中性轴偏于强度较弱的受拉一边,如采用T形截面(图1-79(b))。这样中性轴就偏于一边,故最大拉应力比最大压应力小,从而发挥了脆性材料抗压性能强、抗拉性能弱的特点。

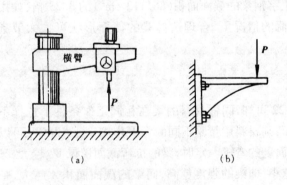

图1-80　摇臂钻
(a)结构图;(b)结构简图

常见的梁是各个截面的形状和尺寸都相同的等截面梁。但是在计算梁的强度时,是按照梁的危险截面上的最大弯矩来计算的。等截面梁工作时,除了危险截面上的最大应力可能达到材料的许用应力外,其余各个截面上的最大应力都小于许用应力,因此等截面梁不能充分发挥材料的作用。为了节省材料,应使梁的各个截面上的最大应力都达到(或接近)许用应力。这样的梁称为等强度梁。这时梁的各个截面并不相同,这样的梁称为变截面梁。例如摇臂钻的横臂支架(图1-80)。

应该注意,以上讨论只考虑了梁的强度。要确定梁的截面是否经济合理,还应该研究梁的刚度、稳定性和加工制作等问题。例如某些构件虽然强度足够,不致破坏,但变形过大,仍不能正常工作,因此还需要考虑梁弯曲变形的刚度问题。

七、梁的弯曲变形

(一)梁的挠度和转角的概念

在工程实际中,许多发生弯曲变形的构件除了要有足够的强度外,其变形量还应不超过正常工作所允许的数值,以保证有足够的刚度。例如化工厂管道的弯曲变形如果超过允许值,就会造成物料淤积,影响输送;较长的回转滚筒若弯曲变形过大,就会引起脆性衬里材料开裂;电机转子的轴变形过大,可能导致与定子相碰;若车床主轴变形过大,不仅会引起轴颈与轴承的严重磨损,而且会严重影响加工精度。因此,对梁的变形必须控制。

梁在载荷作用下由于弯曲而变形,它的轴线变形后弯成平面曲线。变形后梁的轴线称为弹性曲线或挠曲线。梁的轴线变形后,在中性层上的长度不变。梁的变形可以用弹性曲线的形状来说明。各处的变形状况可以用挠度和转角来表示(图1-81)。

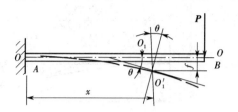

图1-81　梁弯曲的挠度和转角

梁的任一截面变形后形心 O_1 移至 O_1',位移 O_1O_1' 称为该截面的挠度。由于变形很小,挠度可以用竖直位移 f 来表示,它的单位是 mm。梁的横截面相对于原来位置绕中性轴转过的角度称为转角,用 θ 表示,它的单位是弧度(rad)。由于变形后截面仍垂直于曲线,所以截面的转角 θ 等于该截面处弹性曲线的切线与梁的轴线 OO 所夹的角。该转角在截面顺时针转动时为负,在截面逆时针转动时为正。在图1-81中,悬臂梁 AB 的自由端 B 的挠度最大,转角也最大,分别用 f_{max} 与 θ_B 表示。梁的变形与梁的材料、尺寸、受载和支撑情况有关,可以通过计算求得。简单载荷情况下梁的最大挠度和转角的计算公式可以查表1-7。

在表1-7中可以看到,梁的变形与 EJ 成反比,EJ 愈大,梁抵抗弯曲变形的能力愈大,则变形越小,所以称 EJ 为梁的抗弯刚度。

在弹性范围内,梁的挠度与转角和载荷成正比。如果梁同时受几种载荷作用,先分别计算每种载荷单独作用下梁的变形,然后把它们叠加起来,便是几种载荷作用下梁的变形,这种方法叫作叠加法。如表1-7中序号1、2两种情形,悬臂梁受集中力 P 作用又要考虑梁的自重时,B 端的挠度为

$$f_B = \frac{PL^3}{3EJ} + \frac{qL^4}{8EJ}$$

(二)弯曲的刚度条件

梁的弯曲刚度主要用最大挠度和转角来控制。只要最大挠度不超过许用挠度 $[f]$,最大转角不超过许用转角 $[\theta]$,就认为有足够的刚度,即

$$f_{max} \le [f] \quad 或 \frac{f_{max}}{L} \le \left[\frac{f}{L}\right] \tag{1-39}$$

$$\theta \le [\theta] \tag{1-40}$$

式(1-39)与式(1-40)就是弯曲变形时的刚度条件。在工程实际中,梁变形的许可值常取挠度 f 与跨度 L 的比值,其中 $[f]$ 或 $\left[\frac{f}{L}\right]$ 与 $[\theta]$ 可从有关手册中查到。

例如吊车梁的挠度一般规定不得超过其跨度的 $1/750 \sim 1/250$,架空管道的挠度应小于跨度的 $1/500$。例如图1-76所示的悬臂梁壁架需要进行刚度校核。规定最大挠度应小于跨度的 $1/250$。按悬臂梁每根钢梁受集中载荷 $P/2$ 作用,则最大挠度应为 $\frac{PL^3}{6EJ}$,根据刚度条件

$$\frac{PL^3}{6EJ} \le \frac{L}{250}$$

取钢材的弹性模量 $E = 2.1 \times 10^{11}$ Pa,并将例1-21中的数据代入,可以算出

$$J = \frac{250PL^2}{6E} = \frac{250 \times 10\ 000 \times 1.5^2}{6 \times 2.1 \times 10^{11}} = 4.46 \times 10^{-6}\ \text{m}^4 = 446\ \text{cm}^4$$

由表1-6查出型号为12的工字钢的 $J_z(J_x) = 436\ \text{cm}^4$。因此,刚度不够。若要同时满足工字钢梁强度和刚度的要求,则需选择型号为12.6的工字钢。

表 1-7 梁的变形

序号	载荷简图	转角 θ	最大挠度 f_{max}
1		$\theta_B = -\dfrac{PL^2}{2EJ}$	$f_{max} = \dfrac{PL^3}{3EJ}$
2		$\theta_B = -\dfrac{qL^3}{6EJ}$	$f_{max} = \dfrac{qL^4}{8EJ}$
3		$\theta_B = -\dfrac{ML}{EJ}$	$f_{max} = \dfrac{ML^2}{2EJ}$
4		$\theta_A = -\theta_B = \dfrac{PL^2}{16EJ}$	在 $x = \dfrac{L}{2}$ 处，$f_{max} = \dfrac{PL^3}{48EJ}$
5		$\theta_A = -\theta_B = \dfrac{qL^3}{24EJ}$	在 $x = \dfrac{L}{2}$ 处，$f_{max} = \dfrac{5qL^4}{384EJ}$
6		$\theta_A = -\dfrac{Pab(L-b)}{6LEJ}$ $\theta_B = \dfrac{Pab(L+a)}{6LEJ}$	若 $a > b$，在 $x = \sqrt{(L^2-b^2)/3}$ 处， $f_{max} = \dfrac{\sqrt{3}Pb}{27LEJ}(L^2-b^2)^{3/2}$ 在 $x = \dfrac{L}{2}$ 处，$f_{max} = \dfrac{Pb}{48EJ}(3L^3-4b^2)$
7		$\theta_A = -\dfrac{ML}{6EJ}$ $\theta_B = \dfrac{ML}{3EJ}$	在 $x = \dfrac{L}{\sqrt{3}}$ 处，$f_{max} = \dfrac{ML^2}{9\sqrt{3}EJ}$ 在 $x = \dfrac{L}{2}$ 处，$f_{max} = \dfrac{ML^2}{16EJ}$

从表 1-7 可以看出，梁的变形与载荷、跨度、材料弹性模量、截面惯性矩及支座情况有关。想要提高梁的刚度以减小其变形，可以设法减小跨度 L，这样效果最显著；也可以增大截面的惯性矩 J_z，这就要多消耗材料。设法改变梁的受载和支座情况也能提高梁的刚度，但这是一个比较复杂的问题。由于合金钢的弹性模量与碳钢差不多，因此将碳钢的梁改成合金钢的梁并不能提高刚度，只能提高强度。

第四节　剪　切

一、剪切变形的实例与概念

剪切也是杆件的一种基本变形形式。化工机器和设备常采用焊接或螺栓等连接方式将几个构件连成整体,例如图1-82(a)中用螺栓连接两块钢板。当钢板受到力 P 作用后,螺栓也受到大小相等、方向相反、彼此平行且相距很近的两个力 P 的作用,如图1-82(b)所示。若力 P 增大,则在 m—m 截面上,螺栓上部将相对于其下部沿外力 P 的作用方向发生错动,两力作用线间的小矩形将变成平行四边形,如图1-82(c)所示。若力 P 继续增大,螺栓可能沿 m—m 截面被剪断。螺栓的这种受力形式称为剪切,它所发生的错动称为剪切变形。

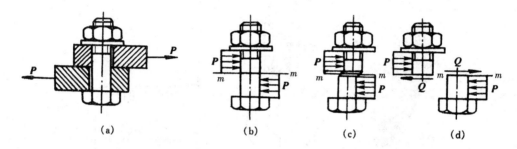

图1-82　螺栓受力分析
(a)结构图;(b)受力图;(c)受力变形图;(d)受力截面图(图中 Q 表示剪力)

综上所述,剪切有如下两个特点。

(1)受力特点。在构件上作用大小相等、方向相反、相距很近的两个力 P。

(2)变形特点。在两力之间的截面上,构件上部将相对于其下部沿外力作用方向发生错动;在剪断前,两力作用线间的小矩形变成平行四边形。

二、剪力、剪应力与剪切强度条件

(一)剪力

构件承受剪切作用(图1-82)时,在两个外力作用线之间的各个截面上将产生内力。内力 Q 的计算仍采用截面法,即假想用截面 m—m 将螺栓切开,分成上、下两部分(图1-82(d)),考虑上部(或下部)平衡,由平衡条件

$$\sum F_x = 0, P - Q = 0$$
$$Q = P$$

得

内力 Q 平行于横截面,称为剪力。

(二)剪应力

计算出受剪面上的剪力 Q 后,还需研究该截面上的剪应力才能进行剪切强度计算。承受剪切变形的构件的实际受力和变形情况都比较复杂。由于在剪切的同时往往伴有挤压或弯曲,而一般受剪构件体积小,受力情况又比较复杂,工程上常假定剪应力在受剪切截面上是均匀分布的,其方向与剪力 Q 相同。这种与截面平行的应力称为剪应力,用 τ 表示。

按剪应力在受剪切截面上均匀分布的假设,剪应力的计算公式为

$$\tau = \frac{Q}{A} \tag{1-41}$$

式中：τ 为剪应力，MPa；A 为受剪切的面积，mm^2；Q 为受剪面上的剪力，N。

（三）剪切强度条件

为了使受剪切构件安全、可靠地工作，必须保证剪应力不超过材料的许用剪应力$[\tau]$，其强度条件为

$$\tau = \frac{Q}{A} \leqslant [\tau] \tag{1-42}$$

试验证明，对于一般钢材，材料的许用剪应力$[\tau]$与许用正应力$[\sigma]$有关：对于塑性材料，$[\tau] = (0.6 \sim 0.8)$$[\sigma]$；对于脆性材料，$[\tau] = (0.8 \sim 1.0)[\sigma]$。利用强度条件，同样可以解决强度校核、截面选择和许可载荷求取等三类问题。

例 1-23　如图 1-83(a)和(b)所示，某一起重吊钩起吊重物 $P = 20\ 000$ N，销钉的材料是 16Mn，其$[\tau] = 140$ MPa。试求能保证安全起吊的销钉的直径 d。

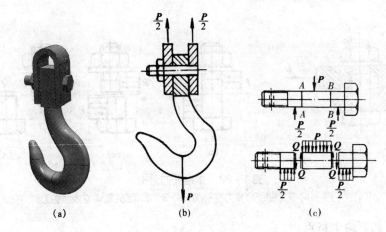

图 1-83　例 1-23 图
(a)实体图；(b)结构图；(c)受力图

解：（1）对销钉进行受力分析。

根据此销钉受剪的实际工作情况可以看出有两个受剪面 A—A 与 B—B（受双剪作用），见图 1-83(c)。利用截面法求出剪力 Q，可取左侧或右侧部分作为研究对象：

$$\sum F_y = 0, Q - \frac{P}{2} = 0$$

所以

$$Q = \frac{P}{2} = \frac{20\ 000}{2} = 10\ 000 \text{ N}$$

（2）计算销钉的直径 d。

已知

$$\tau = \frac{Q}{A} \leqslant [\tau], A \geqslant \frac{Q}{[\tau]}$$

$$A = \frac{\pi d^2}{4}$$

故

$$d \geqslant \sqrt{\frac{4Q}{\pi[\tau]}} = \sqrt{\frac{4 \times 10\ 000}{3.14 \times 140}} = 9.54 \text{ mm}$$

选取 $d = 10$ mm。

三、挤压的概念和强度条件

(一)挤压的概念和挤压应力

从图1-84(a)中可以看出,螺栓或销钉在受剪切的同时,在其与钢板的接触面上还受到压力 **P** 的作用,这种局部接触面受压称为挤压。若挤压力过大,钢板孔内表面挤压处会发生塑性变形,这是工程中所不允许的,故考虑构件受剪切的同时还必须考虑挤压。

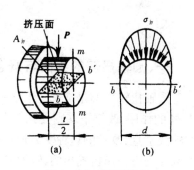

图1-84　挤压示意
(a)结构图;(b)受力图

由挤压引起的应力称为挤压应力,用 σ_{jy} 表示。挤压应力在挤压面上的分布情况十分复杂,如图1-84(b)所示。工程上仍假定挤压应力在挤压面上是均匀分布的,可得挤压应力的计算公式为

$$\sigma_{jy} = \frac{P}{A_{jy}} \qquad (1-43)$$

式中:σ_{jy} 为挤压应力,MPa;P 为挤压力,N;A_{jy} 为挤压面积,mm²。A_{jy} 的计算方法如下:当接触面为平面时,则此平面面积即为挤压面积;当接触面为曲面(如例1-23中的销钉)时,为简化计算,采用接触面在垂直于外力方向的投影面积作为挤压面积,如图1-84(b)所示,销钉接触面的投影面积即为销钉的挤压面积,即 $A_{jy} = t/2 \cdot d$。

(二)挤压强度条件

要使构件安全、可靠地工作,则构件的挤压应力不能超过材料的许用挤压应力 $[\sigma]_{jy}$,故挤压强度条件为

$$\sigma_{jy} = \frac{P}{A_{jy}} \leqslant [\sigma]_{jy} \qquad (1-44)$$

式中:$[\sigma]_{jy}$ 为材料的许用挤压应力。对于一般钢材,许用挤压应力与相同材料的许用应力有如下关系:对于塑性材料,$[\sigma]_{jy} = (1.7 \sim 2.0)[\sigma]$;对于脆性材料,$[\sigma]_{jy} = (2.0 \sim 2.5)[\sigma]$。

若相互挤压的两个物体材料不同,则只需对强度较低的物体校核挤压强度即可。受剪构件的强度计算必须既满足剪切强度条件又满足挤压强度条件,构件才能安全工作。

四、剪切变形和剪切胡克定律

(一)剪切变形和剪应变

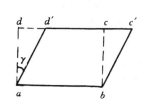

图1-85　剪切变形

构件受剪切时,两力之间的小矩形 $abcd$ 变成平行四边形 $abc'd'$,见图1-85。直角 $\angle dab$ 变成锐角 $\angle d'ab$,直角所改变的角度 γ 称为剪应变,用以衡量剪切变形之大小。

(二)剪切胡克定律

由试验得知,当剪应力小于弹性极限时,剪应力与剪应变成正比,即

$$\tau = G\gamma \qquad (1-45)$$

式中:G 为剪切弹性模量,MPa。它表示材料抵抗剪切变形的能力,随材料不同而异,可通过试验测得。对于低碳钢,$G = 8.0 \times 10^4$ MPa。式(1-45)称为剪切胡克定律。

现在已讨论过三个材料弹性常数,即弹性模量 E、横向变形系数 ν 和剪切弹性模量 G,对于各向同性材料,它们之间存在着如下关系:

$$G = \frac{E}{2(1+\nu)} \qquad (1-46)$$

第五节   圆轴的扭转

一、圆轴扭转的实例与概念

圆轴扭转变形是常见变形之一。例如图1-86为一个改锥,当用改锥起螺钉时,改锥柄处受到一个力偶矩 M 的作用,改锥下端则受到一个由螺钉给它的等值、反向力偶矩的作用,这两个力偶矩所在的平面均与杆的轴线垂直,改锥的这种受力形式称为扭转。又如化工生产设备反应釜中的搅拌轴,如图1-87所示,轴的上端受到由减速机输出的转动力矩 M_C,下端的搅拌桨受到由物料的阻力形成的阻力矩 M_A,当轴匀速转动时这两个力偶矩大小相等、方向相反,都作用在与轴线垂直的平面内。搅拌轴的这种受力形式也是扭转。

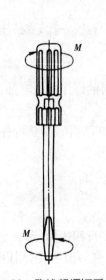

图1-86   改锥起螺钉受力图

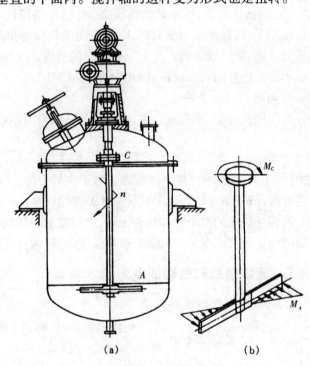

图1-87   反应釜搅拌轴
(a)结构总图;(b)搅拌轴受力图

综上所述,扭转有以下两个特点。

(1)受力特点。在垂直于杆轴的截面上作用着大小相等、方向相反的力偶矩。

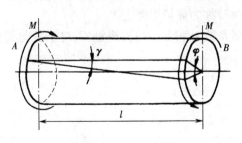

图1-88   扭转变形

(2)变形特点。如图1-88所示,构件受扭时,各横截面绕轴线相对转动,这种变形称为扭转变形。φ 角是 B 端面相对于 A 端面的转角,称为扭转角。

工程上将以扭转变形为主要变形的构件通称为轴。多数轴是等截面直轴。下面只讨论圆截面直轴的扭转问题。

二、扭转时的外力和内力

(一)扭转时外力矩的计算

在分析轴的受力情况时,齿轮、链条和皮带的圆周力对轮心的力矩就是使轴发生扭转变形的外力矩,若已知圆周力 P 和轮子的半径 R,则外力矩为

$$M = PR \qquad (1-47)$$

工程上所遇到的传动轴通常不直接给出外力矩 M 的数值,而是给出轴的转速 n 和所传递的功率 N。由功率和转速可计算出外力矩的大小。

由物理学知识可知,功率 N 等于力 P 和速度 v 的乘积,即

$$N = Pv$$

设齿轮的转速为 $n(\text{r/min})$,则轮缘的线速度 $v(\text{m/s})$ 为

$$v = 2\pi Rn/60$$

代入 $N = Pv$,得

$$N = P \cdot 2\pi Rn/60$$

将式(1-47)代入上式,则得

$$N = \frac{2\pi}{60}Mn$$

可得出外力矩的计算公式:

$$M = 9\,550\,\frac{N}{n} \qquad (1-48)$$

式中:M 的单位为 $\text{N}\cdot\text{m}$;N 的单位为 $\text{kW}(1\ \text{kW} = 10^3\ \text{N}\cdot\text{m/s})$;$n$ 的单位为 r/min。

若已知圆轴传递的功率 N 和转速 n,用上述公式即可求出该轴外力矩的大小。由式(1-48)可以看出:如轴的功率 N 一定,转速 n 越高,则外力矩越小;反之,转速越低,则外力矩越大。例如化工设备厂用来卷制钢板圆筒的卷板机,工作时滚轴所需的力矩很大,因为功率受到一定的限制,所以只能降低滚轴的转速 n 来增大力矩 M。电动机通过一个三级四轴减速机带动滚轴,此减速机各轴传递的功率可视作相等。因此,转速 n 高的轴,力矩 M 就小,轴就细一些;转速 n 低的轴,力矩 M 就大,轴就粗一些。在工厂里当看到一套传动装置时,往往可根据轴的粗细来判断这一组传动轴中哪个是低速轴,哪个是高速轴。

(二)扭转时横截面上的内力

圆轴在外力矩的作用下匀速转动,在轴的横截面上必然产生内力。下面仍用截面法来分析内力的大小和性质。

图1-89(a)为一个反应釜的结构总图,其搅拌轴的结构及受力情况见图1-89(b)和(c);轴的上端作用的主动力矩为 M_C,使搅拌轴带动桨叶旋转。桨叶受到物料的阻力给轴的阻力矩 M_A 与 M_B,轴匀速转动,主动力矩 M_C 与阻力矩 M_A、M_B 平衡,因此 $M_C - M_A - M_B = 0$。现用截面法求内力:欲求截面1—1上的内力,假想用一个平面在1—1处将轴截成上、下两段。研究上段,见图1-89(d),在横截面1—1上,必然有内力矩 M_1 存在,且与外力矩 M_C 平衡,根据平衡条件

$$\sum M = 0, M_C - M_1 = 0$$

得到内力矩 $M_1 = M_C$。

在 AB 段中取任一截面2—2,保留上段,见图1-89(e),根据平衡条件

$$\sum M = 0, M_C - M_A - M_2 = 0$$

得

$$M_2 = M_C - M_A$$

截面2—2上的扭矩为 M_2,方向如图1-89(e)所示。同理,取2—2截面下段研究,也可求得2—2截面

上的扭矩,结果是一样的。

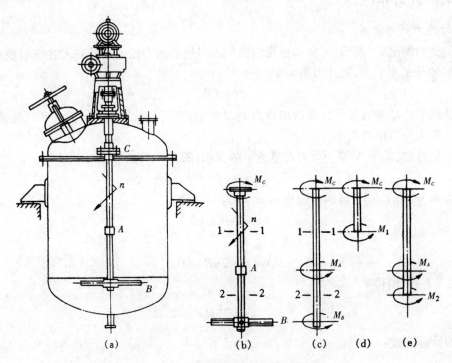

图 1 – 89　截面法求反应釜搅拌轴内力
(a)反应釜结构总图;(b)搅拌轴结构图;(c)搅拌轴受力图;(d)1—1 截面受力图;(e)2—2 截面受力图

上例说明,在扭转时,圆轴横截面上必有内力矩存在,这个内力矩叫作扭矩。它的大小等于截面一侧上外力矩的代数和。扭矩的正负号可以用右手螺旋法则来判定,即弯曲右手四指,与轴的转动方向一致,拇指指向离开轴截面的方向时扭矩为正,反之为负。

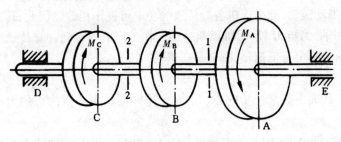

图 1 – 90　例 1 – 24 图

例 1 – 24　图 1 – 90 所示的传动轴,转速 $n = 200$ r/min,由主动轮 A 输入的功率 $N_A =$ 15 kW,由从动轮 B 和 C 输出的功率分别为 $N_B = 9$ kW 和 $N_C = 6$ kW。试求 1—1 截面和 2—2 截面的扭矩。

解:首先求外力矩的大小。

$$M_A = 9\ 550 \frac{N_A}{n} = 9\ 550 \times \frac{15}{200} = 716\ \text{N} \cdot \text{m}$$

$$M_B = 9\ 550 \frac{N_B}{n} = 9\ 550 \times \frac{9}{200} = 430\ \text{N} \cdot \text{m}$$

$$M_C = 9\ 550 \frac{N_C}{n} = 9\ 550 \times \frac{6}{200} = 287\ \text{N} \cdot \text{m}$$

利用截面求扭矩:

2—2 截面　　　　　　　$M_2 = M_C = 287$ N · m

1—1 截面　　　　　　　$M_1 = M_A = 716$ N · m

对 1—1 截面也可取截面左段,得到相同的结果。可见 1—1 截面上的扭矩最大。轴上扭矩最大的截面为危险截面,轴直径的大小应根据危险截面上的扭矩进行计算。

将图 1 – 90 所示的传动布置方式改变为把主动轮 A 放在从动轮 B 与 C 之间,如图1 – 91 所示。这时不

难看出:

$$M_2 = M_C = 287 \ N \cdot m, M_1 = M_B = 430 \ N \cdot m$$

则最大扭矩由原来的 716 N·m 减小到 430 N·m,轴的直径可以相应减小,节约了材料,布局更为合理。

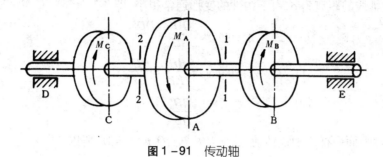

图 1 - 91　传动轴

三、扭转时横截面上的应力

（一）应力分布规律

求出圆轴各截面上的扭矩之后,还需要进一步研究扭转应力的分布规律,从而建立扭转的强度条件。为此需要研究扭转变形。

取一根橡胶圆棒,为观察其变形情况,试验前在圆棒的表面画出许多圆周线和纵向线,形成许多小矩形,见图 1 - 92(a)。在轴的两端施加转向相反的力偶矩 M_A、M_B,在变形小的情况下,可以看到圆棒的变形有如下特点。

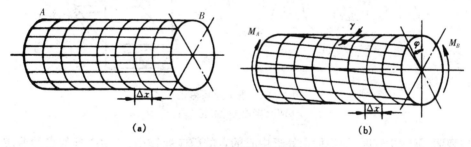

图 1 - 92　圆棒扭转变形
（a）变形前;（b）变形后

(1)变形前画在表面上的圆周线的形状、尺寸都没有改变,两条相邻圆周线之间的距离 Δx 也没有改变。

(2)表面上的纵向线在变形后仍为直线,都倾斜了同一角度 γ,原来的矩形变成平行四边形。两端的横截面绕轴的中心线相对转动了一个角度 φ,叫作相对扭转角,见图 1 - 92(b)。

通过观察到的表面现象,可以推理出以下结果。

(1)各横截面的大小、形状在变形前后都没有变化,它们仍是平面,只是相对地转过了一个角度,各横截面间的距离也不发生改变,由此可以说明轴向纤维没有发生拉、压变形,所以在横截面上没有正应力产生。

(2)圆轴各横截面在变形后相互错动,原来的矩形变为平行四边形,这正是前面讨论过的剪切变形,因此在横截面上有剪应力。

(3)变形后,横截面上的径向线仍保持为直线,而剪切变形是沿着轴的圆周切线方向发生的,所以剪应力的方向沿着轴的圆周切线方向与半径垂直。

由此知道扭转时横截面上只产生剪应力,其方向与半径垂直。下面进一步讨论剪应力在横截面上的分布规律。

为了观察圆轴扭转时内部的变形情况,找到变形规律,取受扭转轴中的微段 dx 来分析(图 1 - 93(a))。

假想 O_2DC 截面像刚性平面一样绕轴线转动角度 $\mathrm{d}\varphi$，轴表面的小长方形 $ABCD$ 歪斜成平行四边形 $ABC'D'$，轴表面 A 点的剪应变就是纵线 AD 歪斜的角 γ，而经过半径 O_2D 上任意点 H 的纵向线 EH 在轴变形后倾斜了一个角度 γ_ρ(图 1 -93(b))，它就是横截面上任一点 E 处的剪应变。应该注意，上述剪应变都在垂直于半径的平面内。设 H 点到轴线的距离为 ρ，由于构件的变形通常很小，即

$$\gamma \approx \tan\gamma = \frac{DD'}{AD} = \frac{DD'}{\mathrm{d}x}$$

$$\gamma_\rho \approx \tan\gamma_\rho = \frac{HH'}{EH} = \frac{HH'}{\mathrm{d}x}$$

所以

$$\frac{\gamma_\rho}{\gamma} = \frac{HH'}{DD'}$$

由于截面 O_2DC 像刚性平面一样绕轴线转动，$\triangle O_2HH'$ 与 $\triangle O_2DD'$ 相似，所以

$$\frac{HH'}{DD'} = \frac{\rho}{R}$$

由此可得

$$\frac{\gamma_\rho}{\gamma} = \frac{\rho}{R} \tag{1-49}$$

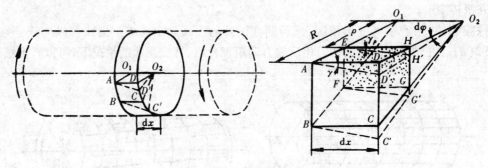

图 1 -93　圆轴扭转变形
(a)扭转圆轴；(b)微元线段

式(1-49)表明，圆轴扭转时，横截面上靠近中心的点的剪应变较小；离中心远的点的剪应变较大；轴表面上的点的剪应变最大。各点的剪应变 γ_ρ 与离中心的距离 ρ 成正比。

根据剪切胡克定律，剪应力与剪应变成正比，即 $\tau = G\gamma$。在弹性范围内剪应变 γ 越大，则剪应力 τ 也越大；横截面上到中心的距离为 ρ 的点的剪应力为 τ_ρ；轴表面的剪应力为 τ_{max}。因此有

$$\tau_\rho = G\gamma_\rho, \tau_{max} = G\gamma_{max}$$

代入式(1-49)得

$$\frac{\tau_\rho}{\tau_{max}} = \frac{\rho}{R} \tag{1-50}$$

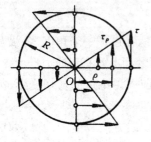

图 1 -94　圆轴扭转横截
面上剪应力分布

式(1-50)揭示了圆轴扭转时横截面上剪应力的分布规律：横截面上各点的剪应力与它们到圆轴中心的距离成正比；圆心处剪应力为零，轴表面的剪应力最大。剪应力分布情况如图 1 -94 所示。

在横截面上剪应力也有与剪应变相同的分布规律。即

$$\tau_\rho = \tau_{max}\frac{\rho}{R} \tag{1-51}$$

(二)横截面上剪应力计算公式与最大剪应力

知道了横截面上剪应力的分布规律以后，还必须分析截面上的扭矩 M 与

剪应力 τ 之间的关系才能计算剪应力。在截面上任取一个距中心 ρ 的微面积 dA,作用在微面积上的力的总和 $\tau_\rho dA$ 对中心 O 的力矩等于 $\tau_\rho dA \cdot \rho$。截面上这些力矩合成的结果应等于扭矩 M,即

$$M = \int_A \tau_\rho dA \cdot \rho$$

将式(1-51)代入得

$$M = \frac{\tau_{max}}{R} \int_A \rho^2 dA$$

令 $J_\rho = \int_A \rho^2 dA$,称作截面的极惯性矩,则上式可以改写为

$$\tau_{max} = \frac{MR}{J_\rho} \tag{1-52}$$

再令 $W_\rho = \frac{J_\rho}{R}$,称作抗扭截面模量,则

$$\tau_{max} = \frac{M}{W_\rho}$$

将式(1-52)代入式(1-51),可得出横截面上任一点的剪应力计算公式:

$$\tau_\rho = \frac{M\rho}{J_\rho} \tag{1-53}$$

(三)极惯性矩 J_ρ 与抗扭截面模量 W_ρ 的计算

极惯性矩 J_ρ 与抗扭截面模量 W_ρ 是与截面尺寸和形状有关的几何量,可按下述方法计算。

(1)对实心圆轴来说,如图1-95所示,可以取一个圆环形微面积 dA,则 $dA = 2\pi\rho d\rho$,因此

$$J_\rho = \int_A \rho^2 dA = 2\pi \int_0^{d/2} \rho^3 d\rho = 2\pi \cdot \frac{\rho^4}{4}\Big|_0^{d/2} = \frac{\pi d^4}{32} \approx 0.1d^4$$

$$W_\rho = \frac{J_\rho}{R} = \frac{2J_\rho}{d} = \frac{\pi d^3}{16} \approx 0.2d^3$$

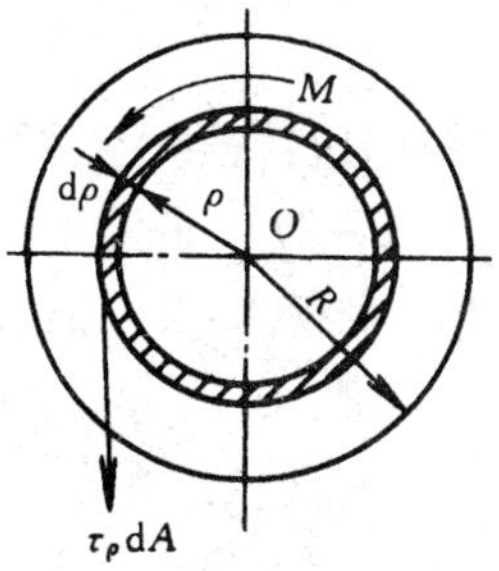

(2)对于内径为 d、外径为 D 的空心圆轴,它的极惯性矩 J_ρ 与抗扭截面模量 W_ρ 分别为

$$J_\rho = \frac{\pi}{32}(D^4 - d^4), W_\rho = \frac{\pi}{16D}(D^4 - d^4)$$

令 $d/D = \alpha$,则

$$J_\rho = \frac{\pi D^4}{32}(1 - \alpha^4) \approx 0.1D^4(1 - \alpha^4)$$

$$W_\rho = \frac{\pi D^3}{16}(1 - \alpha^4) \approx 0.2D^3(1 - \alpha^4)$$

图1-95 实心圆轴

应当注意,圆环形截面的极惯性矩是外圆与内圆的极惯性矩之差,但是它的抗扭截面模量却不是外圆与内圆的抗扭截面模量之差。

例1-25 搅拌轴转速 $n = 50$ r/min,搅拌功率 $N = 2$ kW,搅拌轴的直径 $d = 40$ mm,求轴内最大应力。

解:轴的外力偶矩为

$$M = 9\,550\frac{N}{n} = 9\,550 \times \frac{2}{50} = 382 \text{ N} \cdot \text{m}$$

抗扭截面模量为

$$W_\rho = 0.2d^3 = 0.2 \times 40^3 = 12.8 \times 10^3 \text{ mm}^3$$

轴在扭转时的最大剪应力为

$$\tau_{max} = \frac{M}{W_\rho} = \frac{382 \times 10^3}{12.8 \times 10^3} = 29.84 \text{ N/mm}^2 = 29.84 \text{ MPa}$$

例1-26 有一根实心轴,直径为81 mm;另有一根空心轴,内径为62 mm,外径为102 mm。这两根轴的截面面积相同,都等于51.5 cm²。试比较这两根轴的抗扭截面模量。

解:实心轴

$$W_\rho = \frac{\pi d^3}{16} = \frac{3.14 \times 81^3}{16} = 104.3 \times 10^3 \text{ mm}^3$$

空心轴

$$W_\rho = \frac{\pi}{16} D^3 (1 - \alpha^4) = \frac{3.14}{16} \times 102^3 \times \left[1 - \left(\frac{62}{102}\right)^4\right] = 179.8 \times 10^3 \text{ mm}^3$$

由此可见,在材料相同、截面面积相等的情况下,空心轴比实心轴的抗扭能力强,能够承受较大的外力矩。在外力矩相同的情况下,选用空心轴要比实心轴省材料。这从圆截面的应力分布也可以看出,当实心轴圆周上的最大剪应力接近许用剪应力时,中间部分的剪应力与许用剪应力相差很大,即中间的材料大部分没有充分发挥作用。但空心轴比实心轴加工制造难度大,造价也高。在实际工作中,要具体情况具体分析,合理选择截面的形状与尺寸。

四、扭转的强度条件

当轴的危险截面上的最大剪应力不超过材料的扭转许用剪应力[τ]时,轴就能安全正常工作,故轴扭转的强度条件为

$$\tau_{max} = \frac{M_n}{W_\rho} \leqslant [\tau] \tag{1-54}$$

式中:M_n是危险截面上的扭矩;[τ]的值可查阅有关手册,一般[τ] = (0.5~0.6)[σ]。

一般轴除受扭转外常伴有弯曲作用,而且所受的载荷不是静载荷,故许用剪应力的值有时比上述范围还要低一些。

根据扭转强度条件同样可以解决校核强度、设计截面与确定许可载荷这三类问题。

例1-27 如图1-91所示,圆轴为等截面圆轴,[τ] = 40 MPa,试求轴的直径。

解:由例1-24知道,最大扭矩为430 N·m,应用式(1-54)可得

$$W_\rho \geqslant \frac{M_n}{[\tau]} = \frac{430}{40 \times 10^6} = 10.75 \times 10^{-6} \text{ m}^3$$

因$W_\rho = 0.2 d^3$,所以

$$d \geqslant \sqrt[3]{\frac{10.75 \times 10^{-6}}{0.2}} = 3.77 \times 10^{-2} \text{ m} = 37.7 \text{ mm}$$

根据轴的标准直径进行圆整,可取 $d = 40$ mm。

例1-28 一根直径为30 mm的钢轴,若[τ] = 50 MPa,求轴能承受的最大扭矩;如果轴的转速为400 r/min,轴能传递多大的功率?

解:(1)求轴能承受的最大扭矩。由式(1-54)可得

$$M_{max} = M_n \leqslant [\tau] W_\rho = [\tau] \times 0.2 d^3 = 50 \times 10^6 \times 0.2 \times 0.03^3 = 270 \text{ N·m}$$

(2)求轴能传递的功率。由于输入力矩M'等于扭矩M,由式(1-48)得

$$N = \frac{M'n}{9\,550} = \frac{270 \times 400}{9\,550} = 11.3 \text{ kW}$$

五、圆轴的扭转变形与刚度条件

(一)圆轴的扭转变形

圆轴受扭转时,除了要满足强度条件,有时还要满足刚度条件。例如机床的主轴,若扭转变形太大,就

会引起剧烈的振动,影响加工工件的质量。因此还需对轴的扭转变形有所限制。

圆轴受扭转时所产生的变形,用两个横截面之间的相对扭转角 φ 表示,如图 1-88 所示。由于 γ 角与 φ 角对应同一段弧长,故有

$$\varphi R = \gamma l \qquad (1-55a)$$

式中:R 为轴的半径。将剪切胡克定律 $\tau = G\gamma$ 代入式(1-55a)中得

$$\varphi = \frac{\tau l}{GR} \qquad (1-55b)$$

将 $\tau_{max} = \dfrac{MR}{J_\rho}$ 代入式(1-55b)中得

$$\varphi = \frac{Ml}{GJ_\rho} \qquad (1-55c)$$

式(1-55c)是截面 A、B 之间的相对扭转角的计算公式,φ 的单位是 rad。两个截面间的相对扭转角与两个截面间的距离 l 成正比。为了便于比较,工程上一般用单位轴长上的扭转角 θ 表示扭转变形的大小:

$$\theta = \frac{\varphi}{l} = \frac{M}{GJ_\rho} \qquad (1-56)$$

式中:θ 的单位为 rad/m。如果扭矩的单位是 N·m,G 的单位为 Pa,J_ρ 的单位为 m^4,则工程实际中规定的许用单位扭转角 $[\theta]$ 是以 °/m 为单位的,式(1-56)可改写为

$$\theta = \frac{M}{GJ_\rho} \times \frac{180}{\pi} \qquad (1-57)$$

式中:GJ_ρ 为轴的抗扭刚度,取决于轴的材料与截面的形状、尺寸。轴的 GJ_ρ 值越大,则扭转角 θ 越小,表明轴抗扭转变形的能力越强。

(二)扭转刚度条件

圆轴受扭转时如果变形过大,就会影响轴的正常工作。轴的扭转变形用许用单位扭转角 $[\theta]$ 加以限制,其单位为 °/m,其大小根据载荷性质、工作条件等确定。在一般传动和搅拌轴的计算中,可选取 $[\theta] = (0.5 \sim 1.0)$ °/m。由此得出轴的扭转刚度条件为

$$\theta = \frac{M}{GJ_\rho} \times \frac{180}{\pi} \leqslant [\theta] \qquad (1-58)$$

设计圆轴时,一般要求既满足强度条件式(1-54),又满足刚度条件式(1-58)。

例 1-29　某搅拌反应器的搅拌轴传递的功率 $N = 5$ kW,空心圆轴的材料为 45 号钢,$\alpha = \dfrac{d}{D} = 0.8$,转速 $n = 60$ r/min,$[\tau] = 40$ MPa,$[\theta] = 0.5$°/m,$G = 8.1 \times 10^4$ MPa,试计算轴的内、外径尺寸 d 与 D。

解:(1)计算外力矩

$$M = 9\,550\,\frac{N}{n} = 9\,550 \times \frac{5}{60} = 796 \text{ N·m}$$

轴的横截面上的扭矩 $M_n = M = 796$ N·m。

(2)由强度条件
$$\tau_{max} = \frac{M_n}{W_\rho} \leqslant [\tau]$$

及
$$W_\rho = 0.2D^3(1-\alpha^4) = 0.2D^3(1-0.8^4) = 0.118D^3$$

得
$$D \geqslant \sqrt[3]{\frac{796}{0.118 \times 40 \times 10^6}} = 5.525 \times 10^{-2} \text{ m} = 55.25 \text{ mm}$$

(3)由刚度条件
$$\theta = \frac{M_n}{GJ_\rho} \times \frac{180}{\pi} \leqslant [\theta]$$

及
$$J_\rho = 0.1D^4(1-\alpha^4) = 0.059D^4$$

得

$$D \geqslant \sqrt[4]{\frac{796 \times 180}{8.1 \times 10^{10} \times 0.5 \times 0.059 \times 3.14}} = 6.611 \times 10^{-2}\ \text{m} = 66.11\ \text{mm}$$

故选取 $D \geqslant 67$ mm,如用无缝钢管做轴,按照市售无缝钢管规格取外径 $D = 70$ mm 内径 $d = 0.8D = 56$ mm,即采用 $\phi 70 \times 7$ 的无缝钢管。

例 1 - 30 一根直径为 50 mm 的实心钢轴 ABC(图 1 -96(a))在 A 处受到一台电动机的驱动,该电动机以 597 r/min 的转速向该轴传递 50 kW 的功率。B、C 处的齿轮驱动机器所需的功率分别为 35 kW 和 15 kW。请计算该轴中的最大切应力 $\tau_{\max}$,并计算 A 处电动机和 C 处齿轮之间的扭转角 φ_{AC}(设 $G = 80$ GPa)。

解:首先分析如何求出电动机和两个齿轮施加在轴上的扭矩。由于电动机以 597 r/min 的转速提供了 50 kW 的功率,因此它在该轴的 A 端产生了一个扭矩 M_A(图 1 -96(b)),根据功率的表达式可得

$$M_A = 9\,550\,\frac{N_A}{n} = 9\,550 \times \frac{50}{597} = 800\ \text{N} \cdot \text{m}$$

采用类似的方法,可计算出齿轮施加在该轴上的扭矩 M_B 和 M_C:

$$M_B = 9\,550\,\frac{N_B}{n} = 9\,550 \times \frac{35}{597} = 560\ \text{N} \cdot \text{m}$$

$$M_C = 9\,550\,\frac{N_C}{n} = 9\,550 \times \frac{15}{597} = 240\ \text{N} \cdot \text{m}$$

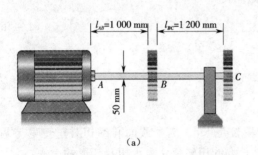

$M_A = 800\ \text{N} \cdot \text{m}$ 　 $M_B = 560\ \text{N} \cdot \text{m}$ 　 $M_C = 240\ \text{N} \cdot \text{m}$

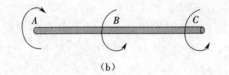

(b)

图 1 -96　例 1 -30 图

(a)结构图;(b)受力图

这些扭矩显示在该轴的受力图(图 1 -96(b))上。注意,齿轮产生的扭矩与电动机施加的扭矩是反向的(如果把 M_A 看作电动机施加在轴上的"载荷",那么扭矩 M_B 和 M_C 就是各齿轮的"反作用力矩")。

根据图 1 -96(b),可求出该轴两段的扭矩(通过观察):

$$M_{AB} = 800\ \text{N} \cdot \text{m},\ M_{BC} = 240\ \text{N} \cdot \text{m}$$

这两个扭矩的作用方向相同,因此在求解总扭转角时,将 AB 段和 BC 段的扭转角相加即可。

接下来计算切应力和扭转角。采用通常的方法,根据式(1 -54)和式(1 -55),可求出该轴 AB 段中的最大切应力和扭转角:

$$\tau_{AB\max} = \frac{M_{AB}}{W_\rho} = \frac{800 \times 10^3}{0.2 \times 50^3} = 32\ \text{MPa}$$

$$\varphi_{AB\max} = \frac{M_{AB}l_{AB}}{GJ_\rho} = \frac{800 \times 10^3 \times 1\,000}{80 \times 10^3 \times 0.1 \times 50^4} = 0.016\ \text{rad}$$

BC 段的相应量为

$$\tau_{BC\max} = \frac{M_{BC}}{W_\rho} = \frac{240 \times 10^3}{0.2 \times 50^3} = 9.6\ \text{MPa}$$

$$\varphi_{BC\max} = \frac{M_{BC}l_{BC}}{GJ_\rho} = \frac{240 \times 10^3 \times 1\,200}{80 \times 10^3 \times 0.1 \times 50^4} = 0.005\,8\ \text{rad}$$

因此,该轴中的最大切应力 $\tau_{\max}$ 出现在 AB 段中,即

$$\tau_{\max} = 32\ \text{MPa}$$

同时,A 处电动机和 C 处齿轮之间的扭转角为

$$\varphi_{AC} = \varphi_{AB} + \varphi_{BC} = 0.016 + 0.005\,8 = 0.021\,8\ \text{rad} = 1.25°$$

正如之前所解释的那样,该轴两部分的扭转方向相同,因此各扭转角是相加的。

六、基本变形小结

材料力学的主要任务是解决构件的强度、刚度和稳定性问题,合理选择材料以及截面的形状和尺寸,保证构件的安全性和经济性。已经讨论过五种基本变形,这些基本理论和公式都是通过试验和推理总结出来的,并为实践所证实。为了便于比较,把它们列在表 1-8 中,并做以下说明。

表 1-8 基本变形小结

变形形式	拉伸	剪切	扭转	弯曲
简图				
外力特点	外力作用线与轴线重合	外力垂直于轴线,且相距很近	外力偶作用面垂直于轴线	外力垂直于轴线,外力偶在纵向对称平面内
变形特点	伸长,属于线应变	矩形歪成平行四边形,属于角应变	轴表面纵线歪斜成螺旋线	轴线弯成纵向对称平面内的曲线
内力	轴力 N 垂直于横截面	剪力 Q 平行于横截面	扭矩 M_n 作用于横截面上	弯矩 M 和剪力 Q 在纵向对称平面内
应力	正应力 σ 均布	假设剪应力 τ 均布	剪应力 τ 与到圆心的距离 ρ 成正比	正应力 σ 与到中性轴的距离 y 成正比,中性轴一侧为拉应力,另一侧为压应力
强度计算	$\sigma = \dfrac{N}{A} \leq [\sigma]$	$\tau = \dfrac{Q}{A} \leq [\tau]$ 挤压计算时假设应力均布,则 $\sigma_{jy} = \dfrac{P}{A_{jy}} \leq [\sigma]_{jy}$	$\tau_{max} = \dfrac{M_n}{W_\rho} \leq [\tau]$ 外力偶矩:$M = 9\,550\,\dfrac{N}{n}$。 抗扭截面模量:$W_\rho = 0.2 d^3$ (圆);$W_\rho = 0.2 D^3 \left[1 - \left(\dfrac{d}{D} \right)^4 \right]$ (圆环)	$\sigma_{max} = \dfrac{M_{max}}{W} \leq [\sigma]$ 最大弯矩 M_{max} 由弯矩图得到。 抗弯截面模量:$W = 0.1 d^3$ (圆);$W = \dfrac{bh^2}{6}$ (矩形立放);$W = 0.1 D^3 \left[1 - \left(\dfrac{d}{D} \right)^4 \right]$ (圆环)。 型钢查表 1-6
刚度计算	$\left. \begin{array}{l} \Delta l = \dfrac{Nl}{EA} \\ \sigma = E\varepsilon \end{array} \right\}$ 胡克定律 低碳钢拉伸弹性模量: $E = (2 \sim 2.1) \times 10^5$ MPa	$\tau = G\gamma$ 剪切胡克定律 低碳钢剪切弹性模量: $G = 8 \times 10^4$ MPa	扭转角:$\varphi = \dfrac{M_n l}{G J_\rho}$。 单位长度扭转角:$\theta = \dfrac{\varphi}{l} = \dfrac{M_n}{G J_\rho} \leq [\theta]$。 极惯性矩:$J_\rho = 0.1 d^4$ (圆);$J_\rho = 0.1 D^4 \left[1 - \left(\dfrac{d}{D} \right)^4 \right]$ (圆环)	挠度 f 和转角 θ 查表计算: $\dfrac{f}{l} \leq \left[\dfrac{f}{l} \right]$;$\theta \leq [\theta]$ 惯性矩:$J = 0.05 d^4$ (圆); $J = \dfrac{bh^3}{12}$ (矩形立放); $J = 0.05 D^4 \left[1 - \left(\dfrac{d}{D} \right)^4 \right]$ (圆环)。 型钢查表 1-6

注:压缩变形与拉伸变形类似,只是外力的方向指向杆件内部,导致轴向缩短,横截面面积变大。

（1）对一个实际的受力杆件,先要进行受力分析;然后再根据外力的特点,判断它发生哪种基本变形。五种基本变形又可归纳为两类:拉压和弯曲是尺寸变化的线应变;剪切和扭转是形状变化的角应变。

（2）通常根据已知的载荷求得支座反力后,才能用截面法求得杆件横截面上的内力;轴力沿杆轴线方向,剪力垂直于杆轴线,扭矩作用面垂直于杆轴线,弯矩作用在杆轴线平面内。

（3）通过观察试验现象,做出杆件横截面的平面假设,找到变形规律后,结合胡克定律,确定横截面上应力的分布规律。横截面上应力的分布通常有均匀分布和线性分布两种。

（4）强度计算是材料力学的主要问题之一,应用强度条件可以解决杆件的三类强度问题:校核强度、设计截面、确定许可载荷。强度条件可归纳为

$$最大工作应力 = \frac{危险截面上的最大内力}{相应的截面几何性质} \leq 许用应力$$

解决杆件的扭转或弯曲强度问题时,必须先求出各截面上的扭矩值和弯矩值,以确定危险截面及其上的最大扭矩或最大弯矩。解决销钉、螺栓、铆钉的剪切强度问题时,注意区别单剪和双剪。

（5）杆件在受拉压和剪切时,截面对强度和刚度的影响以面积 A 来反映;杆件在受弯曲和扭转时,截面对强度和刚度的影响则以抗弯截面模量 W、抗扭截面模量 W_p、惯性矩 J、极惯性矩 J_p 来反映。这些都是截面的几何性质,取决于截面的形状、尺寸和中性轴的位置,具体表现为:空心轴比实心轴经济合理;工字钢截面比矩形截面经济合理。

（6）许用应力是杆件安全工作应力的最大值,它等于极限应力除以安全系数。在求静应力时,取强度极限或屈服极限为极限应力;塑性材料的许用拉应力与许用压应力相等;脆性材料的许用拉应力远低于许用压应力。

（7）胡克定律是材料力学的基础,它表示材料受载时应力与应变成正比的关系。应该注意它的适用范围是应力未超过弹性极限。

（8）有些杆件除了要满足强度条件,还要满足刚度条件。刚度条件归纳为

$$变形 \ (\Delta l、\varphi、f、\theta) = 常数 \times \frac{载荷(P、q、M) \times 长度(l、l^2、l^3 \ 等)}{弹性模量(E、G) \times 截面几何性质(A、J、J_p)}$$

（9）材料试验是材料力学的重要组成部分,通过试验可以验证理论和测定材料的力学性能。材料的力学性能有强度、塑性、弹性、硬度和冲击韧性等。

第六节　压杆稳定

一、压杆稳定的基本概念

以前人们研究杆件的压缩时,都认为杆件只要满足强度条件就能保持正常工作。这种看法对于短而粗的压杆是正确的,但对于长而细的压杆,除了要满足强度条件,还要满足稳定条件,压杆才能保持正常工作。为了说明稳定问题,现研究长而细的直杆。在它的两端,沿着杆的轴线施加一个逐渐增大的压力 P（图1-97）。由图可以看到,当压力很小时,直杆还保持着直线形状。这时如果将一个很小的横向力 ΔT 作用于杆的中部,杆就会发生微小的弯曲变形（图1-97(a)）。不过,这种弯曲只是暂时的,当这个横向力 ΔT 撤去后,杆件就会恢复其原有的直线形状。这说明压杆在这时还有保持其原始直线形状的能力,即杆件这时的直线形状是稳定的（图1-97(b)）。

但是,当作用在杆上的轴向压力 P 超过某一限度时,情况就不同了。这时只要轻轻地推一下,杆件将立刻弯曲到一个新的平衡位置（图1-98）,或者由于弯得太厉害而折断。这说明压杆在这时已经丧失保持其原始直线形状的能力,即杆件这时的直线形状是不稳定的。通过计算可以知道,这时杆内的应力远远低于

材料的极限应力,甚至低于许用压缩应力,也就是说细长压杆的破坏并不是由强度不足而引起的。

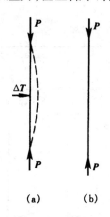

图 1-97　压杆
(a)受力图;(b)平衡位置图

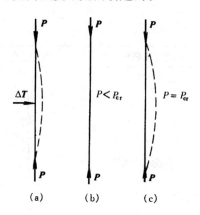

图 1-98　压杆失稳
(a)受力图;(b)平衡位置图;(c)临界位置图

在工程实际中,压杆一般不是绝对笔直的,它的轴线可能有些弯曲;而且作用在杆上的压力也不是正好沿着杆的轴线,压力可能有些偏心。因此,当细长杆所受压力达到某个限度时,即使没有横向力 ΔT 的作用,它也会突然变弯而丧失工作能力。这种现象称为丧失稳定性,简称失稳。失稳现象是突然发生的,事前并无迹象,所以它会给工程造成严重的事故。在飞机和桥梁工程上曾发生过这种事故。因此,压杆稳定问题也是材料力学研究的重要问题。除了细长杆外,工程实际中的薄壁构件也有稳定问题。例如受外压的薄壁圆筒形容器也可能因外压过大而突然失稳。本节只研究压杆的稳定问题,但是这些知识对于本书第三章研究外压薄壁容器时也有用。

二、临界力和欧拉公式

杆件所受压力逐渐增大到某个限度时,压杆将由稳定状态转为不稳定状态。这个压力的限度称为 P_{cr},即压杆临界力。它是压杆保持直线稳定形状时所能承受的最大压力。为了保证压杆的稳定性,就要确定临界力的大小。通过试验和理论推导发现,压杆临界力与下列因素有关。

(1)压杆的材料。压杆临界力与材料的弹性模量 E 成正比,即

$$P_{cr} \propto E$$

(2)压杆横截面的形状和尺寸。压杆临界力与压杆横截面的惯性矩 J 成正比,即

$$P_{cr} \propto J$$

(3)压杆的长度。压杆临界力与压杆长度的平方 l^2 成反比,即

$$P_{cr} \propto \frac{1}{l^2}$$

(4)压杆两端的支座形式。支座形式对压杆临界力的影响可用一个系数表示,称为支座系数 μ,列于表 1-9 中。为计算方便,写成

$$P_{cr} \propto \frac{1}{\mu^2}$$

细长压杆的临界力可通过求解弯曲平衡方程得到:

$$P_{cr} = \frac{\pi^2 EJ}{(\mu l)^2} \tag{1-59}$$

式(1-59)称为欧拉公式。当已知压杆的材料、形状、尺寸和支座形式时,即可由欧拉公式求得临界力。根据欧拉公式,若要提高细长杆的稳定性,可从下列方面考虑。

(1)合理选用材料。由于压杆临界力与弹性模量 E 成正比,而钢材的 E 值比铸铁、铜、铝的 E 值大,所以压杆宜选用钢材作为材料。合金钢的 E 值与碳钢的 E 值相同,细长杆选用合金钢并不能比碳钢提高稳定

性,但对短粗杆,选用合金钢可提高工作能力。

表 1-9　压杆的支座系数

杆端约束情况	两端固定	一端固定,另一端铰支	两端铰支	一端固定,另一端自由
支座系数 μ	0.5	≈0.7	1.0	2.0
压杆的挠曲线形状				

　　(2)合理选择截面形状。由于压杆临界力与截面的惯性矩 J 成正比,所以应选择 J 大的截面形状(如圆环形截面比圆形截面合理,型钢截面比矩形截面合理),并且尽量使压杆横截面对两个互相垂直的中性轴的 J 值相近,如图 1-99(a)的布置比图 1-99(b)好。

　　(3)减小压杆长度。由于压杆临界力与杆长的平方成反比,所以在可能的情况下应减小杆的长度或在杆的中部设置支座,可大大提高其稳定性。

　　(4)改进支座形式。压杆临界力与支座形式有关。固定端支座比铰链支座的稳定性好,图 1-100(a)中的支座形式比图 1-100(b)中的好,能提高立柱受压时的稳定性。

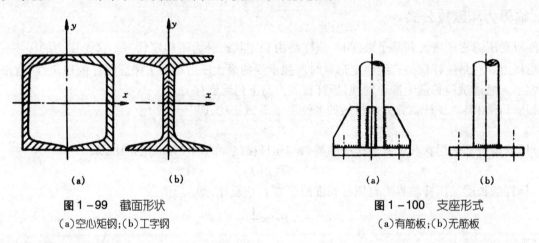

<table>
<tr><td align="center">图 1-99　截面形状
(a)空心矩钢;(b)工字钢</td><td align="center">图 1-100　支座形式
(a)有筋板;(b)无筋板</td></tr>
</table>

三、压杆的稳定计算

　　由上述内容可知,欧拉公式计算的结果是临界力,而在材料力学中习惯计算杆件的应力,因此把临界力 P_{cr} 除以压杆的横截面面积 A 得到临界应力 σ_{cr},它是压杆保持稳定的最大应力,即杆内应力超过临界应力以前,压杆能保持稳定的直线形状;杆内应力达到或超过临界应力时,压杆丧失稳定性而变弯,不能正常工作。临界应力表示为

$$\sigma_{cr} = \frac{P_{cr}}{A} = \frac{\pi^2 EJ}{(\mu l)^2 A} \tag{1-60}$$

取

$$\lambda = \frac{\mu l}{\sqrt{\dfrac{J}{A}}}$$

式(1-60)可改写为

$$\sigma_{\mathrm{cr}} = \frac{\pi^2 E}{\lambda^2} \qquad\qquad (1-61)$$

这是临界应力的欧拉公式。式中的 λ 称为压杆的长细比,为无量纲量;它受杆的长度、支座形式、横截面形状和尺寸等因素的综合影响。对于圆截面压杆,

$$\lambda = \frac{\mu l}{\sqrt{\dfrac{J}{A}}} = \frac{\mu l}{\sqrt{\dfrac{\pi d^4/64}{\pi d^2/4}}} = \frac{4\mu l}{d}$$

由此可知:压杆越长(l 越大)、越细(d 越小),其长细比越大;压杆越短、越粗,支座约束限制越严格,其长细比越小。

从临界应力的欧拉公式(式(1-61))看,压杆的长细比 λ 越大,其失稳的临界应力 σ_{cr} 越小,即压杆越长细,越容易丧失稳定性,并且实践证明短粗杆受压时没有失稳问题。由于欧拉公式是在材料处于弹性范围内时应用胡克定律推导的,所以失稳时的临界应力 σ_{cr} 不应超过材料的弹性极限,即

$$\sigma_{\mathrm{cr}} = \frac{\pi^2 E}{\lambda^2} \leqslant \sigma_{\mathrm{p}}$$

对于常用的低碳钢,取弹性模量 $E = 2 \times 10^5$ MPa,弹性极限 $\sigma_{\mathrm{p}} = 200$ MPa,代入上式得

$$\lambda \geqslant 99 \approx 100$$

即对低碳钢,当压杆的长细比 $\lambda \geqslant 100$ 时属细长杆,这时才能应用欧拉公式计算临界应力。

因为压杆不是绝对笔直的,它的轴线可能有些弯曲,作用在杆上的压力也不是正好沿着杆的轴线,可能有些偏心,所以,即使压杆的长细比 $\lambda < 100$,也存在着失稳问题。但是它的临界应力不是按欧拉公式计算的,而由其他公式计算。

判断细长压杆(如低碳钢压杆,长细比 $\lambda \geqslant 100$)的稳定性,可以校核其临界力或临界应力:

$$P \leqslant \frac{P_{\mathrm{cr}}}{n_{\mathrm{c}}}$$

或

$$\sigma \leqslant \frac{\sigma_{\mathrm{cr}}}{n_{\mathrm{c}}} \qquad\qquad (1-62)$$

式中:n_{c} 为稳定安全系数,表示压杆稳定性的安全储备程度,它与确定许用应力时的安全系数对应。根据压杆的工作情况,$n_{\mathrm{c}} = 1.8 \sim 8$,对钢杆通常取 $n_{\mathrm{c}} = 1.8 \sim 3$,对铸铁杆通常取 $n_{\mathrm{c}} = 5 \sim 5.5$。

为了简化压杆稳定性的计算,对于各种长细比的压杆,其稳定条件统一写成类似于强度条件的形式。限制压杆应力不超过材料的稳定许用应力 $[\sigma_{\mathrm{cr}}]$,即

$$\sigma_{\mathrm{cr}} = \frac{P}{A} \leqslant [\sigma_{\mathrm{cr}}] \qquad\qquad (1-63)$$

又将稳定许用应力看成压缩许用应力 $[\sigma]$ 的一部分,即压缩许用应力 $[\sigma]$ 乘以小于 1 的系数 φ,代入式(1-63)得

$$\sigma = \frac{P}{A} \leqslant \varphi[\sigma] \qquad\qquad (1-64)$$

式中:φ 为稳定系数,取决于压杆的材料、截面形式和长细比 λ,反映了长细比 λ 对压杆稳定性的影响。它适用于从细长杆到粗短杆的各种长细比范围,常用材料在各种长细比时的稳定系数可查相关标准。

习　题

1-1　化工厂安装塔器时,分段起吊塔体,如题1-1图所示。设起吊重量 $G = 10$ kN,求钢绳 AB、BC 及 BD 的受力大小。设 BC、BD 与水平方向的夹角均为60°。

1-2　如题1-2图所示,桅杆式起重机由桅杆 D、起重杆 AB 和钢丝 BC 用铰链 A 连接而成。$P = 20$ kN,试求 BC 绳的拉力与铰链 A 的反力(AB 杆自重不计)。

1-3　如题1-3图所示,起吊设备时为避免碰到栏杆,施加一个水平力 P,设备重 $G = 30$ kN,求水平力 P 及绳子拉力 T。

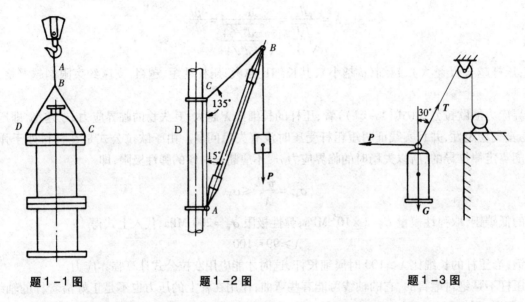

题1-1图　　　　　　　　题1-2图　　　　　　　　题1-3图

1-4　杠杆式安全阀如题1-4图所示。已知阀杆 CD 重20 N,AB 杆重14 N,$AC = 80$ mm,$AB = 360$ mm,阀体内径 $\phi = 40$ mm。当气体压力 $p = 0.5$ MPa 时要求阀门打开。求 B 点的平衡重力 Q 及铰链 A 的反力。

1-5　如题1-5图所示,悬臂式壁架支撑设备重 P(kN),壁架自重不计,求固定端的反力。

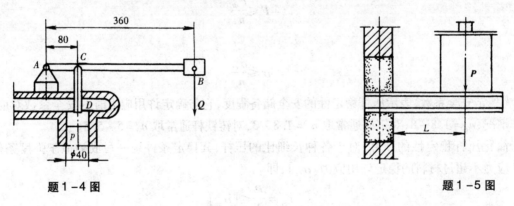

题1-4图　　　　　　　　　　　　　　　题1-5图

1-6　化工厂的塔器如题1-6图所示,塔旁悬挂一个侧塔。设沿塔高受风压 q(N/m),塔高 H(m),侧塔与主塔中心相距 e(m),主塔重 P_1(kN),侧塔重 P_2(kN)。试求处于地面基础处的支座反力。

1-7　手动水泵如题1-7图所示,尺寸以 mm 计,已知作用力 $P = 200$ N,求处于图示位置时连杆 BC 所受的力、铰链 A 的反力和水压力 Q 的大小(摩擦力与各杆件自重不计)。

1-8　如题1-8图所示,梯子由 AB 与 AC 两部分在 A 处用铰链连接而成,下部用水平软绳连接,放在光滑面上。在 AC 上作用有一个竖直力 P。如不计梯子自重,当 $P = 600$ N、$\alpha = 75°$、$h = 3$ m、$a = 2$ m 时,求绳的拉力大小。

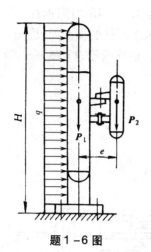

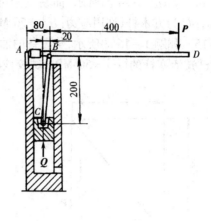

题 1-6 图　　　　　　　　　　　题 1-7 图

1-9　如题 1-9 图所示,试用截面法求各杆件所标出的横截面上的内力和应力。已知杆的横截面面积 $A=250$ mm^2, $P=10$ kN。

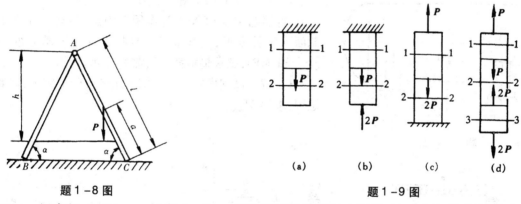

题 1-8 图　　　　　　　　　　题 1-9 图

1-10　一根直径 $d=16$ mm、长度 $L=3$ m 的圆截面杆承受轴向拉力 $P=3$ kN,其伸长量为 $\Delta L=2.2$ mm。试求此杆横截面上的应力与此材料的弹性模量 E。

1-11　一根钢杆,其弹性模量 $E=2.1\times10^5$ MPa,弹性极限 $\sigma_p=210$ MPa,在轴向拉力 $\boldsymbol{P}$ 作用下,纵向线应变 $\varepsilon=0.001$。求此时杆横截面上的正应力。如果加大拉力 $\boldsymbol{P}$,使杆件的纵向线应变增大到 $\varepsilon=0.01$,此时杆横截面上的正应力能否由胡克定律确定? 为什么?

1-12　如题 1-12 图所示,两块 Q235A 钢板用 T422 焊条对焊起来作为拉杆,$b=60$ mm,$\delta=10$ mm。已知钢板的许用应力 $[\sigma]=160$ MPa,对接焊缝的许用应力 $[\sigma]=128$ MPa,拉力 $P=60$ kN。试校核其强度。

1-13　如题 1-13 图所示,已知反应釜端盖上气体压力及垫圈上压紧力的合力为 400 kN,其法兰连接选用 Q235B 钢制 M24 螺栓,螺栓的许用应力 $[\sigma]=54$ MPa,由螺纹标准查出 M24 螺栓的根径 $d=20.7$ mm,试计算所需要的螺栓数量(螺栓沿圆周均匀分布,螺栓数应取 4 的倍数)。

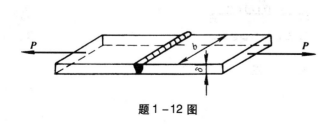

题 1-12 图

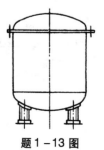

题 1-13 图

1-14　如题1-14图所示,简易支架可简化为铰接三角形支架 ABC。AB 为圆钢杆,许用应力 $[\sigma]=$ 140 MPa;BC 为方木杆,许用应力 $[\sigma]=50$ MPa。若载荷 $P=40$ kN,试求两杆的横截面尺寸。

1-15　如题1-15图所示,某设备的油缸内工作压力 $P=2$ MPa,油缸内径 $D=75$ mm,活塞杆直径 $d=$ 18 mm,已知活塞杆的 $[\sigma]=50$ MPa,试校核活塞杆的强度。

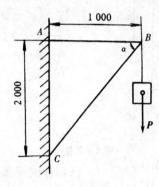

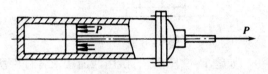

题1-14图　　　　　　　　　　　　　　　　题1-15图

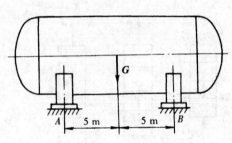

题1-16图

1-16　题1-16图所示为一个卧式容器,支撑在支座 A 和 B 上,容器总重 $G=500$ kN,作用于中点,两支座 A、B 的垫板之截面均为长方形,边长 $a:b=1:4$,若支座下基础的许用应力 $[\sigma]=1$ MPa,试求垫板截面所需的尺寸。

1-17　试列出题1-17图所示各梁的弯矩方程,并画出弯矩图,求出 M_{max}。

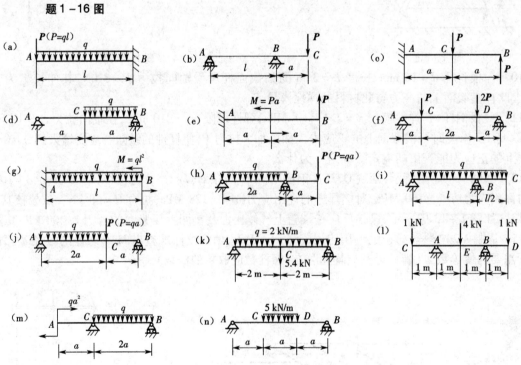

题1-17图

1-18　题1-18图所示为一个卧式贮罐,内径 $\phi=1\,600$ mm,壁厚20 mm,封头高 $H=450$ mm;支座位置如图所示,$L=8\,000$ mm,$a=1\,000$ mm。内贮液体,包括贮罐自重在内,可简化为单位长度上的均布载荷 $q=28$ N/mm,简化图如题1-18图(b)所示。求罐体上的最大弯矩和弯曲应力。

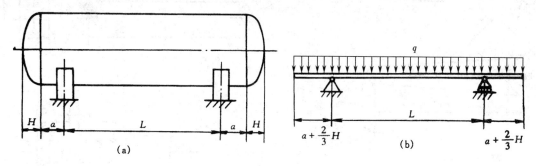

题1-18图

1-19　如题1-19图所示,悬臂管道托架上的管道重 $P=8$ kN,$l=500$ mm,梁用10号工字钢,材料的弯曲许用应力 $[\sigma]=120$ MPa。问:工字钢梁的强度是否足够?

1-20　如题1-20图所示,分馏塔高 $H=20$ m,塔内径 $\phi=1\,000$ mm,壁厚6 mm,塔与基础的固定方式可视为固定端,作用在塔体上的风载荷分两段计算,$q_1=0.6$ N/mm,$q_2=0.42$ N/mm。求风力引起的最大弯曲应力。

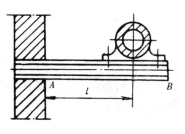

题1-19图

1-21　题1-21图所示为一个卧式容器的筒体部分,其总重40 kN,支撑在容器焊接架的托轮上。已知支撑托轮 A、B 两轴的直径 $d=50$ mm,材料的弯曲许用应力 $[\sigma]=120$ MPa。试校核 A、B 两轴的强度。

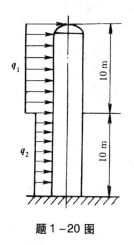

题1-20图

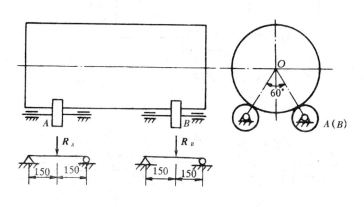

题1-21图

1-22　题1-22图所示空气泵的操作杆右端受力 $P=8$ kN,Ⅰ—Ⅰ及Ⅱ—Ⅱ截面的尺寸相同,均为 $h/b=3$ 的矩形。若操作杆材料的许用应力 $[\sigma]=50$ MPa,试设计Ⅰ—Ⅰ及Ⅱ—Ⅱ截面的尺寸。

1-23　题1-23图所示横梁设计为矩形截面($h:b=2:1$),许用应力 $[\sigma]=160$ MPa,求此梁的最大挠度和最大转角。已知钢材的弹性模量 $E=2.0\times10^5$ MPa,图中 $P=20$ kN,$q=10$ kN/m,$l=4$ m。

1-24　题1-24图所示为销钉连接,已知 $P=18$ kN,板厚 $t_1=8$ mm,$t_2=5$ mm,销钉与板的材料相同,许用剪应力 $[\tau]=60$ MPa,许用挤压应力 $[\sigma_{jy}]=200$ MPa,销钉直径 $d=16$ mm,试校核销钉的强度。

1-25　题1-25图所示为焊接结构,$P=300$ kN,盖板高度 $t=5$ mm,焊缝高度 $h_f=5$ mm,焊缝的许用剪应力 $[\tau]=110$ MPa,试求焊缝长度 l(上下共4条焊缝)。

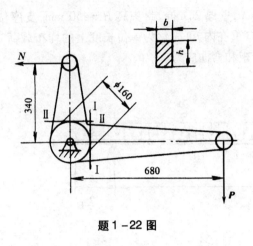

题 1-22 图

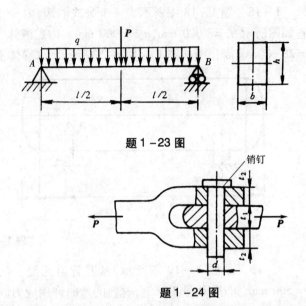

题 1-23 图

题 1-24 图

1-26 如题 1-26 图所示,齿轮与轴用平键连接,已知轴直径 $d = 70$ mm,键的尺寸 $b = 20$ mm,$h = 12$ mm,$l = 100$ mm,传递的力偶矩 $M = 2$ kN·m,键材料的许用剪应力 $[\tau] = 80$ MPa,许用挤压应力 $[\sigma_{jy}] = 200$ MPa,试校核键的强度。

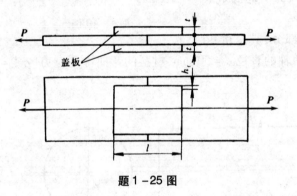

题 1-25 图

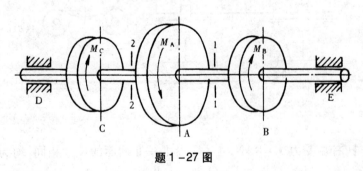

题 1-27 图

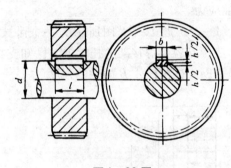

题 1-26 图

1-27 如题 1-27 图所示,已知圆轴输入功率 $N_A = 50$ kW,输出功率 $N_C = 30$ kW,$N_B = 20$ kW。轴的转速 $n = 100$ r/min,$[\tau] = 40$ MPa,$[\theta] = 0.5°$/m,$G = 8.0 \times 10^4$ MPa。试设计轴的直径 d。

1-28 某搅拌轴材质为 45 号钢,其许用剪应力 $[\tau] = 31$ MPa,轴的转速 $n = 20$ r/min,传递的功率 $N = 5$ kW。试求此实心轴的直径。

1-29 某化工厂的螺旋输送机的输入功率为 7.2 kW。现拟用外径 $D = 50$ mm、内径 $d = 40$ mm 的热轧无缝钢管做螺旋轴,轴的转速 $n = 150$ r/min,材料的扭转许用剪应力 $[\tau] = 50$ MPa。问:强度是否足够?

1-30 某反应器的搅拌轴由功率 $N = 6$ kW 的电动机带动,轴的转速 $n = 40$ r/min,由 $\phi89$ 的钢管(外径为 89 mm,壁厚 10 mm)制成,材料的许用剪应力 $[\tau] = 50$ MPa。试校核电动机输出额定功率时轴的强度。

1-31 如果许用切应力为 100 MPa,许用单位长度扭转角为 3.0°/m,那么一根以 600 r/min 的转速运转的空心螺旋桨轴(外径为 50 mm,内径为 40 mm,切变模量为 80 GPa)所能传递的最大功率是多少?

1-32　如题 1-32 图所示,某电动机以 100 r/min 的转速将 200 kW 的功率传递给一根轴。B 和 C 处的齿轮分别获得 90 kW 和 110 kW 的功率。如果许用切应力为 50 MPa,且电动机与齿轮 C 之间的扭转角不能超过 1.5°,那么该轴所需直径 d (假设 $G=80$ GPa,$L_1=1.8$ m,$L_2=1.2$ m)是多大?

1-33　题 1-33 图所示轴 ABC 被一台电动机驱动,该电动机以 32 Hz 的频率传递 300 kW 的功率。B 和 C 处的齿轮分别获得 120 kW 和 180 kW 的功率。该轴两段的长度分别为 $L_1=1.5$ m、$L_2=0.9$ m。如果许用切应力为 50 MPa,点 A 与点 C 之间的许用扭转角为 4.0°,$G=75$ GPa,那么该轴所需直径 d 是多大?

1-34　一个带有框式搅拌桨叶的主轴的受力情况如题 1-34 图所示。搅拌轴由电动机经过减速箱及圆锥齿轮带动。已知电动机的功率为 2.8 kW,机械传动的效率为 85%,搅拌轴的转速为 5 r/min,轴的直径 $d=75$ mm,轴的材料为 45 号钢,许用剪应力 $[\tau]=60$ MPa。试校核轴的强度。

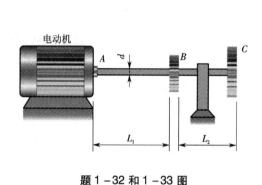

题 1-32 和 1-33 图

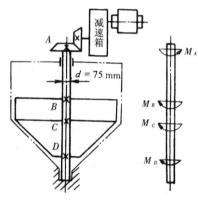

题 1-34 图

1-35　千斤顶的螺杆由 Q235A 钢制成,内径 $d_1=32$ mm,最大升高 $l=30$ mm。若起重量 $P=50$ kN,两端支座可看成上端自由、下端固定的形式,许用应力 $[\sigma]=160$ MPa,试用折减系数法校核其稳定性。

1-36　铸铁管外径 $D=200$ mm,内径 $d=120$ mm,长 $l=3\,000$ mm,两端支座可看成铰链支座。铸铁的许用应力 $[\sigma]=80$ MPa。求此管的最大许可压力。

参考文献

[1] 中国钢铁工业协会.金属材料 拉伸试验 第 1 部分:室温试验方法:GB/T 228.1—2010[S]. 北京:中国标准出版社,2011.
[2] 盖尔,古德诺. 材料力学[M]. 王一军,译. 北京:机械工业出版社,2017.
[3] 冯维明. 材料力学[M]. 北京:机械工业出版社,2020.
[4] 刘鸿文,林建兴,曹曼玲. 材料力学[M]. 北京:高等教育出版社,2017.
[5] 孙训方,方孝淑,关来泰, 等. 材料力学[M]. 北京:高等教育出版社,2019.
[6] 成大先. 机械设计手册[M]. 6 版. 北京:化学工业出版社,2017.
[7] 全国锅炉压力容器标准化技术委员会.压力容器:GB 150.1 ~ GB 150.4—2011[S]. 北京:中国标准出版社,2012.
[8] 奥伯格,琼斯,霍顿. 美国机械工程手册:基础卷[M]. 陈爽,等译. 北京:机械工业出版社,2020.
[9] 王立峰,范钦珊. 理论力学[M]. 北京:机械工业出版社,2021.

第二章　化工设备材料

第一节　概述

化学工业是国民经济的基础产业,各种化学生产工艺的要求不尽相同,如压力从真空到高压甚至超高压,温度从低温到高温,物料从普通物料到腐蚀性、易燃、易爆物料等,使设备在极其复杂的操作条件下运行。由于不同的生产条件对设备材料有不同的要求,因此合理选用材料是设计化工设备的主要环节。

对于高温容器,在高温的长期作用下,材料的力学性能和金属组织都会发生明显变化,加之需要承受一定的工作压力,因此选材时必须考虑高温条件下材料组织的稳定性。对于盛装一定腐蚀介质的压力容器,材料不仅经常处于有腐蚀介质的条件下,还可能受到冲击和疲劳载荷的作用,在制造中还需经过冷、热加工,所以不仅要考虑不同介质腐蚀的要求,还需考虑材料的强度、塑性及加工工艺性能等。而对于低温设备材料,则需重点考虑材料在低温下的脆性断裂问题。

第二节　材料的性能

材料的性能包括力学性能、物理性能、化学性能和加工工艺性能等。

一、力学性能

力学性能是指材料在外力作用下抵抗变形或破坏的能力,如强度、硬度、弹性、塑性、韧性等。这些性能是化工设备设计中选择材料及确定许用应力的依据。

(一)强度

强度是指材料抵抗外加载荷而不失效、不被破坏的能力。一般来讲,材料的强度仅指材料达到允许的变形程度或断裂前所能承受的最大应力,如弹性极限、屈服极限、强度极限、疲劳极限和蠕变极限等。材料在常温下的强度指标有屈服强度和抗拉(压)强度。

屈服强度表示材料发生屈服现象时的屈服极限,即材料抵抗微量塑性变形的应力。抗拉强度表示材料抵抗外力而不致断裂的最大应力。在工程上,不仅需要材料有高的屈服强度,而且需要考虑屈服极限与强度极限的比值(屈强比),屈强比小,则采用这种材料制造的零件具有更高的安全可靠性。这是因为在工作时万一超载,材料将发生塑性变形,使材料的强度提高而不致立刻断裂。但如果屈强比太小,则材料强度的利用率会降低。

热强性指在室温下钢的力学性能与加热时间无关,但在高温下钢的强度及变形量不但与时间有关,而且与温度有关的性质。在高温下,金属材料的屈服极限 $R_{eL}(R_{p0.2})$、强度极限 R_m 都会发生显著变化。通常随着温度升高,金属的强度降低,塑性增大。另外,金属材料在高温、一定应力下长期工作时会发生蠕变。例如,高温高压蒸汽管道由于发生蠕变,其管径会随时间延长而不断增大,最后可能导致管道破裂。材料在高温条件下抵抗这种缓慢的塑性变形引起破坏的能力,用蠕变极限 R_n 表示。蠕变极限是试样在规定的温度下和在规定的时间内产生的蠕变变形量或蠕变速度不超过规定值时的最大恒应力。

金属材料抵抗高温断裂的能力,常以持久强度 R_D 表示。持久强度是指试样在一定温度下和在规定的持续时间内抵抗断裂的应力。

对于长期承受交变应力作用的金属材料,还要考虑疲劳破坏。所谓疲劳破坏是指金属材料在小于屈服强度的交变载荷的长期作用下发生断裂的现象。疲劳断裂与静载荷下的断裂不同,在静载荷下显示脆性或韧性的材料,在疲劳断裂时都不发生明显的塑性变形,即疲劳断裂是突然发生的,常常造成严重事故,因此具有很大的危险性。金属材料经过无限次反复交变载荷作用不被破坏的最大应力称为疲劳强度,以 σ_{-1} 表示。对于一般钢材,将其经受 $10^6 \sim 10^7$ 次反复交变载荷作用而不被破坏的应力作为疲劳强度。

（二）硬度

硬度是指材料在表面上不大的体积内抵抗变形或破裂的能力。采用不同的试验方法,表征不同的抗力。硬度不是金属独立的基本性能,而是反映材料弹性、强度与塑性等的综合性能指标。

生产中应用最多的是压入法型硬度,常用指标有布氏硬度（HB、HBW）、洛氏硬度（HRC、HRB）和维氏硬度（HV）等。所得硬度值的大小实质上表示金属表面抵抗压入物体（钢球或锥体）引起局部塑性变形的能力的大小。

在一般情况下,硬度高的材料强度高,耐磨性能较好,而切削加工性能较差。根据经验,大部分金属的硬度和强度之间有如下近似关系:对于低碳钢,$R_m \approx 0.36HB$;对于高碳钢,$R_m \approx 0.34HB$;对于灰铸铁,$R_m \approx 0.1HB$。因而可用硬度近似地估计抗拉强度。

（三）塑性

塑性是指材料受力时,当应力超过屈服极限后,材料能发生显著的变形而不即行断裂的性质。工程上将断后伸长率 A 和截面收缩率 Z 作为材料的塑性指标。

1. 断后伸长率 A

断后伸长率主要反映材料均匀变形的能力。它以试件拉断后标距的残余伸长长度与原始标距长度比值的百分率 $A(\%)$ 表示,见式（1-27）。试样标距分为比例标距和非比例标距,因而有比例试样与非比例试样之分。对于比例试样,若原始标距不为 $5.65\sqrt{S_0}$（S_0 为平行长度的原始横截面面积）,符号 A 应附以下角标说明所使用的比例系数,例如 $A_{11.3}$ 表示原始标距（L_0）为 11.3 的试样的断后伸长率。对于非比例试样,符号 A 应附以下角标说明所使用的原始标距,以毫米（mm）表示,例如 $A_{80\,mm}$ 表示原始标距（L_0）为 80 mm 的试样的断后伸长率。采用不同尺寸试样的断后伸长率指标可以按照相关标准进行换算。

2. 截面收缩率 Z

截面收缩率主要反映材料局部变形的能力。它以试件拉断后截面缩小的面积与原始截面面积比值的百分率 $Z(\%)$ 来表示,见式（1-28）。

截面收缩率的大小与试件尺寸无关。它不是一个表征材料固有性能的指标,但它对材料的组织变化比较敏感,尤其对钢的氢脆以及材料的缺口比较敏感。

材料的断后伸长率与截面收缩率愈大,材料塑性愈好。塑性指标在化工设备设计中具有重要意义,对有良好塑性的材料才能进行成型加工,如弯卷和冲压等;良好的塑性可使设备在使用中发生塑性变形而避免发生突然的断裂。用于制作承受静载荷的容器及零件的材料都应具有一定的塑性,一般要求 $A \geqslant 17\%$。过高的塑性常常会导致强度降低。

（四）韧性

对于承受波动或冲击载荷的零件及在低温条件下使用的设备,仅考虑材料的以上几种指标是不够的,还必须考虑材料的抗冲击性能。冲击功 KV_2 是衡量材料韧性的一个指标,表示材料抵抗冲击载荷的能力的大小,是 V 形缺口试样在 2 mm 摆锤刀刃下的冲击吸收能量。

韧性可理解为材料在外加动载荷突然袭击时迅速发生塑性变形的能力。韧性高的材料一般都有较高的塑性指标,但塑性指标较高的材料却不一定具有较高的韧性,原因是在静载下能够缓慢发生塑性变形的材料在动载下不一定能迅速发生塑性变形。因此,冲击载荷值的高低取决于材料有无迅速发生塑性变形的能力。在化工设备中,KV_2 的最低值不小于 20 J。

冲击功值在低温时有不同程度的下降,因此在化工设备中,低温容器所用钢板的 KV_2 值不得小于 34 J。

二、物理性能

金属材料的物理性能有密度、熔点、比热容、导热系数、热膨胀系数、导电性、磁性、弹性模量与泊松比等。

熔点低的金属和合金铸造和焊接加工都较容易,工业上常用于制造熔断器、防火安全阀等零件;熔点高的合金可用于制造耐高温的零件。

金属及合金受热时,一般都有不同程度的体积膨胀,因此对双金属材料的焊接,要考虑它们的线膨胀系数是否接近,否则会因膨胀量不等而使容器或零件变形或损坏。设备的衬里及其组合件的线膨胀系数应和基本材料相同,以免受热后因热胀量不同而发生松动或破坏。

弹性模量(E)是材料在弹性范围内应力与应变之间的比例系数,是金属材料最稳定的性能之一。E 值随温度的升高而逐渐降低。

泊松比(ν)是试件横向应变与纵向应变之比,对于钢材,一般 $\nu = 0.3$。

几种常用金属材料的物理性能列于表 2 − 1 中。

表 2 − 1　几种常用金属的物理性能

金属	密度/ (g/cm^3)	熔点/ ℃	比热容/ $(J/(kg \cdot K))$	导热系数/ $(W/(m \cdot K))$	线膨胀系数 $\alpha/(×10^{-6}/℃)$	电阻率/ $(\Omega \cdot mm^2/m)$	弹性模量 $E/(×10^5 MPa)$	泊松比 ν
灰铸铁	7.0 ~ 7.4	1 250 ~ 1 280	0.54	25 ~ 27	11.0	0.6	1.5 ~ 1.6	0.23 ~ 0.27
高硅铁 Si − 15	6.9	1 220	—	5.2	4.7	0.63	—	—
碳钢和低合金钢	7.85	1 400 ~ 1 500	0.46	46 ~ 58	11.2	0.11 ~ 0.13	2.0 ~ 2.1	0.24 ~ 0.28
1Cr18Ni9Ti	7.9	1 400	0.50	14 ~ 19	17.3	0.73	2.1	0.25 ~ 0.30
铜	8.94	1 083	0.39	384	16.4	0.017	1.0	0.31 ~ 0.34
68 黄铜	8.5	940	0.38	104 ~ 116	20.0	0.072	1.0	0.36
铝	2.71	657	0.91	219	24.0	0.026	0.69	0.32 ~ 0.36
铅	11.35	327	0.13	35	29.2	0.22	0.17	0.42
镍	8.9	1 452	0.46	58	34.0	0.092	1.7	0.27 ~ 0.29

三、化学性能

金属的化学性能是指材料在所处介质中的化学稳定性,即材料是否会与周围介质发生化学或电化学作用而引起腐蚀。金属的化学性能指标主要有耐腐蚀性和抗氧化性。

(一)耐腐蚀性

金属和合金抵抗周围介质(如大气、水汽、各种电解液)侵蚀的能力称为耐腐蚀性(或耐蚀性)。化工生产中所涉及的物料常常有腐蚀性。材料的耐蚀性不强,必将影响设备的使用寿命,有时还会影响产品的质量。常用金属材料在不同温度和浓度的酸、碱、盐类介质中的耐蚀性见表 2 − 2。

(二)抗氧化性

在化工生产中,有很多设备和机械在高温下操作,如氨合成塔、硝酸氧化炉、石油气制氢转化炉、工业锅炉、汽轮机等。在高温下,钢铁不仅与自由氧发生氧化反应,使钢铁表面形成结构疏松、容易剥落的氧化皮,而且与水蒸气、二氧化碳、二氧化硫等气体发生高温氧化与脱碳作用,使钢铁的力学性能(特别是表面硬度和抗疲劳强度)下降。因此,高温设备必须选用耐热材料。

表2-2　常用金属材料在不同温度和浓度的酸、碱、盐类介质中的耐蚀性

材料	硝酸	(℃)	硫酸	(℃)	盐酸	(℃)	氢氧化钠	(℃)	硫酸铵	(℃)	硫化氢	(℃)	尿素	(℃)	氨	(℃)
灰铸铁	×	×	70%~100%（80%~100%）	20（70）	×	×	(任)	(480)	×	×			×	×		
高硅铁 Si-15	≥40% <40%	≤沸 <70	50%~100%	<120	(<35%)	(30)	(34%)	(100)	耐	耐	潮湿	100	耐	耐	(25%)	(沸)
碳钢	×	×	70%~100%（80%~100%）	20（70）	×	×	≤35% ≥70% 100%	120 260 480	×	×	80%	200	×	×		
1Cr18Ni9Ti	<50%（60%~80%）95%	沸(沸) 40	80%~100%（<10%）	<40 (<40)	×	×	≤70%（熔体）	100 (320)	(饱)	250		100			溶液与气体	100
铝	(80%~95%) >95%	(30) 60	×	×	×	×	×	×	10%	20		100			气	300
铜	×	×	<50%（80%~100%）	60 (20)	(<27%)	(55)	50%	35	(10%)	(40)	×	×			×	×
铅	×	×	<60%（<90%）	<80 (90)	×	×	×	×	(浓)	(110)	干燥气	20			气	300
钛	任	沸	5%	35	<10%	<40%	10%	沸			耐	耐				

注：表中数据及文字为材料耐腐蚀的一般条件，其中，带括弧"（　）"者为尚耐蚀；"×"为不耐蚀；"耐"为耐蚀；"任"为任意浓度；"浓"为浓溶液；"饱"为饱和溶液；"沸"为沸点温度；"熔体"为熔融体。

四、加工工艺性能

金属和合金的加工工艺性能是指可铸性、可锻性、可焊性和可切削加工性等。这些性能直接影响化工设备和零部件的制造工艺方法和质量。故加工工艺性能是化工设备选材时必须考虑的因素之一。

（一）可铸性

可铸性是指金属或合金经铸造形成无缺陷成型铸件的工艺性能。它主要取决于金属材料熔化后形成的液体（即金属液体）的流动性和凝固过程中的收缩与偏析（偏析指合金液体凝固时化学成分的不均匀析出）倾向。流动性好的金属液体能充满铸型，故能浇铸较薄的和形状复杂的铸件。铸造时，熔渣与气体较易上浮，铸件不易形成夹渣与气孔，且收缩小。铸件中不易出现缩孔、裂纹、变形等缺陷，偏析倾向小，铸件各部位成分较均匀。这些都使铸件质量有所提高。合金钢和高碳钢的偏析倾向比低碳钢大，因此铸造后要用热处理的方法消除偏析。常用金属材料中，灰铸铁和锡青铜的铸造性能较好。

（二）可锻性

可锻性是指金属承受压力加工（锻造）而变形的能力。塑性好的材料锻压所需外力小，可锻性好。低碳钢的可锻性比中碳钢和高碳钢好；碳钢的可锻性比合金钢好。铸铁是脆性材料，目前尚不能锻压加工。

（三）可焊性

可焊性是指金属材料在采用一定焊接工艺条件下获得优良焊接接头的难易程度。可焊性好的材料易于用一般焊接方法与工艺进行焊接，不易形成裂纹、气孔、夹渣等缺陷，焊接接头强度与母材相当。低碳钢具有优良的可焊性，而铸铁、铝合金等的可焊性较差。化工设备广泛采用焊接结构，因此可焊性是材料重要的加工工艺性能。

（四）可切削加工性

可切削加工性（简称切削性）是指金属材料被刀具切削加工后成为合格工件的难易程度。切削性好的

材料加工刀具的寿命长,切屑易于折断脱落,切削后表面光洁。灰铸铁(特别是 HT150、HT200)、碳钢都具有较好的切削性。

第三节   碳钢与铸铁

碳钢和铸铁是工程中应用最广泛、最重要的金属材料。它们是由95% 以上的铁和0.02% ~4% 的碳及1% 左右的杂质元素组成的合金,称为铁碳合金。一般含碳量小于0.02% 者称为纯铁,含碳量为0.02% ~2% 者称为碳钢,含碳量大于2% 者称为铸铁。纯铁和含碳量大于4.3% 的铸铁的工程应用价值都很低。

一、铁碳合金的组织和结构

(一)金属的组织与结构

在金相显微镜下看到的金属晶粒简称组织,如图 2-1 所示。用电子显微镜可以观察到金属原子的各种规则排列,这种排列称为金属的晶体结构,简称结构。

纯铁在不同温度下具有两种不同的晶体结构,即体心立方晶格与面心立方晶格,如图 2-2 所示。内部的微观组织和结构形式影响着金属材料的性质。具有体心立方晶格结构的纯铁的塑性比具有面心立方晶格结构的纯铁好,而后者的强度高于前者。

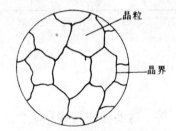

图2-1   金属的显微组织

(a)

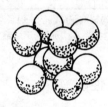
(b)

图2-2   纯铁的晶体结构
(a)面心立方晶格;(b)体心立方晶格

(a)   (b)   (c)

图2-3   灰铸铁中石墨的存在形式与分布
(a)球状石墨;(b)细片状石墨;(c)粗片状石墨

灰铸铁中的碳以石墨形式存在,石墨有不同的组织形式,见图 2-3。其中含有球状石墨的铸铁称为球墨铸铁,它的强度最高,含有细片状石墨的铸铁次之,含有粗片状石墨的铸铁的强度最低。

(二)纯铁的同素异构转变

具有体心立方晶格结构的纯铁称为 $\alpha - Fe$,具有面心立方晶格结构的纯铁称为 $\gamma - Fe$。

$\alpha - Fe$ 经加热可转变为 $\gamma - Fe$,反之高温下的 $\gamma - Fe$ 冷却后可变为 $\alpha - Fe$。这种在固态下晶体构造随温度发生变化的现象,称为同素异构转变。纯铁的同素异构转变是在 910 ℃恒温下完成的。

$$\gamma - Fe \xrightarrow{\quad 910 ℃ \quad} \alpha - Fe$$
$$(面心立方晶格) \longleftrightarrow (体心立方晶格)$$

这一转变是铁原子在固态下重新排列的过程,实质上也是一种结晶过程,是钢进行热处理的依据。

(三)碳钢的基本组织

碳对铁碳合金性能的影响很大,例如在铁中加入少量的碳,可显著提高铁的强度。这是由于碳引起了铁内部组织的变化,从而使碳钢的力学性能发生相应的改变。碳在铁中的存在形式有固溶体(指溶质原子溶入溶剂晶格中而仍保持溶剂类型的合金相)、化合物和混合物三种。这三种不同的存在形式形成了不同的碳钢组织。

(1)铁素体。碳溶解在 $\alpha-Fe$ 中形成的固溶体称为铁素体,以符号 F 表示。由于 $\alpha-Fe$ 的原子间隙小,溶碳能力低(在室温下只能溶解 0.006%),所以铁素体的强度和硬度低,但塑性和韧性很好。低碳钢是含铁素体的钢,具有软而韧的性能。

(2)奥氏体。碳溶解在 $\gamma-Fe$ 中形成的固溶体称为奥氏体,以符号 A 表示。$\gamma-Fe$ 的原子间隙较大,故碳在 $\gamma-Fe$ 中的溶解度比在 $\alpha-Fe$ 中大得多,如在 723 ℃时可溶解 0.8%,在 1 147 ℃时可达最大值 2.06%。碳钢中的奥氏体组织只有在加热到临界点(723 ℃)、$\alpha-Fe$ 组织发生同素异构转变时才存在。奥氏体由于有较大的溶解度,故塑性、韧性较好,且无磁性。

(3)渗碳体。铁碳合金中的碳不能全部溶入 $\alpha-Fe$ 或 $\gamma-Fe$ 中,其余的碳和铁形成一种化合物(Fe_3C),称为渗碳体,以符号 C 表示。它的熔点约为 1 600 ℃,硬度高(HB 约为 800),塑性几乎等于零。纯粹的渗碳体又硬又脆,无法应用。但在塑性很好的铁素体基体上散布这种硬度很高的微粒,可大大提高材料的强度。

渗碳体在一定条件下可以分解为铁和碳,其中碳以石墨形式出现。铁碳合金中,碳的含量愈高,冷却愈慢,愈有利于碳以石墨形式析出,析出的石墨散布在合金组织中。

铁碳合金中,当含碳量小于 2% 时,其组织是在铁素体中散布着渗碳体,这就是碳素钢。随着含碳量增大,碳素钢的强度与硬度也得到提高。当含碳量大于 2% 时,部分碳以石墨形式存在于铁碳合金中,这种合金称为铸铁。石墨本身质软,且强度很低。从强度的角度分析,石墨分布在铸铁中相当于在合金中挖了许多孔洞,所以铸铁的抗拉强度和塑性都比碳素钢低。但是石墨的存在并不削弱抗压强度,且使铸铁具有一定的消振能力。

(4)珠光体。珠光体是铁素体与渗碳体的机械混合物,以符号 P 表示。其力学性能介于铁素体和渗碳体之间,即其强度、硬度比铁素体显著提高,塑性、韧性比铁素体差,但比渗碳体要好得多。

(5)莱氏体。莱氏体是珠光体和一次渗碳体的共晶混合物,以符号 L 表示。莱氏体具有较高的硬度,是一种较粗而硬的金相组织,存在于白口铸铁、高碳钢中。

(6)马氏体。马氏体是钢和铁从高温急冷下来的组织,是碳原子在 $\alpha-Fe$ 中过饱和的固溶体,以符号 M 表示。马氏体具有很高的硬度,但很脆,延伸性低,几乎不能承受冲击载荷。

二、铁碳合金状态图

铁碳合金的组织比较复杂。不同含碳量或相同含碳量的铁碳合金在温度不同时有不同的组织状态,因此其性能也不一样。铁碳合金状态图明确反映出含碳量、温度与组织状态的关系,是研究钢铁的重要依据,也是铸造、锻造及热处理工艺的主要理论依据。图 2-4 为铁碳合金状态图。

(一)铁碳合金状态图中主要点、线的含义

图中 AC、CD 两条曲线称为液相线,合金在这两条曲线以上均为液态,在这两条曲线以下开始结晶。

AE、CF 线称为固相线,合金在这两条曲线以下全部结晶为固态。

ECF 为水平线段,温度为 1 147 ℃,在这个温度时剩余的液态合金将析出奥氏体和渗碳体的共晶混合物——莱氏体。ECF 线又称为共晶线,其中 C 点称为共晶点。

$ES(A_{cm})$ 与 $GS(A_3)$ 为奥氏体的溶解度曲线,在 ES 线以下奥氏体开始析出二次渗碳体,在 GS 线以下析出铁素体。

$PSK(A_1)$ 线为共析线,在 723 ℃的恒温下,奥氏体将全部转变为铁素体和渗碳体的共析组织——珠光体。

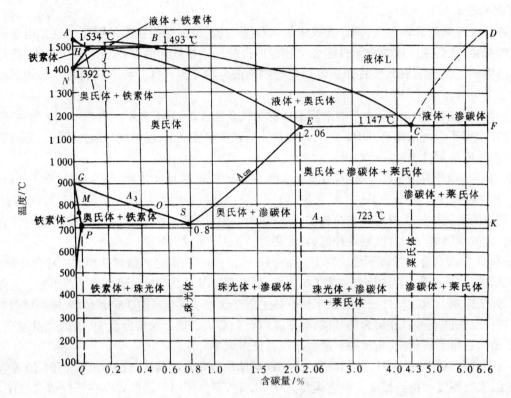

图2-4 铁碳合金状态图

(二)铁碳合金的分类

铁碳合金按工业上的应用和特性可以分为钢与生铁两部分。

含碳量在 2% 以下的铁碳合金称为钢。按组织不同,常把含碳量在 0.8% 以下的钢称为亚共析钢,含碳量在 0.8% 以上的钢称为过共析钢,含碳量为 0.8% 的钢称为共析钢。钢在加热时形成单一的奥氏体组织。

含碳量在 2% 以上的铁碳合金称为生铁。按组织不同,常把含碳量为 4.3% 的生铁称为共晶生铁,含碳量在 2% ~4.3% 的生铁称为亚共晶生铁,含碳量在 4.3% ~6.67% 的生铁称为过共晶生铁。所有生铁组织中都有莱氏体,多数碳呈石墨状存在,用作铸件的生铁称为铸铁。

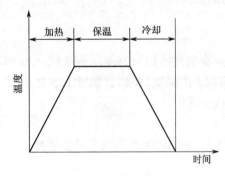

图2-5 钢的热处理工艺曲线

三、钢的热处理

钢、铁在固态下通过加热、保温和不同的冷却方式改变金相组织以满足所要求的物理、化学与力学性能,这种加工工艺称为热处理。图 2-5 所示为钢的热处理工艺曲线。热处理工艺不仅应用于钢和铸铁,而且广泛应用于其他材料。根据热处理加热和冷却条件的不同,钢的热处理可以分为很多种类。

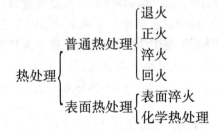

（一）退火和正火

退火是把钢（工件）放在炉中缓慢加热到临界点以上的某一温度,保温一段时间后,随炉缓慢冷却下来的一种热处理工艺。

正火与退火的不同之处在于,正火是将加热后的工件从炉中取出置于空气中冷却,它的冷却速度要比退火快一些,因而晶粒变细。

退火和正火的作用相似,可以降低硬度,提高塑性,便于切削加工;可以调整金相组织,细化晶粒,促进组织均匀化,提高力学性能;可以消除部分内应力,防止工件变形。铸、锻件在切削加工前一般要进行退火和正火。

（二）淬火和回火

淬火是将工件加热至淬火温度（临界点以上30~50℃）,并保温一段时间,然后投入淬火剂中冷却的一种热处理工艺。淬火后得到的组织是马氏体。为了保证良好的淬火效果,对不同的钢种,需要使用不同的淬火剂。淬火剂有空气、油、水、盐水,其冷却能力按上述顺序递增。碳钢一般在水和盐水中淬火;合金钢的导热性能比碳钢差,为防止产生过大的应力,一般在油中淬火。淬火可以提高零件的硬度、强度和耐磨性。淬火时冷却速度太快,容易引起零件变形或使其产生裂纹;冷却速度太慢,则达不到技术要求。因此,淬火常常是决定产品质量的关键所在。

回火是零件淬火后进行的一种较低温度的加热与冷却热处理工艺。回火可以减小或消除零件淬火后的内应力,提高零件的韧性;同时使金相组织趋于稳定,并获得技术上需要的性能。回火处理有以下几种。

（1）低温回火。淬火后的零件在150~250℃范围内的回火称为低温回火。低温回火后的组织主要是回火马氏体。它具有较高的硬度和较好的耐磨性,内应力和脆性有所降低。当要求零件（如刃具、量具）硬度高、强度高、耐磨时,一般要进行低温回火处理。

（2）中温回火。当要求零件具有一定的弹性和韧性,并有较高的硬度时,可采用中温回火处理。中温回火温度是300~450℃。要求强度高的轴类、刀杆、轴套等一般也进行中温回火处理。

（3）高温回火。当要求零件具有较好的综合性能时,可采用高温回火处理。高温回火温度为500~680℃。这种淬火加高温回火的操作,习惯上称为调质处理。由于调质处理比其他热处理方法能更好地改善零件的综合力学性能,故广泛应用于各种重要零件的加工中,如各种轴类零件、连杆、齿轮、受力螺栓等。表2-3为45号钢经正火与调质两种不同的热处理后的力学性能比较。

表2-3 45号钢（ϕ20~ϕ40）热处理后力学性能比较

处理方法	R_m/MPa	A	KV_2	HB
正火	700~800	15%~20%	50~80	163~220
调质	750~850	20%~25%	80~120	210~250

此外,生产中还采用时效热处理工艺。所谓时效是指材料经固溶处理或冷塑变形后,在室温或高于室温的条件下,其组织和性能随时间而变化的过程。时效可进一步消除内应力,稳定零件尺寸,它与回火的作用类似。

（三）表面淬火

表面淬火是将工件的表面快速加热到临界温度以上,在热量还来不及传导至中心部位之前,以迅速冷却的方式改变工件的表层组织,而中心部位没有发生相变,仍保持原有的组织状态的一种热处理工艺。经过表面淬火,可使零件表面层具有比中心部位更高的强度、硬度和疲劳强度以及更好的耐磨性,而中心部位则具有一定的韧性。

（四）化学热处理

化学热处理是将零件放在某种化学介质中,通过加热、保温、冷却等方法使介质中的某些元素渗入零件表面,改变表面层的化学成分和组织结构,从而使零件表面具有某些化学性能的一种热处理工艺。化学热处理有渗碳、渗氮(氮化)、渗铬、渗硅、渗铝、氰化(碳与氮共渗)等。其中,渗碳、氰化可提高零件的硬度和耐磨性;渗铝可提高零件的耐热性、抗氧化性;氮化与渗铬的零件表面比较硬,可显著提高其耐磨性和耐腐蚀性;渗硅可提高零件的耐酸性;等等。

四、碳钢

(一)常存杂质元素对钢材性能的影响

普通碳素钢除含碳以外,还含有少量锰(Mn)、硅(Si)、硫(S)、磷(P)、氧(O)、氮(N)和氢(H)等元素。这些元素并非是为改善钢材质量而有意加入的,而是由矿石及冶炼过程带入的,故称为杂质元素。这些杂质对钢材性能有一定的影响,为了保证钢材的质量,在国家标准中对各类钢的化学成分都做了严格规定。

(1)硫。硫来源于炼钢的矿石与燃料焦炭。它是钢中的一种有害元素。硫以硫化亚铁(FeS)的形态存在于钢中,FeS 和 Fe 形成低熔点(985 ℃)化合物。而钢材的热加工温度一般在 1 150 ℃ 以上,所以当钢材进行热加工时,由 FeS 和 Fe 形成的低熔点化合物过早熔化而导致工件开裂,这种现象称为热脆。含硫量愈大,热脆现象愈严重,故必须对钢的含硫量进行控制:高级优质钢的含硫量小于 0.025% ,优质钢的含硫量小于 0.035% ,普通钢的含硫量小于 0.05% 。

(2)磷。磷是由矿石带入钢中的,一般来说也是有害元素。磷能提高钢材的强度和硬度,但会显著降低钢材的塑性和冲击韧性。特别是在低温时,它使钢材显著变脆,这种现象称为冷脆。冷脆使钢材的冷加工及可焊性变差,含磷量愈大,冷脆性愈大,故对钢的含磷量控制较严:高级优质钢的含磷量小于 0.025% ,优质钢的含磷量小于 0.04% ,普通钢的含磷量小于 0.085% 。

(3)锰。锰是炼钢时作为脱氧剂加入钢中的元素。由于锰可以与硫形成高熔点(1 600 ℃)的 MnS,在一定程度上消除了硫的有害作用。锰具有很强的脱氧能力,能够与钢中的 FeO 反应,生成的 MnO 进入炉渣,可以改善钢的品质,特别是降低钢的脆性,提高钢的强度和硬度。因此,锰在钢中是一种有益元素。钢中含锰量在 0.8% 以下时,一般把锰看成常存杂质。技术条件中规定,优质碳素结构钢中,正常含锰量是 0.5% ~ 0.8% ,而含锰量较大的结构钢中,其含量为 0.7% ~ 1.2% 。

(4)硅。硅也是炼钢时作为脱氧剂加入钢中的元素。硅与钢水中的 FeO 反应,能生成比重较小的硅酸盐炉渣而被除去,因此硅是一种有益元素。硅在钢中溶于铁素体内,使钢的强度、硬度提高,塑性、韧性降低。镇静钢的含硅量通常为 0.1% ~ 0.37% ,沸腾钢的含硅量仅为 0.03% ~ 0.07% 。由于钢的含硅量一般不超过 0.5% ,所以硅对钢材性能的影响不大。

(5)氧。氧在钢中是有害元素。它是在炼钢过程中进入钢中的,尽管在炼钢末期要加入锰、硅、铁和铝进行脱氧,但不可能将其除尽。氧在钢中以 FeO、MnO、SiO_2、Al_2O_3 等形式夹杂,使钢的强度、塑性降低,尤其是对钢材的疲劳强度、冲击韧性等有严重影响。

(6)氮。铁素体溶解氮的能力很低。当钢中溶有过饱和的氮时,在放置较长一段时间后或在 200 ~ 300 ℃ 下加热,氮就会以氮化物的形式析出,并使钢的硬度、强度提高,塑性下降,从而产生时效。

向钢液中加入 Al、Ti 或 V 进行固氮处理,使氮固定在 AlN、TiN 或 VN 中,可消除时效倾向。

(7)氢。钢中溶有氢会引起钢的氢脆、白点等缺陷。白点常见于轧制的厚板、大锻件中,在纵断面上表现为圆形或椭圆形的白色斑点,在横断面上则表现为细长的发丝状裂纹。锻件中有了白点,使用时会突然断裂而造成事故。因此,化工容器用钢不允许有白点存在。

氢产生白点的主要原因是高温奥氏体冷却至较低温度时,氢在钢中的溶解度急剧降低。当冷却较快时,氢原子来不及扩散到钢的表面而逸出,就在钢中的一些缺陷处由原子状态的氢(H)变成分子状态的氢(H_2)。氢分子在不能扩散的条件下将在局部地区产生很大的压力,一旦压力超过钢的强度极限,就会在该处形成裂纹,即白点。

（二）碳钢的分类与编号

根据实际生产和应用的需要，可对碳钢进行分类和编号。分类方法有多种，按用途可分为建筑钢、结构钢、弹簧钢、轴承钢、工具钢和特殊性能钢（如不锈钢、耐热钢等）；按含碳量可分为低碳钢、中碳钢和高碳钢；按脱氧方式可分为镇静钢和沸腾钢；按冶炼质量可分为普通碳素结构钢和优质碳素结构钢。

（1）普通碳素结构钢。根据《碳素结构钢》（GB/T 700—2006）的规定，普通碳素结构钢的钢种以屈服强度数值区分，其牌号由屈服强度的"屈"字的汉语拼音首字母 Q、屈服强度数值、质量等级符号及冶炼时的脱氧方法符号四部分按顺序组成，如 Q235AF。

碳钢的质量分为 A、B、C、D 四个等级。为满足各种使用要求，人们在碳钢冶炼工艺中采用不同的脱氧方法。根据脱氧方法的不同，有只用弱脱氧剂 Mn 脱氧，脱氧不完全的沸腾钢。这种钢的钢液往钢锭中浇注后，钢液在锭模中发生自脱氧反应，放出大量 CO 气体，出现"沸腾"现象，故称这种钢为沸腾钢，用代号 F 表示，如 Q235AF。若在熔炼过程中加入硅、铝等强脱氧剂，钢液几乎完全脱氧，则称这种钢为镇静钢，用代号 Z 表示。Z 在牌号中可不标出，如 Q235A。采用特殊脱氧工艺冶炼时脱氧完全，称特殊镇静钢，用代号 TZ 表示，牌号中也可不标。化工压力容器用钢一般选用镇静钢。

普通碳素结构钢有 Q195、Q215、Q235 和 Q275 四个钢种，各钢种的质量等级可参见 GB/T 700—2006。屈服强度为 235 MPa 的 Q235 分 A、B、C、D 四个等级，其中 Q235A 不可以做压力容器用钢板，其他三个等级对使用压力、介质等情况都有不同的限制。

（2）优质碳素结构钢。根据《优质碳素结构钢》（GB/T 699—2015）的规定，优质碳素结构钢含硫、磷等有害杂质元素较少，一般控制在 0.035% 以下，其冶炼工艺严格，钢材组织均匀，表面质量高，同时可保证钢材的化学成分和力学性能，但成本较高。

优质碳素结构钢的编号仅用两位数字表示，钢号顺序为 08、10、15、20、25、30、35、40、45、50……、80 等。钢号数字表示钢中平均含碳量为万分之几。如 45 号钢表示钢中平均含碳量为 0.45%（0.42% ~ 0.50%）。

依据含碳量的不同，优质碳素结构钢可分为优质低碳钢（含碳量小于 0.25%），如 08、10、15、20、25 号钢；优质中碳钢（含碳量为 0.30% ~ 0.60%），如 30、35、40、45、50、55 号钢；优质高碳钢（含碳量大于 0.60%），如 60、65、70、80 号钢。优质低碳钢的强度较低，但塑性好，焊接性能好，在化工设备中常用于制造热交换器列管、设备接管、法兰的垫片包皮（08、10 号钢）。优质中碳钢的强度较高，韧性较好，但可焊性较差，不适合做化工设备的壳体，但可制造换热设备的管板，强度要求较高的螺栓、螺母等。其中 45 号钢常用于制造化工设备中的传动轴（搅拌轴）。优质高碳钢的强度与硬度均较高，其中 60、65 号钢主要用来制造弹簧，70、80 号钢主要用来制造钢丝、钢绳等。

（三）碳钢的品种及规格

碳钢的品种有钢板、钢管、型钢、铸钢和锻钢等。

（1）钢板。钢板分薄钢板和厚钢板两大类。薄钢板厚度为 0.2 ~ 4 mm，分冷轧钢板与热轧钢板两种；厚钢板均为热轧钢板。压力容器主要用厚钢板制造。钢板厚度不同，对应的厚度间隔也不同。钢板厚度在 4 ~ 30 mm 时，厚度间隔为 0.5 mm；钢板厚度大于 30 mm 时，厚度间隔为 1 mm。

一般碳钢板材有 Q235A、Q235AF、08、10、15、20 等。

（2）钢管。钢管有无缝钢管和有缝钢管两类。无缝钢管有冷轧和热轧两种，其中冷轧无缝钢管的外径和壁厚的尺寸精度均较热轧的高。普通无缝钢管常用材料有 10、15、20 号钢等。另外，还有具有专门用途的无缝钢管，如热交换器用无缝钢管、石油裂化用无缝钢管、锅炉用无缝钢管等。有缝钢管分镀锌（白铁管）和不镀锌（黑铁管）两种。

（3）型钢。型钢主要有圆钢、方钢、扁钢、角钢（等边与不等边）、工字钢和槽钢。各种型钢的尺寸和技术参数可参阅有关标准。圆钢与方钢主要用来制造各类轴件；扁钢常用来制造各种桨叶；角钢、工字钢及槽钢可用来制造各种设备的支架、塔盘支撑及各种加强结构。

（4）铸钢和锻钢。铸钢用 ZG 表示，牌号有 ZG25、ZG35 等，用于制造各种承受重载荷的复杂零件，如泵壳、阀门、泵叶轮等。锻钢有 08、10、15、……、50 等牌号。石油化工容器用锻件一般采用 20、25 等牌号的材料,用以制作管板、法兰、顶盖等。

五、铸铁

工业上常用的铸铁的含碳量一般在 2% 以上,此外它还含有 S、P、Si、Mn 等杂质。铸铁是脆性材料,抗拉强度较低,但具有良好的铸造性、耐磨性、减振性及切削加工性,在一些介质(如浓硫酸、醋酸、盐溶液、有机溶剂等)中具有相当好的耐腐蚀性能。铸铁由于生产成本低廉,因此在工业中得到普遍应用。

铸铁可分为灰铸铁、球墨铸铁、可锻铸铁、高硅铸铁等。

(一)灰铸铁

灰铸铁中的碳大部分或全部以自由状态的片状石墨的形式存在,断口呈暗灰色。灰铸铁的抗压强度较高,抗拉强度很低,冲击韧性差,不适于制造承受弯曲、拉伸、剪切和冲击载荷的零件,可制造承受压应力及要求消振、耐磨的零件,如支架、阀体、泵体(机座、管路附件等)。在化工生产中可用于制造烧碱生产中的熬碱锅、联碱生产中的碳化塔及淡盐水泵等。

灰铸铁的牌号用"灰铁"二字的汉语拼音首字母 HT 和抗拉强度 R_m 值表示,如 HT100,其中 100 表示 R_m =100 MPa。常用灰铸铁的牌号有 HT100、HT150、HT200、HT250、HT300、HT350。压力容器允许选用的灰铸铁牌号为 HT200 和 HT250,且设计压力不得大于 0.6 MPa,设计温度范围为 10~200 ℃。

(二)球墨铸铁

在浇注前,往铁水中加入少量球化剂(如镁、钙和稀土元素等)、石墨化剂(如硅铁、硅钙合金),使碳以球状石墨结晶的形式存在,用这种方式得到的铸铁称为球墨铸铁。

球墨铸铁在强度、塑性和韧性方面都大大超过灰铸铁,甚至接近钢,并保持了灰铸铁的其他优良特性。球墨铸铁在酸性介质中耐蚀性较差,但在其他介质中耐蚀性比灰铸铁好,且价格低于钢。它兼有普通铸铁与钢的优点,能代替过去用碳钢和合金钢制造的重要零件(如曲轴、连杆、主轴、中压阀门等)。

球墨铸铁的牌号用 QT、抗拉强度和延伸率表示。如 QT400 - 18,其 R_m =400 MPa,A =18%。压力容器允许选用的球墨铸铁牌号为 QT400 - 18 和 QT400 - 18L,其设计压力不得大于 1.0 MPa,设计温度范围为:QT400 - 18,0~200 ℃;QT400 - 18L,10~200 ℃。

(三)可锻铸铁

白口铸铁坯件经长时间高温退火后得到的韧性较好的铸铁称为可锻铸铁。由于团絮状石墨对基体的破坏作用减轻,因而可锻铸铁的强度、韧性比灰铸铁明显提高。

可锻铸铁的力学性能优于灰铸铁,韧性好,可加工,主要用来制造一些形状比较复杂,并且在工作中承受一定冲击载荷的薄壁小型零件,如管接头等。

可锻铸铁的牌号用 KT、抗拉强度和延伸率表示。如 KT300 - 06,其 R_m =300 MPa,A =6%。

(四)高硅铸铁

高硅铸铁是往灰铸铁或球墨铸铁中加入一定的合金元素硅等熔炼而成的。高硅铸铁具有很高的耐蚀性能,且随含硅量的增大耐蚀性能增强。其强度低,硬度高,质脆,不能承受冲击载荷,不便于机械加工,只适于铸造。高硅铸铁导热系数小,膨胀系数大,故不适于制造承受较大温差的设备,否则容易产生裂纹。它常用于制作各种耐酸泵、冷却排管和热交换器等。

第四节　合金钢

随着现代工业和科学技术的不断发展,对设备零件的强度、硬度、韧性、塑性、耐磨性以及物理、化学性能的要求愈来愈高,碳钢已不能完全满足社会的需要。为了改善碳钢的性能,人们有目的地往碳钢中加入一些合金元素,这样形成的钢材称为合金钢。

一、合金钢的分类与编号

合金钢的种类较多。按合金元素的总含量可分为低合金钢(合金元素总含量小于2.5%)、中合金钢(合金元素总含量为2.5%~10%)和高合金钢(合金元素总含量大于10%)。按用途分为合金结构钢、合金工具钢和特殊性能钢。合金结构钢又分为普通低合金钢、渗碳钢、调质钢等。特殊性能钢分为不锈钢和耐热钢等。

根据 GB/T 1591—2018 的规定,低合金钢的牌号由屈服强度的"屈"字的汉语拼音首字母 Q、规定的最小上屈服强度数值、交货状态代号、质量等级符号(B、C、D、E、F)四部分组成。如 Q355ND 表示最小上屈服强度为 355 MPa、交货状态为正火或正火轧制、质量等级为 D 级的低合金钢。根据 GB/T 3077—2015,合金结构钢可用统一数字代号和牌号两种方法表示。统一数字代号中的字母代表不同的钢铁及合金类型。以 A30352(35CrMo)为例,A 代表高级优质钢,后面 4 位数字表示不同分类内的编组和同一编组内不同牌号的区别顺序号;33CrMo 表示这种钢的含碳量为 0.35% 左右,含铬量和含钼量在 1% 左右。

二、合金元素对钢的影响

目前在合金钢中常用的合金元素有铬(Cr)、锰(Mn)、镍(Ni)、硅(Si)、硼(B)、钨(W)、钼(Mo)、钒(V)、钛(Ti)和稀土元素(如 Re)等。

铬是合金结构钢的主加元素之一。在化学性能方面,它不仅能提高金属的耐腐蚀性能,而且能提高其抗氧化性能。当含铬量达到 13% 时,钢的耐腐蚀能力得到显著提高,同时钢的热强性有一定的提升。铬能提高钢的淬透性,显著提高钢的强度、硬度和耐磨性,但会降低钢的塑性和韧性。

锰可提高钢的强度,增大锰含量对提高钢的低温冲击韧性有好处。

镍对钢的性能有良好作用。它能提高钢的淬透性,使钢具有很高的强度,同时保持良好的塑性和韧性。镍还能提高钢的耐腐蚀性和低温冲击韧性。镍基合金具有更高的热强性能。镍被广泛应用于不锈耐酸钢和耐热钢中。

硅可提高钢的强度、高温疲劳强度、耐热性及对 H_2S 等的耐腐蚀性。但含硅量增大会降低钢的塑性和冲击韧性。

铝为强脱氧剂,能显著细化钢的组织晶粒,提高其冲击韧性,降低其冷脆性。铝还能提高钢的抗氧化性和耐热性,对抵抗 H_2S 介质腐蚀有良好作用。铝的价格较便宜,所以在耐热合金钢中常用来代替铬。

钼能提高钢的高温强度、硬度,细化其晶粒,防止产生回火脆性。钼在含量小于 0.6% 时可提高钢的塑性。此外,钼能抗氢腐蚀。

钒可提高钢的高温强度,细化其晶粒,提高其淬透性。铬钢中加少量钒,在保持钢的强度的同时,能改善钢的塑性。

钛为强脱氧剂,可提高钢的强度,细化其晶粒,提高其韧性,减小铸锭缩孔和焊缝裂纹等倾向。铬在不锈钢中起稳定碳的作用,可减少铬与碳化合的机会,防止晶间腐蚀,还可提高耐热性。

稀土元素可提高钢的强度,改善其塑性、低温脆性、耐腐蚀性和焊接性能。

三、普通低合金钢

普通低合金钢,又称低合金高强度钢,简称普低钢。它是结合我国资源条件开发的一种合金钢,是在碳钢的基础上加入少量 Si、Mn、Cu、V、Ti、Nb 等合金元素熔炼而成的。加入这些元素,可提高钢材的强度,改善钢材的耐腐蚀性能、低温性能及焊接性能,如 15MnV 钢种。

普低钢可轧制成各种钢材,如板材、管材、棒材、型材等。普低钢广泛用于制造远洋轮、大跨度桥梁、高压锅炉、大型容器、汽车、矿山机械和农业机械等。大型化工容器采用 16MnR 制造,质量比用碳钢减轻 1/3;与碳钢相比,用 15MnV 制造球形贮罐可节省钢材约 45%。用 15MnTi 代替 20g 制造合成塔,也可节省钢材。普低钢具有耐低温的性能,这对在北方高寒地区使用的车辆、桥梁、容器等具有十分重要的意义。

普低钢按强度级别大致分为三类:350 MPa 强度级(屈服点 R_{eL} 为 300 ~ 500 MPa)、400 MPa 强度级(屈服点 R_{eL} 为 500 ~ 550 MPa)和 500 MPa 强度级(屈服点 R_{eL} 为 600 ~ 1 000 MPa)。

化工设备用普低钢,除要求强度外,还要求有较好的塑性和焊接性能,以利于设备加工。强度较高者,其塑性与焊接性能便有所降低,这是由于含较多合金元素,产生过大的硬化作用。因此,必须根据容器的具体操作条件(温度、压力)和制造加工(卷板、焊接)要求,选用适当强度级别的钢种。

四、专业用钢

为满足各种条件用钢的特殊要求,我国发展了许多有专门用途的钢材,如锅炉用钢、压力容器用钢、焊接气瓶用钢等。它们的编号方法是在钢号后面分别加注 g(表示锅炉用钢)、R(表示压力容器用钢)或 HP(表示焊接气瓶用钢)等,如 20g、Q345R 和 15MnVHP 等。这类钢质地均匀,杂质含量小,能满足某些力学性能的特殊检验项目要求。

五、特殊性能钢

特殊性能钢是指具有特殊物理性能或化学性能的钢。这里主要介绍不锈耐酸钢、耐热钢及低温用钢。

(一)不锈耐酸钢

不锈耐酸钢是不锈钢和耐酸钢的总称。严格地讲,不锈钢是指耐大气腐蚀的钢,耐酸钢是指能抵抗酸及其他强烈腐蚀介质的钢。耐酸钢一般都具有不锈的性能,故将二者统称不锈钢。

不锈钢常按所含合金元素的不同,分为以铬为主的铬不锈钢和以铬镍为主的铬镍不锈钢。目前还发展了节镍或无镍不锈钢。

1. 铬不锈钢

在铬不锈钢中,起耐腐蚀作用的主要元素是铬。铬在氧化性介质中能生成一层稳定而致密的氧化膜,对钢材起到保护作用而具有耐腐蚀性。铬不锈钢耐蚀性的强弱取决于钢中的含碳量和含铬量。当含铬量大于 12% 时,钢的耐蚀性会显著提高,而且含铬量愈大耐蚀性愈好。但是由于钢中的碳元素与铬元素形成铬的碳化物(如 $Cr_{23}C_6$ 等)而消耗了铬,致使钢中的有效铬含量减小,降低了钢的耐蚀性,故不锈钢中的含碳量都是较小的。为了确保不锈钢具有耐腐蚀性能,应使其含铬量大于 12%,实际应用的不锈钢中的平均含铬量都在 13% 以上。常用的铬不锈钢有 1Cr13、2Cr13、0Cr13、0Cr17Ti 等。

1Cr13(含碳量小于 0.15%)、2Cr13(含碳量平均为 0.2%)等钢种的铸造性能良好,经调质处理后有较高的强度与韧性,焊接性能尚可;耐蒸汽、潮湿大气、淡水和海水的腐蚀,温度较低(<30 ℃)时对弱腐蚀介质(如盐水、硝酸、低浓度有机酸等)也有较好的耐蚀性,在硫酸、盐酸、热硝酸、熔融碱中耐蚀性较差。主要用于制造化工机器中受冲击载荷较大的零件,如阀、阀件、塔盘中的浮阀、石油裂解设备、高温螺栓、导管及轴与活塞杆等。

0Cr13、S41008 等钢种的含碳量小(<0.1%),含铬量较大。它们具有较好的塑性,但韧性较差。它们能耐氧化性酸(如稀硝酸)和硫化氢气体的腐蚀,可用于制造硝酸厂和维尼纶厂耐冷醋酸和防铁锈污染产品的耐蚀设备。

2. 铬镍不锈钢

铬镍不锈钢的典型牌号是 S30408(06Cr19Ni10),它是国家标准中规定的压力容器用钢。由于铬镍不锈钢中含有较多能形成奥氏体组织的镍元素,经固溶处理(加热至 1 100 ~ 1 150 ℃后,在空气或水中淬火)后,在常温下也能得到单一的奥氏体组织,钢中的 C、Cr、Ni 全部固溶于奥氏体晶格中。经这样处理后的钢具有较高的抗拉强度和极好的塑性与韧性,它的焊接性能和冷弯成型工艺性能也很好。铬镍不锈钢是目前用来制造各种贮槽、塔器、反应釜、阀件等化工设备的最广泛的一类不锈钢。

铬镍不锈钢除像铬不锈钢一样具有氧化铬薄膜的保护作用外,还因镍能使钢形成单一的奥氏体组织而得到强化,因此在很多介质中比铬不锈钢更具耐蚀性。如对浓度在65%以下、温度低于70℃或浓度在60%以下、温度低于100℃的硝酸以及苛性碱(熔融碱除外)、硫酸盐、硝酸盐、氢硫酸、醋酸等都具有良好的耐蚀性,并且有良好的抗氢、氮性能。但在还原性介质(如盐酸、稀硫酸)中则不耐蚀。在含氯离子的溶液中,有发生晶间腐蚀的倾向,严重时往往引起钢板穿孔腐蚀。

在400~800℃的温度范围内,碳从奥氏体中以碳化铬($Cr_{23}C_6$)的形式沿晶界析出,使晶界附近的含铬量降低到耐腐蚀所需的最小含量(12%)以下,腐蚀就在此贫铬区产生。这种沿晶界的腐蚀称为晶间腐蚀。发生晶间腐蚀后,钢材会变脆、强度很低,破坏无可挽回。为了防止晶间腐蚀,可采取以下几种方法。

(1)在钢中加入与碳的亲和力比铬更强的钛、铌等元素,以形成稳定的TiC、NbC等,将碳固定在这些化合物中,可大大减小发生晶间腐蚀的倾向,如S32168(06Cr18Ni11Ti)、S34778(06Cr18Ni11Nb)等钢种就是依据这个原则炼制的,它们均具有较强的抗晶间腐蚀能力。

(2)减小不锈钢中的含碳量。当钢中的含碳量减小后,铬的析出也将减少。如S30408不锈钢,其含碳量小于0.06%(含碳量小于0.08%时,标注06;含碳量小于0.03%时,标注022)。当含碳量小于0.02%时,即使在缓冷条件下,也不会析出碳化铬,这就是所谓的超低碳不锈钢,如S30403(00Cr19Ni11)。超低碳不锈钢冶炼困难,价格很高。

(3)对某些焊接件可重新进行热处理,使C、Cr再固溶于奥氏体中。

另外,为了提高对氯离子的耐蚀能力,可在铬镍不锈钢中加入合金元素 Mo,如 S31668(06Cr17Ni12Mo2Ti)。同时加入 Mo、Cu 元素,则在室温下、浓度小于50%的硫酸中也具有较高的耐蚀性,同时在低浓度盐酸中的抗腐蚀性也得到提升,如 S23043(022Cr23Ni4MoCuN)。

S30408不锈钢产品以板材、带材为主,它在石油、化工、食品、制糖、酿酒、医药、油脂和印染工业中得到广泛应用,适用温度范围在 -196~600℃。

3. 节镍或无镍不锈钢

为适应我国镍资源紧缺情况,我国冶炼多种节镍或无镍不锈耐酸钢,以容易得到的锰和氮代替不锈钢中的镍。例如Cr18Mn8Ni5可代替S30210(1Cr18Ni9),Cr18Mn10Ni5Mo3N可代替1Cr18Ni12Mo3Ti;而用于制造尿素生产设备的0Cr17Mn13Mo2N比从国外进口的1Cr18Ni12Mo2Ti和1Cr18Ni12Mo3Ti具有更强的耐蚀性能。这些钢种以铬为主要合金元素,以能形成稳定奥氏体组织的元素Mn、N代替部分或全部Ni元素。

(二)耐热钢

许多化工设备都要求钢材能承受高温,例如裂解炉的温度为600~800℃,裂解炉管就要承受这样的温度。在这样的高温下,一般碳钢由于抗氧化性、耐腐蚀性与强度变得很差而无法胜任。这是因为普通碳钢在570℃以上时会发生显著氧化,钢材表面生成氧化皮,层层剥落,不久整个钢材将会被腐蚀。钢在高温下的力学性能也与室温时大不相同。在350℃以上时,钢的强度极限大为下降,甚至不到室温时的一半;抗蠕变性能很差,硬度下降,塑性增大。因此,从强度与抗氧化腐蚀两方面分析,普通碳钢只能用于400℃以下的化工设备。为满足高温设备的要求,必须用耐热性高的耐热钢。

耐热性包括抗氧化性(热稳定性)和抗热性:抗氧化性是指在高温条件下能抵抗氧化的性能;抗热性是指在高温条件下对机械负荷的抵抗能力。在钢中加入Cr、Al、Si等元素,它们被高温气体(对耐热钢而言,主要是氧气)氧化后生成一种致密的氧化膜,可以保护钢的表面,防止氧的继续侵蚀,从而得到较好的化学稳定性。在钢中加入Cr、Mo、V、Ti等元素,可以强化固溶体组织,显著提高钢材的抗蠕变能力。因而化工设备中常用的耐热钢按耐热要求的不同可分为抗氧化钢和热强钢。常用耐热钢的性能与用途列于表2-4中。

表2-4　常用耐热钢的性能与用途

钢号	材料特性	使用温度/℃	用途举例
2Mn18Al15Si2Ti	具有良好的力学性能,有一定的抗氧化性和在石油裂化气、燃烧废气中的抗蚀性	650~850	可代替1Cr18Ni9Ti或Cr5Mo,用于制作各种加热炉、预热炉的炉管
Cr19Mn12Si2N	具有良好的室温和高温力学性能,并有较好的抗疲劳性及抗氧化性	850~1100	在800~1100℃范围内用作各种炉用耐热构件,可代替Cr18Ni25Si2等高级耐热钢
22Cr20Mn10Ni2Si2N 2Cr20Mn9Ni2Si2N	具有良好的综合性能和高温力学性能,并有较好的抗氧化性	1200~1240	在900~1000℃范围内用作各种炉用耐热构件
1Cr5Mo 12Cr5Mo	焊接性不好,焊前在350~400℃下预热,焊后缓冷,并于740~760℃下高温回火	-40~550	在石油工业中广泛用于制作含硫石油介质的炉管、换热器、蒸馏塔

(三)低温用钢

在化工生产中,许多设备在低温工作条件下运行。制造低温设备(设计温度不高于-20℃)的材料,要求在最低工作温度下具有较好的韧性,以防止设备在运行中发生脆性破裂。而普通碳钢在低温(-20℃以下)下冲击韧性下降,材料变脆,无法应用。目前国外低温设备用的钢材以高铬镍钢为主,也有使用镍钢、铜和铝等的情况。我国根据资源情况,自行研制了无铬镍的低温钢材系列,并应用于生产中。表2-5列出了几种常用低温用钢的牌号、使用状态等。

表2-5　几种常用的低温用钢

钢号	钢板状态	厚度/mm	屈服强度/MPa	最低冲击试验温度/℃
16MnDR	正火或正火+回火	6~120	265~315	-30
07MnNiMoDR	调质	10~50	490	-40
15MnNiDR	正火或正火+回火	6~60	305~325	-45
09MnNiDR	正火或正火+回火	6~120	260~300	-70

注:表中D代表低温用钢;R代表容器用钢。

第五节　有色金属材料

铁以外的金属称非铁金属,也称有色金属。常用的有色金属有铝、铜、铅、钛、镍等。

在石油、化工生产中,由于腐蚀、低温、高温、高压等特殊工艺条件,许多化工设备及其零部件经常采用有色金属及其合金。

有色金属有很多优越的特殊性能,例如良好的导电性、导热性,密度小,熔点高,有低温韧性,在空气、海水以及一些酸、碱介质中耐腐蚀等,但有色金属价格比较昂贵。常用有色金属及其合金的代号见表2-6。

表2-6　常用有色金属及其合金的代号

名称	铝	铜	黄铜	青铜	钛	镍	铅
代号	L	T	H	Q	Ti	N	Pb

一、铝及其合金

铝属于轻金属,相对密度小(2.71),约为铁的1/3,导电性、导热性良好。铝的塑性好,强度低,可承受各种压力加工,并可进行焊接和切削。铝在氧化性介质中易形成 Al_2O_3 保护膜,因此在干燥或潮湿的大气中,或在氧化剂的盐溶液中,或在浓硝酸以及干氯化氢、氨气中都耐腐蚀。但含有卤素离子的盐类、氢氟酸以及碱溶液都会破坏铝表面的氧化膜,所以铝不宜在这些介质中使用。铝无低温脆性,无磁性,对光和热的反射能力强,耐辐射,受冲击不产生火花。

（一）纯铝

纯铝包括高纯铝和工业纯铝。高纯铝的牌号有 1A85、1A90 等,可用来制造对耐腐蚀性要求较高的设备,如高压釜、槽车、贮槽、阀门、泵等。工业纯铝的牌号为 8A06,用于制造含硫石油工业设备、橡胶硫化设备及含硫药剂生产设备,同时也大量用于食品工业和制药工业中制造耐腐蚀、防污染而不要求强度的设备,如反应器、热交换器、深冷设备、塔器等。

（二）防锈铝

防锈铝主要是 Al - Mn 系及 Al - Mg 系合金,典型的牌号有 5A02、5A03、5A05 等。防锈铝能耐潮湿大气的腐蚀,有足够的塑性,强度比纯铝高得多,常用来制造各式容器、分馏塔、热交换器等。

（三）铸铝

铸铝是铝、硅合金,典型的牌号有 ZAlSi7Mg（合金代号 ZL101）。铸铝的密度低,铸造性、流动性好,铸造时收缩率和生成裂纹的倾向都很小。由于表面生成 Al_2O_3、SiO_2 保护膜,故铸铝的耐蚀性好,广泛用来铸造形状复杂的耐蚀零件,如管件、泵、阀门、气缸、活塞等。

纯铝和铝合金的最高使用温度为 200 ℃。由于熔焊的铝材在低温(-196~0 ℃)下冲击韧性不下降,因此,很适合做低温设备用材。

铝在化工生产中有许多特殊的用途。如铝不会产生火花,故常用于制作含易挥发性介质的容器;铝不会使食物中毒,不沾污物品,不改变物品的颜色,因此在食品工业中可代替不锈钢制作有关设备,铝的导热性能好,适合做换热设备用材。

二、铜及其合金

铜属于半贵金属,相对密度为8.94。铜及其合金具有优良的导电性和导热性,较好的塑性、韧性及低温力学性能,在许多介质中有很好的耐蚀性,因此在化工生产中得到广泛应用。

（一）纯铜

纯铜呈紫红色,又称紫铜。纯铜有良好的导电性、导热性和耐蚀性,也有良好的塑性,在低温时可保持较高的塑性和冲击韧性,可用于制作深冷设备和高压设备的垫片。

铜耐稀硫酸、亚硫酸、稀的和中等浓度的盐酸、醋酸、氢氟酸及其他非氧化性酸等介质的腐蚀,对海水、大气、碱类溶液的耐蚀能力很强。铜不耐各种浓度的硝酸、氨和铵盐溶液的腐蚀。铜在氨和铵盐溶液中会形成可溶性的铜氨离子 $[Cu(NH_3)_4]^{2+}$,故不耐腐蚀。

纯铜产品有冶炼品和加工品两种。加工品纯铜的牌号有 T1、T2、T3、TU1、TU2、TP1、TP2 等。T1、T2 是高纯度铜,用于制造电线,配制高纯度合金。T3 的杂质含量和含氧量比 T1、T2 高,主要用于制作一般材料,如垫片、铆钉等。TU1、TU2 为无氧铜,纯度高,主要用于制作真空器件。TP1、TP2 为磷脱氧铜,多以管材形式供应,主要用于制作冷凝器、蒸发器、换热器、热交换器的零件等。

（二）黄铜

铜与锌的合金称为黄铜。它的铸造性能良好,力学性能比纯铜高,耐蚀性能与纯铜相似,在大气中的耐腐蚀性比纯铜好,价格也便宜,在化工生产中应用较广。

在黄铜中加入 Sn、Al、Si、Mn 等元素所形成的合金称为特种黄铜。其中 Mn、Al 能提高黄铜的强度;Al、Mn 和 Si 能提高黄铜的抗蚀性和减磨性;Al 能改善黄铜的切削加工性。

化工上常用的黄铜牌号有 H80、H68、H62 等（数字表示合金内铜的平均含量）。H80、H68 塑性好,可在常温下冲压成型,制作容器的零件,如散热导管等。H62 在室温下塑性较差,但有较高的机械强度,易焊接,价格低廉,可制作深冷设备的筒体、管板、法兰及螺母等。

锡黄铜 HSn70 – 1 中含有 1% 的锡,能提高 H70 黄铜对海水的耐蚀性。它最早应用于舰船,故称海军黄铜。

(三)青铜

铜与除锌以外的其他元素组成的合金均称为青铜。铜与锡的合金称为锡青铜;铜与铝、硅、铅、铍、锰等组成的合金称无锡青铜。

锡青铜分铸造锡青铜和压力加工锡青铜两种,以铸造锡青铜应用最多。

锡青铜的典型牌号为 ZQSn10 – 1。该锡青铜具有高强度和硬度,能承受冲击载荷,耐磨性很好,具有优良的铸造性,在许多介质中比纯铜耐腐蚀。锡青铜主要用来铸造耐腐蚀和耐磨零件,如泵壳、阀门、轴承、涡轮、齿轮、旋塞等。

无锡青铜(如铝青铜)的力学性能比黄铜、锡青铜好,具有耐磨、耐蚀的特点,无铁磁性,受冲击时不产生火花,主要用于加工成板材、带材、棒材和线材。

三、钛及其合金

钛的相对密度小(4.5),强度高,耐腐蚀性好,熔点高。这些特点使钛在军工、航空、化工领域中得到日益广泛的应用。

典型的工业纯钛牌号有 TA1、TA2、TA3(编号愈大,表示杂质含量愈大)。纯钛塑性好,易于加工成型,有良好的冲压、焊接、切削加工性能;在大气、海水和大多数酸、碱、盐中有良好的耐蚀性。钛也是很好的耐热材料,常用于制造飞机骨架、蒙皮,耐海水腐蚀的管道、阀门、泵体、热交换器、蒸馏塔及海水淡化系统装置与零部件。在钛中添加锰、铝或铬、钼等元素,可获得性能优良的钛合金。钛合金主要用于加工成带材、管材和钛丝等。

四、镍及其合金

镍是用途广泛且相对贵重的金属,相对密度为 8.902,具有面心立方晶格结构,组织稳定,无同素异构转变。镍在空气中具有良好的热稳定性,在高于 600 ℃ 时才会氧化。同时,镍具有良好的强度和塑韧性,可制成薄板、管材等用于过程装备中。在工程中所用到的镍是含碳的镍合金,常用的牌号为 Ni200 和 Ni201。

镍合金在工业中有着广泛的应用,主要种类包括镍基耐蚀合金、抗氧化镍基合金和热强性镍基高温合金(镍基耐热合金)。针对不同的应用环境,当前已开发出多种镍基耐蚀合金,包括 Ni – Cu 耐蚀合金、Ni – Cr – Fe 耐蚀合金、Ni – Mo 耐蚀合金、Ni – Cr – Mo 耐蚀合金以及 Ni – Cr – Mo – Cu 耐蚀合金等。这些合金因所含元素及其含量不同,表现出不同的力学性能、焊接性能、加工性能和热处理性能,因此应用于不同的腐蚀环境中。其中,最早应用于工业中的镍基耐蚀合金 NiCu28Fe(Monel 400)是当前使用量最大、应用范围最广的镍基耐蚀合金。Monel 400 在还原性介质中较纯镍耐蚀,在氧化性介质中较铜耐蚀,主要用于解决由还原性腐蚀介质引起的腐蚀问题,尤其适用于含氟化物的还原性腐蚀环境中,用于制造各种换热设备、容器、塔、槽以及反应釜等。此外,镍铬耐蚀合金等在过程装备中也有大量应用。比如,0Cr30Ni60Fe10(Inconel 690)合金主要用于制造压水堆核电厂蒸汽发生器传热管,也可用于硝酸、硝酸 + 氢氟酸等环境中。抗氧化镍基合金中除了镍元素外主要含有抗腐蚀的元素铬,有时也含有少量强化元素,如钨、钼、钛、铝等。抗氧化镍基合金主要用于制造加热元件以及作为燃烧室板材等。热强性镍基高温合金主要应用于高温状态下的涡轮叶片以及航空发动机等场景。

五、铅及其合金

铅是重金属,相对密度为 11.35,硬度和强度都较低,不宜单独作为设备材料,只适于做设备的衬里。铅的导热系数小,不适合做换热设备的用材;纯铅不耐磨,非常软。但在许多介质,特别是硫酸(80% 的热硫酸、92% 的冷硫酸）中,铅具有很高的耐蚀性。

铅与锑的合金称为硬铅,它的硬度、强度都比纯铅高,在硫酸中的稳定性也比纯铅好。硬铅的主要牌号为 PbSb4、PbSb6、PbSb8 和 PbSb10。

铅和硬铅在硫酸、化肥、化纤、农药、电器设备中作为耐酸、耐蚀和防护材料,可用来制作加料管、鼓泡器、耐酸泵和阀门等零件。铅具有耐辐射的特点,在工业上可用作 X 射线和 γ 射线防护材料。此外,铅还可用来配制低熔点合金、轴承合金、铅蓄电池铅板、铸铁管口、电缆封头的铅封等。

第六节　非金属材料

非金属材料具有优良的耐腐蚀性,原料来源丰富,品种多样,可因地制宜,就地取材,是一种有着广阔发展前景的化工材料。非金属材料既可以单独做结构材料,又可以做金属设备的保护衬里、涂层,还可做设备的密封材料、保温材料和耐火材料。

用于制造化工设备的非金属材料,除要求有良好的耐腐蚀性外,还应有足够的强度,较小的渗透性、孔隙及吸水性和良好的热稳定性,容易加工制造,成本低以及原料来源丰富。

非金属材料分为无机非金属材料（主要包括陶瓷、搪瓷、岩石、玻璃等）、有机非金属材料（主要包括塑料、涂料、橡胶等）以及复合材料（玻璃钢、不透性石墨等）。

一、无机非金属材料

(一)化工陶瓷

化工陶瓷具有良好的耐腐蚀性、足够的不透性、充分的耐热性和一定的机械强度。它的主要原料是黏土、瘠性（缺少植物生长所需养分的性质）材料和助熔剂,用水混合后经过干燥和高温焙烧,形成表面光滑、断面呈细密石质的材料。陶瓷导热性差,热膨胀系数较大,受碰击或遇温差急变时易破裂。

目前在化工生产中,陶瓷设备和管道的应用越来越多。化工陶瓷产品有塔、贮槽、容器、泵、阀门、旋塞、反应器、搅拌器和管道、管件等。

(二)化工搪瓷

化工搪瓷由含硅量大的瓷釉经过 900 ℃ 左右的高温煅烧紧密附着在金属表面上而形成。化工搪瓷具有优良的耐腐蚀性能、力学性能和电绝缘性能,但易碎裂。

搪瓷的导热系数不到钢的 1/4,热膨胀系数大,故搪瓷设备不能直接用火焰加热,以免损坏搪瓷表面,可以用蒸汽或油浴缓慢加热。其适用温度范围为 −30 ~ 270 ℃。

目前我国生产的搪瓷设备有反应釜、贮罐、换热器、蒸发器、塔和阀门等。

(三)辉绿岩铸石

辉绿岩铸石是将辉绿岩熔融后制成的,可制成板、砖等材料作为设备衬里,也可用作管材。铸石除不耐氢氟酸和熔融碱腐蚀外,对各种酸、碱、盐都具有良好的耐腐蚀性能。

(四)玻璃

化工用玻璃不是一般的钠钙玻璃,而是硼玻璃（耐热玻璃）或高铝玻璃,它们有良好的热稳定性和耐腐蚀性。

玻璃在化工生产中用来做管道或管件,也可以做容器、反应器、泵、热交换器、隔膜阀等。

玻璃虽然有耐腐蚀、清洁、透明、阻力小、价格低等特点,但质脆,耐温度急变性差,不耐冲击和振动。目前已采用在金属管内衬玻璃或用玻璃钢加强玻璃管道的方法来弥补其不足。

二、有机非金属材料

(一)工程塑料

以高分子合成树脂为主要原料,在一定温度、压力下制成的型材或产品(泵、阀等),统称塑料。在工业生产中广泛应用的塑料即为工程塑料。

塑料的主要成分是树脂,它是决定塑料性质的主要因素。除树脂外,为了满足各应用领域的要求,往往加入添加剂以改善产品性能。一般添加剂有以下几种。

(1)填料剂,又称填料,用以提高塑料的力学性能。

(2)增塑剂,用以降低材料的脆性和硬度,使材料具有可塑性。

(3)稳定剂,用以延缓材料的老化,延长塑料的使用寿命。

(4)润滑剂,用以防止塑料在成型过程中粘在模具或其他设备上。

(5)固化剂,用以加快固化速度,使固化后的树脂具有良好的机械强度。

塑料的品种很多,根据受热后的变化和性能的不同,可分为热塑性塑料和热固性塑料两大类。

热塑性塑料是以可以反复受热软化(或熔化)和冷却凝固的树脂为基本成分制成的塑料。它的特点是遇热软化或熔融,冷却后又变硬,这一过程可反复多次。典型的产品有聚氯乙烯、聚乙烯等。热固性塑料是以经加热软化(或熔化)和冷却凝固后变成不熔状态的树脂为基本成分制成的塑料。它的特点是在一定温度下,经过一定时间的加热或加入固化剂即可固化,质地坚硬,既不溶于溶剂,也不能用加热的方法使之再软化。典型的产品有酚醛树脂、氨基树脂等。

塑料一般具有良好的耐腐蚀性能和一定的机械强度、良好的加工性能及电绝缘性能,且价格较低,因此广泛应用在化工生产中。

1. 硬聚氯乙烯(PVC)塑料

硬聚氯乙烯塑料具有良好的耐腐蚀性能,除不耐强氧化性酸(浓硫酸、发烟硫酸)、芳香族及含氟的碳氢化合物和有机溶剂的腐蚀外,对一般的酸、碱介质都是稳定的。它有一定的机械强度,加工成型方便,焊接性能较好。但它的导热系数小,耐热性能差。其适用温度范围为 $-10 \sim 55$ ℃,当温度在 $60 \sim 90$ ℃时,强度显著下降。化工用硬聚氯乙烯塑料的物理、力学性能见表2-7。

表2-7　化工用硬聚氯乙烯塑料的物理、力学性能

密度/(g/cm³)	抗拉强度/MPa	抗压强度/MPa	冲击强度/(J/m²)	断后伸长率/%	硬度(HB)
1.30 ~ 1.58	45 ~ 50	55 ~ 90	30 ~ 40	20 ~ 40	14 ~ 17

硬聚氯乙烯塑料广泛用于制造各种化工设备,如塔、贮罐、容器、尾气烟囱、离心泵、通风机、管道、管件、阀门等。目前许多工厂成功地用硬聚氯乙烯塑料代替不锈钢、铜、铝、铅等金属材料制造耐腐蚀设备与零件,所以它是一种很有发展前途的耐腐蚀材料。

2. 聚乙烯(PE)塑料

聚乙烯塑料是乙烯的高分子聚合物,有优良的电绝缘性、防水性和化学稳定性。在室温下,其除不耐硝酸腐蚀外,对各种酸、碱、盐溶液均稳定,对氢氟酸特别稳定。

聚乙烯塑料既可用来制造管道、管件、阀门、泵等,也可用来制造设备衬里,还可涂在金属表面作为防腐涂层。聚乙烯塑料的物理、力学性能见表2-8。

3. 耐酸酚醛(PF)塑料

耐酸酚醛塑料是以酚醛树脂为黏结剂,以耐酸材料(石棉、石墨、玻璃纤维等)为填料制成的一种热固性塑料。它有良好的耐腐蚀性和耐热性,能耐多种酸、盐和有机溶剂的腐蚀。

表 2-8　聚乙烯塑料的物理、力学性能

密度/(g/cm³)	拉伸强度/MPa	抗压强度/MPa	冲击强度/(J/m²)	断后伸长率/%	硬度(HB)
0.94~0.96	21~38	19~25	22~108	20~100	60~70

耐酸酚醛塑料可做成管道、阀门、泵、塔节、容器、贮罐、搅拌器等,也可用作设备衬里,目前在氯碱、染料、农药等工业中应用较多。其适用温度范围为 -30~130 ℃。这种塑料质地较脆,冲击韧性较低。在使用过程中设备如果出现裂缝或孔洞,可用酚醛胶泥修补。

4. 聚四氟乙烯(PTFE)塑料

聚四氟乙烯塑料具有优异的耐腐蚀性,能耐强腐蚀介质(硝酸、浓硫酸、王水、盐酸、苛性碱等)的腐蚀,耐腐蚀性甚至超过贵金属金和银,有"塑料王"之称。其适用温度范围为 -100~250 ℃。

聚四氟乙烯塑料常用来做耐腐蚀、耐高温的密封元件及高温管道。由于聚四氟乙烯塑料有良好的自润滑性,它还可以用来做无润滑的活塞环。

(二)涂料

涂料是一种高分子胶体混合物的溶液,涂在物体表面,然后固化形成薄涂层,用来保护物体免遭大气腐蚀及酸、碱等介质的腐蚀。其在大多数情况下用于涂刷设备、管道的外表面,也常用于涂刷设备的内壁。

防腐涂料品种多,选择范围广,适应性强,使用方便,价格低,适于现场施工等。但是涂层较薄,在有冲击及强腐蚀介质的情况下容易脱落,使得涂料在设备内壁的应用受到限制。

常用的防腐涂料有防锈漆、底漆、大漆、酚醛树脂漆、环氧树脂漆以及某些塑料涂料,如聚乙烯涂料、聚氯乙烯涂料等。

三、复合材料

(一)玻璃钢

玻璃钢又称玻璃纤维增强塑料。它以合成树脂为胶黏剂,以玻璃纤维为增强材料,按一定的成型方法制成。玻璃钢具有优良的耐腐蚀性能,强度高,有良好的工艺性能,是一种新型非金属材料。它在化工生产中可用来做容器、贮罐、塔、鼓风机、槽车、搅拌器、泵、管道、阀门等,应用越来越广泛。

玻璃钢因所用的树脂不同而差异很大。目前应用在化工防腐方面的玻璃钢有环氧玻璃钢(常用)、酚醛玻璃钢(耐酸性好)、呋喃玻璃钢(耐腐蚀性好)、聚酯玻璃钢(施工方便)等。

(二)不透性石墨

不透性石墨是由各种树脂浸渍石墨消除孔隙后得到的。它的优点是:具有较高的化学稳定性和良好的导热性,热膨胀系数小,耐温度急变性好;不污染介质,能保证产品的纯度;加工性能良好,相对密度小。它的缺点是机械强度较低,性脆。

不透性石墨的耐腐蚀性主要取决于浸渍树脂的耐腐蚀性。不透性石墨由于耐腐蚀性强和导热性好,常用来做强腐蚀介质的换热器,如氯碱生产中应用的换热器和盐酸合成炉,也可以制作泵、管道和机械密封中的密封环及压力容器用的安全爆破片等。

第七节　化工设备的腐蚀及防腐措施

一、金属的腐蚀

金属和周围介质之间发生化学或电化学作用而引起的破坏称为腐蚀。如铁生锈、铜发绿、铝生白斑点等。根据腐蚀过程的不同,金属的腐蚀可分为化学腐蚀与电化学腐蚀。

(一)化学腐蚀

化学腐蚀是金属表面与环境介质发生化学作用而产生的损坏,它的特点是腐蚀发生在金属的表面上,腐蚀过程中没有电流产生。

在化工生产中,有很多机器和设备是在高温下操作的,如氨合成塔、硫酸氧化炉、石油气制氢转化炉等。金属在高温下受蒸汽和气体作用,发生金属高温氧化及脱碳就是一种高温下的气体腐蚀,是化工设备中常见的化学腐蚀之一。

1. 金属的高温氧化

当钢和铸铁的温度高于 300 ℃时,在其表面就会出现可见的氧化皮。随着温度的升高,钢铁的氧化速度大大加快。在 570 ℃以下时氧化,在钢表面形成的是 Fe_2O_3、Fe_3O_4 的氧化层。这个氧化层组织致密、稳定,附着在铁的表面上不易脱落,从而起到了保护膜的作用。在 570 ℃以上时氧化,钢件表层由 Fe_2O_3、Fe_3O_4 和 FeO 所构成,氧化层的主要成分是 FeO。由于 FeO 直接依附在铁上,而它结构疏松,容易剥落,不能阻止内部的铁进一步氧化,因此钢件加热温度愈高或加热时间愈长,则氧化愈严重。

为了提高钢的高温抗氧化能力,就要阻止 FeO 的形成,因此可以在钢中加入适量的合金元素铬、硅或铝,因为这些元素的氧化物比 FeO 的保护性好。

2. 钢的脱碳

钢是铁碳合金,碳以渗碳体的形式存在。所谓钢的高温脱碳是指在高温气体的作用下,钢的表面产生氧化皮,与氧化膜相连接的金属表面层发生渗碳体减少的现象。之所以发生脱碳,是因为当高温气体中含有 O_2、H_2O、CO_2、H_2 等成分时,钢中的渗碳体 Fe_3C 与这些气体发生如下反应:

$$Fe_3C + O_2 === 3Fe + CO_2$$
$$Fe_3C + CO_2 === 3Fe + 2CO$$
$$Fe_3C + H_2O === 3Fe + CO + H_2$$

脱碳使碳的含量减小,金属的表面硬度和抗疲劳强度降低。同时由于气体的析出,钢表面膜的完整性被破坏,使钢的耐蚀性进一步降低。改变气体的成分以减轻气体的侵蚀作用是防止钢脱碳的有效方法。

3. 氢腐蚀

在高温高压的氢气中,碳钢和氢发生作用,使材料的机械强度和塑性显著下降,甚至破裂,这种现象常称为氢腐蚀或氢脆。例如合成氨、石油加氢及合成苯的设备,由于反应介质是氢占很大比例的混合气体,而且这些过程多在高温高压下进行,因此容易发生氢腐蚀。铁碳合金在高温高压下的氢腐蚀过程可分为氢脆阶段和氢侵蚀阶段。

第一阶段为氢脆阶段。氢与钢材直接接触时被钢材物理吸附,氢分子分解为氢原子并被钢表面化学吸附。氢原子穿过金属表面层的晶界向钢材内部扩散,溶解在铁素体中形成固溶体。在此阶段,溶在钢中的氢并未与钢材发生化学反应,也未改变钢材的组织,在显微镜下观察不到裂纹,钢材的抗拉强度和屈服点也无明显改变。但是它使钢材显著变脆且塑性减小,这种脆性与氢在钢中的溶解度成正比。

第二阶段为氢侵蚀阶段。溶解在钢材中的氢与钢中的渗碳体发生化学反应,生成甲烷气,由于甲烷的生成与聚集,形成局部高压和应力集中,引起晶粒边缘的破坏,使钢材力学性能降低。又由于渗碳体还原为铁素体时体积减小,由此而产生的组织应力与前述内应力叠加在一起使裂纹扩展,而裂纹的扩展又为氢和碳的扩散提供了有利条件。这样反复进行下去,最后裂纹形成网格,材料完全脱碳,严重地降低了钢材的力学性能,甚至使钢材遭到破坏。

铁碳合金的氢腐蚀随着压力和温度的升高而加剧,这是因为高压有利于氢气在钢中的溶解,而高温则加快了氢气在钢中的扩散速度及脱碳反应的速度。通常铁碳合金发生氢腐蚀有一个起始温度和一个起始压力,它们是衡量钢材抵抗氢腐蚀能力的指标。

为了防止氢腐蚀的发生,可以减小钢中的含碳量,使其没有碳化物(Fe_3C)析出;也可以在钢中加入合金元素(如铬、钛、钼、钨、钒等),使其与碳形成稳定的、不易与氢反应的碳化物,以避免氢腐蚀。

（二）电化学腐蚀

金属与电解质溶液间产生电化学作用而发生的腐蚀称电化学腐蚀。它的特点是在腐蚀过程中有电流产生。在水分子的作用下,金属在电解质溶液中呈离子化,当金属离子与水分子的结合能力大于金属离子与其电子的结合能力时,一部分金属离子就从金属表面转移到电解液中,形成了电化学腐蚀。金属在各种酸、碱、盐溶液及工业用水中的腐蚀,都属于电化学腐蚀。

1.腐蚀原电池

把锌片和铜片放入盛有稀 H_2SO_4 溶液的同一容器中,用导线将二者与电流表相连,发现有电流通过。

由于锌的电位较铜的电位低,电流从高电位流向低电位,即从铜板流向锌板。按照电学中的规定,铜极应为正极,锌极应为负极。电子流动的方向刚好同电流方向相反,即电子从锌极流向铜极。在化学中规定:失去电子的反应为氧化反应,凡是进行氧化反应的电极叫作阳极;而得到电子的反应为还原反应,凡是进行还原反应的电极就叫作阴极。因此,在原电池中,低电位极为阳极,高电位极为阴极。

阳极:锌失去电子而被氧化,发生如下反应。

$$Zn \longrightarrow Zn^{2+} + 2e^-$$

阴极:酸中的氢离子接受电子而被还原,成为氢气逸出。

$$2H^+ + 2e^- \longrightarrow H_2 \uparrow$$

由此可见,在上述反应中,锌不断地溶解而遭到破坏,即被腐蚀。金属发生电化学腐蚀的实质就是原电池作用。金属腐蚀过程中的原电池就是腐蚀原电池。锌铜电池示意见图 2-6。

2.微电池与宏电池

当金属与电解质溶液接触时,由于各种原因,金属表面不同部位的电位不同,使整个金属表面有很多微小的阴极和阳极同时存在,因而在金属表面就形成许多微小的原电池。这些微小的原电池称为微电池。

形成微电池的原因很多,常见的有金属表面化学组成不均一(如碳钢中的铁素体和碳化物)、金属表面组织不均一、金属表面物理状态不均一(存在内应力)等。

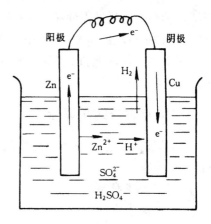

图 2-6 锌铜电池示意

不同金属在同一种电解质溶液中形成的腐蚀电池称为腐蚀宏电池。例如:碳钢制造的轮船与青铜制造的推进器在海水中构成的腐蚀电池造成船体钢板的腐蚀,在碳钢法兰与不锈钢螺栓间也会发生腐蚀。

3.浓差电池

由一种金属制成的容器中盛有同一种电解质溶液,由于在金属的不同区域介质的浓度、温度、流动状态和 pH 值等不同,造成不同区域的电极电位不同,从而形成腐蚀电池,导致腐蚀的发生,此种腐蚀电池称为浓差电池。在这种电池中,与浓度较小的溶液相接触的部分电位较负,成为阳极,而与浓度较大的溶液相接触的部分电位较正,成为阴极。

4.电化学腐蚀的过程

无论金属在电解质溶液中发生哪一种腐蚀,其电化学腐蚀过程都是由三个环节组成的:①在阳极区发生氧化反应,使得金属离子从金属本体进入溶液;②在两极电位差作用下电子从阳极流向阴极;③在阴极区,流动来的电子被吸收,发生还原反应。这三个环节互相联系,缺一不可,否则腐蚀过程将会停止。

二、金属腐蚀损伤与破坏的形式

金属在各种环境条件下因腐蚀而受到的损伤或破坏的形态多种多样。按照金属腐蚀破坏的形态可分为均匀腐蚀和局部腐蚀(非均匀腐蚀),局部腐蚀又可分为区域腐蚀、点腐蚀、晶间腐蚀、表面腐蚀等。各种腐蚀破坏形式如图2-7所示。

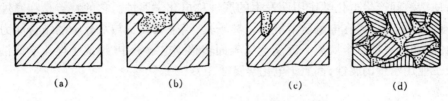

图2-7　腐蚀破坏形式
(a)均匀腐蚀;(b)区域腐蚀;(c)点腐蚀;(d)晶间腐蚀

均匀腐蚀是指腐蚀作用均匀地发生在整个金属表面,这是危险性较小的一种腐蚀,只要设备或零件具有一定厚度,其力学性能因腐蚀而发生的改变并不大。

局部腐蚀只发生在金属表面上的局部地方,因整个设备或零件的强度依最弱的断面而定,而局部腐蚀能使金属强度大大降低,又常无先兆,难以预测,因此这种腐蚀很危险。尤其是点腐蚀,常造成设备个别地方穿孔而引起渗漏。

金属由许多晶粒组成,晶粒与晶粒之间的边界称为晶间或晶界。当晶界或其临界区域产生局部腐蚀,而晶粒的腐蚀相对较小时,这种局部腐蚀形态就是晶间腐蚀。晶间腐蚀沿晶粒边界发展,破坏了晶粒间的连续性,使材料的机械强度和塑性剧烈降低,而且晶间腐蚀从外表不易发现,导致破坏突然发生,因此晶间腐蚀是一种很危险的腐蚀。前面讲到的氢腐蚀属于晶间腐蚀。铬镍不锈钢与含氯介质接触,在500~800 ℃时,有可能产生晶间腐蚀(参见本章第四节)。因此在这一温度范围内使用的不锈钢必须注意防范晶间腐蚀。

三、金属设备的防腐措施

为了防止化工生产设备被腐蚀,除选择合适的耐腐蚀材料制造设备外,还可以采用多种防腐蚀措施对设备进行防腐。

(一)衬覆保护层

1. 金属覆盖层

将耐腐蚀性能较好的金属或合金覆盖在耐腐蚀性能较差的金属上,以防止腐蚀的方法,称为金属覆盖层保护方法。常见的有电镀法(镀铬、镀镍)、喷镀法、渗镀法、热镀法及衬不锈钢衬里等。

2. 非金属覆盖层

用有机或无机物质制成的覆盖层称为非金属覆盖层,常见形式为在金属设备内部衬非金属衬里和涂防腐涂料。

在金属设备内部衬砖、板是行之有效的非金属防腐方法。常用的砖、板衬里材料有酚醛胶泥衬瓷板、瓷砖,不透性石墨板,水玻璃胶泥衬辉绿岩板、瓷板、瓷砖。除砖、板衬里外,还有橡胶衬里和塑料衬里。

(二)电化学保护

根据金属腐蚀的电化学原理,如果把处于电解质溶液中的某些金属的电位提高,使金属钝化,人为地使金属表面生成难溶而致密的氧化膜,则可降低金属的腐蚀速度;同样,如果使某些金属的电位降低,使金属难于失去电子,也可大大降低金属的腐蚀速度,甚至使金属的腐蚀完全停止。这种通过改变金属 - 电解质的电极电位来控制金属腐蚀的方法称为电化学保护。电化学保护包括阴极保护与阳极保护。

1. 阴极保护

阴极保护是通过外加电流使被保护的金属阴极极化以控制金属腐蚀的方法,分为外加电流法和牺牲阳极法。

外加电流法是把被保护的金属设备与直流电源的负极相连,电源的正极和一个辅助阳极相连。当电源接通后,电源便给金属设备以阴极电流,使金属设备的电极电位向负的方向移动,当电位降至腐蚀电池的阳极起始电位时,金属设备的腐蚀即可停止。外加电流法对防止海水或河水中金属设备的腐蚀非常有效,并已应用到石油、化工生产中受海水腐蚀的冷却设备和各种输送管道,如碳钢制海水箱式冷却槽、卤化物结晶槽、真空制盐蒸发器等。在外加电流法中,辅助阳极的材料必须具有导电性好、在阳极极化状态下耐腐蚀、有较高的机械强度、容易加工、成本低、来源广等特点。常用的辅助阳极的材料有石墨、硅铸铁、铂、钛、镍、铅银合金和钢铁等。

牺牲阳极法是在被保护的金属上连接一块电位更负的金属作为牺牲阳极。由于外接的牺牲阳极的电位比被保护的金属更负,更容易失去电子,它输出阴极的电流使被保护的金属阴极极化。图2-8所示为阴极保护示意图。

2.阳极保护

阳极保护是把被保护设备与外加的直流电源的正极相连,在一定的电解质溶液中,把金属的阳极极化到一定电位,使金属表面生成钝化膜,从而降低金属的腐蚀作用,使设备受到保护。阳极保护只有当金属在介质中能钝化时才能应用,否则,阳极极化会加速金属的阳极溶解。阳极保护应用时受条件限制较多,且技术复杂,故使用不多。

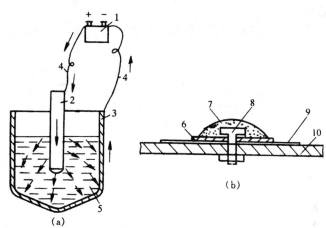

图2-8　阴极保护示意
(a)外加电流的阴极保护;(b)牺牲阳极的阴极保护
1—直流电源;2—辅助阳极;3—被保护设备;4—导线;
5—溶液;6—垫片;7—牺牲阳极;8—螺栓;9—涂层;10—设备

(三)腐蚀介质的处理

在对金属进行防腐处理时,还可以通过改变介质的性质减轻或消除其对金属的腐蚀作用。例如,加入能减缓腐蚀速度的缓蚀剂。所谓缓蚀剂就是能够阻止或减缓金属在环境介质中被腐蚀的物质。加入的缓蚀剂不应该影响化工工艺过程的进行,也不应该影响产品的质量。一种缓蚀剂对不同介质的效果是不一样的,对某种介质能起缓蚀作用,对其他介质则可能无效,甚至有害,因此须严格选择合适的缓蚀剂。缓蚀剂的种类和用量须根据设备所处的具体操作条件通过试验来确定。

缓蚀剂分为无机缓蚀剂(如重铬酸盐、过氧化氢、磷酸盐、亚硫酸钠、硫酸锌、硫酸氢钙等)和有机缓蚀剂(如有机胶体、氨基酸、酮类、醛类等)两类。

按使用情况缓蚀剂可分为三种:①在酸性介质中使用的缓蚀剂,常用的有硫脲、若丁(二邻甲苯硫脲)、乌洛托品(六亚甲基四胺);②在碱性介质中使用的缓蚀剂,常用的有硝酸钠;③在中性介质中使用的缓蚀剂,常用的有重铬酸钠、亚硝酸钠、磷酸盐等。

四、金属腐蚀的评定方法

金属腐蚀的评定方法有多种,常以均匀腐蚀速度为评价指标。均匀腐蚀速度常用单位时间内单位表面积的腐蚀质量或单位时间的腐蚀深度来表示。

(一)根据质量变化评定金属腐蚀

根据质量变化评定金属腐蚀的方法应用极为广泛。它通过试验方法测出试件单位时间内单位表面积腐蚀而引起的质量变化。当测定试件在腐蚀前后的质量变化后,可用下式表示腐蚀速度:

$$v = \frac{m_0 - m_1}{At} \tag{2-1}$$

式中:v为腐蚀速度,g/(m² · h);m_0为腐蚀前试件的质量,g;m_1为腐蚀后试件的质量,g;A为试件与腐蚀介质接触的面积,m^2;t 为腐蚀作用的时间,h。

用质量变化来表示金属腐蚀速度的方法只能用于均匀腐蚀,并且只有当能很好地除去腐蚀产物而不致损害试件主体金属时,结果才准确。

(二)根据腐蚀深度评定金属腐蚀

根据质量变化评定金属腐蚀时,没有考虑金属的相对密度,因此当质量损失相同时,相对密度不同的金属的截面尺寸的减小量不同。为表示腐蚀前后尺寸的变化,常用金属厚度的减小量(即腐蚀深度)来表示腐蚀速度。

按腐蚀深度评定金属的耐腐蚀性能有三级标准,见表2-9。

表2-9　金属耐腐蚀性能三级标准

耐腐蚀性能	腐蚀级别	耐腐蚀速度/(mm/a)
耐蚀	1	<0.1
耐蚀,可用	2	0.1~1.0
不耐蚀,不可用	3	>1.0

第八节　化工设备材料选择

在设计和制造化工设备时,合理选择和正确使用材料十分重要。这不仅要从设备结构、制造工艺、使用条件和寿命等方面考虑,还要从设备工作条件下材料的物理性能、力学性能、耐腐蚀性、价格与来源、供应等方面综合考虑。

一、材料的物理、力学性能

在化工设备设计中,材料的选择应首先从强度、塑性、韧性及冷弯性能等多方面综合考虑。屈服强度、抗拉强度是决定钢板许用应力的依据。材料的强度越高,容器的强度尺寸(如壁厚)就可以越小,从而可以节省金属用量。但强度较高的材料塑性、韧性一般较低,制造困难。因此,要根据设备具体工作条件和技术经济指标来选择适宜的材料。可以参考的原则是:一般中、低压设备可采用屈服极限为 245~345 MPa 级的钢材;直径较大、压力较高的设备均应采用普低钢,强度级别宜用400 MPa 级或以上;如果容器的操作温度超过400 ℃,还需考虑材料的蠕变强度和持久强度。

制造设备所用板材的延伸率是塑性的一个主要指标,它直接关系到容器制造时的冷加工及焊接性能。过小的延伸率将使容器的塑性储备的安全性降低,因此压力容器用钢材的延伸率 A 不得小于14% 。当钢材的延伸率 $A<18\%$ 时,加工时应特别注意。钢管所用钢材不宜采用强度级别过高的钢种,因为使用中的主要问题不是钢管的强度,而是弯管率,故要求钢材塑性好。

二、材料的耐腐蚀性

材料的耐腐蚀性可参考表2-2。对于腐蚀介质,应当尽可能采用各种节镍或无镍不锈钢。

设计任何设备,在选材时都应进行认真调查与分析研究。例如,某磷肥厂需设计一个浓硫酸贮罐,容积为 40 m^3。根据表2-2材料可选灰铸铁、高硅铁、碳钢、1Cr18Ni9Ti 等。由于设备连续使用或间歇使用时的情况不同,所以腐蚀情况也不同。间歇使用时,罐内硫酸时有时无,遇到潮湿天气,罐壁上的酸可能吸收空气中的水分而变稀,这样腐蚀情况要严重得多。从耐硫酸的角度考虑,灰铸铁、高硅铁、碳钢和不锈钢都能使用。但灰铸铁、高硅铁抗拉强度低、质脆,不能铸造大型设备,故不宜采用。碳钢的机械强度高、质韧,焊接性能好,但稀硫酸对碳钢腐蚀严重,故也不能采用。不锈钢虽然各种性能都比较好,但价格比较高,焊接加工要求较高。综合以上分析,用碳钢做罐壳以满足机械强度要求,内衬非金属以解决耐腐蚀问题是较合适的材料选择方案。

三、材料的经济性

在满足设备使用性能的前提下,选材时还应注意其经济效果。一些常用钢材的相对比价列于表 2 - 10 中。由表可知,碳钢与普低钢的价格比较低廉,在满足设备耐腐蚀性能和力学性能的条件下应优先选用。同时,应考虑国家生产与供应情况,因地制宜选取,品种应尽量少而集中,以便采购与管理。

四、其他方面

压力容器的材料选择应根据容器的操作条件、腐蚀设备情况及制造加工要求,依照国家标准《压力容器》(GB 150.1 ~ 150.4—2011)的规定,并按《钢炉和压力容器用钢板》(GB 713—2014)与《承压设备用碳素钢和合金钢锻件》(NB/T 47008—2017)的规定选用。

由于普低钢的价格与碳素钢相近,但强度却比碳素钢高很多,为了节省材料,中、高压容器应优先选用普低钢(Q355R)。另外,以刚度为主的常、低压容器或承受疲劳载荷作用的场合,采用强度级别高的材料是不经济的。

表 2 - 10 一些常用钢材的相对比价

类型	材料种类	相对比价	备注
板材	普通钢板	1.00	8 ~ 25 mm
	优质钢板	1.13	
	锅炉钢板	1.18	6 ~ 25 mm
	普通低合金钢板	1.04	16 ~ 30 mm
	铬不锈钢板	2.32	
	铬镍不锈钢板	4.96	0.4 ~ 3.0 mm,冷轧
	超低碳不锈钢板	6.55	
	紫铜板	17.11	
	黄铜板	13.69	
	铝板	9.82	
	钛板	35.71	
管材	普通无缝管(热轧)	1.00	$\phi 89 \sim \phi 159$
	普通无缝管(冷拔)	1.04	$\phi 57 \times 3.5$
	铬不锈钢管	3.21	
	铬镍不锈钢管	5.08	
	紫铜管	14.97	
	黄铜管	13.37	
	铝管	4.81	
	钛管	42.78	
棒材	普通钢棒料	1.00	$\phi 12 \sim \phi 16$
	优质钢棒料	1.38	
	低合金钢棒料	1.29	
	铬不锈钢棒料	2.77	
	铬镍不锈钢棒料	5.54	

习　题

2-1　化工设备对材料有哪些基本要求?

2-2　R_{eL}、R_m、HBW、KV_2、A 各表示什么性能? 计量单位各是什么?

2-3　在材料选择上,为什么要考虑屈强比?

2-4　生产上热处理检验和零件成品检验常用哪个硬度?

2-5　切削加工性能的好坏应根据什么来判断?

2-6　什么是金属的化学性能?

2-7　什么叫同素异构转变? 铁的同素异构转变有何特点?

2-8　钢和生铁在成分和组织上有何明显区别?

2-9　含碳量对碳钢的力学性能有何影响?

2-10　钢中的硫和磷对钢的性能有何影响? 锰在钢中起何作用?

2-11　什么是热处理? 什么是淬火、回火? 各要达到什么目的?

2-12　什么叫调质? 哪些零件要调质?

2-13　正火与退火有什么不同? 能否代用?

2-14　常用淬火冷却剂有哪些?

2-15　普通低合金钢有哪些特点?

2-16　不锈钢为什么含碳量都很低?

2-17　为什么铬镍不锈钢加 Ti 或 Nb 后能防止晶间腐蚀?

2-18　下列钢号各代表何种钢? 符号中的数字各有什么意义?

　　　Q235B、Q235AF、20、Q245R、30Mn、Q345R、06Cr13、06Cr19Ni10、022Cr17Ni12Mo2、Q355R

2-19　弹簧、锯条、螺栓、轴、扳手各采用什么热处理比较合适?

2-20　总结常用有色金属的特性和耐腐蚀性能。

2-21　化学腐蚀和电化学腐蚀有何区别?

参考文献

[1]　吴承建,陈国良,强文江. 金属材料学[M]. 2 版. 北京:冶金工业出版社,2009.

[2]　温秉权,黄勇. 金属材料手册[M]. 北京:电子工业出版社,2009.

[3]　黄伯云,李成功,石力开,等.有色金属材料手册[M]. 北京:化学工业出版社,2009.

[4]　赵麦群,雷阿丽. 金属的腐蚀与防护[M]. 北京:国防工业出版社,2011.

[5]　机械工程手册编辑委员会,电机工程手册编辑委员会.机械工程手册[M]. 2 版. 北京:机械工业出版社,1997.

第三章 容器设计

○○ ──── ○○ ○ ○○ ───────────────

第一节　概述

一、容器的结构

在化工生产中可以看到许多设备,有的用来贮存物料,例如各种贮罐、计量罐、高位槽;有的用来进行物理过程,例如换热器、蒸馏塔、沉降器、过滤器;有的用来进行化学反应,例如聚合釜、反应器、合成炉。虽然这些设备尺寸不一,形状、结构各异,内部构件的形式更是多种多样,但是它们都有一个外壳,这个外壳就称为容器。所以容器是化工生产所用各种设备的外部壳体的总称。

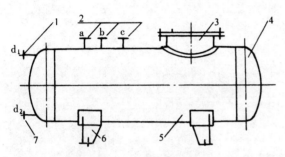

图 3 - 1　容器的结构
1、7—液面计;2—接口管;3—人孔;4—封头;
5—筒体;6—支座

容器一般由壳体(又称筒体)、封头(又称端盖)、法兰、支座、接口管及人孔等组成(图 3 - 1)。常、低压化工设备通用零部件大都有标准,设计时可直接选用。本章主要讨论中、低压容器的壳体、封头的设计计算,介绍常、低压化工设备通用零部件标准及其选用方法。

二、容器的分类

压力容器的种类很多,分类方法也各异。大致可以将其分为以下几类。

(一)按容器形状分类

(1)方形和矩形容器。此类容器由平板焊成,制造难度较小,但承压能力差,只用作小型常压贮槽。

(2)球形容器。此类容器由数块弓形板拼焊而成,承压能力好,但由于安装内件不便,制造难度稍大,一般多用作贮罐。

(3)圆筒形容器。此类容器由圆柱形筒体和各种凸形封头(半球形、椭球形、碟形、圆锥形)或平板封头组成。作为容器主体的圆柱形筒体制造容易,安装内件方便,而且承压能力较好,因此这类容器应用最为广泛。

(二)按承压性质分类

按承压性质可将容器分为内压容器和外压容器两类。内部压力大于外部压力的容器为内压容器;反之,则为外压容器。其中内部压力小于一个绝对大气压(0.1 MPa)的外压容器又称为真空容器。

内压容器按设计压力可划分为低压、中压、高压和超高压四个压力等级,见表 3 - 1。

表 3 - 1　内压容器的分类

容器的分类	设计压力 p/MPa
低压容器(代号 L)	$0.1 \leqslant p < 1.6$
中压容器(代号 M)	$1.6 \leqslant p < 10$
高压容器(代号 H)	$10 \leqslant p < 100$
超高压容器(代号 U)	$p \geqslant 100$

高压容器的设计计算方法、材料选择、制造技术及检验要求与中、低压容器不同,本章只讨论中、低压容

器的设计。

（三）按容器温度分类

根据容器的壁温，可将容器分为常温容器、中温容器、高温容器和低温容器。

（1）常温容器。常温容器指在壁温高于 $-20 \sim 200$ ℃的条件下工作的容器。

（2）高温容器。高温容器指在壁温超过材料的蠕变起始温度的条件下工作的容器。壁温超过 420 ℃的碳素钢和低合金钢容器、壁温超过 450 ℃的合金钢容器以及壁温超过 550 ℃的奥氏体不锈钢容器均属于高温容器。

（3）中温容器。中温容器指壁温介于常温和高温之间的容器。

（4）低温容器。低温容器指设计温度低于 -20 ℃的碳素钢、低合金钢、双相不锈钢和铁素体不锈钢容器以及设计温度低于 -196 ℃的奥氏体不锈钢容器。

（四）按制造材料分类

从制造容器所用的材料看，容器有金属和非金属两类。

金属容器又可分为钢制容器、铸铁容器及有色金属容器。目前应用最多的是用低碳钢和普通低合金钢制造的容器。在腐蚀严重或对产品纯度要求高的场合，使用由不锈钢、不锈复合钢板、低碳钢及钛材等制造的容器。在深冷操作中，可用由铜或铜合金制造的容器。而承压不大或不承压的塔节或容器，可用铸铁制造。

非金属材料既可作为容器的衬里，又可作为独立的构件。常用的非金属材料有硬聚氯乙烯、玻璃钢、不透性石墨、化工搪瓷、化工陶瓷等。

容器的结构与尺寸、制造与施工，在很大程度上取决于所选用的材料。对不同材料的压力容器有不同的设计规定，本书主要讨论钢制压力容器的设计。

（五）按品种分类

按压力容器在生产工艺过程中的作用原理，可将压力容器分为反应压力容器、换热压力容器、分离压力容器和储存压力容器。

（1）反应压力容器（代号 R）。反应压力容器指主要用于完成介质的物理、化学反应的压力容器，例如反应釜、分解锅、聚合釜、变换炉等。

（2）换热压力容器（代号 E）。换热压力容器指主要用于完成介质的热量交换的压力容器，例如热交换器、管壳式余热锅炉、冷却器、冷凝器、蒸发器等。

（3）分离压力容器（代号 S）。分离压力容器指主要用于完成介质的流体压力平衡缓冲和气体净化分离的压力容器，例如分离器、过滤器、缓冲器、吸收塔、干燥塔等。

（4）储存压力容器（代号 C，其中球罐代号 B）。储存压力容器指主要用于储存、盛装气体、液体、液化气体等介质的压力容器，例如各种形式的贮罐、贮槽、高位槽、计量槽、槽车等。

一种压力容器如同时具备两个以上的工艺作用原理，应当按照工艺过程中的主要作用来划分品种。

（六）按管理分类

压力容器储存的介质不同，其危害性也不同，例如，储存易燃或毒性程度在中度及以上的危害介质的压力容器，其危害性要比具有相同几何尺寸、储存非易燃或毒性程度为轻度的危害介质的压力容器大得多。此外，压力容器的危害性还与其设计压力 p 和容积 V 有关，pV 值越大，则容器破坏时的爆破能量越大，危害性越大。为此，《固定式压力容器安全技术监察规程》根据介质、设计压力和容积等三个因素将所适用范围内的压力容器分为三类，即第Ⅰ类压力容器、第Ⅱ类压力容器和第Ⅲ类压力容器。

1. 介质分组

压力容器的介质分为以下两组：

（1）第一组介质，即毒性程度为极度危害、高度危害的化学介质、易爆介质和液化气体；

（2）第二组介质，即除第一组以外的介质。

2. 介质危害性

介质危害性指压力容器在生产过程中因事故致使介质与人体大量接触,发生爆炸或者因经常泄漏引起职业性慢性危害的严重程度,用介质毒性危害程度和爆炸危害程度表示。

1)毒性危害程度

综合考虑急性毒性、最高容许浓度和职业性慢性危害等因素,极度危害最高容许浓度小于 0.1 mg/m³;高度危害最高容许浓度为 0.1~1.0 mg/m³;中度危害最高容许浓度为 1.0~10.0 mg/m³;轻度危害最高容许浓度大于或者等于 10.0 mg/m³。

2)易爆介质

易爆介质指气体或者液体的蒸气、薄雾与空气混合形成爆炸混合物,并且其爆炸下限小于 10%,或者爆炸上限和爆炸下限的差值大于或者等于 20% 的介质。

3)介质毒性危害程度和爆炸危险程度的确定

按照《压力容器中化学介质毒性危害和爆炸危险程度分类标准》(HG/T 20660—2017)确定。没有规定的,由压力容器设计单位参照《职业性接触毒物危害程度分级》(GBZ 230—2010)的原则确定介质级别。

3. 划分方法

为了利于安全技术分类管理和监督检验,根据危险程度,将压力容器划分为三类。压力容器类别的划分应当根据介质特性,按照以下要求选择类别划分图,再根据设计压力 p(MPa)和容积 V(m³)标出坐标点,确定压力容器类别(Ⅰ、Ⅱ或Ⅲ):

(1)第一组介质,压力容器类别的划分见图 3-2;

(2)第二组介质,压力容器类别的划分见图 3-3。

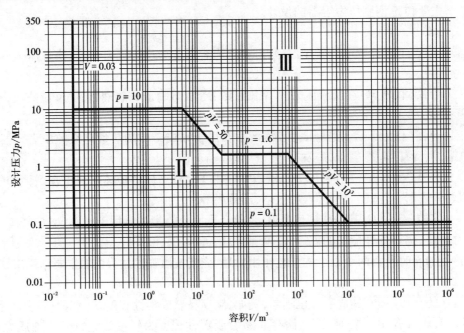

图 3-2　压力容器类别划分图——第一组介质

当坐标点位于图 3-2 或者图 3-3 的分类线上时,应按照较高的类别确定。

三、容器的零部件标准化

为便于设计和互换,有利于成批生产,同时提高产品质量,降低生产成本,提高劳动生产率,我国有关部门对容器的零部件(例如封头、法兰、支座、人孔、手孔、视镜、液面计等)开展了标准化、系列化工作。许多化工设备(例如贮槽、换热器、搪玻璃与陶瓷反应器)也有了相应的标准。

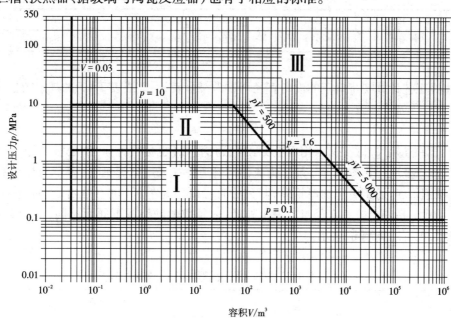

图 3 - 3　压力容器类别划分图——第二组介质

容器零部件标准化的基本参数是公称直径 *DN* 与公称压力 *PN*。

(一)公称直径

公称直径指标准化以后的直径,以 *DN* 表示,单位为 mm。例如内径为 1 200 mm 的容器的公称直径标记为 *DN* 1 200。

1. 压力容器的公称直径

用钢板卷制而成的筒体,其公称直径指的是内径。现行标准中规定的公称直径系列如表 3 - 2 所示。若容器直径较小,筒体可直接采用无缝钢管制作,此时公称直径指钢管外径,如表 3 - 3 所示。

表 3 - 2　压力容器公称直径(以内径为基准)(GB/T 9019—2015)　　　　　　　　　(mm)

300	350	400	450	500	550	600	650	700	750
800	850	900	950	1 000	1 100	1 200	1 300	1 400	1 500
1 600	1 700	1 800	1 900	2 000	2 100	2 200	2 300	2 400	2 500
2 600	2 700	2 800	2 900	3 000	3 100	3 200	3 300	3 400	3 500
3 600	3 700	3 800	3 900	4 000	4 100	4 200	4 300	4 400	4 500
4 600	4 700	4 800	4 900	5 000	5 100	5 200	5 300	5 400	5 500
5 600	5 700	5 800	5 900	6 000	6 100	6 200	6 300	6 400	6 500
6 600	6 700	6 800	6 900	7 000	7 100	7 200	7 300	7 400	7 500
7 600	7 700	7 800	7 900	8 000	8 100	8 200	8 300	8 400	8 500
8 600	8 700	8 800	8 900	9 000	9 100	9 200	9 300	9 400	9 500
9 600	9 700	9 800	9 900	10 000	10 100	10 200	10 300	10 400	10 500
10 600	10 700	10 800	10 900	11 000	11 100	11 200	11 300	11 400	11 500
11 600	11 700	11 800	11 900	12 000	12 100	12 200	12 300	12 400	12 500
12 600	12 700	12 800	12 900	13 000	13 100	13 200			

注:本标准并不限制在本标准直径系列外其他直径圆筒的使用。

表3-3   压力容器公称直径(以外径为基准)(GB/T 9019—2015)   (mm)

公称直径	150	200	250	300	350	400
外径	168	219	273	325	356	406

设计时,应将经工艺计算初步确定的设备直径调整为符合表3-2或表3-3的规定的公称直径。封头的公称直径与筒体一致。

2. 管子的公称直径

为了使管子、管件连接尺寸统一,采用 DN 表示其公称直径(也称公称口径、公称通径)。化工厂用来输送水、煤气、空气、油以及取暖用蒸汽等一般压力流体的管道往往采用电焊钢管(又称有缝钢管)。有缝钢管按壁厚可分为薄壁钢管、普通钢管和加厚钢管,其公称直径既不是外径,也不是内径,而是一个与普通钢管内径近似的名义尺寸。每一个公称直径对应一个外径,内径数值随壁厚不同而不同,见表3-4。公称直径可用公制 mm 表示,也可用英制 in 表示。

表3-4   钢管的公称口径与钢管的外径、壁厚对照表   (mm)

公称口径	外径	壁厚	
		普通钢管	加厚钢管
6	10.2	2.0	2.5
8	13.5	2.5	2.8
10	17.2	2.5	2.8
15	21.3	2.8	3.5
20	26.9	2.8	3.5
25	33.7	3.2	4.0
32	42.4	3.5	4.0
40	48.3	3.5	4.5
50	60.3	3.8	4.5
65	76.1	4.0	4.5
80	88.9	4.0	5.0
100	114.3	4.0	5.0
125	139.7	4.0	5.5
150	168.3	4.5	6.0

注:表中的公称口径系近似内径的名义尺寸,不表示外径减去两个壁厚所得的内径。

管路附件也用公称直径表示,意义同有缝钢管。

工程中所用的无缝钢管,如输送流体用无缝钢管(GB/T 8163—2018)、石油裂化用无缝钢管(GB 9948—2013)、高压化肥设备用无缝钢管(GB 6479—2013)、输送流体或制作各种结构和零件用的结构无缝钢管(GB/T 8162—2018)等,不用公称直径标记,而以外径乘以壁厚的形式表示。标准中称此外径与壁厚分别为公称外径与公称壁厚。

输送流体用无缝钢管和一般用途的无缝钢管分热轧管和冷拔管两种,其中冷拔管的最大外径为 200 mm,热轧管的最大外径为 630 mm。在管道工程中,管径超过 57 mm 时,常采用热轧管;管径在 57 mm 以内时,常选用冷拔管。

3.容器零部件的公称直径

有些零部件(如法兰、支座等)的公称直径指的是与它相配的筒体、封头的公称直径。$DN\ 2\ 000$ 法兰是指与 $DN\ 2\ 000$ 筒体(容器)或封头相配的法兰。$DN\ 2\ 000$ 鞍座是指支撑直径为 $2\ 000$ mm 的容器的鞍式支座。还有一些零部件的公称直径是用与它相配的管子的公称直径表示的。如 $DN\ 200$ 管法兰是指连接公称直径为 200 mm 的管子的法兰。另有一些容器零部件的公称直径是指结构中的某一重要尺寸,如视镜的视孔直径、填料箱的轴径等。如 $DN\ 80$ 视镜表示窥视孔的直径为 80 mm。

(二)公称压力

容器及管道的操作压力经标准化以后称为公称压力,以 PN 表示,单位为 MPa。

由于工作压力不同,即使公称直径相同的压力容器,其筒体及零部件的尺寸也是不同的。为了使石油、化工容器的零部件标准化、通用化、系列化,就必须将其承受的压力范围分为若干个标准压力等级,即公称压力。表 3 – 5 列出了压力容器法兰与管法兰的公称压力。

表 3 – 5 压力容器法兰与管法兰的公称压力 （MPa）

压力容器法兰	0.25 0.6 1.0 1.6 2.5 4.0 6.4
管法兰	0.25 0.6 1.0 1.6 2.5 4.0 5.0 10 15 25

设计时如果选用标准零部件,就必须将操作温度下的最高操作压力(或设计压力)调整为所规定的某一公称压力等级(调整方法见第五节),然后根据 DN 与 PN 选定该零部件的尺寸。如果不选用标准零部件,而是自行设计,设计压力就不必符合规定的公称压力。

四、压力容器标准简介

压力容器标准是全面总结压力容器生产、设计、安全等方面的经验,不断纳入新科技成果而产生的。它是压力容器设计、制造、验收等必须遵循的准则。压力容器标准涉及设计、选材、制造、检验等。

(一)国外主要规范

1.美国 ASME 规范

ASME 规范是由美国机械工程师协会(ASME)制定的规范。以往,ASME 规范并无法律上的约束力,而是由各州政府在其管辖范围内通过法律决定是否执行 ASME 规范。由于 ASME 规范在技术上的权威性,现在它已正式成为美国的国家标准,在其文本封面上印有美国国家标准学会(ANSI)的标志。

ASME 规范规模庞大、内容完善,仅依靠 ASME 规范即可完成压力容器的选材、设计、制造、检验、试验、安装及运行等全部工作环节。现在 ASME 规范共有 13 卷,其中与压力容器密切相关的部分有"第Ⅱ卷 材料""第Ⅲ卷 核电厂部件建造标准""第Ⅴ卷 无损检验""第Ⅷ卷 压力容器""第Ⅸ卷 焊接及钎焊评定""第Ⅹ卷 玻璃纤维增强塑料压力容器"和"第Ⅻ卷 运输罐制造和延续使用规则"。

ASME 规范在形式上分为四个层次,即规范(Code)、规范案例(Code Case)、条款解释(Interpretation)及规范增补(Addenda)。ASME 规范每年增补一次,每两年出一个新版。由于技术先进,修订及时,能迅速反映世界压力容器科技发展的最新成就,ASME 规范已成为世界上影响最大的一部规范。

2.日本国家标准(JIS)

20 世纪 70 年代末期,日本对欧美各国的压力容器标准体系进行了全面深入的调研,提出了全国统一的压力容器标准体系的构想,并于 20 世纪 80 年代初制定了两部基础标准:一部是参照 ASME 规范第Ⅷ卷第 1

册制定的《压力容器的构造》(JIS B8243),另一部是参照 ASME 规范第Ⅷ卷第 2 册制定的《特定压力容器的构造》(JIS B8250)。

1993 年日本采用了新的压力容器标准体系,编制了基础标准、通用技术标准及相关标准:《压力容器(基础标准)》(JIS B8270)和《压力容器(单项标准)》(JIS B8271~8285)。《压力容器(基础标准)》(JIS B8270)规定了三种压力容器的设计压力、设计温度、焊接接头形式、材料许用应力、应力分析及疲劳分析的适用范围、质量管理及质量保证体系、焊接工艺评定试验及无损检测等内容。《压力容器(单项标准)》(JIS B8271~8285)由 15 项单项标准组成,包括压力容器的筒体和封头、螺栓法兰连接、平盖等结构形式和设计计算方法、应力分析与疲劳分析的分析方法以及有关试验的规定。

为了使标准尽可能相互通用、避免重复检查和实现有效的认证体制,日本于 2000 年 3 月制定并实施了《压力容器构造:一般规则》(JIS B8265)。随着 JIS B8265 的实施,日本出现了 JIS B8265 和 JIS B8270 双标准并行的状态。为改变这一状态,日本以 JIS B8270 中的第 1 种压力容器(设计压力小于 100 MPa)为对象,制定了《压力容器构造:特定标准》(JIS B8266),并修改了 JIS B8265,形成了新的压力容器 JIS 标准体系。该体系已于 2003 年 9 月颁布实施。

3. 欧盟压力容器标准体系

为了协调欧盟成员国的承压设备技术法规和标准,消除欧盟内的技术壁垒,实现自由贸易,欧盟颁布了一系列有关承压设备的 EEC/EC 指令和协调标准,逐步形成了以欧盟指令为中心、协调标准为补充的双重结构的承压设备技术法规和标准体系。指令是由政府规定的纯粹的行政法规,具有强制性。协调标准是欧洲标准化委员会编制的技术标准,是选择性的。《承压设备指令》(97/23/EC)是欧盟 1997 年 5 月正式实施,并于 2002 年 5 月在欧盟内强制执行的指令。《非火焰接触压力容器》(EN 13445)是满足 97/23/EC 欧盟指令的协调标准,主要内容有总则、材料、设计、制造、检验和试验、安全系统和铸铁容器。符合该标准即被认为满足标准涉及的 97/23/EC 中的基本要求条款。协调标准正式通过后,所有的欧盟成员国都应制定与欧盟协调标准等同的国家标准,并废止本国现行标准中与欧盟协调标准相冲突的内容。

(二)国内主要规范

1. 压力容器标准

1989 年我国压力容器标准化技术委员会制定了《钢制压力容器》(GB 150—1989),它是在我国实施多年的《钢制石油化工压力容器设计规范》的基础上,总结我国大量工程实践经验,以理论与试验研究为指导,并吸收了国际同类先进标准的内容而编制的,标志着我国集设计、制造、检验和验收技术要求于一体的独立、完整、统一的中国压力容器标准体系正在形成。1998 年,又对 GB 150—1989 进行了修订,形成了 GB 150—1998,使标准更加完善。2009 年为体现压力容器本质安全的建造理念,与安全技术规范协调一致,并纳入成熟的压力容器设计方法及建造技术,以及借鉴国际先进标准的技术,在总结 GB 150—1998 的使用经验的基础上,经过两年时间的修订,形成了《压力容器》(GB 150—2011)(含 GB 150.1~150.4)。《压力容器》(GB 150—2011)系集压力容器通用要求、材料、设计、制造、检验和验收于一体的综合性基础标准。

2. 压力容器技术规范

安全技术规范是政府针对特种设备安全性能和相应的设计、制造、安装、修理、改造、使用和检验检测等环节提出的关于安全基本要求,以及许可、考核条件、程序的一系列具有行政强制力的规范性文件。目前与压力容器设计有关的技术规范为《固定式压力容器安全技术监察规程》(TSG 21)和《移动式压力容器安全技术监察规程》(TSG R0005)。

《固定式压力容器安全技术监察规程》(TSG 21)适用于同时具备下列条件的固定式压力容器:①工作压力大于或等于 0.1 MPa;②容积大于或等于 0.03 m³ 且内直径(非圆形截面指截面内边界的最大几何尺寸)大于或等于 150 mm;③所盛装介质为气体、液化气体以及最高工作温度高于或者等于其标准沸点的液体。

3. 标准的分类与代号

一般可按标准化对象和标准适用范围对标准进行分类,见表 3-6。标准的代号见表 3-7。

表 3 - 6　标准的分类

分类方式	标准类别	标准化对象或标准适用范围
按标准化对象分类	产品标准	以产品及其构成部分为对象而制定的标准,如零部件、原材料等标准
	方法标准	以生产技术活动中的重要程序、规则、方法为对象而制定的标准,如设计计算、工艺守则和数据等
	基础标准	以标准化的前提条件为对象而制定的标准,如计量单位、公差配合、制图等
按标准适用范围分类	国家标准	由国家标准局颁发的标准,它的使用范围最广,是其他同类标准必须遵守的共同准则和最低要求
	专业标准	由各部专业局颁发的标准,只能在本专业局所属范围内使用
	行业标准	有的行业是跨部门的,其标准只能由几个主管部门共同制定、颁发
	企业标准	只在本企业中适用的内控标准,它的实行必须经主管部门批准

表 3 - 7　标准的代号

序号	标准代号	含义
1	GB	国家标准
2	JB	机械行业标准
3	YB	冶金行业标准
4	HG	化工行业标准
5	SY	石油天然气行业标准

标准的表示方法一般由四部分组成:①标准代号;②标准编号;③标准批准年份;④标准名称。

例:

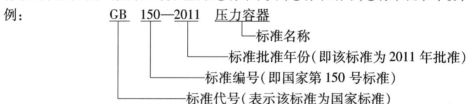

第二节　内压薄壁容器设计

一、薄壁容器设计的理论基础

(一)薄壁容器

压力容器按壁厚可以分为薄壁容器和厚壁容器。所谓厚壁与薄壁并不是按容器壁厚的大小来划分的,而是一种相对概念,通常根据容器外径 D_o 与内径 D_i 的比值 K 来判断,$K > 1.2$ 为厚壁容器,$K \leqslant 1.2$ 为薄壁容器。工程实际中规定 $K \leqslant 1.5$ 的容器即可视为薄壁容器。

(二)圆筒形薄壁容器承受内压时的应力

为判断薄壁容器能否安全工作,需对压力容器各部分进行应力计算与强度校核,因此必须了解容器壁上的应力。因为薄壁容器的壁厚远小于筒体的直径,可认为在圆筒内部压力作用下,筒壁内只产生拉应力,不产生弯曲应力,且这些拉应力沿壁厚均匀分布。以图 3 - 4 所示的圆筒形容器为例,当承受内部压力作用以后,器壁上的环向纤维和纵向纤维均有伸长,可以证明这两个方向都受到拉力的作用。用 σ_1(或 $\sigma_{\text{轴}}$)表示

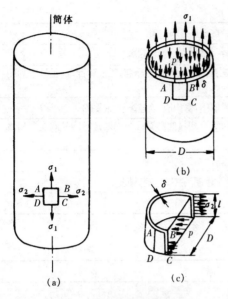

图 3 - 4   内压薄壁容器的应力
(a)薄壁圆筒的两向应力;
(b)轴向应力;(c)环向应力

圆筒经线方向(即轴向)的拉应力,用 σ_2(或 $\sigma_环$)表示圆周方向的拉应力。

(三)圆筒的应力计算

1. 轴向应力

假设在图 3 - 4 上沿 AB 绕圆周作一个截面,将圆筒分为两部分,以下部为研究对象。作用在容器内表面的介质压力分布在圆面积($\pi D^2/4$)上;容器的切割面是一个圆环面,在此圆环面上受均匀分布的拉应力 σ_1。对图 3 - 4(b)建立平衡方程:

$$-p\frac{\pi}{4}D^2 + \sigma_1\pi D\delta = 0$$

整理得

$$\sigma_1 = \frac{pD}{4\delta} \qquad (3-1)$$

式中:σ_1 为轴(经)向应力,MPa;p 为内压,MPa;D 为筒体平均直径,亦称中径,mm;δ 为壁厚,mm。

2. 环向应力

若沿 CD 绕圆周再作一个横截面,保留图 3 - 4(b)的上部,过圆筒轴线作一个垂直截面,保留左半部,如图 3 - 4(c)所示,建立水平方向的平衡条件:

$$-pDl + 2\sigma_2\delta l = 0$$

整理得

$$\sigma_2 = \frac{pD}{2\delta} \qquad (3-2)$$

式中:σ_2 为环向应力,MPa。

比较式(3 - 1)与式(3 - 2)可知,薄壁圆筒受内压时,环向应力是轴向应力的 2 倍。因此,在设计过程中,如果要在筒体上开椭圆孔,应使其短轴与筒体的轴线平行,以尽量降低开孔对纵截面的削弱程度,使环向应力不致增大很多。此外,筒体的纵向焊缝受力大于环向焊缝,施焊时应注意。

分析式(3 - 1)和式(3 - 2)可知,筒体承受内压时,筒壁内产生的应力与 δ/D 成反比,δ/D 值的大小体现着圆筒承压能力的高低。因此,分析一个设备能耐多大压力,不能只看壁厚的绝对值。

二、无力矩理论基本方程

(一)基本概念与基本假设

1. 基本概念

(1)旋转壳体。旋转壳体指以任意直线或平面曲线为母线,绕其同平面内的轴线旋转一周而成的旋转曲面。平面曲线不同,得到的旋转壳体的形状也不同。例如:与轴线平行的直线绕轴旋转形成圆柱壳,与轴线相交的直线绕轴旋转形成圆锥壳,半圆形曲线绕轴旋转形成球壳,见图 3 - 5。

(2)轴对称。轴对称指壳体的几何形状、约束条件和所受外力都是对称于某一轴的。化工用压力容器设计时经常会遇到轴对称问题。

(3)旋转壳体的几何概念。图 3 - 6 表示一般旋转壳体的中面(即等分壁厚的面),它是由平面曲线 OAA'绕同平面内的 OO'轴旋转而成的。曲线 OAA'称为母线。母线绕轴旋转时的任意位置,如 OBB'称为经线,显然,经线的形状与母线完全相同。经线的位置可以母线平面 OAA'O 为基准,绕轴旋转 θ 角来确定。通过经线上任意一点 B 作垂直于中面的直线,称之为中面在该点的法线(n)。过 B 点作垂直于旋转轴的平面与中面相割形成圆,称之为平行圆,例如圆 ABD。平行圆的位置可由中面的法线与旋转轴的夹角 φ 来确定(当经线为一条直线时,平行圆的位置可由到直线的距离确定),中面上任意一点 B 处经线的曲率半径为该点的第一曲率半径 R_1,即 $R_1 = BK_1$。通过经线上任意一点 B 的法线作垂直于经线的平面与中面相割形成曲线 BE,此曲线在 B 点处的曲率半径称为该点的第二曲率半径 R_2,第二曲率半径的中心 K_2 落在旋转轴上,其长度等于法线段 BK_2,即 $R_2 = BK_2$。

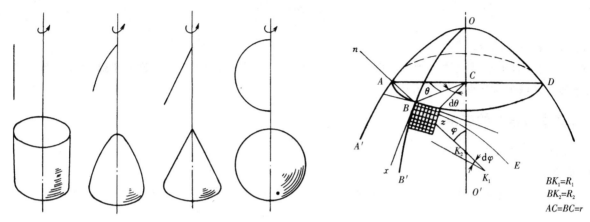

图 3-5　一般旋转壳体　　　　图 3-6　旋转壳体的几何特性

2. 基本假设

假定壳体材料具有连续性、均匀性和各向同性的特点,即壳体是完全弹性的,则可采用以下三点假设。

(1)小位移假设:壳体受力以后,各点的位移都远小于壁厚。根据这一假设,在考虑变形后的平衡状态时,可以利用变形前的尺寸来代替变形后的尺寸。而变形分析中的高阶微量可以忽略不计,从而使问题简化。

(2)直线法假设:在壳体变形前垂直于中面的直线,在变形后仍保持直线,并垂直于变形后的中面。联系假设(1)可知,变形前后的法向线段长度不变。据此假设,沿厚度各点的法向位移均相同,变形前后壳体壁厚不变。

(3)不挤压假设:壳体各层纤维变形前后互不挤压。由此假设,壳壁法向的应力与壳壁其他应力分量相比是可以忽略的微小量,三向应力状态就可以简化为两向应力状态。这一假设只适用于薄壳。

（二）基本方程

无力矩理论指在旋转薄壳的受力分析中忽略弯矩的作用,由于这种情况下的应力状态和承受内压的薄膜相似,故又称薄膜理论。

对任意形状的旋转壳体,无力矩理论采用对微小单元体(简称微元体)建立平衡的方法,见图 3-7(a),得到薄壁容器受力的基本方程式(即平衡方程,具体推导过程可参考相关文献),即

$$\frac{\sigma_1}{R_1} + \frac{\sigma_2}{R_2} = \frac{p}{\delta} \qquad (3-3)$$

式中:R_1 为母线上某点的第一曲率半径,mm;R_2 为母线上某点的第二曲率半径,mm;δ 为壳体的理论壁厚,mm;p 为壳体所受介质的压

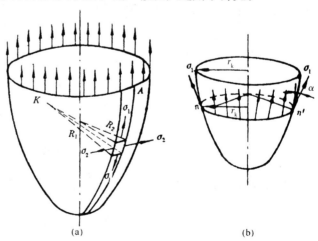

图 3-7　微小单元体的应力及几何参数
(a)微元体切割;(b)部分壳体受力

力,MPa。

基本方程式表达了壳体上任一点处的轴向应力、环向应力、内压、曲率半径和壁厚之间的关系。对于任意壳体,用垂直于母线的圆锥面切割壳体(图3-7(b)),取截面以下部分为研究对象,建立轴向平衡方程:

$$-\pi r_k^2 p + 2\pi r_k \sigma_1 \delta \cos \alpha = 0$$

整理得

$$\sigma_1 = \frac{pr_k}{2\delta\cos \alpha} \tag{3-4}$$

式中:r_k 为任意点处的旋转半径,mm。

式(3-4)是任何旋转壳体承受内压时的经向薄膜应力计算式,因为这是通过切割部分壳体推导出来的,故称其为区域平衡方程。

三、基本方程式的应用

(一)受气体内压的壳体的受力分析

1. 圆筒形壳体

将圆筒的第一曲率半径 $R_1 \to \infty$、第二曲率半径 $R_2 = D/2$ 代入式(3-3)和式(3-4),得

$$\sigma_1 = \frac{pD}{4\delta},\sigma_2 = \frac{pD}{2\delta}$$

2. 球形壳体

由球形壳体的 $R_1 = R_2 = D/2$,得

$$\sigma_1 = \sigma_2 = \frac{pD}{4\delta} \tag{3-5}$$

由式(3-5)可知,在直径与内压均相同的情况下,球形壳体的应力仅是圆筒形壳体环向应力的 $1/2$,即球形壳体的壁厚仅需达到圆筒容器壁厚的 $1/2$。当容器容积相同时,球形的表面积最小,故大型贮罐制成球形较为经济。

3. 圆锥形壳体

图3-8所示为一个圆锥形壳体,半锥角为 α,A 点处半径为 r,壁厚为 δ,得

$$R_1 \to \infty,R_2 = \frac{r}{\cos \alpha}$$

代入式(3-3)和式(3-4),可得 A 点处的应力:

$$\sigma_1 = \frac{pr}{2\delta\cos \alpha},\sigma_2 = \frac{pr}{\delta\cos \alpha} \tag{3-6}$$

由式(3-6)可知,圆锥形壳体的环向应力是经向应力的2倍,这与圆筒形壳体相同,并且圆锥形壳体的应力随半锥角 α 的增大而增大。当 α 角很小时,其应力值接近圆筒形壳体的应力值。所以,在设计、制造圆锥形容器时,α 角要选择合适,不宜太大。由式(3-6)还可以看出,σ_1、σ_2 是随 r 改变的,在圆锥形壳体大端应力最大,在锥顶处应力为零。因此,一般在锥顶开孔。

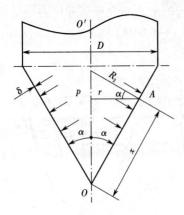

图3-8   圆锥形壳体的受力分析

4. 椭圆形壳体

椭圆形壳体的经线为一个椭圆,设其经线方程为 $\frac{x^2}{a^2} + \frac{y^2}{b^2} = 1$,式中 a、b 分别为椭圆的长、短轴半径。由此方程可推导出第一曲率半径为

$$R_1 = \frac{\left[1 + \left(\frac{\mathrm{d}y}{\mathrm{d}x}\right)^2\right]^{3/2}}{\frac{\mathrm{d}^2 y}{\mathrm{d}x^2}} = \frac{\left[a^4 - x^2(a^2 - b^2)\right]^{3/2}}{a^4 b}$$

由图 3-9 可知，第二曲率半径为

$$R_2 = \frac{x}{\sin \varphi} = \frac{\left[a^4 - x^2(a^2 - b^2)\right]^{1/2}}{b}$$

由此可得应力计算式为

$$\sigma_1 = \frac{p}{2\delta b} \sqrt{a^4 - x^2(a^2 - b^2)}$$

$$\sigma_2 = \frac{p}{2\delta b} \sqrt{a^4 - x^2(a^2 - b^2)} \left[2 - \frac{a^4}{a^4 - x^2(a^2 - b^2)}\right] \quad (3-7)$$

椭圆形壳体上的应力分布如下。

在顶点 $(x = 0)$ 处：

$$\sigma_1 = \sigma_2 = \frac{pa}{2\delta}\left(\frac{a}{b}\right)$$

在边缘 $(x = a)$ 处：

$$\sigma_1 = \frac{pa}{2\delta}, \sigma_2 = \frac{pa}{2\delta}\left[2 - \left(\frac{a}{b}\right)^2\right]$$

对于化工常用的标准椭圆形封头，$a/b = 2$，故

$$\sigma_1 = \sigma_2 = \frac{pa}{\delta} \qquad\qquad (3-8)$$

在边缘处：

$$\sigma_1 = \frac{pa}{2\delta}, \sigma_2 = -\frac{pa}{\delta} \qquad\qquad (3-9)$$

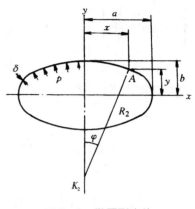

图 3-9　椭圆形壳体

在顶点处：

由式 (3-8) 和式 (3-9) 可知：在椭圆形壳体顶点处应力最大，经向应力与环向应力是相等的拉应力；椭圆形壳体顶点处的经向应力比边缘处的经向应力大 1 倍；椭圆形壳体顶点处的环向应力和边缘处的环向应力大小相等，但符号相反，前者为拉应力，后者为压应力；应力值连续变化，如图 3-10 所示。

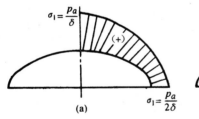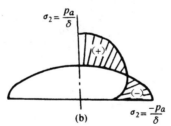

图 3-10　标准椭圆形壳体的应力分布
(a) 经向应力；(b) 环向应力

(二) 受液体静压的圆筒形壳体的

液体的压力垂直于壳壁，各点的压力随液体的深度而变，离液面越远，所受的液体静压越大。筒壁上任一点的压力 (不考虑气体压力) 为

$$p = \rho g h$$

式中：p 为液体对壳壁的压力，Pa；ρ 为液体密度，kg/m^3；g 为重力加速度，m/s^2；h 为离液面的深度，m。

根据式 (3-2)，得

$$\sigma_2 = \frac{\rho g h D}{2\delta} \qquad\qquad (3-10a)$$

对于底部支撑的圆筒 (图 3-11(a))，由于液体的重量由支撑传递给基础，圆筒壁不受液体的轴向力作

用,则 $\sigma_1 = 0$。

对于上部支撑的圆筒(图 3-11(b)),由于液体的重量使得圆筒壁受轴向力作用,在圆筒壁上产生的经向应力为

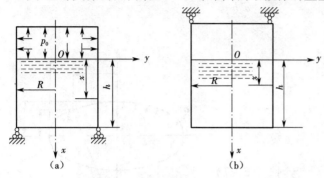

$$2\pi R\delta\sigma_1 = \pi R^2 h\rho g$$

$$\sigma_1 = \frac{\rho g h R}{2\delta} \qquad (3-10b)$$

图3-11　受液压的圆筒形容器
(a)底部支撑的圆筒;(b)上部支撑的圆筒

四、筒体强度计算

为了保证筒体强度,筒体内较大的环向应力不应高于材料的许用应力,即

$$\frac{p_C D}{2\delta} \leq [\sigma]^t \qquad (3-11)$$

式中:p_C 为容器计算压力,MPa。

在实际设计工作中,尚须考虑如下因素。

(一)焊接接头系数

容器筒体一般由钢板卷焊而成。由于焊接加热过程对焊缝金属组织产生不利影响,同时在焊缝处往往形成夹渣、气孔、未焊透等缺陷,导致焊缝及其附近区域的强度可能低于钢材本体的强度,因此式(3-11)中钢板的许用应力 $[\sigma]^t$ 应该用强度较低的焊缝许用应力代替。焊缝许用应力等于钢板的许用应力乘以焊接接头系数 $\varphi(\varphi \leq 1)$。于是式(3-11)可写成

$$\frac{p_C D}{2\delta} \leq [\sigma]^t \varphi$$

(二)容器内径

工艺设计中确定的是容器内径 D_i,在制造过程中测量的是圆筒的内径,而受力分析中的 D 指的却是筒体中面直径。用内径代替上式中的中面直径更为方便,于是有

$$\frac{p_C(D_i + \delta)}{2\delta} \leq [\sigma]^t \varphi$$

解出上式中的 δ,得到内压圆筒的壁厚计算式:

$$\delta = \frac{p_C D_i}{2[\sigma]^t \varphi - p_C}$$

(三)壁厚

考虑到钢板厚度的不均匀及介质对筒壁的腐蚀作用,在确定筒体所需厚度时,还应在圆筒计算壁厚 δ 的基础上增加壁厚附加量 C。

综合以上三个因素,内压圆筒壁厚的计算公式为

$$\delta_d = \frac{p_C D_i}{2[\sigma]^t \varphi - p_C} + C \text{ 或 } \delta_d = \frac{p_C D_o}{2[\sigma]^t \varphi + p_C} + C \qquad (3-12)$$

对于已有的圆筒,名义壁厚为 δ_n,则其最大许可承压的计算公式为

$$[p_w] = \frac{2[\sigma]^t \varphi(\delta_n - C)}{D_i + (\delta_n - C)} = \frac{2[\sigma]^t \varphi \delta_e}{D_i + \delta_e} \qquad (3-13)$$

上面两式中:δ_d 为圆筒设计壁厚,mm;δ_n 为圆筒名义壁厚,mm;δ_e 为圆筒有效壁厚,mm;p_C 为容器计算压力,MPa;D_i 为圆筒内径,mm;D_o 为圆筒外径,mm;$[\sigma]^t$ 为设计温度 t ℃下筒体材料的许用应力,MPa;φ 为焊接接头系数;C 为壁厚附加量,mm。

五、设计参数

壁厚设计中的各个参数,应按 GB 150—2011 中的有关规定取值。

(一)设计压力

设计压力是在相应的设计温度下用以确定壳壁厚度的压力,亦即标注在铭牌上的容器设计压力,其值稍高于最大工作压力。最大工作压力是指容器顶部在工作过程中可能产生的最高表压力。使用安全阀时,设计压力应不小于安全阀的开启压力,或取最大工作压力的 1.05 ~ 1.10 倍;使用爆破片做安全装置时,应根据爆破片的形式确定,一般取最大工作压力的 1.15 ~ 1.70 倍作为设计压力。

计算压力是在相应的设计温度下用以确定元件最危险截面厚度的压力,其中包括液柱静压力等附加载荷。在通常情况下,计算压力等于设计压力加上液柱静压力。当元件所承受的液柱静压力小于设计压力的 5% 时,可忽略不计。

设计压力的具体取值可参考表 3 - 8。

表 3 - 8　设计压力

情况	设计压力(p)取值
容器上装有安全阀时	取不小于安全阀的初始整定压力,通常可取 $p = (1.05 \sim 1.10)p_w$
单个容器未装安全泄放装置时	取等于或略高于最高工作压力
容器内有爆炸性介质,装有爆破片时	考虑介质特性、气体容积、爆炸前的瞬时压力、爆破片的破坏压力及排放面积等因素,通常可取 $p = (1.15 \sim 1.70)p_w$
装有液化气体的容器	根据容器的充装系数和可能达到的最高温度确定
外压容器	取不小于在正常操作情况下可能产生的内外最大压差
真空容器	当有安全阀控制时,取 1.25 倍的内外最大压差和 0.1 MPa 这二者中的较小者;当没有安全控制装置时,取 0.1 MPa
带夹套的容器	计算带夹套的容器时,应考虑在正常操作情况下可能产生的内外压差

此外,对某些容器有时还必须考虑重力、风力、地震力等载荷及温度的影响,这些载荷不能直接折算为设计压力而代入以上计算公式,必须分别计算。

(二)设计温度

设计温度的取值在设计公式中没有直接反映,但它与容器材料的选择和许用应力的确定直接相关。

设计温度指在容器正常工作过程中设定的元件的金属温度(沿元件金属截面的温度平均值)。设计温度不得低于元件金属在工作状态下可能达到的最高温度。对于 0 ℃ 以下的金属温度,设计温度不得高于元件金属可能达到的最低温度。金属器壁的温度可通过传热计算、在已使用的同类容器上测定或者根据容器的内部介质温度并结合外部条件确定。为了方便起见,对于不被加热或冷却的器壁,规定取介质的最高(或最低)温度作为设计温度。对于用蒸汽、热水或其他载热体加热或冷却的器壁,取加热介质(或冷却介质)的最高(或最低)温度作为设计温度。在工作过程中,当容器不同部位可能具有不同温度时,将预期的不同温度分别作为各相应部分的设计温度。

(三)许用应力

许用应力是以材料的各项强度数据为依据,合理选择安全系数 n 得出的。表 3 - 9 是钢材的安全系数推荐值。设计时应比较各种许用应力,取其中最低值。常用钢板与钢管的许用应力可从附录 1 ~ 附录 6 中直接查取。当设计温度低于 0 ℃ 时,取 20 ℃ 时的许用应力。以上许用应力的选取方法不适用于直接受火焰加热的容器、受辐射的容器及经常搬运的容器。

表3-9   钢材的安全系数推荐值

材料	许用应力/MPa（取下列各值中的最小值）
碳素钢、低合金钢	$\dfrac{R_m}{2.7}$，$\dfrac{R_{eL}}{1.5}$，$\dfrac{R_{eL}^t}{1.5}$，$\dfrac{R_D^t}{1.5}$，$\dfrac{R_n^t}{1.0}$
高合金钢	$\dfrac{R_m}{2.7}$，$\dfrac{R_{eL}(R_{p0.2})}{1.5}$，$\dfrac{R_{eL}^t(R_{p0.2}^t)}{1.5}$，$\dfrac{R_D^t}{1.5}$，$\dfrac{R_n^t}{1.0}$

(四)焊接接头系数

焊缝是容器和受压元件中比较薄弱的环节,虽然在确定焊接材料时,往往使焊缝金属的强度等于甚至超过母材金属的强度,但由于施焊过程中受到焊接热的影响,出现焊缝金属晶粒粗大以及气孔、未焊透等缺陷,还存在焊接残余应力,降低了焊缝及其附近区域的强度。因此,焊接接头系数是考虑到焊接对强度的削弱,用以降低设计许用应力的系数。

焊接接头系数 φ 应根据受压元件的焊接接头形式及无损检测的长度比例确定,见表3-10,其中无损检测的长度比例有全部和局部两种。

表3-10   焊接接头系数 φ

焊接接头形式	无损检测的长度比例	
	全部	局部
双面焊对接接头或相当于双面焊的对接接头	1.0	0.85
单面焊对接接头(沿焊缝根部全长有紧贴母体金属的垫板)	0.9	0.8

(五)壁厚附加量

壁厚附加量是指在满足强度要求而计算出的壁厚之外,考虑其他因素而额外增加的壁厚量,包括钢板或钢管厚度负偏差 C_1、腐蚀裕量 C_2,即

$$C = C_1 + C_2$$

钢板或钢管厚度负偏差 C_1 应按相应钢材标准的规定选取。按《热轧钢板和钢带的尺寸、外形、重量及允许偏差》(GB/T 709)的规定,热轧钢板厚度偏差可分为 N、A、B、C 四个类别,其中 N 类正偏差与负偏差相等;A 类按公称厚度规定负偏差;B 类固定负偏差为 0.3 mm;C 类固定负偏差为零,按公称厚度规定正偏差。普通单轧钢板厚度允许偏差应符合 N 类的规定。厚度负偏差不仅与钢板厚度有关,还随着钢板宽度的变化而有所不同。如同样是 10 mm 的热轧钢板,当钢板宽度为 1 500 ~ 2 500 mm 时,允许负偏差为 - 0.65 mm;当钢板宽度为 2 500 ~ 4 000 mm 时,允许负偏差为 - 0.80 mm;当钢板宽度大于 4 000 mm 时,允许负偏差达到 - 0.9 mm。同时,根据需方要求,也可以供应厚度偏差类别为 A、B、C 类的单轧钢板,《锅炉和压力容器用钢板》(GB 713)和《低温压力容器用钢板》(GB 3531)中列举的压力容器专用钢板的厚度负偏差按 GB/T 709 中的 B 类要求,即 Q245R、Q345R 和 16MnDR 等压力容器常用钢板的负偏差均为 - 0.3 mm。

腐蚀裕量 C_2 应根据各种钢材在不同介质(包括大气)中的腐蚀速度和容器设计寿命确定。关于设计寿命,塔器类、反应器类容器一般按 20 年考虑,换热器壳体、管箱及一般容器按 10 年考虑。当无特殊腐蚀时,对于碳钢和低合金钢,C_2 不小于 1 mm;对于不锈钢,当介质的腐蚀性极微时,可取 $C_2 = 0$。

当介质使容器材料产生氢脆、碱脆、应力腐蚀及晶间腐蚀等情况时,增加腐蚀裕量不是一种有效提高强度的方法,而应根据具体情况采取有效的防腐措施。

制造容器时,对于整体冲压成型的封头,由于其局部区域拉伸变形造成壁厚的减薄量或钢板热加工时引起壁厚的减薄量,由制造单位依据各自的加工工艺和加工能力自行选取,设计者在图纸上注明的壁厚不包括加工减薄量。

六、最小壁厚

对于设计压力较低的容器,根据式(3-12)计算出来的壁厚很小。如果大型容器的筒壁厚度过小,将导致刚度不足而极易引起过大的弹性变形,不能满足运输和安装的要求。因此,必须限定一个最小壁厚以满足刚度和稳定性要求。

壳体加工成型后的最小壁厚 δ_{min}(不包括腐蚀裕量)按下列条件确定:①对于碳素钢和低合金钢制容器,不小于 3 mm;②对于高合金钢制容器,不小于 2 mm。

七、耐压试验

按强度、刚度计算确定的容器壁厚,由于材料本身的缺陷,以及钢板弯卷、焊接、安装等制造加工过程中产生的各种缺陷,有可能导致容器不安全,如容器在规定的工作压力下发生过大的变形或焊缝有渗漏现象等,故必须进行耐压试验予以考核。对于内压容器,耐压试验的目的是在超设计压力下考察容器的整体强度、刚度和稳定性,检查焊接接头的致密性,验证密封结构的密封性能,消除或减小焊接残余应力、局部不连续区的峰值应力,同时对微裂纹产生闭合效应,钝化微裂纹尖端。对于外压容器,在外压作用下,容器中的缺陷受压应力的作用,不可能发生开裂,且外压临界失稳压力主要与容器的几何尺寸、制造精度有关,跟缺陷无关,一般不用外压试验来考核其稳定性,而以内压试验进行"试漏",检查焊接接头的致密性并验证密封结构的密封性能。耐压试验是在超设计压力下进行的,可分为液压试验、气压试验和气液组合试验。

耐压试验是容器在使用之前第一次承压,且是超压试验,因此容器有发生爆炸的可能性。由于在相同压力和容积下,试验介质的压缩系数越大,容器所储存的能量也越大,爆炸危险就越大,故应选用压缩系数小的流体作为试验介质。常温时,水的压缩系数比气体小得多,且来源丰富,因而是常用的试验介质。对于不适合做液压试验的容器,例如,生产时装入贵重催化剂且要求内部烘干的容器,或容器内衬有耐热混凝土而不易烘干的容器,或由于结构原因不易充满液体的容器以及容积很大的容器等,可用气压试验或者气液组合试验代替液压试验。

试验压力规定如下。

对内压容器进行液压试验时:

$$p_T = 1.25p \frac{[\sigma]}{[\sigma]^t} \tag{3-14}$$

式中:p_T 为试验压力,MPa;p 为设计压力,MPa;$[\sigma]$ 为压力试验温度下的材料许用应力,MPa;$[\sigma]^t$ 为设计温度下的材料许用应力,MPa。

对卧置立式容器进行液压试验时,试验压力应取立置试验压力加液柱静压力。

进行气压试验或气液组合试验时:

$$p_T = 1.1p \frac{[\sigma]}{[\sigma]^t} \tag{3-15}$$

进行压力试验时,由于容器承受的压力 p_T 高于设计压力 p,故必要时需进行强度校核。

进行液压试验时要求满足的强度条件是

$$\sigma_T = \frac{p_T(D_i + \delta_e)}{2\delta_e} \leqslant 0.9\varphi R_{eL} \tag{3-16}$$

式中:σ_T 为试验压力下的材料应力。

进行气压试验或气液组合试验时要求满足的强度条件是

$$\sigma_T = \frac{p_T(D_i + \delta_e)}{2\delta_e} \leqslant 0.8\varphi R_{eL} \tag{3-17}$$

进行液压试验时,液体温度不能过低(对于 Q345R、Q370R、07MnMoVR,不低于 5 ℃;对于其他碳钢和低合金钢,不低于15℃;对于低温容器,不低于壳体材料和焊接接头的冲击试验温度(取高者)加20 ℃),外壳应保持干燥。设备充满水后,待壁温大致相等时,缓慢升压至设计压力,确认无泄漏后继续升压至规定的试验压力,保压时间一般不短于30 min,然后将压力降低到设计压力,保持足够的时间,以检查有无损坏,有无宏观变形,有无泄漏及微量渗透。水压试验完成后及时排水,并用压缩空气或惰性气体将容器内表面吹干。

八、泄漏试验

泄漏试验的目的是考察焊接接头的致密性和密封结构的密封性能,检查的重点是可拆的密封装置和焊接接头等部位。泄漏试验应在耐压试验合格后进行。

不是每台压力容器在制造过程中都必须进行泄漏试验,但介质毒性程度为极度、高度危害或设计上不允许有微量泄漏(如真空度要求较高)的压力容器必须进行泄漏试验。

根据试验介质的不同,泄漏试验可分为气密性试验、氨检漏试验、卤素检漏试验和氦检漏试验等。

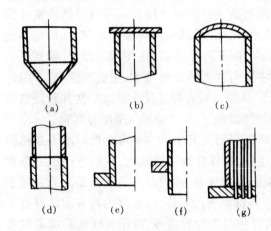

图3-12 边缘结构示意
(a)圆筒与圆锥连接边缘;(b)平板盖与圆筒连接边缘;
(c)凸形封头与圆筒连接边缘;(d)不等厚度筒体连接边缘;
(e)筒体与法兰连接边缘;(f)筒体与加强圈连接边缘;
(g)筒体与管板连接边缘

九、边缘应力

采用无力矩理论对内压容器进行受力分析时,忽略了剪力与弯矩的影响,这样的简化可以满足工程设计精度的要求。但对图3-12所示的一些情况,就必须考虑弯矩的影响。图中(a)~(c)是筒体与封头的连接(连接处经线突然折断);结构(d)是两段厚度不等的筒体相连接;结构(e)~(g)是筒体上装有法兰、加强圈、管板等刚度很大的构件。另外,壳体上相邻两段材料的性能不同,或所受的温度或压力不同,都会导致连接的两部分变形量不同,又因为相互约束,从而产生较大的剪力与弯矩。

以筒体与封头的连接为例,若平板盖具有足够的刚度,则受内压作用时变形很小,而壳壁较薄,变形量较大,二者连接在一起,在连接处(即边缘部分)筒体的变形受到平板盖的约束,因此产生了附加的局部应力(即边缘应力)。边缘应力的数值很大,有时能导致容器失效,设计时应予以重视。

理论与试验已证明,连接边缘处的边缘应力具有以下两个基本特性。

(1)局限性。不同性质的连接边缘产生不同的边缘应力,但它们大多数都有明显的衰减波特性,随着与边缘的距离增大,边缘应力迅速衰减。

(2)自限性。边缘应力是由于两连接件的弹性变形不一致、相互制约而产生的,一旦材料发生塑性变形,弹性变形的约束就会缓解,边缘应力自动受到限制,这就是边缘应力的自限性。因此,若用塑性好的材料制造筒体,可减小容器发生破坏的危险性。

正是由于边缘应力的局部性与自限性,设计中一般不按局部应力来确定壁厚,而是在结构上做局部处理。但对于脆性材料,必须考虑边缘应力的影响。

例3-1 有一个外径为219 mm的氧气瓶,最小壁厚为6.5 mm,材料为40Mn2A,工作压力为15 MPa,试求氧气瓶壁的应力。

解:中径 $D = D_o - \delta = 219 - 6.5 = 212.5$ mm,则

经向应力 $\qquad\qquad\qquad\qquad\qquad \sigma_1 = \dfrac{pD}{4\delta} = \dfrac{15 \times 212.5}{4 \times 6.5} = 122.6$ MPa

环向应力 $\qquad\qquad\qquad\qquad\qquad \sigma_2 = \dfrac{pD}{2\delta} = \dfrac{15 \times 212.5}{2 \times 6.5} = 245.2$ MPa

例 3-2　某化工厂欲设计一台石油气分离工程中的乙烯精馏塔。工艺要求为:塔体内径 $D_i = 600$ mm,设计压力 $p = 2.2$ MPa,工作温度 $t = -20 \sim -3$ ℃。试选择塔体材料并确定塔体壁厚。

解:由于石油气对钢材的腐蚀不大,温度在 -20 ℃以上,承受一定的压力,故选用 Q345R。

根据式(3-12):
$$\delta_d = \frac{p_C D_i}{2[\sigma]^t \varphi - p_C} + C$$

式中:$p_C = 2.2$ MPa;$D_i = 600$ mm;$[\sigma]^t = 189$ MPa(见附录 1);$\varphi = 0.8$(采用单面焊对接接头局部无损检测);$C_1 = 0.3$ mm;$C_2 = 1.0$ mm。

代入上式,得
$$\delta_d = \frac{2.2 \times 600}{2 \times 189 \times 0.8 - 2.2} + 0.3 + 1.0 = 5.7 \text{ mm}$$

圆整后,取 $\delta_n = 6$ mm。

因为 Q345R 的屈服极限 $R_{eL} = 345$ MPa(见附录 1),所以
$$0.9 \varphi R_{eL} = 0.9 \times 0.8 \times 345 = 248 \text{ MPa}$$
$$\sigma_T = \frac{p_T (D_i + \delta_e)}{2 \delta_e}$$
$$p_T = 1.25p = 1.25 \times 2.2 = 2.75 \text{ MPa}$$

取
$$p_T = 2.8 \text{ MPa}$$
$$\delta_e = \delta_n - C = 6 - (0.3 + 1.0) = 4.7 \text{ mm}$$

代入得
$$\sigma_T = \frac{2.8 \times (600 + 4.7)}{2 \times 4.7} = 180 \text{ MPa}$$
$$\sigma_T < 0.9 \varphi R_{eL}$$

故进行液压试验时满足强度要求。

第三节　外压圆筒设计

一、外压容器失稳

外压容器是指外部压力大于内部压力的容器。在石油、化工生产中,外压容器有很多,例如石油分馏中的减压蒸馏塔、多效蒸发中的真空冷凝器、带有蒸汽加热夹套的反应釜以及真空干燥、真空结晶设备等。

当容器承受外压时,与受内压作用一样,也将在筒壁上产生经向和环向应力,环向应力值仍为 $\sigma_2 = pD/2\delta$,但不是拉应力而是压应力。如果压应力超过材料的屈服极限或强度极限,和内压容器一样,外压容器也将发生强度破坏。然而,这种情况极少发生,往往是容器的强度足够却突然失去原有的形状,如筒壁被压瘪或发生褶皱,筒壁的圆环截面一瞬间变成了曲波形。这种在外压作用下筒体突然失去原有形状的现象称为弹性失稳。弹性失稳将使容器不能维持正常操作,造成容器失效。

外压圆筒在失稳以前,筒壁内只有单纯的压应力,在失稳时,由于突然变形,在筒壁内产生了以弯曲应力为主的附加应力,而且这种变形和附加应力迅速发展,直到筒体被压瘪或发生褶皱为止。所以,外压容器失稳实际上是容器筒壁内的应力状态由单纯的压应力平衡跃变为以弯曲应力为主的新平衡。

二、容器失稳形式

容器失稳主要分为整体失稳和局部失稳。整体失稳又分为侧向失稳和轴向失稳。

(一)侧向失稳

容器由均匀侧向外压引起的失稳称为侧向失稳。以外压圆筒为例,侧向失稳时筒体横断面由原来的圆

形被压瘪而呈现波形,其波形数可以是2个、3个、4个或者更多,如图3-13所示。

(二)轴向失稳

如果一个薄壁圆筒承受轴向外压,当载荷达到某一数值时,它将丧失稳定性,这种失稳称为轴向失稳。轴向失稳时,它仍然具有圆形的环截面,但是母线的直线性遭到破坏,母线产生了波形,即圆筒发生了褶皱,如图3-14所示。

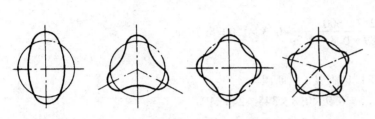

图3-13 外压圆筒侧向失稳后的形状

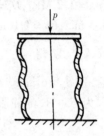

图3-14 轴向失稳

(三)局部失稳

容器在支座或其他支撑处以及在安装运输过程中由过大的局部外压引起的失稳称为局部失稳。

三、临界压力计算

导致筒体失稳的外压称为该筒体的临界压力,以 p_{cr} 表示。在临界压力作用下,筒壁内的环向压缩应力称为临界应力,以 σ_{cr} 表示。当容器所受外压力低于 p_{cr} 时,产生的变形在压力卸除后能恢复其原来的形状,也即容器发生了弹性变形。当容器所受外压力高于 p_{cr} 时,产生的曲波形将不可能恢复。

容器在超过临界压力的载荷的作用下失稳是它固有的性质,不是圆筒不圆、材料不均或者其他原因所致。每一个具体的外压圆筒结构,客观上都对应着一个固有的临界压力。临界压力的大小与筒体几何尺寸、材质及结构有关。

工程上,根据失稳破坏的情况将承受外压的圆筒分为长圆筒、短圆筒和刚性筒三类。

(一)长圆筒

当筒体足够长时,两端刚性较强的封头对筒体中部的变形不能起到有效支撑作用,这类圆筒最容易失稳被压瘪,出现波形数 $n=2$ 的扁圆形,这种圆筒称为长圆筒。长圆筒的临界压力仅与圆筒的相对厚度 δ_e/D_o 有关,而与圆筒的相对长度 L/D_o 无关。长圆筒的临界压力计算公式为

$$p_{cr} = \frac{2E^t}{1-\nu^2}\left(\frac{\delta_e}{D_o}\right)^3 \tag{3-18}$$

式中:p_{cr} 为临界压力,MPa;δ_e 为筒体的有效壁厚,mm;D_o 为筒体的外直径,mm;E^t 为操作温度下圆筒材料的弹性模量,MPa;ν 为材料的泊松比。

对于钢制圆筒,$\nu=0.3$,则式(3-18)可写为

$$p_{cr} = 2.2E^t\left(\frac{\delta_e}{D_o}\right)^3$$

(二)短圆筒

若圆筒两端的封头对筒体变形有约束作用,则圆筒失稳破坏的波形数 $n>2$,出现三波、四波等的曲形波,这种圆筒称为短圆筒。

短圆筒的临界压力与圆筒的相对厚度 δ_e/D_o 有关,同时也随圆筒的相对长度 L/D_o 而变化。L/D_o 越大,封头的约束作用越小,临界压力越低。短圆筒的临界压力计算公式为

$$p_{cr} = 2.59E^t\frac{(\delta_e/D_o)^{2.5}}{L/D_o} \tag{3-19}$$

式中:L 为筒体的计算长度(图 3 -15),指两个相邻加强圈的间距,对与封头相连接的那段筒体而言,应计入凸形封头 1/3 的凸面高度。其他符号意义同前。

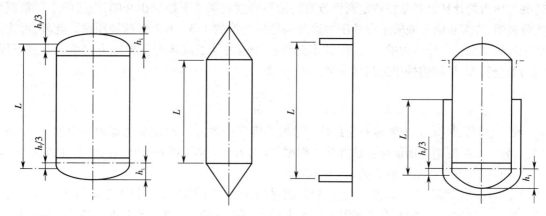

图 3 - 15　外压圆筒的计算长度

(三)刚性筒

若筒体较短,筒壁较厚,即 L/D_o 较小,δ_e/D_o 较大,容器的刚性好,不会因失稳而破坏,这种圆筒称为刚性筒。刚性筒面临的问题是强度破坏,计算时只要满足强度要求即可,其强度校核公式与内压圆筒相同。

四、临界长度

实际的外压圆筒是长圆筒还是短圆筒,可根据临界长度 L_{cr} 来判别。

当圆筒处于临界长度 L_{cr} 时,用长圆筒公式计算所得的临界压力 p_{cr} 值与利用短圆筒公式计算的临界压力 p_{cr} 值应相等。由此得到长、短圆筒的临界长度 L_{cr} 值,即

$$2.2E^t\left(\frac{\delta_e}{D_o}\right)^3 = 2.59E^t\frac{(\delta_e/D_o)^{2.5}}{L/D_o}$$

$$L_{cr} = 1.17D_o\sqrt{\frac{D_o}{\delta_e}} \qquad\qquad (3-20)$$

当圆筒的计算长度 $L \geqslant L_{cr}$ 时,外压圆筒为长圆筒,p_{cr} 按长圆筒的临界压力计算公式计算;当圆筒的计算长度 $L < L_{cr}$ 时,p_{cr} 按短圆筒的临界压力计算公式计算。

长圆筒与短圆筒的临界压力计算公式都是在假定圆筒截面是规则的圆形及材料均匀的情况下得到的。实际使用的筒体都存在一定的不圆度,不可能是绝对圆的,所以实际筒体的临界压力将低于由公式计算出来的理论值。事实上,无论筒体的形状多么精确,材料多么均匀,当外压力达到一定数值时,筒体都会失稳。只不过筒体的不圆度与材料的不均匀性会使临界压力的数值降低,使失稳提前发生。

因此,使用上述公式时必须限制筒体圆度偏差

$$e = \frac{D_{max} - D_{min}}{D_n}$$

式中:D_{max} 为圆筒横截面的最大内直径,mm;D_{min} 为圆筒横截面的最小内直径,mm;D_n 为圆筒公称直径,mm。

当外压容器组焊完成后,要控制圆度的最大偏差,可参见 GB 150.4 的相关规定。

五、外压圆筒的设计

外压圆筒计算常遇到两类问题:一是已知圆筒的尺寸,求它的许用外压 $[p]$;二是已给定工作外压,确定所需壁厚 δ_e。

(一)解析算法

1.计算许用外压$[p]$

上述临界压力的计算公式是在假定圆筒没有初始不圆度的条件下推导出来的,而实际上圆筒圆度存在偏差。实践表明,许多长圆筒或管子在外压力达到临界压力值的$1/3 \sim 1/2$时就被压瘪。此外,考虑到容器有可能处于外压力大于设计压力的工况,因此不允许在外压力等于或接近临界压力的情况下进行操作,必须有一定的安全裕度,使许用外压为临界压力的$1/m$,即

$$[p] = \frac{p_{cr}}{m}$$

式中:$[p]$为许用外压,MPa;m为稳定安全系数。选取稳定安全系数m时主要考虑两个因素:一个是计算公式的可靠性;另一个是制造上所能保证的圆度。根据《压力容器》(GB 150—2011)的规定,圆筒的$m=3$。圆度偏差e与δ_e/D_o、L/D_o有关,一般应满足$e \le 0.5\%$。

对于承受外压的容器及真空容器,沿壳体径向测量的最大正负偏差e不得大于由图3-16查得的最大允许偏差。当D_o/δ_e与L/D_o的交点位于图3-16中任意两条曲线之间时,最大正负偏差e由内插法确定;当D_o/δ_e与L/D_o的交点位于图3-16中$e=\delta_e$曲线的上方或$e=0.2\delta_e$曲线的下方时,最大正负偏差e不得大于δ_e或$0.2\delta_e$。

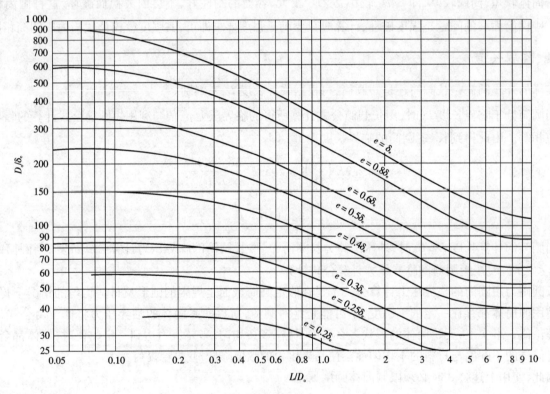

图3-16 外压圆筒的最大允许偏差

2.设计外压容器

设计外压容器时,应使该容器的临界压力p_{cr}大于或等于许用外压$[p]$的m倍,即稳定条件为

$$p_{cr} \ge m[p]$$

由于p_{cr}和$[p]$都与筒体的几何尺寸(δ_e、D_o、L)有关,故必须采用试算的方法先假定一个δ_e,求出相应的$[p]$,然后比较$[p]$是否大于或接近设计压力p,以判断假设是否合理。

(二)图算法

假设圆筒仅受径向均匀外压而不受轴向外压,与圆环一样处于单向(周向)应力状态,在临界压力作用

下将产生周向应力：

$$\sigma_{cr} = \frac{p_{cr}D_o}{2\delta_e}$$

为避开材料的弹性模量 E（因其在塑性状态时为变量），采用应变表征失稳时的特征，长圆筒和短圆筒失稳时的周向应变（可以按单向应力时的胡克定律）可表示为

$$\varepsilon_{cr} = \frac{\sigma_{cr}}{E} = \frac{p_{cr}D_o}{2E\delta_e}$$

这样失稳时周向应变仅与筒体结构特征参数有关，因而可以用下面的函数式来表示：

$$\varepsilon_{cr} = f(L/D_o, D_o/\delta_e)$$

图 3-17 表示外压圆筒失稳时环向应变系数 A 与圆筒几何尺寸 L/D_o、D_o/δ_e 的关系。图的上部为垂直线族，这是长圆筒的情况，表明失稳时应变与圆筒的相对长度 L/D_o 无关；图的下部是倾斜线族，属于短圆筒的情况，表明失稳时应变与 L/D_o、D_o/δ_e 都有关。图中垂直线与倾斜线交点处所对应的 L/D_o 是临界长度与外径的比。此图与材料的弹性模量 E 无关，因此对各种材料的外压圆筒都适用。

图 3-18～图 3-23 为不同材料的外压应力系数 B 曲线图，系数

$$B = \frac{2}{3}E\varepsilon = \frac{2}{3}\sigma$$

而 $A = \varepsilon$，故 A 与 B 的关系就是 ε 与 $\frac{2}{3}\sigma$ 的关系，可以用材料拉伸曲线在纵坐标上按 2/3 取值得到。由于同类钢材的 E 值大致相同，而不同类别的钢材的 E 值差别较大。因此，将屈服极限相近的钢种的 $A-B$ 关系曲线画在同一张图上（即数种钢材合用一张图）。

由于材料的 E 值及拉伸曲线随温度不同而不同，所以每张图中都有一组与温度对应的曲线，表示该材料在不同温度下的 $A-B$ 关系，称为材料的温度线。每一条 $A-B$ 曲线的形状都与对应温度的 $\sigma-\varepsilon$ 曲线相似，其直线部分表示应力 σ 与应变 ε 成正比，材料处于弹性阶段。这时，E 值可从手册中查出，B 值可通过 $B=(2/3)EA$ 算出，故无须将此直线部分全部画出。图中画出了接近屈服的弹性直线段，而将其余直线部分截去了。

（三）工程设计方法

在工程设计中，根据 D_o/δ_e 值的大小，将外压圆筒划分为厚壁圆筒和薄壁圆筒。薄壁圆筒的外压计算仅考虑失稳问题，而厚壁圆筒则要同时考虑失稳和强度失效。关于厚壁圆筒和薄壁圆筒，GB 150.3 以 $D_o/\delta_e = 20$ 作为界限进行划分，即 $D_o/\delta_e < 20$ 时为厚壁圆筒，$D_o/\delta_e \geq 20$ 时为薄壁圆筒。

1. $D_o/\delta_e \geq 20$ 的外压圆筒及外压管

（1）假设一个 δ_n 值，由 $\delta_e = \delta_n - C$ 计算出 δ_e 值，定出 L/D_o、D_o/δ_e 值。

（2）在图 3-17 中的纵坐标轴上找到 L/D_o 值所在点，由此点向右引水平线与 D_o/δ_e 线相交（遇中间值，则用内插法）。若 $L/D_o > 50$，则用 $L/D_o = 50$ 查图；若 $L/D_o < 0.050$，则用 $L/D_o = 0.050$ 查图。

（3）由此交点向下引垂线，与图中的横坐标轴相交，得到系数 A。

（4）根据所用材料，从图 3-18～图 3-23 中选出适用的图（其他材料的外压应力系数 B 曲线图可见 GB 150.3），在该图下方的横坐标轴上找到 A 值所在点。若 A 值所在点落在设计温度下外压应力系数 B 曲线的下方，则由此点向上引垂线与设计温度下外压应力系数 B 曲线相交（遇中间温度值用内插法），再通过此交点向右引水平线与纵坐标轴相交，即可从纵坐标轴上读出 B 值。若 A 值超出设计温度下外压应力系数 B 曲线的最大值，则取对应温度下外压应力系数 B 曲线右端的纵坐标值为 B 值；若 A 值小于设计温度下外压应力系数 B 曲线的最小值，则按下式计算 B 值：

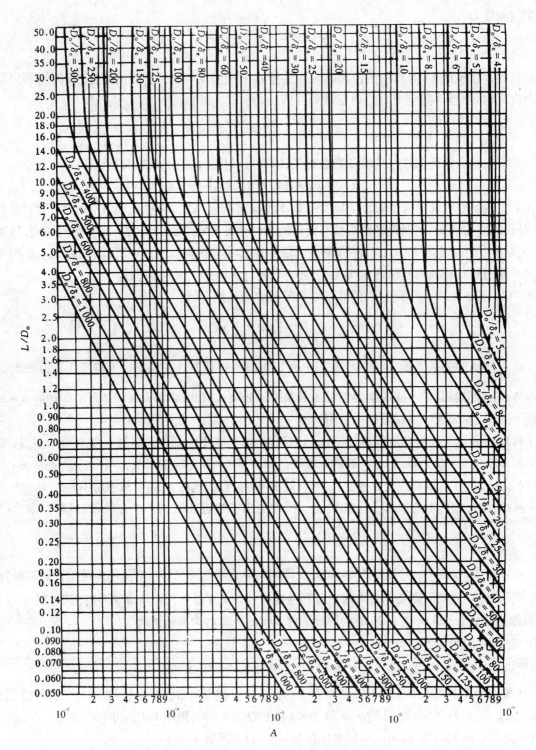

图 3 - 17 外压应变系数 A 曲线

$$B = \frac{2AE^t}{3} \tag{3-21}$$

(5)根据 B 值,按下式计算许用外压:

$$[p] = \frac{B}{D_o/\delta_e} \tag{3-22}$$

（6）比较许用外压$[p]$与设计外压p。若$p \leqslant [p]$，假设的壁厚δ_n可用，若小得过多，可将δ_n适当减小，重复上述计算；若$p > [p]$，需增大初设的δ_n，重复上述计算，直至$[p] > p$且接近p为止。

2. $D_o/\delta_e < 20$ 的外压圆筒及外压管

（1）用与$D_o/\delta_e \geqslant 20$时相同的方法得到系数$B$，但对$D_o/\delta_e < 4$的圆筒及管子应按下式计算系数$A$值：

$$A = \frac{1.1}{(D_o/\delta_e)^2} \tag{3-23}$$

当系数$A > 0.1$时，取$A = 0.1$。

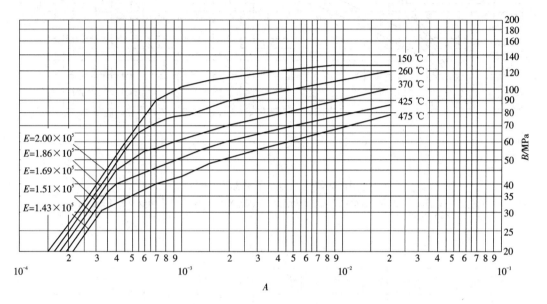

图 3 - 18　外压应力系数 B 曲线

（注：用于屈服强度 $R_{eL} < 207$ MPa 的碳素钢和 S11348 钢等）

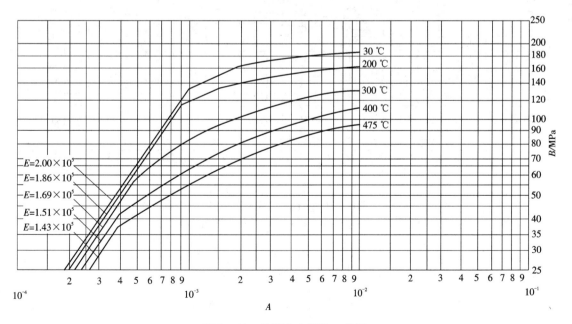

图 3 - 19　外压应力系数 B 曲线

（注：用于 Q345R 钢）

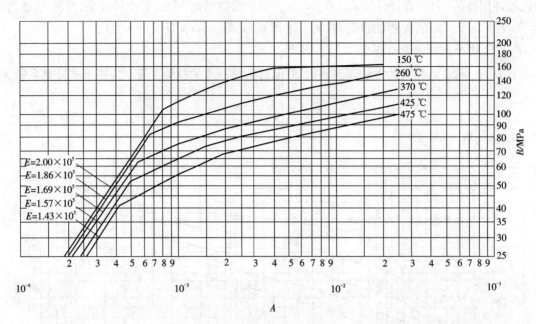

图 3-20   外压应力系数 B 曲线

(注:用于除图 3-19 注明的材料外,屈服强度 $R_{eL} > 207$ MPa 的碳钢、低合金钢和 S11306 钢等)

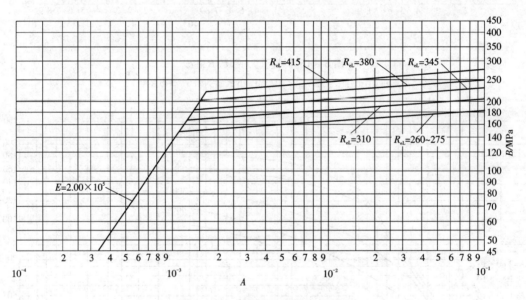

图 3-21   外压应力系数 B 曲线

(注:用于除图 3-19 注明的材料外,屈服强度 $R_{eL} > 260$ MPa 的碳钢、低合金钢等)

(2)计算 $[p]_1$ 和 $[p]_2$,取 $[p]_1$ 和 $[p]_2$ 中的较小值作为许用外压 $[p]$:

$$[p]_1 = \left(\frac{2.25}{D_o/\delta_e} - 0.0625 \right) B \quad \text{MPa}$$

$$[p]_2 = \frac{2\sigma_0}{D_o/\delta_e} \left(1 - \frac{1}{D_o/\delta_e} \right) \quad \text{MPa}$$

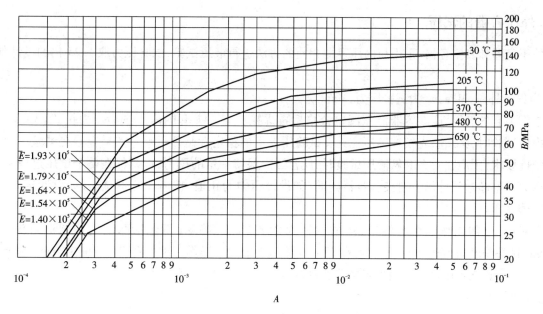

图 3-22　外压应力系数 B 曲线

（注：用于 S30408 钢等）

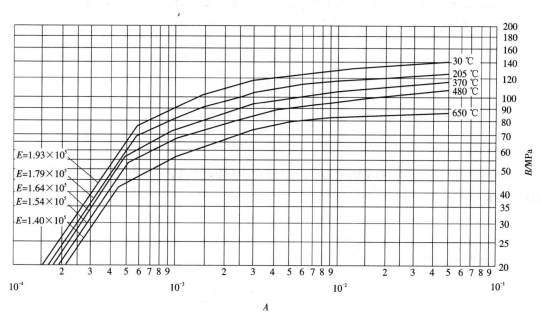

图 3-23　外压应力系数 B 曲线

（注：用于 S31608 钢等）

式中 σ_0 取下面两式中的较小值：

$$\sigma_0 = 2[\sigma]^t$$

$$\sigma_0 = 0.9R_{eL} \text{ 或 } 0.9R_{eL(0.2)}^t$$

（3）$[p]$ 应大于或等于 p，否则必须重新假设 δ_n，重复上述计算，直至 $[p] > p$ 且接近 p 为止。

六、外压容器的试压

对外压容器和真空容器,采用与内压容器相同的方法进行液压试验,试验压力取 1.25 倍的设计外压,即

$$p_T = 1.25p \qquad (3-24)$$

式中:p 为设计外压,MPa;p_T 为试验压力,MPa。

对于带夹套的容器,应在容器液压试验合格后再焊接夹套。夹套的内压试验压力按式(3-14)确定。做夹套内压试验时,必须事先校核容器在夹套试验压力下的稳定性是否足够。如果容器在试验压力下不能满足稳定性要求,则应在对夹套做液压试验时,使容器内保持一定的压力,以确保在整个试压过程中夹套与筒体的压力差不超过设计值。对夹套容器内筒,如设计压力为正值,按内压容器试压;如设计压力为负值,按外压容器试压。

例 3-3 今需制作一台分馏塔,塔的内径为 2 000 mm,塔身(不包括两端的椭圆形封头)长度为 6 000 mm,封头深度为 500 mm。分馏塔在 370 ℃ 及真空条件下操作。现库存有 9 mm、12 mm、14 mm 厚的 Q245R 钢板。问:能否用这三种钢板来制造这台设备?

解:塔的长度

$$L = 6\,000 + 2 \times \frac{1}{3} \times 500 = 6\,333 \text{ mm}$$

厚度为 9 mm、12 mm、14 mm 的钢板的厚度负偏差均为 0.3 mm,钢板的腐蚀裕量取 1 mm。于是不包括壁厚附加量的塔体钢板的有效厚度分别为 7.7 mm、10.7 mm 和 12.7 mm。

当 $\delta_n = 9$ mm 时:

$$D_o = 2\,000 + 2 \times 9 = 2\,018 \text{ mm}$$

$$L/D_o = \frac{6\,333}{2\,018} = 3.14$$

$$\frac{D_o}{\delta_e} = \frac{2\,018}{7.7} = 262.08$$

查图 3-17,得 $A = 9.0 \times 10^{-5}$。Q245R 钢板的 $R_{eL} = 245$ MPa(查附录1)。查图 3-20,A 值所在点超出材料曲线的最小值,故

$$B = \frac{2}{3}EA$$

370 ℃ 时 Q245R 钢板的 $E = 1.69 \times 10^5$ MPa,于是

$$[p] = B\frac{\delta_e}{D_o} = \frac{2}{3} \times 1.69 \times 10^5 \times 9.0 \times 10^{-5} \times \frac{1}{262.08} = 0.039 \text{ MPa}$$

$[p] < 0.1$ MPa,所以 9 mm 厚的钢板不能用。

当 $\delta_n = 12$ mm 时:

$$D_o = 2\,000 + 2 \times 12 = 2\,024 \text{ mm}$$

$$L/D_o = \frac{6\,333}{2\,024} = 3.13$$

$$\frac{D_o}{\delta_e} = \frac{2\,024}{10.7} = 189.16$$

查图 3-17,得 $A = 1.6 \times 10^{-4}$。查图 3-20,A 值所在点仍超出材料曲线的最小值,故

$$[p] = \frac{2}{3} \times 1.69 \times 10^5 \times 1.6 \times 10^{-4} \times \frac{1}{189.16} = 0.095 \text{ MPa}$$

$[p] < 0.1$ MPa，所以 12 mm 厚的钢板不能用。

当 $\delta_n = 14$ mm 时：

$$D_o = 2\ 000 + 2 \times 14 = 2\ 028\ \text{mm}$$

$$L/D_o = \frac{6\ 333}{2\ 028} = 3.12$$

$$\frac{D_o}{\delta_e} = \frac{2\ 028}{12.7} = 159.69$$

查图 3 – 17，得 $A = 2.2 \times 10^{-4}$。查图 3 – 20，A 值所在点仍超出材料曲线的最小值，故

$$[p] = \frac{2}{3} \times 1.69 \times 10^5 \times 2.2 \times 10^{-4} \times \frac{1}{159.69} = 0.16\ \text{MPa}$$

$[p] > 0.1$ MPa，所以可采用 14 mm 厚的 Q245R 钢板制造。

七、加强圈

例 3 – 3 说明，一个内径为 2 000 mm、全长（包括两端的封头）为 7 000 mm 的分馏塔，要保证它在 0.1 MPa 的外压下安全操作，必须采用 14 mm 厚的钢板制造。较薄的钢板满足不了承受 0.1 MPa 的外压的要求，这是否说明较薄的钢板不能用来制造承受较高压力的外压容器呢？工程实际并非如此，常见做法是在筒体上装上一定数量的加强圈，将长圆筒转化为短圆筒，利用加强圈对筒壁的支撑作用提高圆筒的临界压力，从而提高其工作外压。扁钢、角钢、工字钢等都可用以制作加强圈，见图 3 – 24。

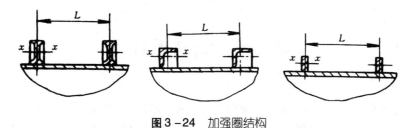

图 3 – 24　加强圈结构

在设计外压圆筒时，如果加强圈的间距已选定，则可按上述图算法确定筒体的壁厚；如果筒体的 D_o/δ_e 已确定，为了保证筒体能够承受设计的外压，可以用下式算出加强圈的最大间距：

$$L = \frac{2.59ED_o\left(\dfrac{\delta_e}{D_o}\right)^{2.5}}{mp} \tag{3-25}$$

加强圈的实际间距如小于或等于用式（3 – 25）算出的间距，则表明该圆筒能安全承受设计压力。

为保证强度，加强圈不能任意削弱或割断。对于设置在筒体外部的加强圈，这是比较容易做到的，但是设置在内壁的加强圈有时就不能满足这一要求，如水平容器中的加强圈，必须开排液小孔。允许割断或削弱加强圈而不需补强的最大弧长间断值由图 3 – 25 查出。

加强圈可设置在容器的内部或外部。加强圈与筒体之间可采用连续的或间断的焊接连接。当加强圈设置在容器外面时，加强圈每侧间断焊接的总长度不应小于圆筒外圆周长的 1/2；当设置在容器里面时，焊缝总长度不应小于内圆周长的 1/3。对于外加强圈，间断焊接的最大间距不能大于筒体名义壁厚的 8 倍；对内加强圈，间断焊接的最大间距不能大于筒体名义壁厚的 12 倍。

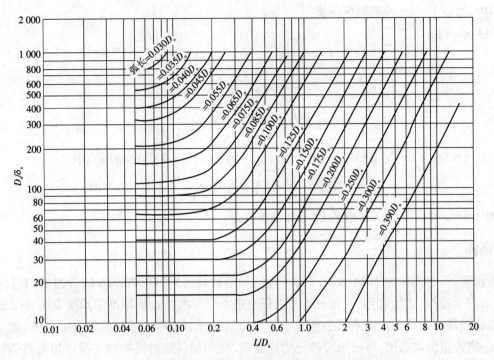

图 3-25 圆筒上加强圈允许的间断弧长值

第四节 封头设计

封头又称端盖,其按形状可分为凸形封头、锥形封头(包括斜锥)和平板封头三类,其中凸形封头包括半球形封头、椭圆形封头、碟形封头和球冠形封头,见图3-26;锥形封头分为无折边与折边两种;平板封头根据它与筒体的连接方式不同也有多种结构。

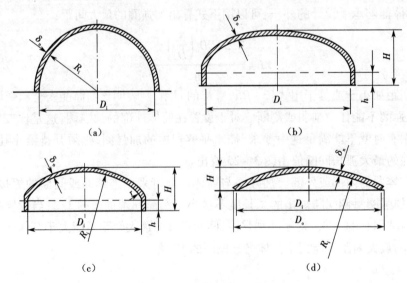

图 3-26 封头的结构形式
(a)半球形;(b)椭圆形;(c)碟形;(d)球冠形

一、半球形封头

半球形封头是由半个球壳构成的,见图 3 - 26(a)。

(一)受内压的半球形封头

受内压的半球形封头的壁厚计算公式与球壳相同,即

$$\delta = \frac{p_C D_i}{4[\sigma]^t \varphi - p_C} \tag{3-26}$$

所以,半球形封头的壁厚可较具有相同直径、承受相同压力的圆筒壳约减小 1/2。但在实际工作中,为了方便焊接以及降低边界处的边缘压力,半球形封头常取和筒体相同的厚度。半球形封头多用于压力较高的贮罐。

(二)受外压的半球形封头

受外压的半球形封头的厚度设计计算步骤如下。

(1)假设一个 δ_n 值,由 $\delta_e = \delta_n - C$ 算出 δ_e,接着算出 R_o/δ_e。

(2)根据下式计算外压应变系数:

$$A = \frac{0.125}{R_o/\delta_e}$$

(3)根据所用材料,从图 3 - 18 ~ 图 3 - 23 中选出一张适用的图,在该图下方找到 A 值所在点。若 A 值所在点落在该设计温度下材料曲线的右方,则由此点向上引垂线与设计温度下的材料曲线相交(遇中间温度值用内插法),再通过此交点向右引水平线,即可由右边读出 B 值。若 A 值超出设计温度下曲线的最大值,则取对应温度下曲线右端的纵坐标值为 B 值;若 A 值小于设计温度下曲线的最小值,则按式(3-21)计算 B 值。

(4)按下式计算许用外压力:

$$[p] = \frac{B}{R_o/\delta_e} \tag{3-27}$$

(5)比较许用外压 $[p]$ 与设计外压 p。若 $p \leqslant [p]$,假设的壁厚 δ_n 可用,若小得过多,可将 δ_n 适当减小,重复上述计算;若 $p > [p]$,需增大初设的 δ_n,重复上述计算,直至 $[p] > p$ 且接近 p 为止。

二、椭圆形封头

椭圆形封头由半椭球和高度为 h 的短圆筒(通称直边)两部分构成,见图 3 - 26(b)。直边的作用是保证封头的制造质量和避免筒体与封头间的环向焊缝受边缘应力作用。

由本章第二节可知,虽然椭圆形封头上各点的曲率半径不一样,但变化是连续的,因此受内压时薄壳内的应力分布不会发生突变。

(一)受内压的椭圆形封头

受内压的椭圆形封头的计算厚度按下式确定:

$$\delta = \frac{K p_C D_i}{2[\sigma]^t \varphi - 0.5 p_C} \tag{3-28}$$

其中

$$K = \frac{1}{6}\left[2 + \left(\frac{D_i}{2h_i}\right)^2\right] \tag{3-29}$$

式中:K 为椭圆形封头的形状系数,其值列于表 3 - 11 中;h_i 为椭圆形封头的短轴尺寸,mm。

表 3 – 11　椭圆形封头的形状系数 K 值

$\dfrac{D_i}{2h_i}$	2.6	2.5	2.4	2.3	2.2	2.1	2.0	1.9	1.8
K	1.46	1.37	1.29	1.21	1.14	1.07	1.00	0.93	0.87
$\dfrac{D_i}{2h_i}$	1.7	1.6	1.5	1.4	1.3	1.2	1.1	1.0	
K	0.81	0.76	0.71	0.66	0.61	0.57	0.53	0.50	

长短轴之比为 2 的椭圆形封头为标准椭圆形封头,此时 $K=1$。它的壁厚计算公式为

$$\delta = \frac{p_C D_i}{2[\sigma]^t \varphi - 0.5 p_C} + C \tag{3-30}$$

当封头由整块钢板冲压而成时,φ 值取 1。比较式(3 – 30)与筒体设计壁厚计算公式(3 – 12),如果忽略分母上的微小差异,两个公式完全一样,因此大多数椭圆形封头的壁厚取值与筒体相同或比筒体稍大。另外,由于承受内压的标准椭圆形封头在过渡转角区存在着较大的周向压应力,虽然满足强度要求,但仍有可能产生周向皱褶而导致局部屈曲失效,所以在设计椭圆形封头时,还应保证封头的有效壁厚 δ_e 满足下列条件:$D_i/2h_i \leqslant 2$ 的椭圆形封头的有效厚度应不小于封头内直径的 0.15%,$D_i/2h_i > 2$ 的椭圆形封头的有效厚度应不小于封头内直径的 0.30%。如果确定封头厚度时已考虑内压下的弹性失稳问题,可不受此限制。

椭圆形封头的最大允许工作压力按下式计算:

$$[p_w] = \frac{2[\sigma]^t \varphi \delta_e}{K D_i + 0.5 \delta_e} \tag{3-31}$$

标准椭圆形封头的直边高度 h 由表 3 – 12 确定。

表 3 – 12　标准椭圆形封头的直边高度 h　　　　　　　　(mm)

封头材料	碳素钢、普低钢、复合钢			不锈钢、耐酸钢		
封头壁厚	4 ~ 8	10 ~ 18	≥20	3 ~ 9	10 ~ 18	≥20
直边高度	25	40	50	25	40	50

(二)受外压(凸面受压)的椭圆形封头

受外压的椭圆形封头的厚度设计计算步骤同半球形封头,其中 R_o 为椭圆形封头的当量球壳外半径,$R_o = K_1 D_o$。K_1 是由椭圆形的长短轴比值决定的系数,对标准椭圆形封头 $K_1 = 0.9$。

三、碟形封头

碟形封头又称带折边球形封头,由以 R_i 为内半径的球面、以 r 为内半径的过渡圆弧(即折边)和高度为 h 的直边三部分构成,见图 3 – 26(c)。球面半径越大,折边半径越小,封头的深度将越小。考虑到球面部分与过渡区连接处的局部高应力,规定碟形封头球面部分的内半径一般不大于筒体的内半径,而折边内半径 r 在任何情况下均不得小于筒体内半径的 10%,且不小于 3 倍的封头名义壁厚。

与椭圆形封头类似,碟形封头过渡区也存在屈曲失效问题,所以规定对于 $R_i/r \leqslant 5.5$ 的碟形封头,其有效厚度应不小于封头内直径的 0.15%,其他碟形封头的有效厚度应不小于封头内直径的 0.30%。如果确定封头厚度时已考虑内压下的弹性失稳问题,可不受此限制。

受内压的碟形封头的壁厚计算公式为

$$\delta = \frac{M p_C R_i}{2[\sigma]^t \varphi - 0.5 p_C} + C \tag{3-32}$$

式中:R_i 为碟形封头球面部分的内半径,mm;r 为过渡圆弧的内半径,mm;M 为碟形封头的形状系数,其计算式为

$$M = \frac{1}{4}\left(3 + \sqrt{\frac{R_i}{r}}\right) \qquad\qquad (3-33)$$

在相同的受力条件下,碟形封头的壁厚比相同条件下的椭圆形封头要大些。碟形封头与筒体可用法兰连接,也可用焊接。当采用焊接时,应采用对接焊缝。如果封头与筒体的厚度不同,须将较厚的一边切去一部分,如图3-27所示。

受外压的碟形封头的厚度设计计算步骤与受外压的椭圆形封头相同,仅 R_o 的含义不同,这里的 R_o 为碟形封头球面部分的外半径。

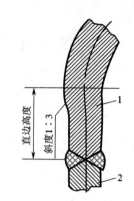

图3-27 封头与筒体厚度不同时的焊接结构
1—封头;2—筒体

四、球冠形封头

为了进一步减小凸形封头的高度,将碟形封头的直边及过渡圆弧部分去掉,只留下球面部分,并把它直接焊在筒体上,这就构成了球冠形封头,见图3-26(d),这种封头也称为无折边球形封头。

球冠形封头可用作端封头,也可用作容器中两个独立受压室的中间封头,其结构形式如图3-28所示。封头与圆筒连接的T形接头必须采用全焊透结构。受内压的球冠形封头的计算厚度 δ_h 按内压球形封头计算,加强段的厚度 δ_r 可按下式计算:

$$\delta_r = \frac{Q p_C D_i}{2[\sigma]^t - p_C} \qquad\qquad (3-34)$$

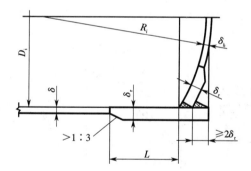
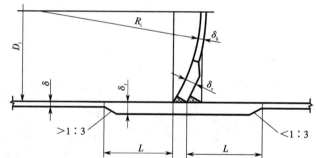

图3-28 球冠形封头
(注:图中 R_i 为球冠形封头的内半径,mm;封头与圆筒连接的T形接头为全焊透结构)

式中:Q 为系数,可由图3-29查取。

受外压的球冠形封头的计算厚度取下列两种方法计算结果中的较大值:①按外压球形壳体计算;②按式(3-34)计算。两侧受压的球冠形中间封头的厚度计算参见 GB/T 150—2011。

五、锥形封头

锥形封头通常用作化工设备(如蒸发器、喷雾干燥器、结晶器及沉降器等)的底盖,它的优点是便于收集与卸除这些设备中的固体物料。此外,有一些塔器上、下两段的直径不等,常用锥形壳体将直径不等的两段塔体连接起来,这样的锥形壳体称为变径段。

锥形封头的结构如图3-30所示。锥形封头有四种形式:①单一厚度的锥壳,见图3-30(a);②相同半顶角、不同厚度的多段锥壳的组合;③大端或小端带有折边(圆环壳)和直边(圆筒壳)的锥壳,见图3-30(b)和(c);④大端或小端带有加强段的无折边锥壳,见图3-31和图3-32。

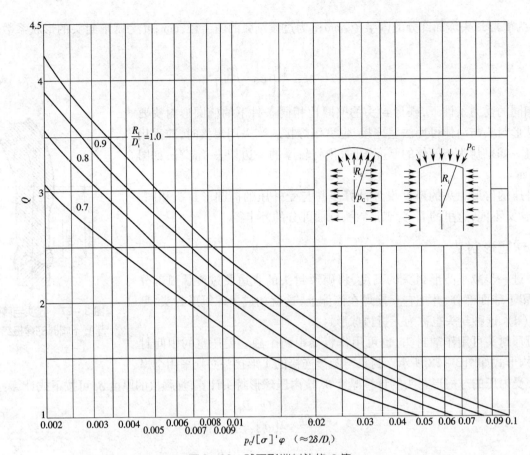

图3-29　球冠形端封头的 Q 值

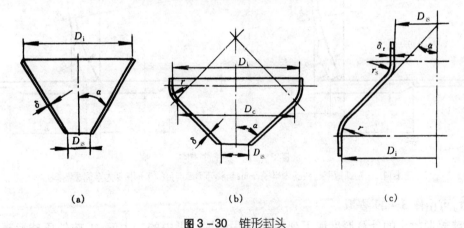

图3-30　锥形封头
(a)无折边锥形;(b)大端折边锥形;(c)折边锥形

对应于无折边和折边封头,有两种不同的设计计算方法。

(一)无折边锥形封头或锥形筒体

无折边锥形封头或锥形筒体适用于锥壳大端半顶角 $\alpha \leqslant 30°$ 或者锥壳小端半顶角 $\alpha \leqslant 45°$ 的情况。

1. 锥壳大端

锥壳大端与圆筒连接时,应按以下步骤确定连接处锥壳大端的厚度。

(1)根据 $p_c/[\sigma]^t\varphi$ 与半顶角 α 的值查图3-33,当对应的点位于曲线上方时,不必局部加强;当对应的点位于曲线下方时,则需要局部加强。

(2)无须加强时,锥壳大端壁厚按下式计算:

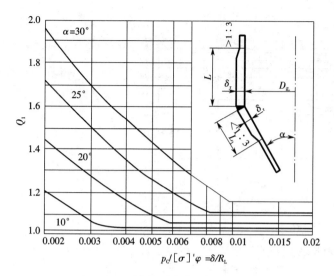

图 3 − 31　锥壳大端连接处的 Q_1 值
（注：曲线系按最大等效应力绘制，控制值为 $3[\sigma]^t$；
R_L 为锥壳大端直边段中面半径，mm）

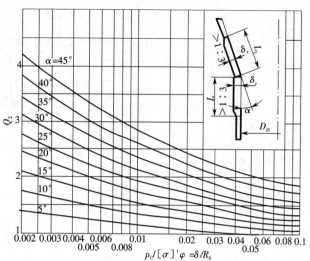

图 3 − 32　锥壳小端连接处的 Q_2 值
（注：曲线系按连接处的等效局部薄膜压力（由平均环向
拉应力和平均径向压应力计算所得）绘制，控制值为 $1.1[\sigma]^t$；
R_s 为锥壳小端直边段中面半径，mm）

$$\delta = \frac{p_C D_C}{2[\sigma]^t\varphi - p_C} \cdot \frac{1}{\cos\alpha} \tag{3-35}$$

式中：D_C 为锥壳大端内直径。

（3）当需要增大厚度予以加强时，应在锥壳与圆筒之间设置加强段，锥壳和圆筒加强段的厚度须相等，加强段壁厚按下式计算：

$$\delta_r = \frac{Q_1 p_C D_{iL}}{2[\sigma]^t\varphi - p_C} \tag{3-36}$$

式中：D_{iL} 为锥壳大端直边段内直径（图 3 − 31）；Q_1 为大端应力增值系数，与 $p_C/[\sigma]^t\varphi$ 及 α 值有关，由图 3 − 31 查出，中间值用内插法取得。锥壳加强段的长度 L_1 不应小于 $\sqrt{\dfrac{2D_{iL}\delta_r}{\cos\alpha}}$，圆筒加强段的长度 L 不应小于 $\sqrt{2D_{iL}\delta_r}$。在任何情况下，加强段的厚度都不得小于相连接的锥壳厚度。

2．锥壳小端

锥壳小端与圆筒连接时，小端壁厚设计方法为：根据 $p_C/[\sigma]^t\varphi$ 与半顶角 α 的值查图 3 − 34，当对应的点位于曲线上方时，不必局部加强，壁厚 δ 的计算公式与大端相同；当对应的点位于曲线下方时，则需要局部加强，加强段的壁厚计算公式为

$$\delta_r = \frac{Q_2 p_C D_{is}}{2[\sigma]^t\varphi - p_C} \tag{3-37}$$

式中：D_{is} 为锥壳小端直边段内直径，mm；Q_2 为小端应力增值系数，由图 3 − 32 查出。

在任何情况下，加强段的厚度都不得小于相连接的锥壳厚度。锥壳加强段的长度 L_1 不应小于 $\sqrt{\dfrac{2D_{is}\delta_r}{\cos\alpha}}$，圆筒加强段的长度 L 不应小于 $\sqrt{2D_{is}\delta_r}$。

3．无折边锥壳的厚度

当无折边锥壳的大端或小端，或大、小端同时具有加强段时，应分别按式（3 − 35）、式（3 − 36）、式（3 − 37）确定锥壳各部分的厚度。若整个锥形封头采用同一厚度，应取上述各部分厚度的最大值作为封头的厚度。

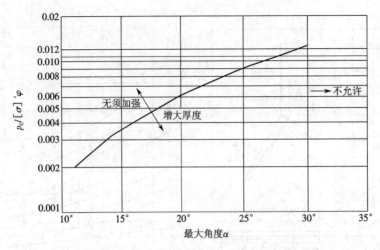

图 3-33   确定锥壳大端连接处的加强

(注:曲线系按最大等效应力(主要为轴向弯曲应力)绘制,控制值为$3[\sigma]^t$)

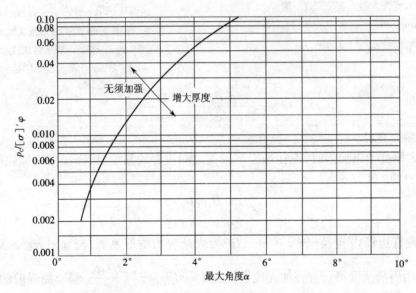

图 3-34   确定锥壳小端连接处的加强

(注:曲线系按连接处的等效局部薄膜应力(由平均环向拉应力和平均径向压应力计算所得)绘制,控制值为$1.1[\sigma]^t$)

(二)折边锥形封头或锥形筒体

采用带折边锥壳做封头或变径段可以降低转角处的应力集中。当锥壳大端的半顶角 $\alpha > 30°$ 时,应采用带过渡段的折边结构,否则应按应力分析的方法进行设计。对于锥壳小端,当半顶角 $\alpha > 45°$ 时,须采用带折边的锥形封头。折边锥壳大端过渡段转角半径 r(图 3-30(c))应不小于封头大端内径 D_{iL} 的 10%,折边锥壳小端过渡段转角半径 r_s 应不小于封头小端内径 D_{is} 的 5%,且均不小于锥壳厚度的 3 倍。当锥壳半顶角 $\alpha > 60°$ 时,其厚度可按平盖计算,也可按应力分析的方法进行设计。

1. 锥壳大端

带折边锥形封头大端的壁厚按过渡段和与之相接的锥壳两部分分别计算。当整个带折边锥形封头采用同一厚度时,应取式(3-38)和式(3-39)计算结果的较大值。

(1)过渡段的壁厚:

$$\delta = \frac{Kp_C D_{iL}}{2[\sigma]^t\varphi - 0.5p_C} \tag{3-38}$$

式中:K 为系数,查表 3-13。

表3-13　系数 K 值

α	r/D_i					
	0.10	0.15	0.20	0.30	0.40	0.50
10°	0.664 4	0.611 1	0.578 9	0.540 3	0.516 8	0.500 0
20°	0.695 6	0.635 7	0.598 6	0.552 2	0.522 3	0.500 0
30°	0.754 4	0.681 9	0.635 7	0.574 9	0.532 9	0.500 0
35°	0.798 0	0.716 1	0.662 9	0.591 4	0.540 7	0.500 0
40°	0.854 7	0.760 4	0.698 1	0.612 7	0.550 6	0.500 0
45°	0.925 3	0.818 1	0.744 0	0.640 2	0.563 5	0.500 0
50°	1.027 0	0.894 4	0.804 5	0.676 5	0.580 4	0.500 0
55°	1.160 8	0.998 0	0.885 9	0.724 9	0.602 8	0.500 0
60°	1.350 0	1.143 3	1.000 0	0.792 3	0.633 7	0.500 0

（2）与过渡段相接的锥壳的厚度:

$$\delta = \frac{fp_c D_{iL}}{[\sigma]^t \varphi - 0.5p_c} \qquad (3-39)$$

式中:f 为系数,$f = \dfrac{1 - \dfrac{2r}{D_{iL}}(1 - \cos\alpha)}{2\cos\alpha}$,其值列于表 3-14 中。

表3-14　系数 f 值

α	r/D_i					
	0.10	0.15	0.20	0.30	0.40	0.50
10°	0.506 2	0.505 5	0.504 7	0.503 2	0.501 7	0.500 0
20°	0.525 7	0.522 5	0.519 3	0.512 8	0.506 4	0.500 0
30°	0.561 9	0.554 2	0.546 5	0.531 0	0.515 5	0.500 0
35°	0.588 3	0.577 3	0.566 3	0.544 2	0.522 1	0.500 0
40°	0.622 2	0.606 9	0.591 6	0.561 1	0.530 5	0.500 0
45°	0.665 7	0.645 0	0.624 3	0.582 8	0.541 4	0.500 0
50°	0.722 3	0.694 5	0.666 8	0.611 2	0.555 6	0.500 0
55°	0.797 3	0.760 2	0.723 0	0.648 6	0.574 3	0.500 0
60°	0.900 0	0.850 0	0.800 0	0.700 0	0.600 0	0.500 0

2. 锥壳小端

当锥壳半顶角 $\alpha \leqslant 45°$ 时,如需采用小端有折边形式,小端过渡段厚度按式（3-37）确定,式中 Q_2 值由图 3-32 查取。

当锥壳半顶角 $\alpha > 45°$ 时,小端过渡段厚度仍按式（3-37）确定,但式中 Q_2 值由图 3-35 查取。

与过渡段相接的锥壳和圆筒的加强段厚度应与过渡段厚度相同。锥壳加强段的长度 L_1 不应小于 $\sqrt{\dfrac{D_{iS}\delta_r}{\cos\alpha}}$,圆筒加强段的长度 L 不应小于 $\sqrt{D_{iS}\delta_r}$。

在任何情况下,加强段的厚度都不得小于与其连接的锥壳的厚度。

标准折边锥形封头有半顶角为 30° 及 45° 两种,锥壳大端过渡段圆弧半径 $r = 0.15D_i$。

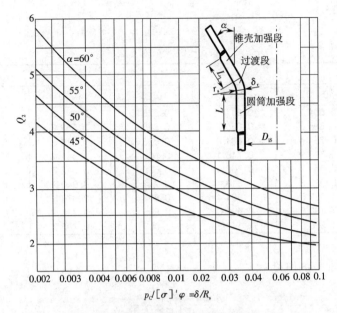

图 3 - 35 锥壳小端带过渡段连接的 Q_2 值

(注:曲线系按连接处的等效局部薄膜应力(由平均环向拉应力和平均径向压应力计算所得)绘制,控制值为 $1.1[\sigma]^t$)

六、平板封头

平板封头(又称平盖)是化工设备常用的一种封头。平板封头的几何形状有圆形、椭圆形、长圆形、矩形和方形等,最常用的是圆形平板封头。根据薄板理论,受均布载荷的平板,最大弯曲应力 σ_{max} 与 R/δ^2 成正比,而薄壳的最大拉(压)应力 σ_{max} 与 R/δ 成正比。因此,在相同的 R/δ 和受载条件下,薄板所需厚度要比薄壳大得多,即平板封头要比凸形封头厚得多。但是,由于平板封头结构简单,制造方便,在压力不高、直径较小的容器中,采用平板封头比较经济、简便。而承压设备的封头一般不采用平板形,只在压力容器的人孔、手孔处以及操作时需要用盲板封闭的地方,才用平板封头。

另外,在高压容器中,平板封头用得较为普遍。这是因为高压容器的封头很厚,直径相对较小,制造相应的凸形封头较为困难。

平板封头按下式计算壁厚:

$$\delta_p = D_C \sqrt{\frac{Kp_C}{[\sigma]^t \varphi}} \tag{3-40}$$

式中:δ_p 为平板封头的计算壁厚,mm;D_C 为计算直径,如表 3 - 15 中的图例所示,mm;p_C 为计算压力,MPa;φ 为焊接接头系数;K 为与平板结构有关的结构特征系数,见表 3 - 15;$[\sigma]^t$ 为材料在设计温度下的许用应力,MPa。

表 3 - 15 中序号为 2、3、4、5、8 的非圆形平盖按下式计算厚度:

$$\delta_p = \alpha \sqrt{\frac{KZp_C}{[\sigma]^t \varphi}} \tag{3-41}$$

式中:$Z = 3.4 - 2.4a/b$ 且 $Z \leqslant 2.5$,其中 a、b 分别是非圆形平盖的短轴和长轴长度,mm。

表 3 - 15 中序号为 9、10 的非圆形平盖按下式计算厚度:

$$\delta_p = \alpha \sqrt{\frac{Kp_C}{[\sigma]^t \varphi}} \tag{3-42}$$

注意:预紧时,$[\sigma]^t$ 取常温许用应力。

表 3-15 平板封头结构特征系数 K 选择表

固定方法	序号	简图	结构特征系数 K	备注
与圆筒一体或对焊	1		0.145	仅适用于圆形平盖,且 $p_C \leqslant 0.6$ MPa,$L \geqslant 1.1\sqrt{D_i \delta_e}$,$r \geqslant 3\delta_{ep}$
角焊缝或组合焊缝连接	2		圆形平盖:$0.44m$ ($m = \delta/\delta_e$),且不小于0.3。 非圆形平盖:0.44	$f \geqslant 1.48\delta_e$
角焊缝或组合焊缝连接	3			$f \geqslant 1.4\delta_e$
角焊缝或组合焊缝连接	4		圆形平盖:$0.5m$ ($m = \delta/\delta_e$),且不小于0.3。 非圆形平盖:0.5	$f \geqslant 0.7\delta_e$
角焊缝或组合焊缝连接	5			$f \geqslant 1.4\delta_e$
锁底对接焊缝连接	6		$0.44m$ ($m = \delta/\delta_e$),且不小于0.3	仅适用于圆形平盖,且 $\delta_i \geqslant \delta_e + 3$ mm
锁底对接焊缝连接	7		0.5	

固定方法	序号	简图	结构特征系数 K	备注
	8		圆形平盖或非圆形平盖:0.25	
螺栓连接	9		圆形平盖: 操作时,$0.3 + \dfrac{1.78WL_G}{p_C D_C^3}$; 预紧时,$\dfrac{1.78WL_G}{p_C D_C^3}$。	W 为预紧状态时或操作状态时的螺栓设计载荷,N;
	10		非圆形平盖: 操作时,$0.3Z + \dfrac{6WL_G}{p_C La^2}$; 预紧时,$\dfrac{6WL_G}{p_C La^2}$	L 为非圆形平盖螺栓中心连线周长,mm; a 为圆形平盖的短轴长度,mm

例 3-4 试确定例 3-2 所给精馏塔封头的形式与尺寸。该塔内径 $D_i = 600$ mm,壁厚 $\delta_n = 7$ mm,材质为 Q345R,设计压力 $p = 2.2$ MPa,工作温度 $t = -3 \sim 20$ ℃。

解: 从工艺操作的角度考虑,精馏塔对封头形状无特殊要求。由于球冠形封头、平板封头都存在较大的边缘应力,且平板封头厚度较大,故不宜采用。理论上应对各种凸形封头进行计算、比较后,再确定封头形式,但由定性分析可知:半球形封头受力最好,壁厚最小,重量轻,但深度大,制造难度较大,中、低压小设备不宜采用这种封头形式;碟形封头的深度可通过过渡半径 r 加以调节,但由于碟形封头的母线曲率不连续,存在局部应力,故受力不如椭圆形封头;标准椭圆形封头制造比较容易,受力状况比碟形封头好,故可采用标准椭圆形封头。

椭圆形封头壁厚:
$$\delta_d = \frac{p_C D_i}{2[\sigma]^t \varphi - 0.5 p_C} + C_1 + C_2$$

其中:$p_C = 2.2$ MPa;$D_i = 600$ mm;$[\sigma]^{20} = 189$ MPa;$\varphi = 1.0$(整体冲压);$C_1 = 0.3$ mm;$C_2 = 1.0$ mm。代入上式得

$$\delta_d = \frac{2.2 \times 600}{2 \times 189 \times 1.0 - 0.5 \times 2.2} + 0.3 + 1.0 = 4.8 \text{ mm}$$

圆整后用 $\delta_n = 5$ mm 的钢板。

例 3-5 一个不锈钢反应釜的材料为 S30408,操作压力为 1.2 MPa,釜体内径为 1.2 m,为便于出料,釜体下部为带折边锥底,其半顶角为 45°。出料管公称直径为 200 mm,釜壁温度为 300 ℃。试确定锥底壁厚及接口管尺寸。

解: 由于半顶角 $\alpha > 30°$,所以锥壳大端采用带折边的结构。折边内半径 $r = 0.15 D_i = 0.15 \times 1\,200 = 180$ mm。整个封头取同一厚度,故只用锥壳壁厚计算公式计算:

$$\delta = \frac{fp_{\mathrm{C}}D_{\mathrm{i}}}{2[\sigma]^t\varphi - 0.5p_{\mathrm{C}}} + C_1 + C_2$$

其中:$f = 0.6450$(表3-14);$p_{\mathrm{C}} = 1.3 \times 1.2 = 1.56$ MPa(爆破片设计压力);$D_{\mathrm{i}} = 1200$ mm;$[\sigma]^{300} = 85$ MPa;$\varphi = 1.0$(双面对接焊,全部无损探伤);$C_1 = 0.3$ mm(估计壁厚15 mm);$C_2 = 0$ mm(不锈钢)。代入上式得

$$\delta_{\mathrm{d}} = \frac{0.6450 \times 1.56 \times 1200}{2 \times 85 \times 1.0 - 0.5 \times 1.56} + 0.3 + 0 = 7.49 \text{ mm}$$

故采用$\delta_{\mathrm{n}} = 8$ mm的不锈钢板制造。

锥底接管$DN = 200$ mm,其外径$d = 219$ mm,故锥壳小端直径D_{is}取222 mm。

接管加强段取与锥壳同厚,即$\delta = 8$ mm,则加强段长度为

$$L = \sqrt{0.5D_{\mathrm{is}}\delta} = \sqrt{0.5 \times 222 \times 8} = 29.8 \text{ mm} \approx 30 \text{ mm}$$

第五节　法兰连接

在石油、化工设备和管道中,由于生产工艺的要求,或者为了制造、运输、安装、检修方便,常采用可拆卸的连接结构。常见的可拆卸连接结构有法兰连接结构、螺纹连接结构和承插式连接结构。采用可拆卸连接结构之后,确保接口密封的可靠性是保证化工装置正常运行的必要条件。由于法兰连接有较高的强度和较好的紧密性,适用的尺寸范围宽,在设备和管道上都能应用,所以应用最普遍。但法兰连接不能很快地装配与拆卸,制造成本较高。

对设备法兰与管法兰我国均已制定出标准。在很大的公称直径和公称压力范围内,法兰的规格、尺寸都可以从标准中查到,只有少量超出标准规定范围的法兰才需进行设计计算。

一、法兰连接结构与密封原理

法兰连接结构是一个组合件,由一对法兰,若干螺栓、螺母和垫片组成。图3-36(a)是管法兰连接整体结构装配图,图3-36(b)为设备法兰的剖面图。在实际应用中,压力容器由连接件或被连接件的强度破坏所引起的法兰密封失效是很少见的,较多的是因为密封不好而泄漏,故法兰连接的设计主要考虑的问题是防止介质泄漏。防止流体泄漏的基本原理是在连接口处增大流体流动的阻力,当压力介质通过密封口的阻力降大于密封口两侧的介质压力差时,介质就被密封住了。这种阻力的增大是依靠密封面上的密封比压实现的。

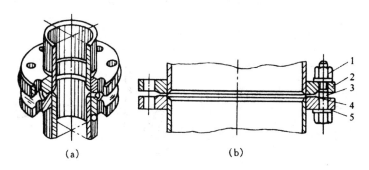

图3-36　法兰连接
(a)管法兰;(b)设备法兰
1—螺母;2—法兰;3—螺栓;4—垫片;5—垫片

法兰密封的原理是:法兰在螺栓预紧力的作用下,把处于压紧面之间的垫片压紧。施加于单位面积上的压力(压紧应力)必须达到一定数值才能使垫片变形而被压实,压紧面上由机械加工形成的微隙被填满,形成初始密封条件。所需的压紧应力叫垫片比压力,以 y 表示,单位为 MPa。垫片比压力主要取决于垫片的材质。显然,当垫片的材质确定后,垫片越宽,为保证应有的密封比压,垫片所需的预紧力就越大,从而螺栓和法兰的尺寸也要求越大,所以在法兰连接中垫片不应过宽,更不应该把整个法兰面都铺满垫片。当设备或管道处于工作状态时,介质内压形成的轴向力使螺栓被拉伸,法兰压紧面沿着彼此分离的方向移动,降低了压紧面与垫片之间的压紧应力。如果垫片具有足够的回弹能力,使压缩变形的回复能补偿螺栓和压紧面的变形而使预紧密封比压降到至少不小于某个值(这个密封比压值称为操作密封比压,用介质计算压力的 m 倍表示,这里 m 称为垫片系数,为无量纲数),则法兰压紧面之间能够保持良好的密封状态。反之,若垫片的回弹能力不足,预紧密封比压下降到操作密封比压以下,甚至密封处重新出现缝隙,则此密封失效。因此,为了实现法兰连接的密封,必须使密封组合件各部分的变形与操作条件下的密封条件相适应,即使密封元件在操作压力作用下仍然保持一定的残余压紧力。为此,螺栓和法兰都必须具有足够高的强度和刚度,使螺栓在容器内压形成的轴向力作用下不发生过大的变形。

二、法兰的分类

法兰按组成法兰的圆筒、法兰环及锥颈三部分的整体性程度分为整体法兰、松式法兰和任意式法兰。

(一)整体法兰

法兰、法兰颈部和设备或接管三者能有效地连接成一个整体结构时,该法兰叫作整体法兰。常见的整体法兰有两种形式。

1. 平焊法兰(图3-37(a)和(b))

平焊法兰的法兰盘焊接在设备筒体或管道上,这种法兰制造容易,应用广泛,但刚性较差。法兰受力后,法兰盘的矩形截面发生微小的转动(图3-38),与法兰相连的筒壁或管壁随之发生弯曲变形,于是在法兰附近的筒壁的截面上将产生附加的弯曲应力。所以,平焊法兰适用的压力较低($PN < 4.0$ MPa)。

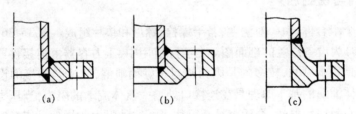

图3-37　整体法兰
(a)平焊管法兰;(b)平焊设备法兰;(c)对焊法兰

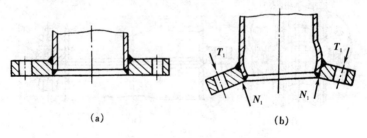

图3-38　法兰在外力作用下的变形
(a)受力前;(b)受力后

2. 对焊法兰(图3-38(c))

对焊法兰又称高颈法兰或长颈法兰。颈的存在提高了法兰的刚性,同时由于颈的根部厚度比筒体大,降低了根部的弯曲应力。此外,法兰与筒体(或管壁)连接时形成的是对接焊缝,比平焊法兰的角焊缝强度高,故对焊法兰适用于压力、温度较高或设备直径较大的场合。

（二）松式法兰

松式法兰的特点是法兰和设备或管道不直接连成一体,法兰盘套在设备或管道的外面,无须焊接,不具有整体式连接的同等结构,如图3-39所示。由于法兰盘可以采用与设备或管道不同的材料制造,因此这种法兰适用于由铜、铝、陶瓷、石墨及其他非金属材料制造的设备或管道的连接。另外,这种法兰受力后不会对筒体或管道产生附加的弯曲应力。但松式法兰刚度小,厚度较大,一般只适用于压力较低的场合。

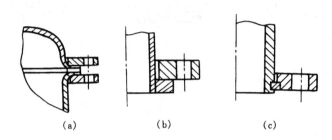

（a）　　　　　　　（b）　　　　　　　（c）

图3-39　松式法兰
（a）套在翻边上；（b）套在焊环上；（c）带环

（三）任意式法兰

任意式法兰如图3-40所示,从结构上看,这种法兰与壳体连成一体,但刚度介于整体法兰和松式法兰之间。图3-40(a)和(b)中法兰与管壁未全焊透,图3-40(c)中法兰与管壁通过螺纹进行连接。法兰和管壁之间既有一定的连接,又不完全形成一个整体,因此法兰对管壁产生的附加应力较小,整体性介于整体法兰和松式法兰之间。螺纹法兰多用于高压管道上。

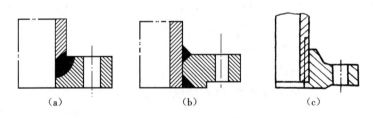

（a）　　　　　　　（b）　　　　　　　（c）

图3-40　任意式法兰
（a）未全焊透结构；（b）角焊缝未全焊透结构；（c）螺纹法兰

此外,法兰按接触面的位置还可以分为窄面法兰和宽面法兰。窄面法兰指法兰与垫片的整个接触面都位于螺栓孔包围的圆周范围内,如图3-41(a)所示。宽面法兰是法兰与垫片的接触面位于法兰螺栓孔中心圆的内外两侧,如图3-41(b)所示。

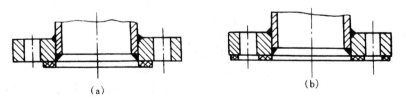

（a）　　　　　　　　　　　　（b）

图3-41　窄面法兰与宽面法兰
（a）窄面法兰；（b）宽面法兰

三、法兰的形状

法兰除常见的圆形外,还有方形与椭圆形,如图3-42所示。方形法兰有利于管子排列紧凑。椭圆形法兰通常用于阀门和小直径的高压管上。

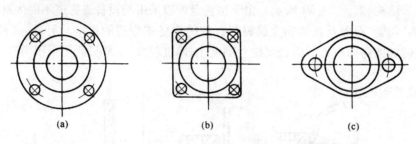

图3-42　法兰的形状
(a)圆形;(b)方形;(c)椭圆形

四、影响法兰密封的因素

影响法兰密封的因素很多,主要有螺栓预紧力、压紧面形式、垫片性能等。

(一)螺栓预紧力

螺栓预紧力是影响密封的一个重要因素。预紧力必须使垫片压紧并实现初始密封。同时,预紧力也不能过大,否则垫片会被压坏或挤出。

由于预紧力通过法兰压紧面传递给垫片,要达到良好密封,必须使预紧力均匀地作用于垫片。当密封所需要的预紧力一定时,采取增加螺栓个数、减小螺柱直径的办法对密封是有利的。

(二)压紧面(密封面)形式

法兰连接的密封性能与压紧面形式有直接关系。压紧面的加工精度不要过高,所需要的螺栓力也不要过大。一般与硬金属垫片相配合的压紧面有较高的精度要求,而与软质垫片相配合的压紧面可相对降低要求。但压紧面的表面绝不允许有径向刀痕或划痕。

实践证明,压紧面与法兰中心轴线垂直、同心,且具有良好的平直度,是保证垫片均匀压紧的前提;减小压紧面与垫片的接触面积,可以有效降低预紧力,但若接触面积过小,则易压坏垫片。

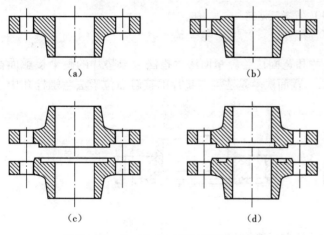

图3-43　中、低压法兰密封压紧面形式
(a)平面形;(b)突面形;(c)凹凸形;(d)榫槽形

法兰压紧面形式的选择,既要考虑垫片的形状及材料,也要考虑工艺条件(压力、温度、介质等)和设备的尺寸。压力容器和管道中常用的法兰压紧面形式如图3-43所示。

1.平面形压紧面

这种压紧面的表面是一个光滑的平面,有时在平面上车有数条三角形断面的沟槽(图3-43(a))。这种压紧面结构简单,加工方便,且便于进行衬里防腐。但是,这种压紧面与垫片的接触面积较大,预紧时垫片容易往两边挤,不易压紧,密封性能较差,故适用于压力不高($PN < 2.5$ MPa)、介质无毒的场合。

2.突面形压紧面

密封面是平面,与垫片的接触面积较大。

预紧后,垫片易向两侧伸展或移动,密封效果较差,一般在压力不高、温度不高的场合应用。但其结构简单,加工方便。

3. 凹凸形压紧面

这种压紧面由一个凸面和一个凹面配合组成(图3-43(c)),在凹面上放置垫片,能够防止垫片被挤出,故适用于压力较高的场合。在现行标准中,其可用于公称直径 $DN \leqslant 800$ mm、公称压力 $PN \leqslant 6.4$ MPa 的场合。

4. 榫槽形压紧面

这种压紧面由一个榫和一个槽组成(图3-43(d)),垫片置于槽中,不会被挤动。垫片较窄,因而压紧垫片所需的螺栓力相应较小。即使用于压力较高之处,螺栓的尺寸也不致过大。因而,它比以上三种压紧面更易获得良好的密封效果。这种压紧面的缺点是结构与制造过程比较复杂,更换挤在槽中的垫片比较困难。此外,榫面部分容易损坏,故设备上的法兰应采取榫面,在拆装或运输过程中应注意。榫槽密封面适用于易燃、易爆、有毒的介质以及压力较高的场合。当压力不大时,即使直径较大,它也能很好地密封。

5. 其他类型的压紧面

对于高压容器和高压管道的密封,压紧面可采用锥形压紧面或梯形槽压紧面,它们分别与球面金属垫片(透镜垫片)和椭圆形或八角形截面的金属垫片配合。这些压紧面适用于压力较高的场合,但需要的尺寸精度高,不易加工。

(三)垫片性能

垫片是构成密封的重要元件,适当的垫片变形和回弹能力是形成密封的必要条件。

最常用的垫片可分为非金属垫片、金属垫片以及非金属与金属混合制垫片。

非金属垫片材料有石棉橡胶板、石棉板、聚四氟乙烯板及聚乙烯板等,如图3-44(a)所示。这些材料的优点是柔软和耐腐蚀,缺点是耐温和耐压性能较金属垫片差,因此它们通常适用于常、中温和中、低压设备及管道的法兰密封。

非金属与金属混合制垫片有金属包垫片、缠绕垫片等,见图3-44(b)、(c)和(d)。金属包垫片是用薄金属板(镀锌薄铁片、不锈钢片等)将石棉等非金属包起来制成的;缠绕垫片是薄低碳钢带(或合金钢带)与石棉带一起绕制而成的。缠绕垫片有不带定位圈的和带定位圈的两种。金属包垫片和缠绕垫片的性能比单纯的金属垫片好,适用的温度与压力较高。

金属垫片材料一般不要求强度高,而要求软韧,常用的有软铝、紫铜、铁(软钢)、蒙耐尔合金钢等。金属垫片主要用于中、高温和中、高压的法兰连接密封,见图3-44(e)和(f)。

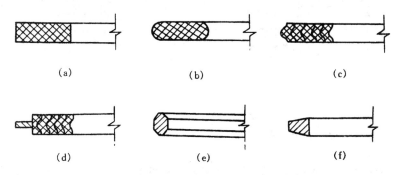

(a)　　　　　　　　(b)　　　　　　　　(c)

(d)　　　　　　　　(e)　　　　　　　　(f)

图3-44　垫片断面形状
(a)非金属软垫片;(b)金属包垫片;(c)不带定位圈的缠绕垫片;
(d)带定位圈的缠绕垫片;(e)八角形截面的金属垫片;(f)球面金属垫片

选择垫片材料时,既要考虑温度、压力以及介质的腐蚀情况,又要考虑压紧面形式、螺栓力的大小以及装卸要求等。垫片材料选用见表3-16,垫片宽度见附表11。

表 3 – 16　垫片材料选用

材料		压力/MPa	温度/℃	介质
橡胶石棉板	高压	≤6.4	≤450	水,空气、蒸汽、惰性气体、变换气、氨、氟利昂,普通酸、碱、盐等一般介质
	中压	≤4.0	≤350	
	低压	≤1.6	≤250	
耐油橡胶石棉板		≤4.0	≤400	多种油品、油气、溶剂、醇、醛等(不宜用于苯等)
金属缠绕垫片	08 钢	≤6.4	≤450	对金属无腐蚀性的介质,例如水、饱和或过饱和热蒸汽、石油产品等
	0Cr13、1Cr13、0Cr18Ni9		≤600	
塑料垫片	软聚氯乙烯	≤1.6	≤60	硝酸、氢氟酸、王水、浓碱等
	聚乙烯	≤2.5	≤250	
金属包石棉垫片	0Cr18Ni9Ti 和镀锌铁皮	≤6.4	≤450	对金属无腐蚀性的介质

五、法兰标准及其选用

石油、化工行业用的法兰标准有两类:一类是压力容器法兰标准,另一类是管法兰标准。

(一)压力容器法兰标准

压力容器法兰分平焊法兰与长颈对焊法兰两类。

1. 平焊法兰

平焊法兰分为甲型与乙型两种。甲型平焊法兰(图 3 – 45(a))与乙型平焊法兰(图 3 – 45(b))相比,区别在于乙型平焊法兰有一个壁厚不小于 16 mm 的圆筒形短节,因而其刚性比甲型平焊法兰好。此外,甲型平焊法兰的焊缝开 V 形坡口,乙型平焊法兰的焊缝开 U 形坡口,从这点看乙型平焊法兰也比甲型平焊法兰具有较高的强度和刚度。

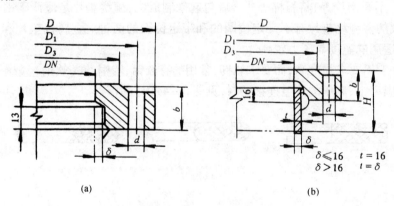

(a)　　　　　　　　　　(b)

图 3 – 45　平焊法兰

(a)甲型平焊法兰(NB/T 47021—2012);(b)乙型平焊法兰(NB/T 47022—2012)

甲型平焊法兰有 $PN\,0.25$、$PN\,0.6$、$PN\,1.0$ 及 $PN\,1.6$ 四个压力等级,在较小直径范围($DN\,300 \sim DN\,2\,000$)内使用,适用温度范围为 $-20 \sim 300\ ℃$。乙型平焊法兰在 $PN\,0.25$、$PN\,0.6$、$PN\,1.0$ 及 $PN\,1.6$ 四个压力等级的较大直径范围内使用,并与甲型平焊法兰相衔接。此外,乙型平焊法兰还可在 $PN\,2.5$ 和 $PN\,4.0$ 两个压力等级的较小直径范围($DN\,300 \sim DN\,3\,000$)内使用,适用温度范围为 $-20 \sim 350\ ℃$。表 3 – 17 中给出了甲型、乙型平焊法兰及长颈对焊法兰适用的公称压力和公称直径的对应关系和范围。

表3-17　法兰分类及参数

类型	平焊法兰										对焊法兰					
	甲型				乙型						长颈					
标准号	NB/T 47021				NB/T 47022						NB/T 47023					
公称压力 PN/MPa ＼ 公称直径 DN/mm	0.25	0.60	1.00	1.60	0.25	0.60	1.00	1.60	2.50	4.00	0.60	1.00	1.60	2.50	4.00	6.40
300																
350	按 PN=1.00															
400																
450								—								
500	按 PN							—								
550	=1.00															
600						—										
650												—				
700								—								
800																
900					—											
1 000																
1 100																
1 200																
1 300				—												
1 400																
1 500			—													
1 600																—
1 700		—								—						
1 800																
1 900																
2 000								—								
2 200					按											
2 400					PN=0.60	—										
2 600	—														—	
2 800											—	—	—	—		
3 000																

2. 长颈对焊法兰

由于长颈对焊法兰具有厚度更大的颈(图3-46),使法兰盘的刚性进一步增强,故可用于更高的压力范围(PN 0.6~PN 6.4),适用直径范围为DN 300~DN 2 600,适用温度范围为-70~45 ℃。由表3-17可看出,乙型平焊法兰中DN 2 000以下的规格均已包括在长颈对焊法兰的规定范围之内。这两种法兰的连接尺寸和厚度完全一样,所以DN 2 000以下的乙型平焊法兰可以用轧制的长颈对焊法兰代替,以降低法兰的生产成本。

平焊法兰与对焊法兰都有带衬环的与不带衬环的两种。当设备由不锈钢制作时,采用碳钢法兰加不锈钢衬环,可以节省不锈钢。图3-47所示为带衬环的甲型平焊法兰。

上述两类六种法兰的密封面都有平面形、突面形、凹凸形和榫槽形。配合这几种密封面规定了相应的垫片尺寸标准。

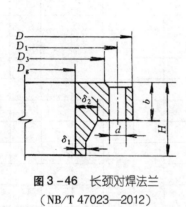

图3-46　长颈对焊法兰
（NB/T 47023—2012）

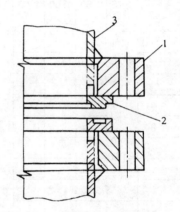

图3-47　带衬环的甲型平焊法兰
1—法兰;2—衬环;3—筒体

依据法兰标准确定法兰尺寸时,必须知道法兰的公称直径与公称压力。压力容器法兰的公称直径与压力容器的公称直径取同一系列数值。例如,DN 1 000的压力容器应当配用DN 1 000的压力容器法兰。

法兰的公称压力与法兰的最大允许工作压力、操作温度以及法兰材料有关。因为法兰尺寸系列、法兰厚度是以16Mn或Q345R在200 ℃时的力学性能为基准制定的,所以规定以此基准确定的法兰尺寸在200 ℃时的最大允许工作压力就是具有该尺寸的法兰的公称压力。例如,公称压力为0.6 MPa、用Q345R制成的法兰,在200 ℃时的最大允许工作压力是0.6 MPa。如果把PN 0.6的法兰用在高于200 ℃的条件下,那么它的最大允许工作压力将低于它的公称压力0.6 MPa;反之,如果将它用在低于200 ℃的条件下,则仍按200 ℃确定其最高允许工作压力。如果把法兰的材料改为Q245,由于Q245的力学性能比Q345R差,这个公称压力为0.6 MPa的法兰在200 ℃时的最大允许工作压力将低于它的公称压力。如果把法兰的材料由Q345R改为20MnMo,由于20MnMo的力学性能优于Q345R,这个公称压力为0.6 MPa的法兰在200 ℃时的最大允许工作压力将高于它的公称压力。总之,只要法兰的公称直径、公称压力确定了,法兰的尺寸也就确定了。至于这个法兰的最大允许工作压力是多少,那就要看法兰的操作温度和材料了。压力容器法兰标准中规定的法兰材料是低碳钢(Q245R等)及普低钢(16Mn、Q345R等)。表3-18是甲型平焊法兰和乙型平焊法兰在不同温度下的公称压力与最大允许工作压力之间的换算关系。利用这个表,可以将设计条件中给出的操作温度与设计压力换算为查取法兰标准所需的公称压力。例如,为一台操作温度为300 ℃、设计压力为0.6 MPa的容器选配法兰。查表3-18可知,如果法兰材料用20MnMo,可按公称压力0.6 MPa查取法兰尺寸。如果法兰材料用Q245R,则必须按公称压力为1.0 MPa查取法兰尺寸。长颈对焊法兰在不同温度下的最大允许工作压力见附录12。

法兰分为一般法兰和衬环法兰两类。一般法兰的代号为"法兰",衬环法兰的代号为"法兰 C"。法兰密封面形式代号见表 3-19。

表 3-18　甲型、乙型平焊法兰适用材料及最大允许工作压力　　（MPa）

公称压力 PN	法兰材料		工作温度/℃				备注
			>20~200	250	300	350	
0.25	板材	Q235B	0.16	0.15	0.14	0.13	工作温度下限 20 ℃ 工作温度下限 0 ℃
		Q235C	0.18	0.17	0.15	0.14	
		Q245R	0.19	0.17	0.15	0.14	
		Q345R	0.25	0.24	0.21	0.20	
	锻件	20	0.19	0.17	0.15	0.14	
		16Mn	0.26	0.24	0.22	0.21	
		20MnMo	0.27	0.27	0.26	0.25	
0.60	板材	Q235B	0.40	0.36	0.33	0.30	工作温度下限 20 ℃ 工作温度下限 0 ℃
		Q235C	0.44	0.40	0.37	0.33	
		Q245R	0.45	0.40	0.36	0.34	
		Q345R	0.60	0.57	0.51	0.49	
	锻件	20	0.45	0.40	0.36	0.34	
		16Mn	0.61	0.59	0.53	0.50	
		20MnMo	0.65	0.64	0.63	0.60	
1.00	板材	Q235B	0.66	0.61	0.55	0.50	工作温度下限 20 ℃ 工作温度下限 0 ℃
		Q235C	0.73	0.67	0.61	0.55	
		Q245R	0.74	0.67	0.60	0.56	
		Q345R	1.00	0.95	0.86	0.82	
	锻件	20	0.74	0.67	0.60	0.56	
		16Mn	1.02	0.98	0.88	0.83	
		20MnMo	1.09	1.07	1.05	1.00	
1.60	板材	Q235B	1.06	0.97	0.89	0.80	工作温度下限 20 ℃ 工作温度下限 0 ℃
		Q235C	1.17	1.08	0.98	0.89	
		Q245R	1.10	1.08	0.96	0.90	
		Q345R	1.60	1.53	1.37	1.31	
	锻件	20	1.19	1.08	0.96	0.90	
		16Mn	1.64	1.56	1.41	1.33	
		20MnMo	1.74	1.72	1.68	1.60	
2.50	板材	Q235C	1.33	1.68	1.53	1.38	工作温度下限 0 ℃
		Q245R	1.86	1.69	1.50	1.40	
		Q345R	2.50	2.39	2.14	2.05	
	锻件	20	1.86	1.69	1.50	1.40	
		16Mn	2.56	2.44	2.20	2.08	
		20MnMo	2.92	2.86	2.82	2.73	$DN<1\,400$ mm
		20MnMo	2.67	2.63	2.59	2.50	$DN\geqslant1\,400$ mm
4.00	板材	Q245R	2.97	2.70	2.39	2.24	
		Q345R	4.00	3.82	3.42	3.27	
	锻件	20	2.97	2.70	2.39	2.24	
		16Mn	4.09	3.91	3.52	3.33	
		20MnMo	4.64	4.56	4.51	4.36	$DN<1\,500$ mm
		20MnMo	4.27	4.20	4.14	4.00	$DN\geqslant1\,500$ mm

表3-19　法兰密封面形式代号(NB/T 47020—2012)

密封面形式		代号
平面密封面	平密封面	RF
凹凸密封面	凹密封面	FM
	凸密封面	M
榫槽密封面	榫密封面	T
	槽密封面	G

法兰标准的标记方法如下:

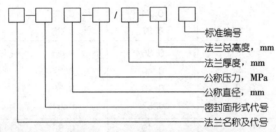

当法兰厚度及法兰总高度均采用标准值时,此两部分标记可省略。

示例:公称压力为1.6 MPa、公称直径为800 mm的衬环榫槽密封面乙型平焊法兰的榫面法兰,考虑腐蚀裕量为3 mm(即应增加短节厚度2 mm,δ_t改为18 mm),其标记为

法兰　C—T 800—1.60　NB/T 47022— 2012

并在图样明细表备注栏中注明:δ_t =18。

法兰连接的螺柱与螺母的材料也有规定,可参见有关标准。法兰、垫片、螺柱和螺母材料匹配表见表3-20。

(二)管法兰标准

由于容器筒体的公称直径和管子的公称直径所代表的具体尺寸不同,所以同样公称直径的容器法兰和管法兰的尺寸亦不相同,二者不能互相代用。管法兰的形式除平焊法兰、对焊法兰外,还有铸钢法兰、铸铁法兰、活套法兰、螺纹法兰等。管法兰标准的查选方法、步骤与容器法兰相同。平焊管法兰的结构如图3-48和图3-49所示。

常用管法兰标准除GB/T 9124.1—2019外,还有化工行业标准HG/T 20592~20602—2009、中石化标准SH/T 3406—2013等。其中化工行业标准中分为欧洲体系、美洲体系等。我国常用的为欧洲体系。

采用化工行业标准的法兰标记方法是

a法兰(法兰盖) b c d e f g h

a 为标准号,各类法兰均标注 HG/T 20592。

b 为法兰类型代号,如表3-21所列。

c 为法兰公称直径 DN(mm)与适用钢管外径系列。

d 为法兰公称压力 PN(MPa)。

e 为密封面形式代号,见表3-22。

f 为钢管壁厚,应由用户提供。带颈对焊法兰、对焊环松套法兰应标注钢管壁厚。

g 为材料牌号。

h 为其他(如密封面的表面粗糙度等)。

示例:公称直径为1 200 mm、公称压力为6 MPa、配用公制管的突面板式平焊钢制管法兰,材料为Q235A,其标记为

HG/T 20592　法兰　PL1200—6　RF Q235A

表 3-20　法兰、垫片、螺柱、螺母材料匹配表

法兰类型	垫片 种类		适用温度范围/℃	匹配	法兰 材料	适用温度范围/℃	匹配	螺柱材料	螺母材料	适用温度范围/℃
甲型平焊法兰	非金属软垫片	橡胶	按 NB/T 47024 表1	可选配右列法兰材料	板材 GB/T 3274 Q235B、C	Q235B: 20~300 Q235C: 0~300	可选配右列螺柱、螺母材料	GB/T 69920	GB/T 70015	-20~350
		石棉橡胶						GB/T 69935	20	0~350
		聚四氟乙烯			板材 GB 713 Q245R Q345R	-20~450				
		柔性石墨						GB/T 69935	GB/T 69925	0~350
乙型平焊法兰与长颈法兰	非金属软垫片	橡胶	按 NB/T 47024 表1	可选配右列法兰材料	板材 GB/T 3274 Q235B、C	Q235B: 20~300 Q235C: 0~300	按 NB/T 47020 表3 选定右列螺柱材料后选定螺母材料	35	20 25	0~350
		石棉橡胶			板材 GB 713 Q245R Q345R	-20~450		GB/T 3077 40MnB 40Cr 40MnVB	45 40Mn	0~400
		聚四氟乙烯								
		柔性石墨			锻件 NB/T 47008 20 16Mn	-20~450				
	许缠绕垫片	石棉橡胶板	按 NB/T 47025 表1、表2	可选配右列法兰材料	板材 GB 713 Q245R Q345R	-20~450	按 NB/T 47020 表4 选定右列螺柱材料后选定螺母材料	40MnB 40Cr 40MnVB	45 40Mn	-10~400
		石棉或石墨填充带			锻件 NB/T 47008 20 16Mn	-20~450		GB/T 3077 35CrMoA		
		聚四氟乙烯填充带			15CrMo 14Cr1Mo	0~450				
		非石棉纤维填充带			锻件 NB/T 47009 16MnD	-40~350	可选配右列螺柱、螺母材料	GB/T 3077 30CrMoA 35CrMoA		-70~500
					09MnNiD	-70~350				
	金属包垫片	钢、铝包覆材料	按 NB/T 47026 表1、表2	可选配右列法兰材料	锻件 NB/T 47008 12Cr2Mo1	0~450	按 NB/T 47020 表5 选定右列螺柱材料后选定螺母材料	40MnVB	45 40Mn	0~400
								35CrMoA	45、40Mn	-10~400
									30CrMoA 35CrMoA	-70~500
								GB/T 3077 25Cr2MoVA	30CrMoA 35CrMoA	-20~500
									25Cr2MoVA	-20~550
		低碳钢、不锈钢包覆材料			锻件 NB/T 47008 20MnMo	0~450	PN≥2.5 25Cr2MoVA		30CrMoA 35CrMoA	-20~500
									25Cr2MoVA	-20~550
							PN<2.5	35CrMoA	30CrMoA	-70~500

注: ①乙型平焊法兰材料按表列板材及锻件选用, 但不宜采用铬钼钢制作, 相匹配的螺柱、螺母材料按表列规定选用。

②长颈法兰材料按表列锻件选用, 相匹配的螺柱、螺母材料按表列规定选用。

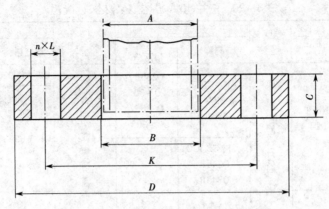

图 3 – 48   平面(FF)板式平焊钢制管法兰
(适用于 *PN* 2. 5、*PN* 6、*PN* 10、*PN* 16、*PN* 25 和 *PN* 40)

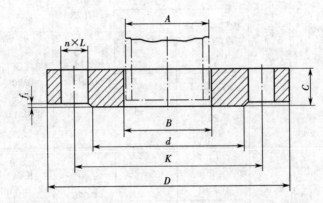

图 3 – 49   突面(RF)板式平焊钢制管法兰
(适用于 *PN* 2. 5、*PN* 6、*PN* 10、*PN* 16、*PN* 25、*PN* 40、*PN* 63 和 *PN* 100)

表 3 – 21   法兰类型代号

法兰类型	代号
板式平焊法兰	PL
带颈平焊法兰	SO
带颈对焊法兰	WN
整体法兰	IF
承插焊法兰	SW
螺纹法兰	Th
对焊环松套法兰	PJ/SE
平焊环松套法兰	PJ/RJ
法兰盖	BL
衬里法兰盖	BL(S)

表 3 – 22   密封面形式代号(HG/T 20592—2009)

密封面形式	代号
突密封面	RF
凹密封面	FM
凸密封面	M
榫密封面	T
槽密封面	G
全平面	FF
环连接面	RJ

管法兰的法兰类型与密封面形式的选择见表 3 – 23。

表 3 – 23　管法兰的密封面形式及适用范围

法兰类型	密封面形式	公称压力 PN/MPa								
		2.5	6	10	16	25	40	63	100	160
板式平焊法兰（PL）	突面（RF）	DN 10 ~ DN 2 000	DN 10 ~ DN 600	DN 10 ~ DN 600	DN 10 ~ DN 600	DN 10 ~ DN 600	DN 10 ~ DN 600	—	—	—
	全平面（FF）	DN 10 ~ DN 2 000	DN 10 ~ DN 600	DN 10 ~ DN 600	DN 10 ~ DN 600	DN 10 ~ DN 600	—	—	—	—
带颈平焊法兰（SO）	突面（RF）	—	DN 10 ~ DN 300	DN 10 ~ DN 600	DN 10 ~ DN 600	DN 10 ~ DN 600	DN 10 ~ DN 600			
	凹面（FM） 凸面（M）	—	—	DN 10 ~ DN 600	DN 10 ~ DN 600	DN 10 ~ DN 600	DN 10 ~ DN 600			
	榫面（T） 槽面（G）	—	—	DN 10 ~ DN 600	DN 10 ~ DN 600	DN 10 ~ DN 600	DN 10 ~ DN 600			
	全平面（FF）	—	DN 10 ~ DN 300	DN 10 ~ DN 600	DN 10 ~ DN 600	DN 10 ~ DN 600	—	—	—	—
带颈对焊法兰（WN）	突面（RF）	—	—	DN 10 ~ DN 2 000	DN 10 ~ DN 2 000	DN 10 ~ DN 600	DN 10 ~ DN 600	DN 10 ~ DN 400	DN 10 ~ DN 350	DN 10 ~ DN 300
	凹面（FM） 凸面（M）	—	—	DN 10 ~ DN 600	DN 10 ~ DN 600	DN 10 ~ DN 600	DN 10 ~ DN 600	DN 10 ~ DN 400	DN 10 ~ DN 350	DN 10 ~ DN 300
	榫面（T） 槽面（G）	—	—	DN 10 ~ DN 600	DN 10 ~ DN 600	DN 10 ~ DN 600	DN 10 ~ DN 600	DN 10 ~ DN 400	DN 10 ~ DN 350	DN 10 ~ DN 300
	全平面（FF）		DN 10 ~ DN 2 000	DN 10 ~ DN 2 000	DN 10 ~ DN 2 000	—	—	—	—	—
	环连接面（RJ）	—	—	—	—	—	—	DN 15 ~ DN 400	DN 15 ~ DN 400	DN 15 ~ DN 300
整体法兰（IF）	突面（RF）	—	—	DN 10 ~ DN 2 000	DN 10 ~ DN 2 000	DN 10 ~ DN 1 200	DN 10 ~ DN 600	DN 10 ~ DN 400	DN 10 ~ DN 400	DN 10 ~ DN 300
	凹面（FM） 凸面（M）	—	—	DN 10 ~ DN 600	DN 10 ~ DN 600	DN 10 ~ DN 600	DN 10 ~ DN 600	DN 10 ~ DN 400	DN 10 ~ DN 400	DN 10 ~ DN 300
	榫面（T） 槽面（G）	—	—	DN 10 ~ DN 600	DN 10 ~ DN 600	DN 10 ~ DN 600	DN 10 ~ DN 600	DN 10 ~ DN 400	DN 10 ~ DN 400	DN 10 ~ DN 300
	全平面（FF）	—	DN 10 ~ DN 2 000	DN 10 ~ DN 2 000	DN 10 ~ DN 2 000	DN 10 ~ DN 2 000	—	—	—	—
	环连接面（RJ）	—	—	—	—	—	—	DN 15 ~ DN 400	DN 15 ~ DN 400	DN 15 ~ DN 300
承插焊法兰（SW）	突面（RF）	—	—	DN 10 ~ DN 50	DN 10 ~ DN 50	DN 10 ~ DN 50	DN 10 ~ DN 50	DN 10 ~ DN 50	DN 10 ~ DN 50	—
	凹面（FM） 凸面（M）	—	—	DN 10 ~ DN 50	DN 10 ~ DN 50	DN 10 ~ DN 50	DN 10 ~ DN 50	DN 10 ~ DN 50	DN 10 ~ DN 50	—
	榫面（T） 槽面（G）	—	—	DN 10 ~ DN 50	DN 10 ~ DN 50	DN 10 ~ DN 50	DN 10 ~ DN 50	DN 10 ~ DN 50	DN 10 ~ DN 50	—
螺纹法兰（Th）	突面（RF）	—	DN 10 ~ DN 150	DN 10 ~ DN 150	DN 10 ~ DN 150	DN 10 ~ DN 150	—	—	—	—
	全平面（FF）	—	DN 10 ~ DN 150	DN 10 ~ DN 150	DN 10 ~ DN 150	—	—	—	—	—
对焊环松套法兰（PJ/SE）	突面（RF）	—	DN 10 ~ DN 600	DN 10 ~ DN 600	DN 10 ~ DN 600	DN 10 ~ DN 600	—	—	—	—
平焊环松套法兰（PJ/RJ）	突面（RF）	—	DN 10 ~ DN 600	DN 10 ~ DN 600	DN 10 ~ DN 600	—	—	—	—	—
	凹面（FM） 凸面（M）	—	—	DN 10 ~ DN 600	DN 10 ~ DN 600	DN 10 ~ DN 600	—	—	—	—
	榫面（T） 槽面（G）	—	—	DN 10 ~ DN 600	DN 10 ~ DN 600	DN 10 ~ DN 600	—	—	—	—

续表

法兰类型	密封面形式	公称压力 PN/MPa								
		2.5	6	10	16	25	40	63	100	160
法兰盖 (BL)	突面(RF)	DN 10 ~ DN 2 000		DN 10 ~ DN 1 200		DN 10 ~ DN 600		DN 10 ~ DN 400		DN 10 ~ DN 300
	凹面(FM) 凸面(M)	—		DN 10 ~ DN 600				DN 10 ~ DN 400		DN 10 ~ DN 300
	榫面(T) 槽面(G)	—		DN 10 ~ DN 600				DN 10 ~ DN 400		DN 10 ~ DN 300
	全平面(FF)	DN 10 ~ DN 2 000		DN 10 ~ DN 1 200		—				
	环连接面(RJ)	—						DN 15 ~ DN 400		DN 15 ~ DN 300
衬里法兰盖 (BL(S))	突面(RF)	—		DN 40 ~ DN 600				—		
	凸面(M)	—		DN 40 ~ DN 600				—		
	槽面(G)	—		DN 40 ~ DN 600				—		

例3-6　为一台精馏塔配一对连接塔身与封头的法兰。塔的内径是 1 000 mm,操作温度为 280 ℃,设计压力为 0.2 MPa,材质为 Q235B。

解:根据操作温度、设计压力和所用材料,由表 3-18 可知,所要选用的法兰应按公称压力为 0.6 MPa 来查选尺寸。

由于操作压力不高、直径不大,根据表 3-20 选用甲型平焊法兰、平密封面,垫片材料选用石棉橡胶板,宽度从附录 11 中查得为 20 mm。

法兰的各部分尺寸可从附录中查得,并标注于图 3-50 中。

螺柱材料选用 Q235B,M20 共 36 个。

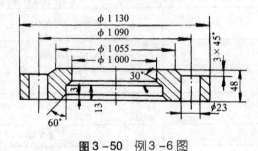

图 3-50　例 3-6 图

第六节　容器支座

容器支座用来支撑容器的重量、固定容器的位置并使容器在操作中保持稳定。支座的结构形式很多,主要由容器的形式决定,分卧式容器支座、立式容器支座和球形容器支座。

一、卧式容器支座

卧式容器支座有鞍式支座、圈座和支腿三种,如图 3-51 所示。

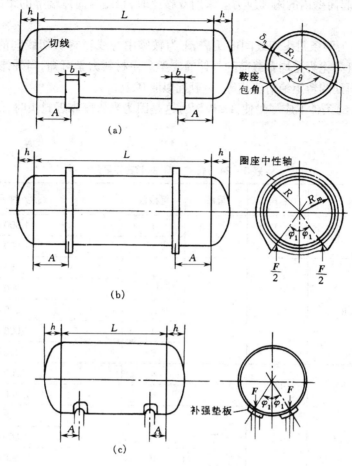

图3-51　卧式容器的典型支座
(a)鞍式支座;(b)圈座;(c)支腿

(一)鞍式支座

鞍式支座(简称鞍座)是应用最广泛的一种卧式容器支座。常见的卧式容器、大型卧式贮槽、热交换器等多采用这种支座。鞍式支座如图3-51(a)所示,为了简化设计计算,鞍式支座已有标准《容器支座　第1部分:鞍式支座》(NB/T 47065.1—2018),设计时可根据容器的公称直径和容器的重量选用标准中的规格。

鞍座由横向筋板、若干轴向板和底板焊接而成。在与设备连接处,有带加强垫板和不带加强垫板两种结构。

在标准中,鞍式支座的鞍座包角 θ 为120°或150°,以保证容器在支座上安放稳定。鞍座的高度有200 mm、250 mm 两种规格,但可以根据需要改变,改变后应做强度校核。鞍式支座的宽度 b 可根据容器的公称直径查出。

鞍座分为轻型(代号 A)和重型(代号 B)两种,其中 B 型又分为 BⅠ~BⅤ 五种型号,形式特征见表3-24。A 型和 B 型的区别在于筋板、底板和垫板等尺寸不同或数量不同。鞍座的底板尺寸应保证基础的水泥面不被压坏。根据底板上螺栓孔形状的不同,每种形式的鞍座又分为固定式支座(代号 F)和滑动式支座(代号 S)两种。固定式支座底板上开圆形螺钉孔,滑动式支座底板上开长圆形螺钉孔。在一台容器上,固定式支座和滑动式支座总是配对使用。在安装滑动式支座时,地脚螺栓采用两个螺母。第一个螺母拧紧后倒退一圈,然后用第二个螺母锁紧,这样可以保证设备在温度变化时,鞍座能在基础面上自由滑动。长圆孔的长度须根据设备的温差伸缩进行校核。

一台卧式容器的鞍式支座在一般情况下不宜多于两个。因为鞍座水平高度的微小差异都会造成各支座间的受力不均,从而引起筒壁内的附加应力。采用双鞍座时,鞍座与筒体端部的距离 A(图 3 - 51)可按下列原则确定。

(1) $A \leqslant 0.2L$,其中 L 为两条封头切线间的距离,A 为鞍座中心线至封头切线间的距离。这是因为双鞍座卧式储罐按受力状态可简化为受均布载荷的外伸简支梁。由材料力学可知,当外伸长度 $A = 0.207L$ 时,跨度中央的弯矩与支座截面处的弯矩绝对值相等,一般近似取 $0.2L$。

(2) 在满足 $A \leqslant 0.2L$ 的条件下应尽量使 $A \leqslant 0.5R_i$,这是因为当鞍座靠近封头时,封头对支座处的筒体有局部加强作用。

表 3 - 24　鞍式支座的形式特征

形式			包角	垫板	筋板数	适用公称直径 DN/mm
轻型	焊制	A	120°	有	4	1 000 ~2 000
					6	2 100 ~6 000
重型	焊制	B Ⅰ	120°	有	1	159 ~426
						300 ~450
					2	500 ~900
					4	1 000 ~2 000
					6	2 100 ~6 000
		B Ⅱ	150°	有	4	1 000 ~2 000
					6	2 100 ~6 000
		B Ⅲ	120°	无	1	168 ~406
						300 ~450
					2	500 ~950
	弯制	BⅣ	120°	有	1	168 ~406
						300 ~450
					2	500 ~950
		B Ⅴ	120°	无	1	168 ~406
						300 ~450
					2	500 ~950

注:①若鞍座高度 h、垫板宽度 b_4、垫板厚度 δ_4、底板滑动长孔长度 l 与标准尺寸不同,则应在设备图样的零件名称栏或备注栏中注明。

如:$h = 450$,$b_4 = 200$,$\delta_4 = 12$,$l = 30$。

②鞍座材料应在设备图样的材料栏内填写,表示方法为:支座材料/垫板材料。无垫板时只注支座材料。

鞍式支座的标记方法如下:

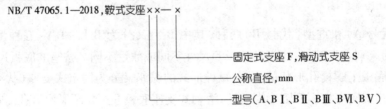

NB/T 47065.1—2018,鞍式支座××— ×

固定式支座 F,滑动式支座 S
公称直径,mm
型号(A、B Ⅰ、B Ⅱ、B Ⅲ、BⅥ、B Ⅴ)

示例:DN 325、120°包角、重型、不带垫板、标准尺寸的弯制固定式鞍座,材料为 Q235A,其标记为

NB/T 47065.1—2018,鞍式支座 B Ⅴ 325—F

材料栏内注:Q345R。

（二）圈座

在下列情况下可采用圈座：大直径薄壁容器和真空操作的容器，因其自身重量可能发生严重的挠曲；多于两个支撑的长容器。圈座的结构如图3-51(b)所示。除在常温常压下操作的容器外，若采用圈座，则至少应有一个圈座是滑动支撑的。

（三）支腿

支腿结构简单，但它产生的反力会给壳体造成很大的局部应力，因此仅用于较轻的小型设备。

二、立式容器支座

立式容器支座主要有腿式支座、耳式支座、支承式支座和裙式支座四种。中、小型立式容器常采用前三种支座，高大的塔器则广泛采用裙式支座。

（一）腿式支座

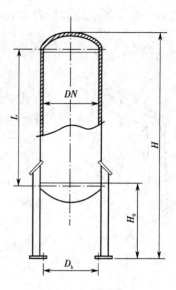

图3-52 腿式支座

腿式支座简称支腿，结构如图3-52所示。这种支座因为在与容器壳壁连接处会造成严重的局部应力，故只适用于小型设备（300 mm ≤ DN ≤ 2 600 mm、L≤5 m）。腿式支座的结构形式、系列参数等参见标准《容器支座 第2部分：腿式支座》（NB/T 47065.2—2018）。

腿式支座分为 A 型、B 型和 C 型，其形式特征见表3-25。

表3-25 腿式支座的形式特征

形式	支座号		垫板	适用公称直径 DN/mm
角钢支柱	AN	1~6	无	300~1 300
	A		有	
钢管支柱	BN	1~6	无	600~1 600
	B		有	
H 型钢支柱	CN	1~6	无	1 000~2 000
	C		有	

角钢支柱和 H 型钢支柱的材料可参照 YB/T 3301；钢管支柱的材料应符合 GB/T 8162 的规定；支柱底板、盖板等支腿元件设计材料宜根据支腿温度按 NB/T 47065.2—2018 的规定选取。若需要可以改用其他材料，具体要求见标准中的规定。

当容器用合金钢制造，或者容器壳体有焊后热处理的要求，或者与支腿连接的圆筒的有效厚度小于标准中规定的数值时，应选用带垫板的支腿。垫板的材料应与容器壳体的材料相同。

支腿的标记方法如下：

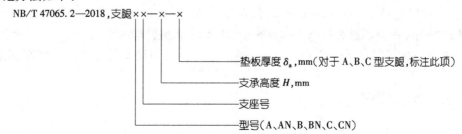

NB/T 47065.2—2018,支腿××—×—×

垫板厚度 δ_a，mm（对于 A、B、C 型支腿，标注此项）

支承高度 H，mm

支座号

型号（A、AN、B、BN、C、CN）

示例:容器公称直径为 800 mm,角钢支柱支腿,不带垫板,支承高度 H 为 900 mm,其支腿标记为

NB/T 47065.2—2018,支腿 AN4—900

(二)耳式支座

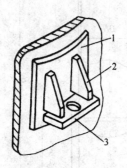

图 3-53 耳式支座

1—垫板;2—筋板;3—支脚板

耳式支座简称耳座,它由筋板和支脚板组成,广泛用在反应釜及立式换热器等立式设备上。它简单、轻便,但会对器壁产生较大的局部应力。因此,当设备较大或器壁较薄时,应在支座与器壁间加一块垫板。对于不锈钢制设备,当用碳钢做支座时,为防止器壁与支座焊接过程中不锈钢中的合金元素流失,也需在支座与器壁间加一块不锈钢垫板。图 3-53 是带有垫板的耳式支座。

耳式支座已经标准化,其形式、结构、规格尺寸、材料及安装要求应符合《容器支座　第 3 部分:耳式支座》(NB/T 47065.3—2018)。该标准将耳式支座分为 A 型(短臂)、B 型(长臂)和 C 型(加长臂)三类,A 型和 B 型分为带垫板与不带垫板两种结构,C 型带垫板,见表 3-26。B 型耳式支座的安装尺寸范围较大,故又叫长臂支座。当设备外面有保温层或者将设备直接放在楼板上时,宜采用 B 型耳式支座。

表 3-26　耳式支座的形式特征

形式		支座号	垫板	盖板	适用公称直径 DN/mm
短臂	A	1~5	有	无	300~2 600
		6~8		有	1 500~4 000
长臂	B	1~5	有	无	300~2 600
		6~8		有	1 500~4 000
加长臂	C	1~3	有	有	300~1 400
		4~8			1 000~4 000

支座垫板材料一般应与容器材料相同。支座筋板和底板材料分为三种,其代号见表 3-27。

表 3-27　材料代号

材料代号	I	II	III
支座筋板和底板材料	Q235B	S30408	15CrMoR
允许使用温度/℃	-20~200	-100~200	-20~300

耳式支座选用的步骤为:①根据估算的设备总重量算出每个支座(按 2 个支座计算)需要承担的负荷 Q 值;②确定支座的形式后,根据标准中每种支座允许的载荷,按照支座允许负荷 $Q_{允}$ 大于实际负荷 Q 的原则,选出合适的支座。每台设备可配置 2 个或 4 个支座,考虑到设备在安装后可能出现全部支座未能同时受力等情况,在确定支座尺寸时,无论实际上支座是 2 个还是 4 个,可一律按 2 个计算。

耳式支座通常设置垫板,当 $DN \leqslant 900$ mm 时,可不设置垫板,但必须满足容器壳体的有效厚度大于 3 mm、容器壳体材料与支座材料具有相同或相近的化学成分和机械性能的要求。

小型设备的耳式支座可以支承在管子或型钢制的立柱上。大型设备的支座往往搁在钢梁或混凝土制的基础上。

耳式支座的标记方法如下:

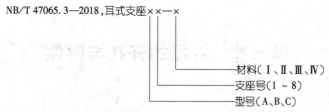

NB/T 47065.3—2018,耳式支座××—×

- 材料(Ⅰ、Ⅱ、Ⅲ、Ⅳ)
- 支座号(1~8)
- 型号(A、B、C)

注:①若垫板厚度 δ_3 与标准尺寸不同,则应在设备图样的零件名称栏或备注栏中注明。如:$\delta_3 = 12$。

②支座及垫板材料应在设备图样的材料栏内标注,表示方法为:支座材料/垫板材料。

示例:A 型 3 号耳式支座,支座材料为 Q235B,垫板材料为 Q245R,则标记为

NB/T 47065.3—2018,耳式支座 A3—Ⅰ

材料栏内注:Q235B/Q245R。

(三)支承式支座

支承式支座可以用钢管、角钢、槽钢制作,也可以用数块钢板焊成,见图 3-54。它们的形式、结构、尺寸及所用材料应符合《容器支座 第 4 部分:支承式支座》(NB/T 47065.4—2018)。

支承式支座分为 A 型和 B 型,适用的范围和结构见表 3-28。支座垫板材料一般应与容器封头材料相同,A 型支座底板材料为 Q235B;B 型支座钢管材料为 10 号钢,底板材料为 Q235B。支承式支座的选用见标准中的规定。

图 3-54 支承式支座

表 3-28 支承式支座的形式特征

形式		支座号	垫板	适用公称直径 DN/mm
钢板焊制	A	1~4	有	800~2 200
		5~6		2 400~3 000
钢管制作	B	1~8	有	800~4 000

支承式支座简单、轻便,但它与耳式支座一样,会对壳壁产生较大的局部应力,因此当容器壳体的刚度较小、壳体和支座的材料差异或温度差异较大时,或壳体需焊后热处理时,在支座和壳体之间应设置垫板。垫板材料应与壳体材料相同。

支承式支座的标记方法如下:

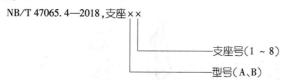

NB/T 47065.4—2018,支座××

- 支座号(1~8)
- 型号(A、B)

注:①若支座高度 h、垫板厚度 δ_3 与标准尺寸不同,则应在设备图样的零件名称栏或备注栏中注明。如:$h = 450$,$\delta_3 = 14$。

②支座及垫板材料应在设备图样的材料栏内标注,表示方法为:支座材料/垫板材料。

示例:钢板焊制的 3 号支承式支座,支座材料和垫板材料分别为 Q235B 和 Q245R,则标记为

NB/T 47065.4—2018,支座 A3

材料栏内注:Q235B/Q245R。

(四)裙式支座

对于高大的塔器,最常用的支座就是裙式支座。它与前三种支座不同,目前还没有标准。它的各部分尺寸均需通过计算或实践经验确定。裙式支座的结构及设计方法详见第四章。

第七节　容器的开孔与附件

一、容器的开孔与补强

为了满足工艺、安装、检修的要求,往往需要在容器的筒体和封头上开各种形状、大小的孔或连接接管。容器壳体上开孔后,不但削弱了容器壁的强度,而且在筒体与接管的连接处,由于原壳体结构发生了变化,出现不连续,在开孔区域将形成一个局部的高应力集中区。开孔边缘处的最大应力称为峰值应力。峰值应力通常较高,达到甚至超过了屈服极限,加之容器材质和制造缺陷等因素的综合作用,往往会成为容器的破坏源。因此,为了降低峰值应力,需要对结构开孔部位进行补强,以保证容器安全运行。开孔应力集中的程度与开孔的形状有关,圆孔的应力集中程度最低,因此一般开圆孔。

(一)开孔补强设计与补强结构

所谓开孔补强设计是指在开孔附近区域增加补强金属,以达到提高器壁强度、满足强度设计要求的目的。容器开孔补强的形式概括起来分为整体补强和局部补强两种。

1. 整体补强

整体补强是指增大整体壳体的厚度,或用全截面焊透的结构形式将厚壁接管或整体补强锻件与壳体相焊。

由于开孔应力集中的局部性,远离开孔区域的应力值与正常应力值一样,故除非出于制造或结构上的需要,一般不需要把整个容器壁加厚,在实际中多采用局部补强。

2. 局部补强

局部补强主要有补强圈补强、厚壁接管补强和整锻件补强。

1)补强圈补强

补强圈补强是指在壳体开孔周围贴焊一圈钢板,即补强圈。一般补强圈与器壁采用搭接结构,材料与器壁相同,尺寸可通过计算得到。当补强圈的厚度超过 8 mm 时,一般采用全焊透结构,使其与器壁同时受力,否则起不到补强作用。补强圈通常放置于器壁外表面(图 3 - 55(a))。为了检验焊缝的紧密性,补强圈上有一个 M10 的小螺纹孔,从这里通入压缩空气进行焊缝紧密性试验。补强圈现已标准化。

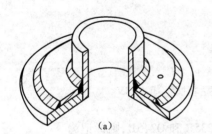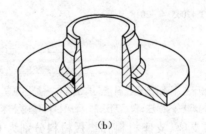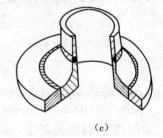

(a)　　　　　　　　　　(b)　　　　　　　　　　(c)

图 3 - 55　局部补强类型

(a)补强圈补强;(b)厚壁接管补强;(c)整锻件补强

补强圈结构简单,易于制造,应用广泛。但补强圈与壳体不能完全贴合,之间存在着一层静止的空气层,传热效果差,致使二者温差与热膨胀差较大,容易引起温差应力。将补强圈与壳体相焊时,此处的刚性变大,对角焊缝的冷却收缩起较大的约束作用,容易在焊缝处造成裂纹。特别是高强度钢淬硬性大,对焊接裂纹比较敏感,更易开裂。此外,由于补强圈和壳体或接管金属没有形成一个整体,因而抗疲劳性能差。因此,对补强圈搭焊结构的使用范围需加以限制。GB 150 规定,采用补强圈结构补强时应满足下列要求:①钢材的标准抗拉强度下限值 $R_m \leqslant 540$ MPa;②补强圈厚度小于或等于 $1.5\delta_n$;③壳体名义厚度 $\delta_n \leqslant 38$ mm。

2)厚壁接管补强

在开孔处焊上一段特意加厚的短管,使接管的加厚部分恰处于最大应力区内,以减小应力集中系数,见图 3 - 55(b)。接管与壳体的连接方式有插入式、安放式和嵌入式三种。厚壁接管补强的优点是结构简单,焊缝少,焊接质量容易检验,便于制造,接管与开孔处壳体可用全熔透焊缝连接,补强效果较好。

3)整锻件补强

整锻件补强是指将接管与壳体连同加强部分做成整体锻件,然后与壳体焊在一起,见图 3 - 55(c)。整锻件补强的优点是补强金属集中于开孔应力最大部位,能有效地减小应力集中系数,可采用对接焊缝,抗疲劳性能好,一般疲劳寿命只缩短 10% ~ 15%;缺点是采用锻件制造,成本较高,一般在重要压力容器中应用。

(二)开孔补强计算方法

开孔补强设计是指采用适当增大壳体或接管厚度的方法,将应力集中系数减小到某一允许值。开孔补强计算方法包括等面积法和分析法。

1. 等面积法

等面积法适用于压力作用下壳体和平封头上的圆形、椭圆形或长圆形开孔。当在壳体上开椭圆形或长圆形孔时,孔的长径与短径之比应不大于 2.0。本方法的适用范围如下。

(1)当圆筒内径 $D_i \leqslant 1\ 500$ mm 时,最大开孔直径 $d_{op} \leqslant D_i/2$,且 $d_{op} \leqslant 520$ mm;当圆筒内径 $D_i > 1\ 500$ mm 时,最大开孔直径 $d_{op} \leqslant D_i/3$,且 $d_{op} \leqslant 1\ 000$ mm。

(2)凸形封头或球壳开孔的最大直径 $d_{op} \leqslant D_i/2$。

(3)锥形封头开孔的最大直径 $d_{op} \leqslant D_t/3$,其中 D_t 为开孔中心处的锥壳内直径。

注:对椭圆形或长圆形开孔,最大开孔直径 d_{op} 指长轴尺寸。

2. 分析法

分析法即根据弹性薄壳理论得到的应力分析法,用于内压作用下具有径向接管圆筒的开孔补强设计,其适用范围为 $d \leqslant 0.9D$ 且 $\max[0.5, d/D] \leqslant \delta_{et}/\delta_e \leqslant 2$,其中 δ_{et} 为接管有效厚度(mm)。

圆筒开孔补强分析法与等面积法适用的开孔率范围比较见图 3 - 56。

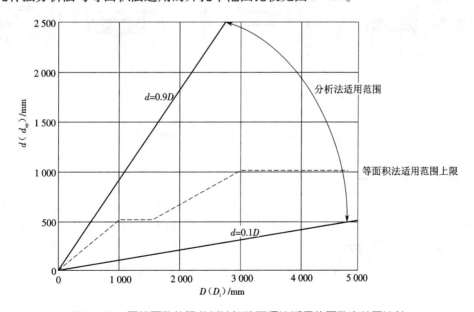

图 3 - 56　圆筒开孔补强分析法与等面积法适用的开孔率范围比较

(三)不需补强的最大开孔直径

　　容器上的开孔并非都需要补强,这是因为:①在计算壁厚时考虑了焊接接头系数而使壁厚有所增大;②钢板具有一定规格,壳体的壁厚往往超过实际强度的需要,厚度增大,使最大应力值降低,相当于容器已被整体加强;③容器上的开孔总与接管相连,接管超出实际需要的壁厚也起到补强作用;④容器材料具有一定的塑性储备,允许承受不过大的局部应力。所以,当孔径不超过一定数值时,可不进行补强。

　　当壳体开孔满足下列全部条件时可不另行补强:①设计压力小于或等于2.5 MPa;②两个相邻开孔中心的间距(对曲面间距以弧长计算)应不小于两孔直径之和,对于3个或以上相邻开孔,任意两孔中心的间距(对曲面间距以弧长计算)应不小于两孔直径之和的2.5倍;③接管公称外径小于或等于89 mm;④接管最小壁厚满足表3-29的要求;⑤开孔不得位于A、B类焊接接头上。

表3-29　接管最小壁厚　　　　　　　　　　　　　　　　　　(mm)

接管公称外径	25	32	38	45	48	57	65	76	89
最小壁厚	≥3.5			≥4.0		≥5.0		≥6.0	

　　注:钢材的标准抗拉强度下限值 R_m ≥540 MPa 时,接管与壳体的连接宜采用全焊透的结构形式。

二、容器的接口管与凸缘

　　设备上的接口管与凸缘既可用于安装测量、控制仪表,也可用于连接其他设备和介质的输送管道。

(一)接口管

　　焊接设备的接口管如图3-57(a)所示,接口管长度可参照表3-30确定。铸造设备的接口管可与筒体一并铸出,如图3-57(b)所示。螺纹管主要用来连接温度计、压力表或液面计等,根据需要可制成阴螺纹或阳螺纹,见图3-57(c)。

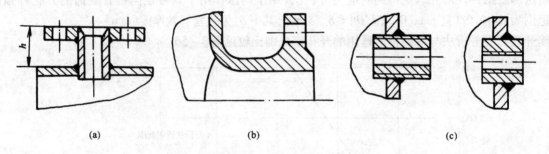

图3-57　容器的接口管
(a)焊接接管;(b)铸造接管;(c)螺纹接管

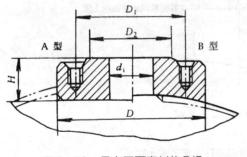

图3-58　具有平面密封的凸缘

(二)凸缘

　　当接口管必须很短时,可用凸缘(又叫突出接口)来代替接口管,如图3-58所示。凸缘本身具有加强开孔的作用,不需要另外补强;缺点是当螺柱折断在螺栓孔中时,取出较困难。由于凸缘与管法兰配合使用,因此它的连接尺寸应根据所选用的管法兰确定。

表 3 – 30 接管及其连接法兰的伸出长度 *l*　　　　　　　　　　（mm）

保温层厚度	接管公称直径 DN	最小伸出长度 l
50 ~ 75	10 ~ 100	150
	125 ~ 300	200
	350 ~ 600	250
76 ~ 100	10 ~ 50	150
	70 ~ 300	200
	350 ~ 600	250
101 ~ 125	10 ~ 150	200
	200 ~ 600	250
126 ~ 150	10 ~ 50	200
	70 ~ 300	250
	350 ~ 600	300
151 ~ 175	10 ~ 150	250
	200 ~ 600	300
176 ~ 200	10 ~ 50	250
	70 ~ 300	300
	350 ~ 600	350
	600 ~ 900	400

注:若保温层厚度小于 50 mm,*l* 可适当减小。

三、手孔与人孔

压力容器开设手孔和人孔是为了检查设备的内部空间,安装和拆卸设备的内部构件。

手孔直径一般为 150 ~ 250 mm,标准手孔公称直径有 DN 150 和 DN 250 两种。手孔的结构一般是在容器上接一根短管,并在其上盖一个盲板。图 3 – 59 所示为常压手孔。

当设备的直径超过 900 mm 时,不仅开有手孔,还应开设人孔。人孔的形状有圆形和椭圆形两种。椭圆形人孔的短轴应力的方向与受压容器的筒身轴线平行。圆形人孔的直径一般为 400 ~ 600 mm,容器压力不高或有特殊需要时,直径可大一些。椭圆形人孔(或称长圆形人孔)的最小尺寸为 400 mm × 300 mm。

人孔主要由筒节、法兰、盖板和手柄组成。一般人孔有两个手柄,手孔有一个手柄。容器在使用过程中人孔需要经常打开时,可选择快开人孔。图 3 – 60 是椭圆形回转盖快开人孔的结构。

手孔和人孔已有标准(HG 21514 ~ 21535—2014),设计时可根据设备的公称压力、工作温度以及所用材料等按标准直接选用。

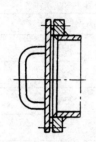

图 3-59　常压手孔

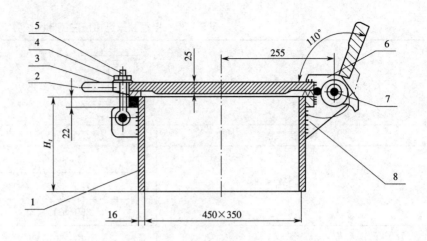

图 3-60　椭圆形回转盖快开人孔的结构

1—筒体;2—垫片;3—盖;4—六角螺母;
5—活节螺栓;6—上耳板;7—销;8—下耳板

人孔或手孔的标记方法为

$$\boxed{abcd}(\boxed{e})\boxed{fg{-}hij}$$

a 为名称,仅写人孔或手孔。

b 为密封面形式代号,见表 3-21。

c 为材料类别代号,见标准中的规定。

d 为紧固螺栓(柱)代号,见标准中的规定。

e 为垫片(圈)代号,见标准中的规定。

f 为非快开回转盖人孔和手孔盖轴耳形式代号,按各个回转盖人孔和手孔标准中的规定填"A"或"B",其他人孔和手孔本项不填写。

g 为公称直径,mm。

h 为公称压力,MPa。

i 为非标准高度,mm。

j 为标准编号。

四、视镜与液面计

(一)视镜

视镜除了用来观察设备内部情况外,还可用作物料液面指示镜。

视镜作为标准组合部件,由视镜玻璃、视镜座、密封垫、压紧环螺母和螺柱等组成,其基本结构如图3-61所示。视镜与容器的连接形式有两种:一种是视镜座外缘直接与容器的壳体或封头相焊,见图 3-62;另一种是视镜座由配对法兰或法兰凸缘夹持固定,见图 3-63。视镜已经标准化(NB/T 47017—2011),目前在化工生产中常用的有压力容器视镜、带灯视镜、带灯且有冲洗孔的视镜、组合视镜等。

(二)液面计

液面计的种类很多。在公称压力不超过 0.7 MPa 的设备上可以直接开长条孔,利用矩形凸缘或法兰把液面计固定在设备上。对于承压容器,一般将液面计通过法兰、活接头或螺纹接头与设备连接在一起,见图 3-64。当设备直径很大时,可以同时采用几组液面计接管,见图3-65。在现有标准中,有玻璃板液面计、反射式防霜液面计、透光式板式液面计和磁性液面计。

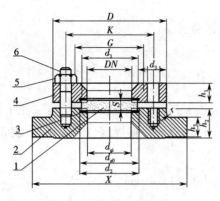

图 3-61　视镜的基本结构

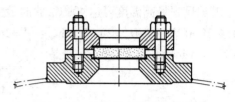

图 3-62　与容器壳体直接相焊式

1—视镜玻璃;2—视镜座;3—密封垫;4—压紧环;5—螺母;6—双头螺柱

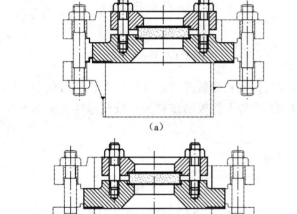

（a）

（b）

图 3-63　由配对法兰或法兰凸缘夹持固定视镜

（a）与配对管法兰连接;（b）与配对管法兰凸缘连接

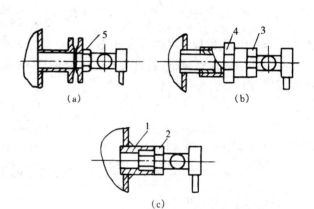

（a）

（b）

（c）

图 3-64　液面计与设备的连接

（a）法兰连接;（b）活接头连接;（c）螺纹连接

1—螺纹接管;2、3、5—液面计;4—活接头

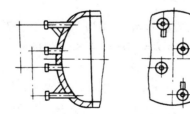

图 3-65　两组液面计接管

第八节　容器设计举例

试设计一个液氨贮罐。工艺尺寸已确定:贮罐内径 $D_i = 2\ 600$ mm,贮罐(不包括封头)长度 $L = 4\ 800$ mm。使用地点:天津。

1. 罐体壁厚设计

根据第二章选材所做的分析,本贮罐选用 Q245R 制作罐体和封头。

设计壁厚 δ_d 根据式(3-12)计算:

$$\delta_d = \frac{p_C D_i}{2[\sigma]^t \varphi - p_C} + C$$

考虑到夏季最高温度可达 40 ℃,此时氨的饱和蒸气压为 1.455 MPa(表压),本贮罐取 $p_C = 1.1 \times 1.455 =$ 1.6 MPa(表压);$D_i = 2\,600$ mm;$[\sigma]^t = 148$ MPa(附录1);$\varphi = 1.0$(双面对接焊缝,100% 探伤,表 3-10);取 $C_1 = 0.3$ mm,$C_2 = 1.0$ mm。于是

$$\delta_d = \frac{1.6 \times 2\,600}{2 \times 148 \times 1.0 - 1.6} + 0.3 + 1.0 = 15.4 \text{ mm}$$

圆整后取 $\delta_n = 16$ mm,即用 16 mm 厚的 Q245R 钢板制作罐体。

2. 封头壁厚设计

采用标准椭圆形封头。

设计壁厚 δ_d 按式(3-30)计算:

$$\delta_d = \frac{p_C D_i}{2[\sigma]^t \varphi - 0.5 p_C} + C_1 + C_2 = \frac{1.6 \times 2\,600}{2 \times 148 \times 1.0 - 0.5 \times 1.6} + 0.3 + 1.0 = 15.4 \text{ mm}$$

式中:$\varphi = 1.0$(钢板最大宽度为 3 m,该贮罐直径为 2.6 m,故封头需将钢板并焊后冲压);其他符号同前。

考虑冲压减薄量,圆整后取 $\delta_n = 16$ mm,即用 16 mm 厚的 Q245R 钢板制作封头。校核罐体与封头水压试验强度,根据式(3-16):

$$\sigma_T = \frac{p_T(D_i + \delta_e)}{2\delta_e} \leq 0.9 \varphi R_{eL}$$

式中:$p_T = 1.25p = 1.25 \times 1.6 = 2.0$ MPa;$\delta_e = \delta_n - C = 16 - 1.3 = 14.7$ mm;$R_{eL} = 245$ MPa(附录1)。

$$\sigma_T = \frac{2.0 \times (2\,600 + 14.7)}{2 \times 14.7} = 177.9 \text{ MPa} \leq 0.9 \varphi R_{eL} = 0.9 \times 1.0 \times 245 = 220.5 \text{ MPa}$$

可见水压试验满足强度要求。

3. 鞍座

首先粗略计算鞍座负荷。

贮罐总质量:　　　　　　　　　　$m = m_1 + m_2 + m_3 + m_4$

式中:m_1 为罐体质量,kg;m_2 为封头质量,kg;m_3 为液氨质量,kg;m_4 为附件质量,kg。

1)罐体质量 m_1

$DN = 2\,600$ mm、$\delta_n = 16$ mm 的筒节,质量为 $q_1 = 1\,030$ kg/m(附录7),故

$$m_1 = q_1 L = 1\,030 \times 4.8 = 4\,944 \text{ kg}$$

2)封头质量 m_2

$DN = 2\,600$ mm、$\delta_n = 16$ mm、直边高度 $h = 40$ mm 的椭圆形封头,质量为 $q_2 = 975$ kg/m(附录9),故两个封头的质量

$$m_2 = 2q_2 = 2 \times 975 = 1\,950 \text{ kg}$$

3)液氨质量 m_3

$$m_3 = \alpha V \gamma$$

式中:α 为装料系数,取 0.7;V 为贮罐容积,其中封头和筒体的容积分别查附录7和附录8,由此得 $V = V_{封} + V_{筒} = 2 \times 2.513 + 4.8 \times 5.309 = 30.51$ m³;γ 为液氨在 -20 ℃ 时的密度,为 665 kg/m³。所以

$$m_3 = 0.7 \times 30.51 \times 665 = 14\,202 \text{ kg}$$

4)附件质量 m_4

人孔约重 200 kg,其他接口管的质量总和按 300 kg 计,故

$$m_4 = 500 \text{ kg}$$

设备总质量：　　$m = m_1 + m_2 + m_3 + m_4 = 4\,944 + 1\,950 + 14\,202 + 500 = 21\,596 \text{ kg}$

$$Q = \frac{mg}{2} = \frac{21\,596 \times 9.8}{2} = 105\,820.4 \text{ N} \approx 106 \text{ kN}$$

每个鞍座只承受约 106 kN 的负荷，所以选用轻型带垫板、包角为 120°的鞍座，即 NB/T 47065.1—2018 鞍座 A2600—F、NB/T 47065.1—2018 鞍座 A2600—S。

4. 人孔

由于贮罐在常温及最高工作压力为 1.6 MPa 的条件下工作，人孔标准应按公称压力为 1.6 MPa 的等级选取。由人孔类型系列标准可知，公称压力为 1.6 MPa 的人孔类型很多。本设计考虑到人孔盖直径较大且较重，故选用水平吊盖人孔。该人孔结构中有吊钩和销轴，检修时只须松开螺栓将盖板绕销轴旋转一个角度，由吊钩吊住，不必将盖板取下。

该人孔标记为

人孔 RF Ⅱ(A·G)450—1.6　HG/T 21523—2014

5. 人孔补强确定

由于人孔筒节不是采用无缝钢管制造的，故不能直接选用补强圈标准。本设计所选用的人孔筒节内径 $d = 450$ mm，壁厚 $\delta_n = 10$ mm。故补强圈尺寸可选内径 $D_1 = 484$ mm，外径 $D_2 = 760$ mm。补强圈的厚度按下式估算：

$$\delta_{补} = \frac{d\delta_e}{D_2 - D_1} = \frac{450 \times (16 - 1.3)}{760 - 484} = 23.97 \text{ mm}$$

考虑到罐体与人孔筒节均有一定的壁厚裕量，故补强圈取 24 mm 厚。

6. 接口管

本贮罐设有以下接口管。

(1)液氨进料管。采用 $\phi 57 \times 3.5$ 无缝钢管(强度应验算，在此略去)。管的一端切成 45°角，伸入贮罐内少许。配用具有突面密封的平焊管法兰，法兰标记：HG/T 20592　法兰 PL50—1.6 RF Q235B。

因为壳体名义壁厚 $\delta_n = 16$ mm > 12 mm，接管公称直径小于 80 mm，故不用补强。

(2)液氨出料管。采用可拆的 $\phi 25 \times 3$ 压出管，将它用法兰固定在 $\phi 38 \times 3.5$ 接口管内。

罐体的接口管法兰采用 HG/T 20592　法兰 PL32—1.6 FF Q235B。与该法兰相配并焊接在压出管上的法兰连接尺寸和厚度与 HG/T 20592　法兰 PL32—1.6 FF Q235B 相同，但其内径为 25 mm(见图 3-66 总装配图的局部放大图)。

液氨压出管的端部法兰(与氨输送管相连)采用 HG/T 20592　法兰 PL20—1.6 FF Q235B。这些小管都不必补强。压出管伸入贮罐 2.5 m。

(3)排污管。贮罐右端最底部安设排污管一个，管子规格为 $\phi 57 \times 3.5$，管端焊有一个与截止阀 J41W—16 相配的管法兰 HG/T 20592　法兰 PL50—1.6 RF Q235B。排污管与罐体连接处焊有一个厚度为 10 mm 的补强圈。

(4)液面计接管。本贮罐采用玻璃管液面计 BIW PN 1.6，L = 1 000 mm，HG5—227—80 两支。与液面计相配的接口管尺寸为 $\phi 18 \times 3$，管法兰牌号为 HG/T 20592　法兰 PL15—1.6 FF Q235B。

(5)放空接口管。采用 $\phi 32 \times 3.5$ 无缝钢管，管法兰牌号为 HG/T 20592　法兰 PL25—1.6 FF Q235B。

(6)安全阀接口管。安全阀接口管尺寸由安全阀泄放量决定。本贮罐选用 $\phi 32 \times 2.5$ 无缝钢管，管法兰牌号为 HG/T 20592　法兰 PL25—1.6 FF Q235B。

7. 设备总装配图

贮罐的总装配图见图 3-66，技术特性和接口管表见表 3-31 和表 3-32，各零部件的名称、规格、尺寸、材料等见表 3-33。

　　本贮罐技术要求:①本设备按《压力容器》(GB 150—2011)进行制造、试验和验收;②焊接材料、对接焊接接头形式及尺寸可按 GB/T 985—2008 取用(设计焊接接头系数 $\varphi = 1.0$);③焊接采用电弧焊,焊条牌号为 E4303;④对壳体焊缝应进行无损探伤检查,探伤长度为 100%;⑤设备制造完毕后,以 2 MPa 的表压进行水压试验;⑥管口方位按图 3-66。

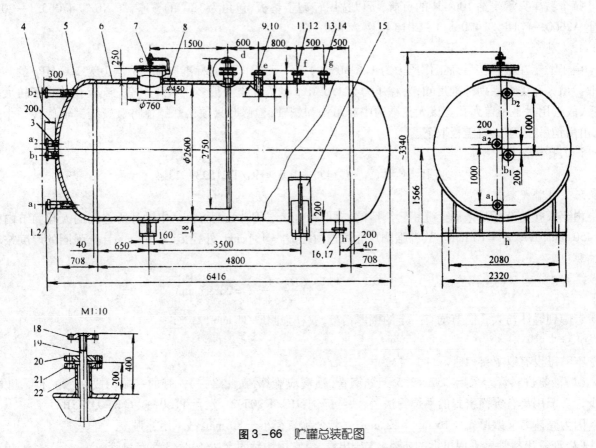

图 3-66　贮罐总装配图

表 3-31　贮罐技术特性

序号	名称	指标
1	设计压力	1.6 MPa
2	工作温度	≤40 ℃
3	物料名称	液氨
4	容积	30.51 m³

表 3-32　贮罐接口管表

序号	管法兰标准	密封面形式	用途
a_1, a_2	HG/T 20592　法兰 PL15—1.6 FF Q235B	平面	液面计接口
b_1, b_2	HG/T 20592　法兰 PL15—1.6 FF Q235B	平面	液面计接口
c	HG/T 20592　法兰 PL450—1.6 TG Q235B	榫槽	人孔
d	HG/T 20592　法兰 PL32—1.6 FF Q235B	平面	出料口
e	HG/T 20592　法兰 PL50—1.6 RF Q235B	突面	进料口
f	HG/T 20592　法兰 PL25—1.6 FF Q235B	平面	安全阀接口
g	HG/T 20592　法兰 PL25—1.6 FF Q235B	平面	放空口
h	HG/T 20592　法兰 PL50—1.6 RF Q235B	突面	排污口

表 3 –33　贮罐材料明细表

序号	图号或标准号	名称	材料	数量	单件质量	总质量	备注
					质量（kg)		
22	GB/T 8163—2018	出料接口管 ϕ38 ×3.5, L =160	10	1		0.5	
21	HG/T 20592—2009	法兰 PL32—1.6 RF	Q235B	1		1.6	
20	HG/T 20592—2009	法兰内径 ϕ35,其他尺寸按 PL32—1.6FF	Q235B	1		1.8	
19	GB/T 8163—2018	压料接口管 ϕ25 ×3, L =2 750	10	1		4.5	
18	HG/T 20592—2009	法兰 PL20—1.6 FF	Q235B	1		0.87	
17	GB/T 8163—2018	排污接口管 ϕ57 ×3.5, L =210	10	1		0.1	
16	HG/T 20592—2009	法兰 PL50—1.6 RF	Q235B	1		2.61	
15	NB/T 47065.1—2018	NB/T 47065.1—2018 鞍座 A2600—F NB/T 47065.1—2018 鞍座 A2600—S	Q235B	2	420	840	
14	HG/T 20592—2009	法兰 PL25—1.6 FF	Q235B	1		1.2	
13	GB/T 8163—2018	放空接口管 ϕ32 ×2.5, L =210	10	1		0.58	
12	HG/T 20592—2009	法兰 PL25—1.6 FF	Q235B	1		1.2	
11	GB/T 8163—2018	安全阀接口管 ϕ32 ×3.5, L =210	10	1		0.58	
10	HG/T 20592—2009	法兰 PL50—1.6 RF	Q235B	1		2.61	
9	GB/T 8163—2018	进料接口管 ϕ57 ×3.5, L =400	10	1		1.85	
8	JB/T 4736—2002	补强圈 ϕ760/ ϕ484, δ =24	Q345R	1		33.9	
7	HG/T 21523—2014	人孔 RFⅡ（A·G)450—1.6	组合件	1		200	
6	GB/T 9019—2015	罐体 DN 2 600 ×16, L =4 800	Q245	1		4 944	
5	GB/T 25198—2010	封头 DN 2 600 ×16, h =40	Q245	2	975	1 950	
4	HG 21590—1995	玻璃管液面计 BIW PN 1.6, L =1 000	组合件	2	12.6	25.2	
3	GB/T 8163—2018	液面计接口管 ϕ18 ×3, L =210	10	2	0.23	0.46	
2	HG/T 20592—2009	法兰 PL15—1.6 FF	Q235B	4	0.7	2.8	
1	GB/T 8163—2018	液面计接口管 ϕ18 ×3, L =400	10	2	0.44	0.88	

		（企业名称)			工程名称		
					设计项目		
					设计阶段	施工图	
审 核		**液氨贮罐装配图** ϕ2 600 ×6 416　 V =30.51 m³					
校 对							
设 计							
制 图							
描 图		年　月	比　例		1: 30	第 1 张	共 1 张

习　题

3-1　已知 $DN\,2\,000$ 的内压薄壁圆筒,壁厚 $\delta_n = 22\;mm$,壁厚附加量 $C = 2\;mm$,承受的最大气体压力 $p = 2\;MPa$,焊缝系数 $\varphi = 0.85$,试求筒体的最大应力。

3-2　某化工厂反应釜内径为 $1\,600\;mm$,工作温度为 $5 \sim 105\;℃$,工作压力为 $1.6\;MPa$,釜体材料用 S30408。采用双面对接焊缝,局部无损探伤,凸形封头上装有安全阀,试计算釜体壁厚。

3-3　材料为 20 的无缝钢管,规格为 $\phi 57 \times 3.5$,求在室温和 $400\;℃$ 时各能耐多大的压力,按不考虑壁厚附加量和 $C = 1.5\;mm$ 两种情况计算。

3-4　乙烯贮罐内径为 $1\,600\;mm$,壁厚为 $16\;mm$,设计压力为 $2.5\;MPa$,工作温度为 $-35\;℃$,材料为 Q345R。采用双面对接焊缝,局部无损探伤,壁厚附加量 $C = 1.5\;mm$,试校核贮罐强度。

3-5　设计容器筒体和封头壁厚时,已知内径为 $1\,200\;mm$,设计压力为 $1.8\;MPa$,设计温度为 $40\;℃$,材质为 Q245R,介质腐蚀性不大。采用双面对接焊缝,100% 探伤。讨论所选封头的形式。

3-6　某工厂脱水塔塔体内径 $D_i = 700\;mm$,壁厚 $\delta_n = 12\;mm$,工作温度为 $180\;℃$,工作压力为 $2\;MPa$,材质为 20R。塔体采用手工电弧焊,局部探伤,壁厚附加量 $C = 2\;mm$。试校核塔体工作条件与水压试验强度。

3-7　有一台长期不用的反应釜,经实测内径为 $1\,200\;mm$,最小壁厚为 $10\;mm$,材质为 Q235B,纵向焊缝为双面对接焊缝,是否曾做探伤不清楚。今欲利用该釜承受 $1\;MPa$ 的内压力,工作温度为 $200\;℃$,介质无腐蚀性,装设安全阀,试判断该釜能否在此条件下使用。

3-8　有一台聚乙烯聚合釜,外径为 $1\,580\;mm$,高 $7\,060\;mm$(切线间长度),壁厚为 $11\;mm$,材质为 S30408(0Cr19Ni9),试确定筒体的最大允许外压(设计温度为 $200\;℃$)。

3-9　今欲设计一台常压薄膜蒸发干燥器,内径为 $500\;mm$,其外装夹套的内径为 $600\;mm$,夹套内通 $0.6\;MPa$ 的蒸汽,蒸汽温度为 $160\;℃$;干燥器筒身由 3 节组成,每节长 $1\,000\;mm$,中间用法兰连接;材质选用 Q345R,夹套焊接条件自定;介质腐蚀性不大。试确定干燥器及其夹套的壁厚。

3-10　设计一台缩聚釜,釜体内径为 $1\,000\;mm$,釜身切线间长度为 $70\;mm$,用 S30408 钢板制造。釜体夹套内径为 $1\,200\;mm$,用 Q345R 钢板制造。该釜初始常压操作,然后抽低真空,继而抽高真空,最后通 $0.3\;MPa$ 的氮气。釜内物料温度低于 $275\;℃$,夹套内载热体最大压力为 $0.2\;MPa$。整个釜体与夹套均采用带垫板的单面手工对接焊缝,局部探伤,介质无腐蚀性,试确定釜体和夹套的壁厚。

3-11　今有一个直径为 $640\;mm$、壁厚 $4\;mm$、筒长 $5\,000\;mm$ 的容器,材料为 Q235B,工作温度为 $200\;℃$。试问:该容器能否承受 $0.1\;MPa$ 的外压? 如不能承受,应加几个箍?

3-12　试设计一台中间试验设备轻油裂解气废热锅炉汽包筒体及标准椭圆形封头的壁厚,并画出封头草图,注明尺寸。已知设计压力为 $1.2\;MPa$,设计温度为 $350\;℃$,汽包内径为 $450\;mm$,材质为 Q345R,筒体带垫板,单面焊对接接头,100% 探伤。

3-13　试设计一台反应釜锥形底的壁厚。该釜内径为 $800\;mm$,锥底接一根 $DN\,150$(外径为 $159\;mm$)的接口管。锥底半顶角为 $45°$,釜的设计压力为 $1.6\;MPa$,工作温度为 $40\;℃$,釜顶装有安全阀,介质无强腐蚀性,材质为 Q235B。

3-14　试为一台精馏塔配置塔节与封头的连接法兰及出料接口管法兰。已知条件:塔体内径 $9\,000\;mm$,接口管公称直径 $100\;mm$,操作温度 $300\;℃$,操作压力 $0.25\;MPa$,材料 Q345R。绘出法兰结构图并注明尺寸。

3-15　为一台不锈钢 S30408 制压力容器配置一对法兰,最大工作压力为 $1.6\;MPa$,工作温度为 $150\;℃$,容器内径为 $1\,200\;mm$。确定法兰形式、结构尺寸,绘出零件图。

3-16　在直径为 $1\,200\;mm$ 的液氨贮罐上开一个 $\phi 450$ 的圆形大孔,试配置人孔法兰(包括法兰、垫片、螺柱)。

参考文献

［1］ 全国锅炉压力容器标准化技术委员会.压力容器:GB 150.1～150.4—2011［S］.北京:中国标准出版社,2012.

［2］ 全国锅炉压力容器标准化技术委员会.压力容器相关标准汇编［M］.7版.北京:中国标准出版社,2015.

［3］ 余国琮.化工机械工程手册［M］.北京:化学工业出版社,2003.

［4］ 朱有庭,曲文海,于浦义.化工设备设计手册［M］.北京:化学工业出版社,2005.

［5］ 郑津洋,桑芝富.过程设备设计［M］.5版.北京:化学工业出版社,2021.

［6］ 董大勤,袁凤隐.压力容器设计手册［M］.2版.北京:化学工业出版社,2006.

第四章　塔器

○○ ──── ○○ ○ ○○ ────────

第一节　概述

　　塔器是在一定条件下将达到气液共存状态的混合物分离、纯化的单元操作设备,广泛用于炼油、精细化工、环境工程、医药工程、食品工程和轻纺工程等行业和部门中。其投资在工程设备投资总额中占有很大比重,一般为20%～50%。塔器与化工工艺密不可分,是工艺过程得以实现的载体,直接影响着产品质量和生产效益。

　　塔器按照单元操作可以分为精馏塔、吸收塔、萃取塔、反应塔和干燥塔等;按照操作压力可以分为加压塔、常压塔和减压塔等;按照结构特点可以分为板式塔、填料塔和复合塔等。工业生产对塔器的性能有着严格的要求,归纳起来主要有以下几个方面。

　　(1)具有良好的操作稳定性,这是保证正常生产的先决条件。一台性能良好的塔器,首先要保证在连续生产中的稳定操作,即具有一定的操作弹性。在工艺允许的波动范围内,设备的操作弹性范围必须大于或等于生产中可能产生的工艺波动范围。

　　(2)具有较高的生产效率和产品质量,这是设备设计制造的核心。没有良好的产品质量,说明该设备不能胜任相应的工艺操作。当然,仅有较高的产品质量,而没有较高的生产效率也是不可取的。一个好的设计应兼顾二者,在保证产品质量的前提下,尽可能提高产品的生产效率。

　　(3)结构简单,制造费用低。塔器在满足相应工艺要求的前提下,应尽量采用简单的结构,降低设备材料、加工制作和日常维护的费用。设备应尽可能采用通用材料,特殊场合(如遇到盐酸、加氢反应、高温高压等比较苛刻的操作条件)应尽可能采用复合材料,以便降低塔器的制造成本。

　　(4)寿命长,一般要求其使用寿命在10年以上。在设计时,要综合考虑选用材料的成本、设备的运行安全、制造质量和一次性投资等因素。不要一味地追求长寿命,还应注意塔器在运行和使用中的安全性和操作的方便性,不能有任何可能导致操作失误的结构和部件。

第二节　板式塔及其结构设计

一、概述

　　在化工生产过程中,板式塔占有相当大的比重,工业上应用最多的板式塔有泡罩塔、浮阀塔、筛板塔和舌形塔。其中,泡罩塔是应用最早的一种工业塔型,1813年由塞利尔(Cellier)提出并制造,它具有操作弹性大、效率高、易操作的优点,但是由于结构复杂、造价高、操作压降大等缺点,已很少使用。浮阀塔具有泡罩塔的优点,结构又较泡罩塔简单,且处理能力大。目前,我国的浮阀塔已实现标准化,使用较多的是V形浮阀。与前两种塔型相比,筛板塔结构最简单,造价最低,处理量最大。筛板塔的效率要比泡罩塔高约15%,处理能力高10%～15%,造价低40%左右,具有很大的发展潜力。目前,筛板塔所使用的筛孔一般为$\phi 3 \sim \phi 8$,大孔筛板塔的筛孔为$\phi 10 \sim \phi 15$。舌形塔是喷射型塔,与泡罩塔相比,其结构简单,处理能力大,压力降小,但它操作弹性小,板效率低。图4-1、图4-2分别是大直径和小直径板式塔的结构图。

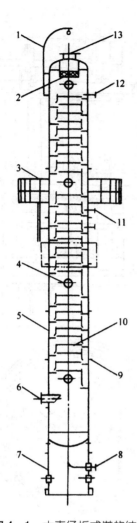

图 4-1 大直径板式塔的结构
1—吊柱;2—除沫装置;3—扶梯平台;
4—人孔;5—壳体;6—气体入口管;
7—裙座;8—出料管;9—保温圈;10—塔盘;
11—进料管;12—回流管;13—气体出口管

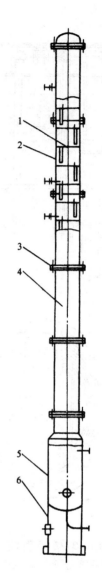

图 4-2 小直径板式塔的结构
1—整块式塔盘;2—筒节;3—法兰;
4—塔节;5—塔釜;6—裙座

二、板式塔的主要结构

板式塔的塔盘结构可以分为整块式和分块式两种。当塔径 $DN \leqslant 700$ mm 时,采用整块式塔盘;当 $DN \geqslant$ 800 mm 时,宜采用分块式塔盘。

（一）整块式塔盘

1. 塔盘

整块式塔盘根据组装方式不同分为定距管式和重叠式两类。采用整块式塔盘的塔体是由若干个塔节组成的,塔节之间用法兰连接（图 4-2）。每个塔节中安装若干块塔盘,塔盘与塔盘之间用管子支撑,并保持所规定的间距。图 4-3 为定距管式塔盘的结构。

重叠式塔盘的结构如图 4-4 所示。在第一个塔节下面焊有一组支座,底层塔盘安装在支座上。然后依次装入上一层塔盘,塔盘间距由焊在塔盘下的支座保证,并用调节螺钉调整水平。塔盘与塔壁的间隙用软质填料密封后再用压板和压圈压紧。

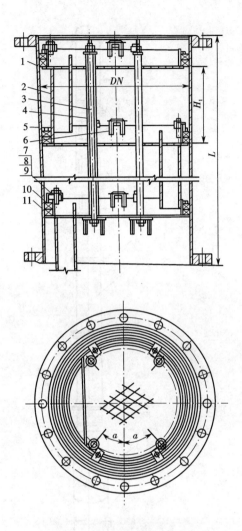

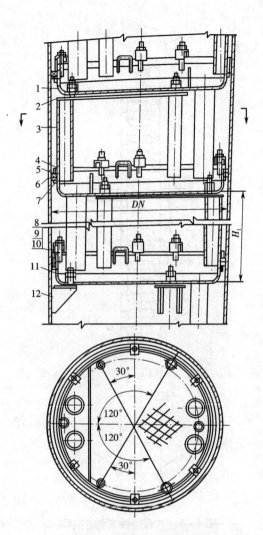

图4-3 定距管式塔盘的结构
1—塔盘;2—降液管;3—拉杆;4—定距管;
5—塔盘圈;6—吊耳;7—螺栓;8—螺母;
9—压板;10—压圈;11—石棉绳

图4-4 重叠式塔盘的结构
1—调节螺栓;2—支承板;3—支柱;4—压圈;
5—塔盘圈;6—填料;7—支承圈;8—压板;
9—螺母;10—螺柱;11—塔盘;12—支座

2. 塔盘密封结构

为了便于在塔节内装卸塔盘,塔盘与塔壁之间必须有一定的间隙,此间隙一般用填料密封,以防止气体由此通过,造成短路。图4-5是常用的密封结构。在塔壁和塔盘圈之间,用2~3圈直径为10~12 mm的石棉绳作为密封填料,在其上安放压圈和压板,用焊在塔盘圈内壁上的螺栓与螺母拧紧,压实填料,达到密封的目的。

3. 降液管

降液管的形式有弓形和圆形两种。圆形降液管由于面积较小,通常在液体负荷小或塔径较小时使用,工业上多用弓形降液管,见图4-6。在整块式塔盘中,弓形降液管是用焊接的方法固定在塔盘上的,它由一块平板和一块弧形板构成。降液管出口处的液封由下层塔盘的受液盘来保证,但在最下层塔盘的降液管的末端应另设液封槽,如图4-7所示。液封槽的尺寸由工艺条件决定。

4. 塔盘支撑结构

常用的塔盘支撑结构为定距管支撑结构,其对塔盘起支撑作用并保证相邻两个塔盘的板间距。定距管内有一个拉杆,拉杆穿过各层塔盘上的拉杆孔,拧紧拉杆上、下两端的螺母,就可以把各层塔盘紧固成一个整体,如图4-8所示,最下层塔盘固定在塔节内壁的支座上。

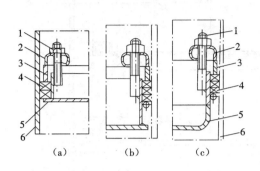

图4-5　整块式塔盘的密封结构

(a)直接用托盘托住填料密封;

(b)塔盘圈较高时的密封;

(c)翻边式塔盘密封

1—螺栓;2—压板;3—压圈;

4—填料;5—塔盘;6—塔体

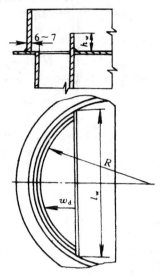

图4-6　弓形降液管

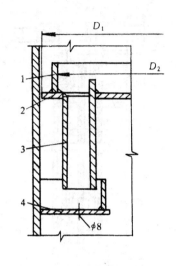

图4-7　弓形降液管的液封槽

1—塔盘圈;2—塔盘;3—降液管;4—液封槽

5. 塔节尺寸

塔节的长度取决于塔器直径和支撑结构。当塔器内直径 D_i 为 300 ~ 500 mm 时,只能将手臂伸入塔内进行塔盘安装,这时塔节长度以 800 ~ 1 000 mm 为宜;当塔器内直径 D_i 为 500 ~ 800 mm 时,可将上身伸入塔内安装,塔节的长度以 2 000 ~ 2 500 mm 为宜;当塔内径 D_i 大于 800 mm 时,人可进入塔内安装,塔节长度以 2 500 ~ 3 000 mm 为宜。因为定距管支撑结构受到拉杆长度和塔节内塔盘数的限制,每个塔节安装的塔盘以 5 ~ 6 层为宜,否则会造成安装困难。

碳钢塔盘的厚度为 3 ~ 4 mm,不锈钢塔盘的厚度为 2 ~ 3 mm。

(二)分块式塔盘

当塔器直径较大($\phi > 800$ mm)时,如果仍用整块式塔盘,则由于刚度的要求,势必要增大塔盘的厚度,而且在制造、安装和检修等方面都很不方便。为了便于安装,一般采用分块式塔盘。此时,塔体无须分成塔节,而是依据工艺要求做成整体结构。同时,塔盘分成数块,通过人孔送入塔内,每块塔盘用快装螺栓或卡具固定在各自的固定架上。

为了减小液位落差,分块式塔盘可按塔器直径和液体量的大小分为单流塔盘和双流塔盘。当塔器直径为 800 ~ 2 400 mm 时,常采用单流塔盘;当塔器直径大于 2 400 mm 时,常采用双流塔盘。

图4-9为单流分块式塔盘。为便于表达塔盘的详细结构,其主视图上的下层塔盘未安装塔板,仅画出了它的固定件。俯视图上做了局部拆卸剖视,卸掉了其右后 1/4 的塔板,以便表示其下面的塔盘固定件。

起支撑作用的支撑板、降液板、支撑圈和受液盘均焊在塔体上。当塔器直径大于或等于 1 600 mm 时,受液盘下方尚需放一块筋板进行加固,如图4-9所示。

1. 塔板结构

塔板的结构设计应满足具有良好的水平度和方便拆装的要求。塔板按结构形式分为平板式、槽式和自身梁式三种,见图4-10。本节以自身梁式塔板为例介绍塔板的结构。

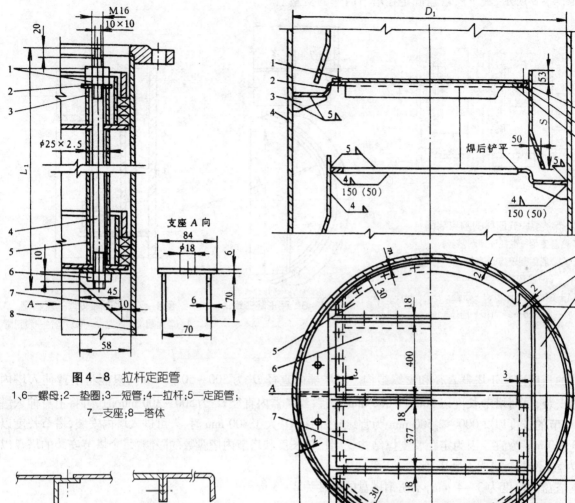

图4-8　拉杆定距管

1、6—螺母;2—垫圈;3—短管;4—拉杆;5—定距管;
7—支座;8—塔体

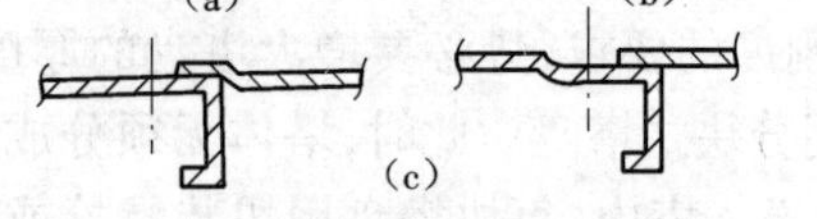

图4-10　分块式塔盘的结构和组合

(a)平板式;(b)槽式;(c)自身梁式

图4-9　单流分块式塔盘

1—卡子;2—受液盘;3—筋板;4—塔体;5—弓形板;6—通道板;
7—矩形板;8、13—降液板;9、12—支撑板;10、11—支撑圈

(1)弓形板(图4-11(a))。将弦边做成自身梁,长度与矩形板相同。弧边到塔体的径向距离 m 与内径 D_i 有关,当 $D_i \leqslant 2\,000$ mm 时, $m = 20$ mm;当 $D_i > 2\,000$ mm 时, $m = 30$ mm。弓形板的矢高 E 与塔径、塔板分块数和 m 有关。

(2)矩形板(图4-11(b))。将矩形板沿其长边向下弯曲而成,从而形成梁和塔板的统一整体。自身梁式矩形板仅有一边弯曲成梁,在梁板过渡处有一个凹平面,以便与另一块塔板实现搭接安装并与之保持在同一水平面上。

(3)通道板(图4-11(c))。通道板无自身梁,其两边搁置在其他塔板上而形成一块平板。通道板的长边尺寸同矩形板,短边尺寸统一取 400 mm。

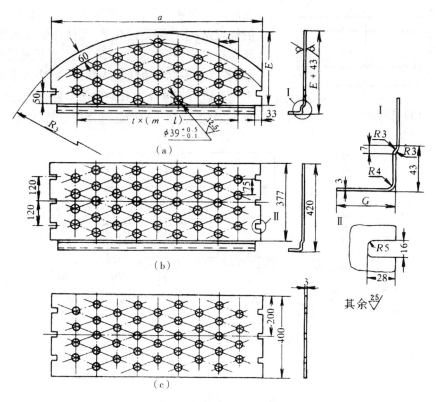

图4-11　自身梁式单流分块式塔盘
(a)弓形板;(b)矩形板;(c)通道板

2.降液板和受液盘

1)降液板

用于分块式塔盘的降液管分为可拆式和固定式两种。常用的降液管形式有垂直式、倾斜式和阶梯式,见图4-12。当物料洁净且不易聚合时,降液板可采用图4-13所示的固定式形式;当物料有腐蚀性时,可采用图4-14所示的可拆式形式。

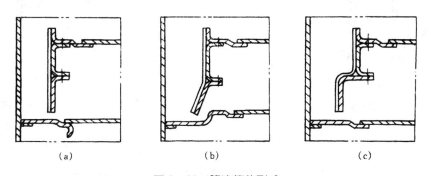

图4-12　降液管的形式
(a)垂直式;(b)倾斜式;(c)阶梯式

可拆式降液板由上降液板、可拆降液板及两块连接板构成,相互间用螺栓连接。检修时旋松螺母,就可以把可拆降液板取下来。为了便于在安装时调整连接板的位置,可拆降液板上的4个螺栓孔应做成长圆形,如图4-14中节点放大图所示。连接板与塔壁接触的边线应按塔径放样下料,使之相互吻合,以防漏气。

2)受液盘

受液盘有平板形和凹形两种结构形式。受液盘的结构对降液管的液封和液体流入塔盘的均匀性有一

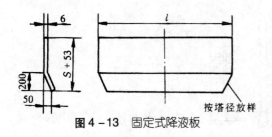

图4-13　固定式降液板

定影响。图4-15为常用的凹形受液盘的结构,这种受液盘的优点是:①在多数情况下,即使在较高的气液比下操作,仍能保持正液封;②液体沿降液板向下流动时具有一定的能量,若以水平方向直接流入塔板,必然会涌起一个液封,而凹形受液盘可使液体先有一个向上的运动,然后再水平流入塔板,以利于塔盘入口处的液体更好地鼓泡。

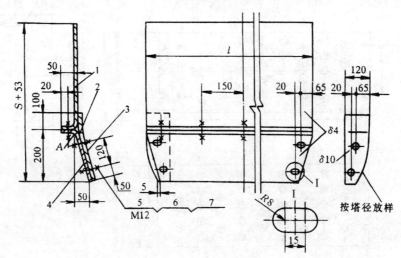

图4-14　可拆式降液板

1—上降液板;2—可拆降液板;3—连接板;4—石棉板;5—螺栓;6—螺母;7—垫圈

受液盘的盘深由工艺设计确定,一般可选取 50 mm、125 mm 或 150 mm,较常用的为 50 mm。一般地,当 $D_i = 800 \sim 1\,400$ mm 时,受液盘厚度 $\delta = 4$ mm;当 $D_i = 1\,600 \sim 2\,400$ mm 时,$\delta = 6$ mm。当 $D_i \leqslant 1\,400$ mm 时,受液盘只需开一个 $\phi 10$ 的泪孔。

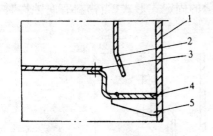

图4-15　凹形受液盘

1—塔壁;2—降液板;3—塔盘;4—受液盘;5—支座

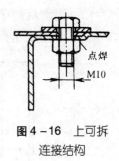

图4-16　上可拆
连接结构

(三)塔板的连接与紧固性

根据人孔位置及检修要求,分块式塔盘之间的连接分为上可拆连接和上下均可拆连接两种。常用的紧固件是螺栓和椭圆垫板。上可拆连接结构如图4-16所示,上下均可拆连接结构如图4-17所示。在图4-17中,从上或从下松开螺母,并将椭圆垫板转到虚线位置,塔盘Ⅰ即可自由取出。这种结构也常用于通道板与塔盘的连接。

塔盘安放于焊在塔壁的支撑圈上。塔盘与支撑圈的连接一般用卡子,见图4-18。卡子由下卡(包括卡板及螺栓)、椭圆垫板及螺母等零件组成。在塔盘的连接中,为了避免因螺栓腐蚀生锈而导致拆卸困难,规定螺栓材料为铬钢或铬镍不锈钢。

用卡子连接塔盘时,紧固构件加工量大,拆装麻烦,且螺栓需用耐腐蚀材料,而楔形紧固件结构简单,拆

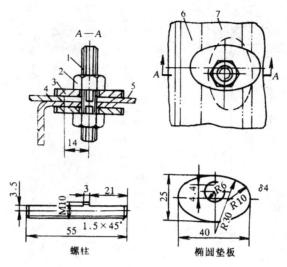

图 4-17　上下均可拆连接结构
1—螺柱；2—螺母；3—椭圆垫板；4、6—塔盘Ⅰ；5、7—塔盘Ⅱ

装迅速,不用特殊材料,成本低。楔形紧固件结构如图4-19所示,图中龙门板不用焊接的结构,有时也可将龙门板直接焊接在塔盘上。

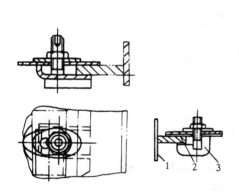

图 4-18　塔盘与支撑圈的连接
1—塔壁(或降液板)；2—支撑圈；3—卡子

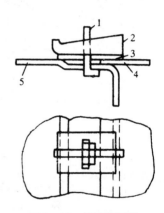

图 4-19　楔形紧固件
1—龙门板；2—楔子；3—垫板；4、5—塔盘

第三节　填料塔及其结构设计

　　填料塔的传质形式与板式塔不同,它是连续式气液传质设备。这种塔由塔体与裙座、液体分布装置、填料、液体再分布装置、填料支撑装置以及气、液体进出口等部件组成,见图4-20。填料塔操作时,气体由塔底进入塔体,穿过填料支撑装置沿填料的孔隙上升;液体入塔后经液体分布器均匀分布在填料层上,然后自上而下穿过填料压圈,进入填料层,在填料表面与自下而上流动的气体进行气液接触,并在填料表面形成若干个混合池,从而进行质量、热量和动量的传递,以实现液相轻重组分的分离。

　　填料塔的特点是结构简单,装置灵活,压降小,持液量少,生产能力大,分离效率高,耐腐蚀且适合处理易起气泡、易热敏、易结垢的物系。

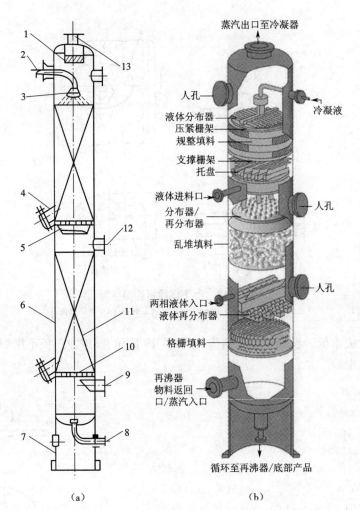

图 4-20   填料塔的总体结构

(a)示意图;(b)立体图

1—除沫装置;2—液体进口;3—液体分布器;4—卸料口;5—液体再分布装置;
6—筒体;7—裙座;8—液体出口;9—气体进口;10—栅板;11—填料;12—人孔;13—气体出口

一、液体分布装置

液体分布装置设计不合理,将导致液体分布不均,减小填料润湿面积,增加沟流和壁流现象,直接影响填料的处理能力和分离效率。因此,设计液体分布装置时应使其满足以下要求:液体能均匀分散于塔的截面,通道不易堵塞,结构简单,便于制造与检修。

液体分布装置的类型很多,常用的有喷洒型、溢流型和冲击型等。

(一)喷洒型液体分布装置

1.管式分布器

小直径(ϕ<300 mm)的填料塔可以采用管式分布器,直接通过填料上面的进液管进行喷洒。进液管可以是直管、弯管或缺口管,如图 4-21 所示。这种分布器的优点是结构简单和制造、安装方便,缺点是喷洒不够均匀。

直径稍大的塔可采用直管喷孔式分布器(ϕ<800 mm)或环管多孔式分布器(ϕ<1 200 mm),见图 4-22 和图 4-23。直管或环管上的小孔直径为 4~8 mm,有 3~5 排。小孔面积总和约等于管横截面面

积。环管中心圆孔直径 $D_1=(0.6\sim0.8)D_i$。这两种分布器一般要求液体清洁,否则小孔易堵塞。它们的优点是结构简单,制造和安装方便;缺点是喷洒面积小,不够均匀。

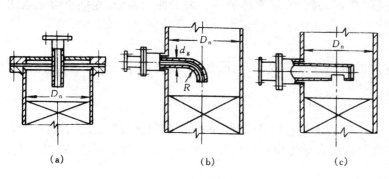

图 4-21　管式分布器

(a)直管;(b)弯管;(c)缺口管

图 4-22　直管喷孔式分布器

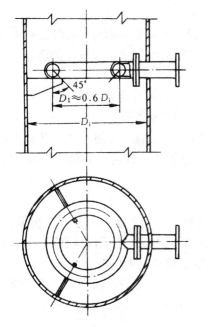

图 4-23　环管多孔式分布器

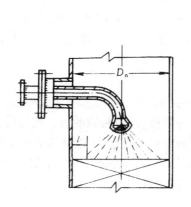

图 4-24　喷头式分布器

2.喷头式分布器(莲蓬头)

这是一种应用较广泛的液体分布装置,如图 4-24 所示。莲蓬头可以是半球形、碟形或杯形,一般做成开有许多小孔的球面分布器。它悬挂于填料上方的正中央,液体借助于泵或高位槽产生的静压头自小孔喷出,喷洒半径随液体压力和高度不同而异。在压力稳定的场合,可达到较均匀的喷洒效果。球面上的小孔一般采用同心圆排列方式,为了使液体喷洒均匀,球面上各小孔的轴线应汇交于一点。

小孔的输液能力可按下式计算:

$$Q=\varphi Au \tag{4-1}$$

式中:Q 为小孔的输液能力,m^3/s;φ 为流量系数,取 0.82~0.85;A 为小孔总面积,m^2;u 为小孔中液体流速,$u=\sqrt{2gH}$,m/s。其中 $H=\dfrac{p_2-p_1}{\gamma}$,$H$ 为孔口以上的液层高度或布液装置的工作压头,m;p_2 为分布器内液体的压力,Pa;p_1 为塔内的压力,Pa;γ 为液体密度,kg/m³。

莲蓬头的直径一般为塔器内直径的 20% ~ 30%,小孔直径为 3 ~ 15 mm。若已知喷射角、喷洒半径和小孔中液体流速,可计算出莲蓬头的安装高度,一般与填料表面的距离为(0.5 ~ 1)D_i(这里 D_i 为塔器内直径)。

莲蓬头上的小孔易堵塞,导致雾沫夹带严重,因而要求液体清洁。为了便于检修,莲蓬头可采取法兰连接。

(二)溢流型液体分布装置

溢流型液体分布装置是目前广泛应用的液体分布装置,特别适合大型填料塔。它的优点是操作弹性大,不易堵塞,操作可靠,便于分块安装。

1. 溢流盘式分布器

溢流盘式分布器的结构如图 4 – 25 所示,液体通过进料管降到缓冲管而流到分布盘上,然后通过溢流短管淋洒到填料层上。溢流短管可按正三角形或正方形排列并焊在分布盘上。分布盘上开有 ϕ3 的泪孔,以便停车时将液体排净。

分布盘周边焊有三个耳座,通过耳座上的螺钉将分布盘固定在塔壁的支座上。拧松螺钉,可把分布盘调整成水平位置,以便液体均匀淋洒在填料层上。气体则通过分布盘与塔壁之间的空隙上升。若这个间隙比较小,可在分布盘上少安排一些溢流短管,换上一些大直径的升气管。

溢流盘式分布器可用金属、塑料或陶瓷制造。分布盘内径为塔内径的 80% ~ 85%,且保证有 8 ~ 12 mm 的间隙。它结构简单,流体阻力小,但由于自由截面较小,适用于直径不大、气液负荷较小的塔。

2. 溢流槽式分布器

当塔径较大时,分布盘上的液面高度差较大,影响液体的均匀分布,此时可采用溢流槽式分布器,其结构如图 4 – 26 所示。液体先进入顶槽,再由顶槽分配到下面的分槽内,然后由分槽的开孔处溢流分布到填料表面上。分布槽的开孔可以是矩形或三角形。溢流槽式分布器一般做成可拆式结构,以便于从人孔装入塔内,布液孔径一般由工艺参数决定,但不可太小,以免发生堵塞而影响正常操作。这种分布器具有结构简单、通量大、阻力小的优点,常用在大型规整填料塔中。

(三)冲击型液体分布装置

常用的冲击型液体分布装置有反射板式分布器和宝塔式分布器。反射板式分布器如图 4 – 27 所示,它由中心管和反射板组成。反射板可以是平板、凸板或锥形板。操作时,液体沿中心管流下,靠液流冲击反射板的反射飞溅作用而分布液体。反射板中央钻有小孔,以使液体流下淋洒到填料层中央部分。

为使反射更均匀,可由几个反射板构成宝塔式分布器。宝塔式分布器的优点是喷洒范围大、液体流量大、结构简单、不易堵塞;缺点是改变液体流量或压头会影响喷洒范围,故须在恒定压力和流量下操作。

二、液体再分布装置

当液体沿填料层向下流动时,有流向器壁形成"壁流"的倾向,结果液体分布不均匀,传质效率降低,严重时使塔中心的填料不能被润湿而形成"干锥"。为了提高塔的传质效率,填料必须分段,在各段填料之间安装液体再分布装置,作用是收集上一填料层的液体,并使其在下一填料层均匀分布。

液体再分布装置的结构设计与液体分布装置相同,但需配有适宜的液体收集装置。在设计液体再分布装置时,应尽量少占用塔的有效高度。液体再分布装置的自由截面不能过小(约等于填料的自由截面面积),否则会使压降增大,要求结构既简单又可靠,能承受气、液流体的冲击,便于拆装。

在液体再分布装置中,分配锥是最简单的,如图 4 – 28(a)所示,它将沿壁流下的液体导至中央。这种结构适用于小直径的塔(例如塔径在 1 m 以下),截锥小头直径一般为(0.7 ~ 0.8)D_i。为了增大气体流过时的自由截面面积,可在分配锥上可开设 4 个管孔,如图 4 – 28(b)所示。这样气体通过分配锥时,就不致因速度过快而影响操作。

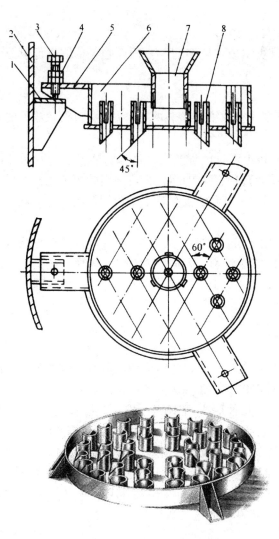

图 4 - 26　溢流槽式分布器

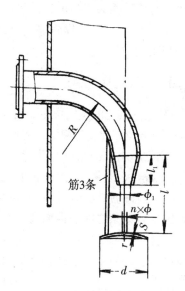

图 4 - 25　溢流盘式分布器

1—支座;2—塔体;3—螺钉;4—螺母;5—耳座;
6—分布盘;7—缓冲管;8—溢流短管

图 4 - 27　反射板式分布器

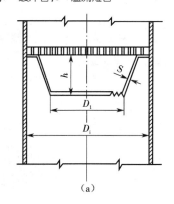

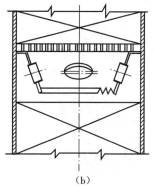

图 4 - 28　分配锥

(a)普通分配锥;(b)具有通孔的分配锥

三、填料

填料是填料塔的核心组件,它提供气、液接触的场所,是决定设备性能的主要构件之一。填料可以分为散堆填料和规整填料。

(一)散堆填料

按材质区分,散堆填料有金属、塑料和陶瓷等。其装填方式有散堆和整装两种,以散堆为主。常见的几种填料的结构如图4-29所示。

散堆填料的主要类型有拉西环(Raschig Ring)、鲍尔环(Pall Ring)、阶梯环(Cascade Mini Ring)、贝尔鞍环(Berl Saddle)等,随后出现了改进鲍尔环(Hy-Pak)、金属矩鞍环(IMTP)等。散堆填料装填的随机性极容易造成填料塔内的壁流和沟流,填料的端效应也非常严重,限制了其在工业生产上的应用范围。

(二)规整填料

为了使气、液通道"规范化",预先按一定的规则将填料做成塔径大小的填料盘,然后再将填料盘装入塔内,这样的填料称为规整填料。较典型的规整填料有金属网波纹填料、金属板片波纹填料等。规整填料的特点是效率高、压降小、操作稳定、持液量小、安装方便、寿命长。对于不同型号的规整填料,每米理论板数为2~15块不等。

四、填料支撑结构

填料支撑结构的主要作用是支撑其上方的填料及填料所持的液体。设计时应使其具有足够的强度和刚度,同时应避免在此发生液泛。支撑板的通量要大,阻力要小,安装要方便,最好具有一定的气液均一功能。

常用的填料支撑结构有孔管形、栅板形、波纹形、驼峰形等几种形式,见图4-30~图4-33。一般栅板形多用于规整填料塔,其他几种形式则多用于散堆填料塔。在设计栅板形填料支撑结构时,需要注意:①栅板必须有足够的强度和较好的耐腐蚀性;②栅板必须有足够的自由截面,一般应与填料的自由截面大致相当;③栅板扁钢条之间的距离为填料外径的60%~80%;④栅板可以制成整块或分块,见图4-34和图4-35。小直径(例如500 mm以下)塔可采用结构较简单的整块式,大直径塔可将栅板分成多块(图4-35中是分成两块)。在设计分块式栅板时,要确保每块栅板都能够从人孔处放进与取出。

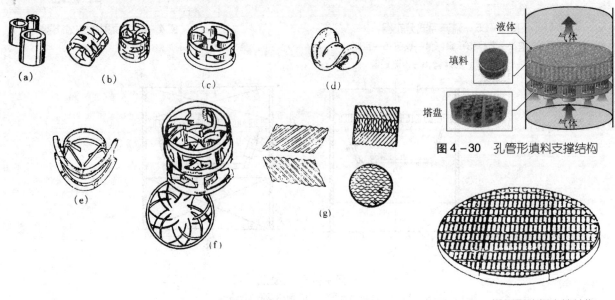

图4-29　常见的几种填料的结构
(a)拉西环;(b)鲍尔环;(c)阶梯环;(d)矩鞍环;(e)金属矩鞍环;(f)改进鲍尔环;(g)波纹填料

图4-30　孔管形填料支撑结构

图4-31　栅板形填料支撑结构

图4-32　波纹形填料支撑结构

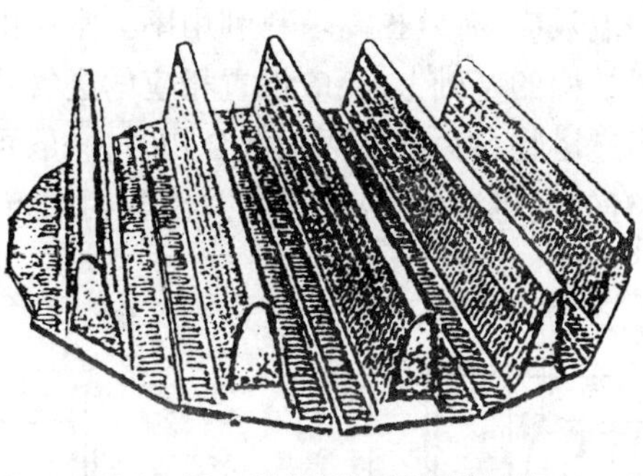

图4-33　驼峰形填料支撑结构

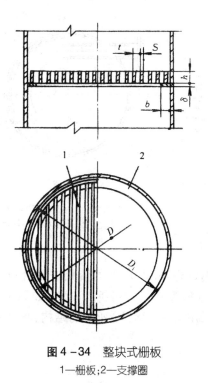

图4-34　整块式栅板
1—栅板;2—支撑圈

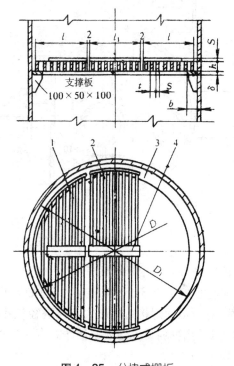

图4-35　分块式栅板
1—栅板Ⅱ;2—栅板Ⅰ;3—支撑圈;4—连接板

第四节　其他结构设计

一、接管结构

(一)进气管

为了使填料塔获得良好的操作性能,必须设计合理的气相入塔装置及相应的分布器,这对大直径填料塔尤为重要。在通常情况下,气相进料有两种情况:塔底气相(或气液混合)进料和塔中气相进料。

对于小直径($\phi<800$ mm)填料塔来讲,由于气体的自我分布性,对进气装置的要求不高,通常使用图4-36(a)和(b)所示的进气结构。为了避免液体淹没气体通道,进气管一般安装在最高操作液面之上。

当塔径比较大或填料床层高度较小时,需要考虑非均匀气相进料对填料塔分离效率的影响,尽可能减小气相端效应,有效提高填料利用率。常用的结构形式如图4-36(c)所示。对于特大直径填料塔,在上面的进料结构的基础上,还应设置相应的进气均布装置。

当进塔物料为气液两相混合物时,一般可考虑图4-37所示的切向进料结构。该结构借助于切向离心力,可有效地将液体分离出来,并使气相均布。

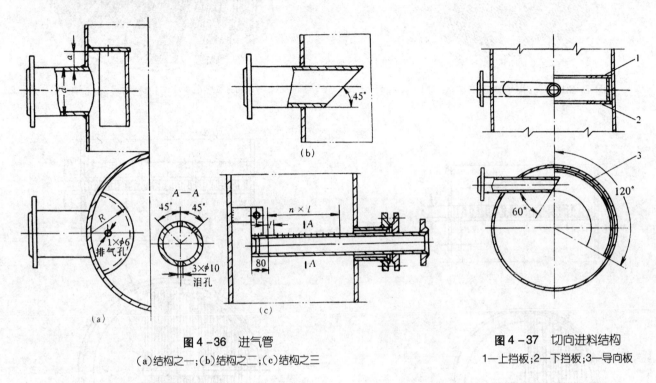

图4-36 进气管
(a)结构之一;(b)结构之二;(c)结构之三

图4-37 切向进料结构
1—上挡板;2—下挡板;3—导向板

(二)液相进料管和回流管

对直径大于或等于800 mm的塔,如果物料洁净、不易聚合且腐蚀性不大,塔器的液相进料管可用图4-38(a)所示的焊接结构形式。当塔径较小时,为检修方便,液相进料管常采用可拆式结构,如图4-38(b)所示。当物料易聚合或不洁净并有一定的腐蚀性时,大塔也常采用图4-38(b)所示的结构,其结构尺寸见表4-1。

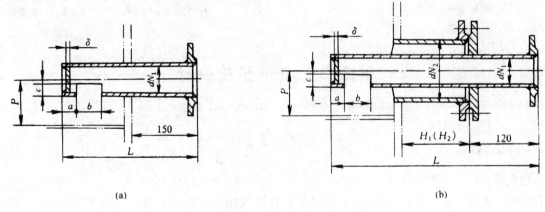

图4-38 进料管
(a)固定进料管;(b)可拆进料管

表 4 - 1　液相进料管的结构尺寸　　　　　　　　　　　　　　　　　（mm）

内管 $dN_1 \times S_1$	外管 $dN_2 \times S_2$	a	b	c	δ	H_1	H_2
25 ×3	45 ×3.5	10	20	10	5	120	150
32 ×3.5	57 ×3.5	10	25	10	5	120	150
38 ×3.5	57 ×3.5	10	32	15	5	120	150
45 ×3.5	76 ×4	10	40	15	5	120	150
57 ×3.5	76 ×4	15	50	20	5	120	150
76 ×4	108 ×4	15	70	30	5	120	150
89 ×4	108 ×4	15	80	35	5	120	150
108 ×4	133 ×4	15	100	45	5	120	200
133 ×4	159 ×4.5	15	125	55	5	120	200
159 ×4.5	219 ×6	25	150	70	5	120	200
219 ×6	273 ×8	25	210	95	8	120	200

　　为了防止易起泡沫的物料液泛,也可将进料管伸入塔内与降液管平行。这种进料管多用于板式塔,其结构见图 4 - 39。该进料管一般开两排孔,开孔面积的总和等于 1.3 ~ 1.5 倍的进料管截面面积。

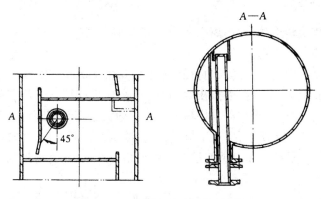

图 4 - 39　易起泡沫物料的进料管

（三）出料管

　　塔器底部的出料管一般需要伸出裙座外壁,其结构如图 4 - 40 所示。在这种结构中,一般应在引出管的加强管上焊支撑板支撑（当介质温度低于 - 20 ℃时,宜采用木垫）,其与引出管间应预留间隙,以应对热胀冷缩的情况。

　　为防止破碎的填料堵塞出料管并便于清理,填料底部的液体出口管常采用图 4 - 41 所示的结构。

二、除沫装置

　　在空塔气速较大、塔顶溅液现象严重以及工艺过程不允许出塔气体夹带雾滴的情况下,设置除沫装置可分离塔顶出口气体中夹带的液滴,以保证传质效率,减少有价值物料的损失和改善下游设备的操作条件。工业上常用的除沫装置有丝网除沫器、折流板除沫器、旋流板除沫器。

　　丝网除沫器具有比表面积大、质量小、空隙率大以及使用方便等优点,尤其是它具有除沫效率高、压降小的特点,这使它成为一种广泛使用的除沫装置。它适用于洁净的气体,不宜用于液滴中含有或易析出固体物质的场合,以免液体蒸发后留下的固体堵塞丝网。气体中含有黏结物时,也容易堵塞丝网。

　　折流板除沫器结构简单,一般可除去直径大于 5×10^{-5} m 的液滴。增加折流次数,能保证足够高的分离效率。折流板除沫器的压降一般为 50 ~ 100 Pa。但这种除沫器耗用金属多,造价高。

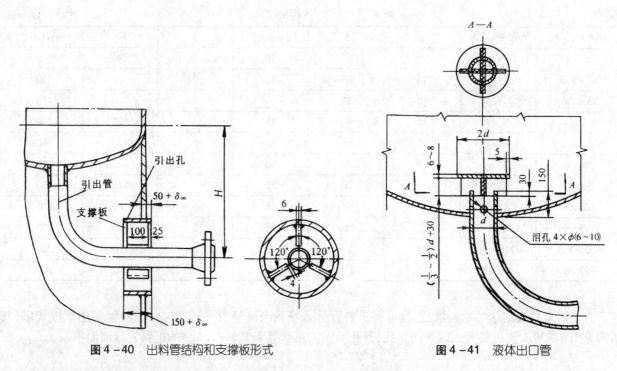

图4-40　出料管结构和支撑板形式　　　　　　　图4-41　液体出口管

旋流板除沫器能使气体旋转运动,利用离心力分离雾沫,除沫率可达98%~99%。

下面详细介绍丝网除沫器的结构。

除沫器常用的安装类型有两种:当除沫器直径较小(通常在600 mm以下),并且与出气口直径接近时,宜采用图4-42所示的安装形式,安装在塔顶出气口处;当除沫器直径与塔器直径接近时,则采用图4-43所示的形式,安装在塔顶人孔之下。除沫器与塔盘的间距一般大于塔盘间距。

小型除沫器的结构如图4-44所示,属于下拆式,即支撑网的下栅板与除沫器的筒体用螺栓连接。丝网上面的压板用扁钢圈与圆钢焊成格栅Ⅰ型或与法兰盘焊成格栅Ⅱ型,均为可拆结构。

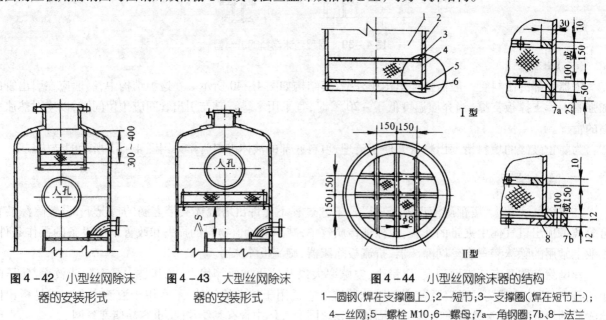

图4-42　小型丝网除沫　　　图4-43　大型丝网除沫　　　图4-44　小型丝网除沫器的结构
　　　器的安装形式　　　　　　　器的安装形式　　　1—圆钢(焊在支撑圈上);2—短节;3—支撑圈(焊在短节上);
　　　　　　　　　　　　　　　　　　　　　　　　　　4—丝网;5—螺栓M10;6—螺母;7a—角钢圈;7b、8—法兰

当除沫器直径较大时,可将栅板分块制作,其外形尺寸应确保能从人孔中通过。丝网材料多种多样,有

镀锌铁丝网、不锈钢丝网,也有尼龙丝网和聚四氟乙烯丝网等。丝网的适宜厚度按工艺条件通过试验确定,一般取 100 ~ 150 mm。

第五节　塔体和裙座的强度计算

一、塔体的强度计算

安装在室外的塔器一般比较高,除承受操作压力外,还要承受质量载荷、风载荷、地震载荷和偏心载荷等,见图 4 - 45。因此,在进行塔器设计时必须根据受载情况对塔体进行强度计算与校核。

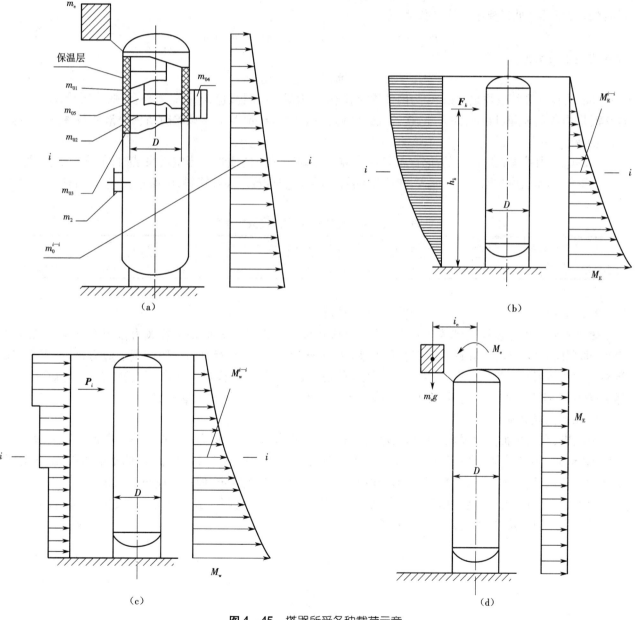

图 4 - 45　塔器所受各种载荷示意
(a)质量载荷;(b)地震载荷;(c)风载荷;(d)偏心载荷

(一)按设计压力计算筒体及封头壁厚

按"第三章　容器设计"中内压、外压容器的设计方法计算筒体和封头的有效厚度。

(二)计算塔器所承受的各种载荷

1. 操作压力

当塔承受内压时,在塔壁上引起周向及轴向拉应力;当塔承受外压时,在塔壁上引起周向及轴向压应力。操作压力对裙座不起作用。

2. 质量载荷

塔器的质量包括塔体、裙座、内件、保温材料、扶梯和平台及各种附件等的质量,还包括操作、检修或水压试验等不同工况时的物料或充水质量。

设备操作时的质量为

$$m_0 = m_{01} + m_{02} + m_{03} + m_{04} + m_{05} + m_a + m_e \tag{4-2}$$

设备的最大质量(处于液压试验状态时)为

$$m_{max} = m_{01} + m_{02} + m_{03} + m_{04} + m_w + m_a + m_e \tag{4-3}$$

设备的最小质量为

$$m_{min} = m_{01} + 0.2m_{02} + m_{03} + m_{04} + m_a + m_e \tag{4-4}$$

式中:m_{01}为设备和裙座质量,kg;m_{02}为内件质量,kg;m_{03}为保温材料质量,kg;m_{04}为平台、扶梯质量,kg;m_{05}为操作时塔内物料质量,kg;m_a为人孔、接管、法兰等附件质量,kg;m_w为液压试验时塔内充液质量,kg;m_e为偏心质量,kg。

$0.2m_{02}$系内件焊在塔体上的部分(如塔盘支撑圈、降液管等)的质量。当空塔吊装时,如未装保温层、平台、扶梯等,则m_{min}应扣除m_{03}和m_{04}。在计算m_{02}、m_{04}及m_{05}时,若无实际资料,可参考表4-2估算。

表4-2　塔器部分内件、附件质量参考值

名称	笼式扶梯	开式扶梯	钢制平台	圆形泡罩塔盘	条形泡罩塔盘	筛板塔盘	浮阀塔盘	舌形塔盘	塔盘充液
单位质量	40 kg/m	15~24 kg/m	150 kg/m²	150 kg/m²	75 kg/m²	65 kg/m²	75 kg/m²	75 kg/m²	70 kg/m²

3. 风载荷

安装在室外的自支撑式塔器可视为支撑在地基上的悬臂梁。一方面,塔器在风力作用下产生顺风向的弯矩,即顺风向风弯矩,它在迎风面塔壁和裙座壳壁上产生拉应力,在背风面一侧产生压应力;另一方面,气流在塔的背后引起周期性旋涡,产生垂直于风向的诱发振动弯矩,即横风向风弯矩。横风向风弯矩只在塔器$H/D > 15$且$H > 30$ m时计算,此时应将横风向风弯矩与水平风弯矩按矢量相加。

1)顺风向风载荷

风吹塔,在迎风面产生风压。风压大小与风速、空气密度及所在地区和季节有关。将各地区离地面高度为10 m处、50年一遇、10 min时距的最大平均风速作为基本风速,计算得到该地区的基本风压q_0,各地区的基本风压值见《建筑结构荷载规范》(GB 50009—2012)中的有关规定,但均不应小于300 N/m²。

风的黏滞作用使风速随地面高度而变化。如果塔器高于10 m,则应分段计算各段的风载荷,视离地面高度的不同乘以高度变化系数f_i,见表4-3。

表4-3 风压高度变化系数f_i

距地面高度 H_{it}/m	地面粗糙度类别			
	A	B	C	D
5	1.17	1.00	0.74	0.62
10	1.38	1.00	0.74	0.62
15	1.52	1.14	0.74	0.62
20	1.63	1.25	0.84	0.62
30	1.80	1.42	1.00	0.62
40	1.92	1.56	1.13	0.73
50	2.03	1.67	1.25	0.84
60	2.12	1.77	1.35	0.93
70	2.20	1.86	1.45	1.02
80	2.27	1.95	1.54	1.11
90	2.34	2.02	1.62	1.19
100	2.40	2.09	1.70	1.27
150	2.64	2.38	2.03	1.61

注:①A类系指近海海面及海岛、海岸、湖岸及沙漠地区;B类系指田野、乡村、丛林、丘陵以及房屋比较稀疏的乡镇和城市郊区;C类系指有密集建筑群的城市市区;D类系指有密集建筑群且房屋较高的城市市区。
②中间值可采用线性内插法求取。

风压的大小还与塔器的高度、直径、形状以及自振周期有关。两个相邻计算截面间的水平风力

$$P_i = K_1 K_{2i} q_0 f_i l_i D_{ei} \times 10^{-6} \tag{4-5}$$

当笼式扶梯与塔顶管线布置成180°时:

$$D_{ei} = D_{oi} + 2\delta_{si} + K_3 + K_4 + d_0 + 2\delta_{ps} \tag{4-6}$$

当笼式扶梯与塔顶管线布置成90°时,取下列两式计算结果中的较大值:

$$D_{ei} = D_{oi} + 2\delta_{si} + K_3 + K_4 \tag{4-7a}$$

$$D_{ei} = D_{oi} + 2\delta_{si} + K_4 + d_0 + 2\delta_{ps} \tag{4-7b}$$

$$K_{2i} = 1 + \frac{\zeta \nu_i \phi_{zi}}{f_i} \tag{4-8}$$

$$K_4 = \frac{2 \sum A}{l_0} \tag{4-9}$$

式(4-5)至式(4-9)中:P_i为各计算段的水平风力,N;D_{ei}为塔器各计算段的有效直径,mm;D_{oi}为塔器各计算段的外径,mm;d_0为塔顶管线外径,mm;f_i为风压高度变化系数,按表4-3选取;K_1为体型系数,对细长的直立圆柱设备取0.7;K_{2i}为塔器各计算段的风振系数,当塔高$H \leqslant 20$ m时取$K_{2i} = 1.7$,当$H > 20$ m时按式(4-8)计算;ζ为脉动增大系数,按表4-4查取;ν_i为第i段的脉动影响系数,按表4-5查取;ϕ_{zi}为第i段的振型系数,根据H_{it}/H查表4-6;K_3为笼式扶梯当量宽度,当无确切数据时,可取$K_3 = 400$ mm;K_4为操作平台当量宽度,mm;$\sum A$为第i段内平台构件的投影面积(不计空档投影面积),mm^2;l_i为第i段的计算长度(图4-46),mm;l_0为操作平台所在计算段长度,mm;q_0为基本风压值,N/m^2;δ_{ps}为管线保温层厚度,mm;δ_{si}为塔器第i段的保温层厚度,mm。

表 4-4　脉动增大系数 ζ

$q_1 T_1^2/(\mathrm{N} \cdot \mathrm{s}^2/\mathrm{m}^2)$	10	20	40	60	80	100
ζ	1.47	1.57	1.69	1.77	1.83	1.88
$q_1 T_1^2/(\mathrm{N} \cdot \mathrm{s}^2/\mathrm{m}^2)$	200	400	600	800	1 000	2 000
ζ	2.04	2.24	2.36	2.46	2.53	2.80
$q_1 T_1^2/(\mathrm{N} \cdot \mathrm{s}^2/\mathrm{m}^2)$	4 000	6 000	8 000	10 000	20 000	30 000
ζ	3.09	3.28	3.42	3.54	3.91	4.14

注:①计算 $q_1 T_1^2$ 时,对 B 类可直接代入基本风压,即 $q_1 = q_0$,而对 A 类以 $q_1 = 1.38 q_0$、对 C 类以 $q_1 = 0.62 q_0$、对 D 类以 $q_1 = 0.32 q_0$ 代入;
②中间值可采用线性内插法求取。

表 4-5　脉动影响系数 ν_i

地面粗糙度类别	高度 H_{it}/m									
	10	20	30	40	50	60	70	80	100	150
A	0.78	0.83	0.86	0.87	0.88	0.89	0.89	0.89	0.89	0.87
B	0.72	0.79	0.83	0.85	0.87	0.88	0.89	0.89	0.90	0.89
C	0.64	0.73	0.78	0.82	0.85	0.87	0.90	0.90	0.91	0.93
D	0.53	0.65	0.72	0.77	0.81	0.84	0.89	0.89	0.92	0.97

注:中间值可采用线性内插法求取;H_{it} 指塔器顶部至第 i 段底截面的距离。

表 4-6　振型系数 ϕ_{zi}

相对高度 H_{it}/H	振型序号	
	1	2
0.10	0.02	−0.09
0.20	0.06	−0.30
0.30	0.14	−0.53
0.40	0.23	−0.68
0.50	0.34	−0.71
0.60	0.46	−0.59
0.70	0.59	−0.32
0.80	0.79	0.07
0.90	0.86	0.52
1.00	1.00	1.00

注:中间值可采用线性内插法求取。

2)顺风向风弯矩

在计算风载荷时,常常将塔器沿塔高分成若干段,如图 4-46 所示。一般自地面起每隔 10 m 分成一段,把每段内的风压值看作定值。按式（4-5）分段求出风载荷 P_i 后即可近似地把 P_i 视为作用在该段 1/2 处的合力而求风弯矩。任意截面的风弯矩：

$$M_{\mathrm{w}}^{i-i} = P_i \frac{l_i}{2} + P_{i+1}\left(l_i + \frac{l_{i+1}}{2}\right) + P_{i+2}\left(l_i + l_{i+1} + \frac{l_{i+2}}{2}\right) + \cdots$$

$$(4-10)$$

对于等直径、等壁厚的塔体和裙座，风弯矩的最大值在各自的最低处，所以塔体和裙座的最低截面为最危险截面。但对于变截面的塔体及开有人孔的裙座，由于各截面的受载断面和风弯矩都各不相同，很难判别哪个截面是最危险截面。为此，必须选取各个可疑的截面作为计算截面并进行应力校核，使各截面都满足校核条件。图 4-46 中 0—0、1—1、2—2 截面都是薄弱部位，可选为计算截面。

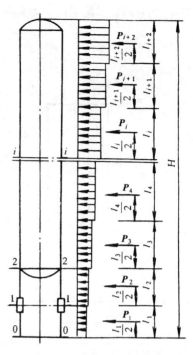

图 4-46　风弯矩计算简图

3）横风向风弯矩

当风以一定的速度绕流于圆柱形的塔器时，会形成周期性的旋涡，即卡门涡街。由于受到旋涡周期性形成、脱落的影响，塔器将产生周期性的振动。当旋涡脱落圆频率与塔器自振圆频率一致时，将发生共振，塔共振时的风速称为临界风速。是否进行共振计算，通过对比塔顶处的风速与临界风速做出判断。具体计算方法可见 NB/T 47041。

4. 地震载荷

如果塔器安装在地震设防烈度为 7 度及以上的地区，设计时必须考虑地震载荷对塔器的影响。塔器在地震波的作用下有水平方向振动、垂直方向振动和扭转三个方向的运动，其中以水平方向振动的危害最大。为此，计算地震力时，应主要考虑水平地震力对塔器的影响，并把塔器看成固定在基础底面上的悬臂梁。

1）水平地震力

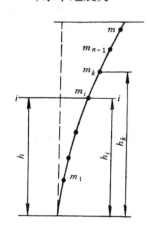

图 4-47　多质点的弹性体系

对于实际应用的塔，全塔质量并不集中于顶点，而是全塔或分段均布的。计算地震载荷与计算风载荷一样，也是将全塔沿高度分成若干段，每一段质量视为集中于该段 1/2 处，即将塔器简化为多质点的弹性体系，见图 4-47。由于多质点体系有多种振动形式（即振型），按照振动理论，引起基本振型的水平地震力为

$$F_{1k} = \alpha_1 \eta_{1k} m_k g \qquad (4-11)$$

式中：F_{1k} 为集中质量 m_k 引起的基本振型水平地震力，N；m_k 为距离地面 h_k 处的集中质量（图 4-47），kg；η_{1k} 为基本振型参与系数，见式（4-13）；α_1 为对应塔器基本自振周期 T_1 的地震影响系数 α 值；g 为重力加速度，取 $g = 9.81\ \mathrm{m/s^2}$。α 可查图 4-48 计算，图中 $\alpha_{\max}$ 为地震影响系数最大值，见表 4-7；T_g 为各类场地的特征周期，见表 4-8；T_1 为塔器基本自振周期，s；曲线下降段的衰减指数 γ 按下式计算。

$$\gamma = 0.9 + \frac{0.05 - \zeta_i}{0.3 + 6\zeta_i} \qquad (4-12)$$

$$\eta_{1k} = \frac{h_k^{1.5} \sum\limits_{i=1}^{n} m_i h_i^{1.5}}{\sum\limits_{i=1}^{n} m_i h_i^3} \qquad (4-13)$$

式中:ζ_i 为各阶振型阻尼比。无实测数据时,一阶振型阻尼比可取 $\zeta_1 = 0.01 \sim 0.03$。

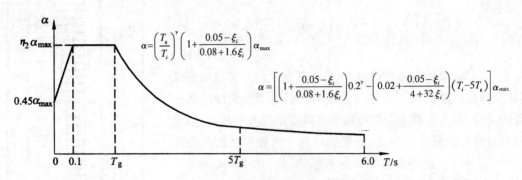

图 4 – 48 地震影响系数曲线

表 4 – 7 对应于设防烈度的 α_{max} 值

设防烈度	7		8		9
设计基本地震加速度	0.1g	0.15g	0.2g	0.3g	0.4g
地震影响系数最大值 α_{max}	0.08	0.12	0.16	0.24	0.32

表 4 – 8 各类场地的特征周期 T_g　　　　　　　　　　　　　　　　　　（s）

设计地震分组	场地类别				
	I_0	I_1	II	III	IV
第一组	0.20	0.25	0.35	0.45	0.65
第二组	0.25	0.30	0.40	0.55	0.75
第三组	0.30	0.35	0.45	0.65	0.90

对于等直径、等壁厚的塔器,自振周期可按下式计算:

$$T_1 = 90.33H \sqrt{\frac{m_0 H}{E \delta_e D_i^3}} \times 10^{-3} \tag{4-14}$$

式中:H 为塔的总高,mm;m_0 为塔在操作时的总质量,kg;E 为塔壁材料的弹性模量,MPa;δ_e 为筒体的有效壁厚,mm;D_i 为筒体内径,mm。

不等直径或不等壁厚的塔器,自振周期可以按下式计算:

$$T_1 = 114.8 \sqrt{\sum_{i=1}^{n} m_i \left(\frac{h_i}{H}\right)^3 \left(\sum_{i=1}^{n} \frac{H_i^3}{E_i I_i} - \sum_{i=2}^{n} \frac{H_i^3}{E_{i-1} I_{i-1}}\right)} \times 10^{-3} \tag{4-15}$$

对圆筒段:

$$I_i = \frac{\pi}{8}(D_i + \delta_{ei})^3 \delta_{ei} \tag{4-16}$$

对圆锥段:

$$I_i = \frac{\pi D_{ie}^2 D_{if}^2 \delta_{ei}}{4(D_{ie} + D_{if})} \tag{4-17}$$

式(4 – 15) ~ 式(4 – 17)中:E_i、E_{i-1} 为第 i 段、第 $i-1$ 段的材料在设计温度下的弹性模量,MPa;I_i、I_{i-1} 为第 i

段、第 $i-1$ 段的截面惯性矩,mm^4;D_{ie} 为锥壳大端内直径,mm;D_{if} 为锥壳小端内直径,mm。

2)垂直地震力

抗震设防烈度为 8 度或 9 度的地区的塔器应考虑上、下两个方向的垂直地震力的作用,见图 4-49。

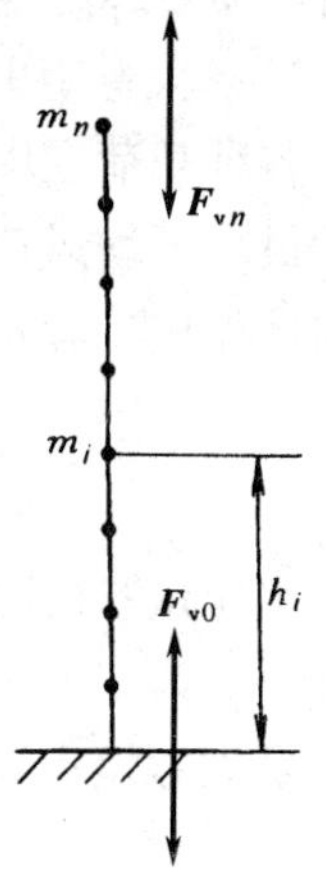

塔器底截面处总的垂直地震力按下式计算:

$$F_v^{0-0} = \alpha_{vmax} m_{eq} g \tag{4-18}$$

式中:α_{vmax} 为垂直地震影响系数最大值,取 $\alpha_{vmax} = 0.650\alpha_{max}$;$m_{eq}$ 为塔器的当量质量,取 $m_{eq} = 0.75m_0$,kg。

任意质量 m_i 处所分配的垂直地震力按下式计算:

$$F_{vi} = \frac{m_i h_i}{\sum\limits_{k=1}^{n} m_k h_k} F_v^{0-0} \quad (i=1,2,\cdots,n) \tag{4-19}$$

任意截面 i—i 处的垂直地震力按下式计算:

$$F_v^{i-i} = \sum\limits_{k=i}^{n} F_{vk} \quad (i=1,2,\cdots,n) \tag{4-20}$$

图 4-49　垂直地震力

3)地震弯矩

塔器任意截面 i—i 上的基本振型地震弯矩按下式计算:

$$M_{Ei}^{i-i} = \sum\limits_{k=i}^{n} F_{1k}(h_k - h) \tag{4-21}$$

式中:M_{Ei}^{i-i} 为任意截面 i—i 上的基本振型地震弯矩,N·mm。

等直径、等壁厚塔器任意截面 i—i 和底截面 0—0 上的基本振型地震弯矩分别按下面两式计算:

$$M_{Ei}^{i-i} = \frac{8\alpha_1 m_0 g}{175 H^{2.5}}(10H^{3.5} - 14H^{2.5}h + 4h^{3.5}) \tag{4-22}$$

$$M_{Ei}^{0-0} = \frac{16}{35}\alpha_1 m_0 g H \tag{4-23}$$

当塔器的 $H/D > 15$ 且 $H \geq 20$ m 时,还需考虑高阶振型的影响。在进行稳定性验算或其他验算时,工程中仅计算前三阶振型,则地震弯矩可按下式计算:

$$M_E^{i-i} = \sqrt{(M_{E1}^{i-i})^2 + (M_{E2}^{i-i})^2 + (M_{E3}^{i-i})^2} \tag{4-24}$$

5. 偏心载荷

当塔器外部装有附属设备(如塔顶冷凝器偏心安装、塔底外侧悬挂再沸器)时,这些偏心载荷除了引起周向压应力外,还会产生轴向弯矩 M_e。该弯矩不沿塔的高度而变化,其值可按下式计算:

$$M_e = m_e g e \tag{4-25}$$

式中:M_e 为偏心弯矩,N·mm;m_e 为偏心质量,kg;e 为偏心矩,即偏心质量的中心到塔器轴线的距离,mm。

(三)计算筒体的应力

1)塔器在设计压力 p 作用下产生的轴向应力

$$\sigma_1 = \pm \frac{pD_i}{4\delta_{ei}} \tag{4-26}$$

式中:σ_1 为由内压或外压引起的轴向应力,MPa;p 为设计压力,MPa;D_i 为筒体内径,mm;δ_{ei} 为 i—i 截面处筒体的有效壁厚,mm。

2)操作或非操作时由重力及垂直地震力引起的轴向应力(压应力)

$$\sigma_2 = \frac{m_0^{i-i} g \pm F_v^{i-i}}{\pi D_i \delta_{ei}} \tag{4-27}$$

式中:σ_2 为由重力及垂直地震力引起的轴向应力,MPa;m_0^{i-i} 为任意截面 i—i 以上的塔体承受的操作或非操作时的质量,kg。其中 F_v^{i-i} 仅在最大弯矩为地震弯矩参与组合时计入(以下同)。

3)最大弯矩引起的轴向应力

各种载荷在塔器上引起的弯矩有风弯矩 M_w、地震弯矩 M_E、偏心弯矩 M_e。由于所给的气象资料是该地区的最大平均风速和可能出现的最大地震烈度,而实际上,风载荷和地震载荷同时达到最大值的概率是极小的。如按二者相加计算,未免过于保守。在正常操作条件下截面 i—i 处的最大弯矩通常按下式取值:

$$M_{max}^{i-i} = \begin{cases} M_w^{i-i} + M_e \\ M_E^{i-i} + 0.25M_w^{i-i} + M_e \end{cases} \quad (\text{取其中较大者}) \qquad (4-28)$$

由于水压试验的时间往往是人为选定的,而且试验时间较短,所以,在试验情况下按最大弯矩取值:

$$M_{max}^{i-i} = 0.3M_w^{i-i} + M_e \qquad (4-29)$$

最大弯矩引起的轴向应力为

$$\sigma_3 = \frac{4M_{max}^{i-i}}{\pi D_i^2 \delta_{ei}} \qquad (4-30)$$

式中:σ_3 为最大弯矩引起的轴向应力,MPa;M_{max}^{i-i} 为 i—i 截面上的最大弯矩,N·mm。

(四)筒体壁厚校核

1. 最大组合轴向应力的计算

各种载荷引起的轴向应力,以"+"表示拉应力,以"-"表示压应力。各种载荷引起的轴向应力的符号见表4-9。

表4-9　各种载荷引起的轴向应力的符号

应力	设备状态							
	内压塔器				外压塔器			
	正常操作时		停修时		正常操作时		停修时	
	迎风侧	背风侧	迎风侧	背风侧	迎风侧	背风侧	迎风侧	背风侧
σ_1	+		0		-		0	
σ_2	-		-		-		-	
σ_3	+	-	+	-	+	-	+	-
σ_{max}	$\sigma_1 - \sigma_2 + \sigma_3$		$-(\sigma_2 + \sigma_3)$		$-(\sigma_1 + \sigma_2 + \sigma_3)$		$-\sigma_2 + \sigma_3$	

1)内压操作的塔器

(1)最大组合轴向拉应力出现在正常操作时的迎风侧,即

$$\sigma_{max} = \sigma_1 - \sigma_2^{i-i} + \sigma_3^{i-i} \qquad (4-31)$$

(2)最大组合轴向压应力出现在停修时的背风侧,即

$$\sigma_{max} = -(\sigma_2^{i-i} + \sigma_3^{i-i}) \qquad (4-32)$$

2)外压操作的塔器

(1)最大组合轴向压应力出现在正常操作时的背风侧,即

$$\sigma_{max} = -(\sigma_1 + \sigma_2^{i-i} + \sigma_3^{i-i}) \qquad (4-33)$$

(2)最大组合轴向拉应力出现在停修时的迎风侧,即

$$\sigma_{max} = \sigma_3^{i-i} - \sigma_2^{i-i} \qquad (4-34)$$

2. 强度与稳定性校核

根据正常操作时和停车检修时的各种危险情况求出的最大组合轴向应力必须满足强度条件与稳定性

条件,如表4-10所示。对轴向拉应力只进行强度校核,因为不存在稳定性问题。轴向压应力既要满足强度要求,又要满足稳定性要求,因此需要对它进行双重校核。

表4-10　轴向最大应力的校核条件

轴向最大应力	强度校核	稳定性校核
轴向最大拉应力 σ_{max}	$\leq K[\sigma]^t\varphi$	
轴向最大压应力 σ_{max}	$\leq K[\sigma]^t$	$\leq 0.06KE^t\dfrac{\delta_{ei}}{R_i}$

注:R_i 为筒体内半径;K 为载荷组合系数,取 $K=1.2$。

经过校核,如壁厚 δ 不能满足上述条件,必须重新假设壁厚,重复计算,直至满足条件为止。

3.耐压试验时应力校核

1)拉应力

(1)环向拉应力的验算在第三章有过阐述,见式(3-12)。

(2)最大组合轴向拉应力(液压)校核计算式如下:

$$\sigma_{max}=\frac{p_TD_i}{4\delta_{ei}}-\frac{gm_{max}^{i-i}}{\pi D_i\delta_{ei}}+\frac{0.3M_w^{i-i}+M_e}{0.785D_i^2\delta_{ei}}\leq 0.9R_{eL}(\text{或}R_{p0.2})\varphi \tag{4-35}$$

2)设备充水(未加压)后最大质量和最大弯矩在壳体中引起的组合轴向压应力

$$\sigma_{max}=\frac{gm_{max}^{i-i}}{\pi D_i\delta_{ei}}+\frac{0.3M_w^{i-i}+M_e}{0.785D_i^2\delta_{ei}}\leq\begin{cases}0.9KR_{eL}(\text{或}R_{p0.2})\varphi\\KB\end{cases} \tag{4-36}$$

式中:K 为载荷组合系数,取 $K=1.2$;R_{eL} 为材料的屈服强度,MPa;B 为按外压失稳计算得到的许用应力,MPa;φ 为焊接接头系数。

对于塔体而言,其最大的风弯矩引起的弯曲应力 σ_3^{i-i} 发生在裙座和塔体的连接截面2—2上。对于裙座,σ_3^{i-i} 的最大应力发生在裙座底截面0—0或人孔截面1—1上。

二、裙座的强度计算

裙座是最常见的塔器支撑结构,如图4-50所示。裙座有圆筒形和圆锥形两种。圆筒形裙座由于制造方便和节省材料,所以被广泛采用,但对于承受较大风载荷和地震载荷的塔,需要配置较多的地脚螺栓,需要面积较大的基础环板,则采用圆锥形裙座。

裙座由裙座、基础、地脚环板、螺栓座及地脚螺栓等结构组成。裙座的上端与塔体的底封头焊接,下端与基础环板、筋板焊接,距地面一定高度处开有人孔、出料孔等通道。裙座常用碳素钢或低合金钢材料制造。当裙座的直径超过800 mm时一般开设人孔。在裙座上方开直径为50 mm的排气孔,在裙座底部开设排液孔,以便随时排出液体。

裙座和塔体的连接焊缝应和塔体本身的环焊缝保持一定距离。如果封头由数块钢板拼焊而成,则应在裙座上的相应部位开缺口,以免连接焊缝和封头焊缝相互交叉,见图4-51。基础环板通常是一块环形板,基础环板上的螺栓孔开成圆缺口而不是圆形孔,见图4-52。螺栓座由筋和压板构成,地脚螺栓穿过基础环板与压板,把裙座固定在基础上。

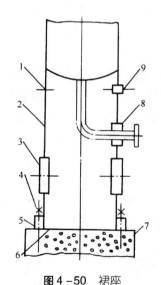

图4-50　裙座
1—无保温时的排气孔;2—裙座壳体;3—人孔;4—地脚螺栓;5—螺栓座;6—基础环板;7—基础;8—引出管道孔;9—有保温时的排气孔

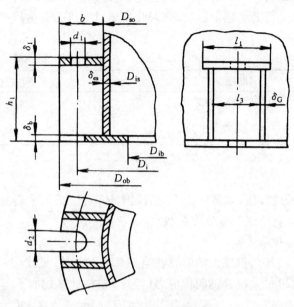

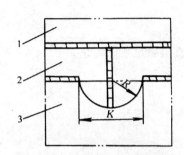

图4-51　开缺口的裙座
1—塔壳;2—下封头;3—裙座

图4-52　螺栓座结构

(一)圆筒形裙座壁厚的验算

通常先参照筒体壁厚试取一个裙座壁厚δ_s,然后验算危险截面的应力。危险截面一般取裙座基底截面0—0和人孔截面1—1(图4-46)。

组合应力应满足条件:

$$\sigma_{max} = \frac{M_{max}^{i-i}}{Z_{sb}} + \frac{m_0 g + F_v^{i-i}}{A_{sb}} \leqslant \begin{cases} K[\sigma]_s^t \\ KB \end{cases} \quad (取其中较小者)$$

其中F_v^{0-0}仅在最大弯矩为地震弯矩参与组合时计入。

$$\sigma_{max} = \frac{0.3M_w^{i-i} + M_e}{Z_{sb}} + \frac{m_{max} g}{A_{sb}} \leqslant \begin{cases} B \\ 0.9R_{eL}(或 R_{p0.2}) \end{cases} \quad (取其中较小者) \quad (4-37)$$

式中:M_{max}^{i-i}为裙座计算截面的最大弯矩,N·mm;M_w^{i-i}为裙座计算截面的风弯矩,N·mm;m_0为操作时设备的总质量,kg;m_{max}为水压试验时设备的总质量,kg;$[\sigma]_s^t$为设计温度下裙座材料的许用应力,MPa;B为按外压设计得到的许用应力,MPa;A_{sb}为裙座计算截面面积,mm^2;Z_{sb}为裙座计算截面的抗弯截面系数,mm^3。

裙座底部截面面积:

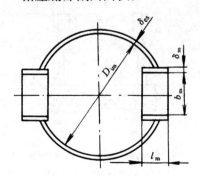

**图4-53　人孔或较大管线
引出孔处截面**

$$A_{sb} = \pi D_{is}\delta_{es} \quad (4-38)$$

最大开孔处截面面积(图4-53):

$$A_{sb} = \pi D_{im}\delta_{es} - \sum \left[(b_m + 2\delta_m)\delta_{es} - A_m\right] \quad (4-39)$$

$$A_m = 2l_m\delta_m$$

裙座基底抗弯截面系数:

$$Z_{sb} = \frac{\pi}{4}D_{is}^2\delta_{es} \quad (4-40)$$

最大开孔处抗弯截面系数:

$$Z_{sb} = \frac{\pi}{4}D_{im}^2\delta_{es} - \sum \left(b_m D_{im}\frac{\delta_{es}}{2} - Z_m\right) \quad (4-41)$$

$$Z_m = 2\delta_m l_m \sqrt{\left(\frac{D_{im}}{2}\right)^2 - \left(\frac{b_m}{2}\right)^2}$$

式（4-38）~式（4-41）中：D_{is}为裙座基底截面的内直径，mm；D_{im}为裙座最大开孔截面的内直径，mm；b_m为人孔或较大管线引出孔水平方向的最大宽度，mm；l_m为人孔或较大管线引出孔的长度，mm；δ_{es}为裙座壁厚，mm；δ_m为人孔或较大管线引出孔处加强管的厚度，mm。

上述验算满足条件后，再考虑壁厚附加量，并圆整成钢板标准厚度，即为裙座的最终厚度。

（二）基础环板设计

1. 基础环板内、外径的确定

裙座通过基础环板将塔体承受的外力传递到混凝土基础上，基础环板的主要参数为内、外直径（图4-54、图4-55），其大小一般可参考下式选用：

$$D_{ob} = D_{is} + (160 \sim 400) \tag{4-42}$$

$$D_{ib} = D_{is} - (160 \sim 400) \tag{4-43}$$

式中：D_{ob}为基础环板的外径，mm；D_{ib}为基础环板的内径，mm；D_{is}为裙座基底截面的内径，mm。

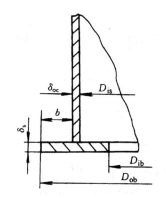

图4-54　无筋板基础环板

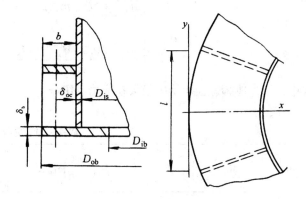

图4-55　有筋板基础环板

2. 基础环板厚度的计算

在操作或试压时，基础环板由于设备自重及各种弯矩的作用，在背风侧外缘压应力最大，其组合轴向压应力为

$$\sigma_{bmax} = \begin{cases} \dfrac{M_{max}^{0-0}}{Z_b} + \dfrac{m_0 g + F_v^{0-0}}{A_b} \\ \dfrac{0.3 M_w^{0-0} + M_e}{Z_b} + \dfrac{m_{max} g}{A_b} \end{cases} \quad \text{（取其中较大值）} \tag{4-44}$$

式中：A_b为基础环板面积，mm^2；Z_b为基础环板抗弯截面系数，mm^3，计算公式如下。

$$A_b = \frac{\pi}{4}(D_{ob}^2 - D_{ib}^2) \tag{4-45}$$

$$Z_b = \frac{\pi(D_{ob}^4 - D_{ib}^4)}{32 D_{ob}} \tag{4-46}$$

其余符号的意义和取法同前，其中F_v^{0-0}仅在最大弯矩为地震弯矩参与组合时计入。

（1）基础环板上无筋板（图4-54）。基础环板上无筋板时，可将基础环板简化为一根悬臂梁。在均布载荷σ_{bmax}的作用下，基础环板的厚度为

$$\delta_b = 1.73 b \sqrt{\frac{\sigma_{bmax}}{[\sigma]_b}} \tag{4-47}$$

式中:δ_b 为基础环板的厚度,mm;$[\sigma]_b$ 为基础环板材料的许用应力,MPa,对低碳钢取 $[\sigma]_b = 140$ MPa。

(2)基础环板上有筋板(图4-55)。基础环板上有筋板时,筋板可增加裙座底部的刚性,从而减小基础环板的厚度。此时,可将基础环板简化为一块受均布载荷 σ_{bmax} 作用的矩形板($b \times l$)。

基础环板的厚度为

$$\delta_b = \sqrt{\frac{6M_s}{[\sigma]_b}} \qquad (4-48)$$

式中:M_s 为单位长度上的计算力矩,取矩形板 x、y 轴的弯矩 M_x、M_y 中绝对值较大者(按表4-11查取),N·mm。

无论是有筋板还是无筋板,基础环板的厚度均不得小于16 mm。

(三)地脚螺栓设计

地脚螺栓的作用是使设备能够牢固地固定在基础底座上,以免受外力作用时倾倒。在风载荷、自重、地震载荷等的作用下,塔器的迎风侧可能出现拉力作用,因而必须安装足够数量的地脚螺栓。塔器在基础面上由螺栓承受的最大拉应力为

$$\sigma_B = \begin{cases} \dfrac{M_w^{0-0} + M_e}{Z_b} - \dfrac{m_{min}g}{A_b} \\[4mm] \dfrac{M_E^{0-0} + 0.25M_w^{0-0} + M_e}{Z_b} - \dfrac{m_0g - F_v^{0-0}}{A_b} \end{cases} \quad (\text{取其中较大值}) \qquad (4-49)$$

式中:σ_B 为地脚螺栓承受的最大拉应力,MPa。

表4-11　矩形板力矩计算表

b/l	$M_x \left(\begin{smallmatrix} x=b \\ y=0 \end{smallmatrix}\right)\sigma_{bmax}b^2$	$M_y \left(\begin{smallmatrix} x=0 \\ y=0 \end{smallmatrix}\right)\sigma_{bmax}l^2$	b/l	$M_x \left(\begin{smallmatrix} x=b \\ y=0 \end{smallmatrix}\right)\sigma_{bmax}b^2$	$M_y \left(\begin{smallmatrix} x=0 \\ y=0 \end{smallmatrix}\right)\sigma_{bmax}l^2$
0	−0.50	0	1.6	−0.048 5	0.126
0.1	−0.50	0.000 002	1.7	−0.043 0	0.127
0.2	−0.49	0.000 6	1.8	−0.038 4	0.129
0.3	−0.448	0.005 1	1.9	−0.034 5	0.130
0.4	−0.385	0.015 1	2.0	−0.031 2	0.130
0.5	−0.319	0.029 3	2.1	−0.028 2	0.131
0.6	−0.260	0.045 3	2.2	−0.025 8	0.132
0.7	−0.212	0.061 0	2.3	−0.023 6	0.132
0.8	−0.173	0.075 1	2.4	−0.021 7	0.133
0.9	−0.142	0.087 2	2.5	−0.020 0	0.133
1.0	−0.118	0.097 2	2.6	−0.018 5	0.133
1.1	−0.099 5	0.105	2.7	−0.017 1	0.133
1.2	−0.084 6	0.112	2.8	−0.015 9	0.133
1.3	−0.072 6	0.116	2.9	−0.014 9	0.133
1.4	−0.062 9	0.120	3.0	−0.013 9	0.133
1.5	−0.055 0	0.123			

当 $\sigma_B \leqslant 0$ 时,塔器可自身稳定。但为固定塔器的位置,应设置一定数量的地脚螺栓。当 $\sigma_B > 0$ 时,塔器必须设置地脚螺栓。地脚螺栓的螺纹直径可按下式计算:

$$d_1 = \sqrt{\frac{4\sigma_B A_b}{\pi n [\sigma]_{bt}}} + C_2 \qquad (4-50)$$

式中:d_1 为地脚螺栓的螺纹直径,mm;C_2 为地脚螺栓的腐蚀裕量,取 3 mm;n 为地脚螺栓的个数,一般取 4 的倍数,对小直径塔器可取 $n=6$;$[\sigma]_{bt}$ 为地脚螺栓材料的许用应力(选取 Q235B 时,取 $[\sigma]_{bt} = 147$ MPa;选取 16Mn 时,取 $[\sigma]_{bt} = 170$ MPa)。圆整后地脚螺栓的公称直径不得小于 M24。

(四)裙座与塔体的连接焊缝

裙座与塔体连接的焊缝形式有对接焊缝和搭接焊缝两种。对接焊缝结构要求裙座与塔体直径相等,二者对齐焊在一起。对接焊缝承受拉或压应力作用,可承受较大的轴向载荷,适用于大型塔器。搭接焊缝要求裙座内径稍大于塔体外径,焊缝承受剪应力作用,受力条件差,一般多用于小型塔器。

(1)裙座与塔体对接焊缝(图 4-56)J—J 截面的拉应力校核:

$$\frac{4M_{max}^{J-J}}{\pi D_{it}^2 \delta_{es}} - \frac{m_0^{J-J} g - F_v^{J-J}}{\pi D_{it} \delta_{es}} \leqslant 0.6K[\sigma]_W^t \qquad (4-51)$$

其中,F_v^{J-J} 仅在最大弯矩为地震弯矩参与组合时计入。

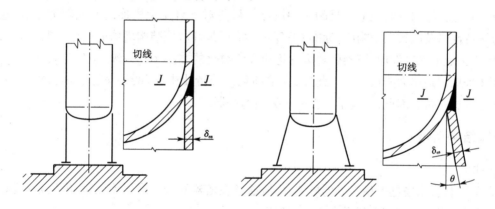

图 4-56 裙座与塔体对接焊缝示意

(2)裙座与塔体搭接焊缝(图 4-57)J—J 截面的剪应力校核:

$$\frac{M_{max}^{J-J}}{Z_W} + \frac{m_0^{J-J} g + F_v^{J-J}}{A_W} \leqslant 0.8K[\sigma]_W^t \qquad (4-52)$$

$$\frac{0.3M_W^{J-J} + M_e}{Z_W} + \frac{m_{max}^{J-J} g}{A_W} \leqslant 0.72KR_{eL}(\text{或} R_{p0.2}) \qquad (4-53)$$

$$A_W = 0.7\pi D_{ot} \delta_{es} \qquad (4-54)$$

$$Z_W = 0.55D_{ot}^2 \delta_{es} \qquad (4-55)$$

式(4-51)~式(4-55)中:A_W 为焊缝抗剪断面面积,mm²;D_{it}、D_{ot} 为裙座壳顶部截面的内、外直径,mm;M_{max}^{J-J} 为搭接焊缝处的最大弯矩,N·mm;m_{max}^{J-J} 为压力试验时塔器的最大质量(不计裙座质量),kg;m_0^{J-J} 为 J—J 截面以上塔器的操作质量,kg;Z_W 为焊缝抗剪截面系数,mm³;$[\sigma]_W^t$ 为设计温度下焊接接头的许用应力,取两侧母材许用应力的较小值,MPa。

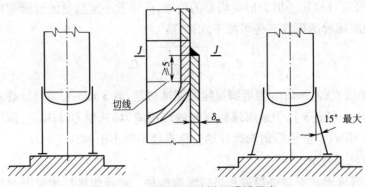

图 4 -57   裙座与塔体搭接焊缝示意

第六节   特殊结构塔器及塔器减振设计

图 4-1 和图 4-2 所示均为自支承塔器,其筒体通过裙座和地脚螺栓固定在地面上。自支承塔器是一种具有圆形截面的悬臂梁结构,是最常见的一种塔器。目前对于自支承塔器的研究较为系统,包含塔器模态参数、动力学特性以及风致振动响应,标准 NB/T 47041 即是针对该结构塔器的设计标准。

随着现代化工业的飞速发展,塔器朝着集约化和大参数化的方向不断发展,愈发呈现出高耸、柔性的特征,工程上往往采用框架作为防振措施。此外,在精细化工等行业中,塔器的布置愈加密集,相互之间距离较小,且按顺序排成一行。因此,出现了一些特殊类型的塔器。

一、特殊结构塔器

(一)框架塔

框架塔是除了自支承塔器外最常见的塔器,一般通过在塔器周围或底部安装框架达到减振的目的。按框架的位置,框架塔可分为侧部框架塔和底部框架塔。

1. 侧部框架塔

侧部框架塔通过在自支承塔器周围设置侧部框架,限制高径比较大的塔器的塔顶挠度,并减小塔器底部应力。侧部框架塔的三种简化模型如图 4-58 所示。目前,一些学者建立了侧部框架与塔体相互作用的等效模型,并给出了相应的模型挠度、应力及固有频率的计算方法。近年来,数值模拟越来越广泛地应用到侧部框架塔的设计计算中。

2. 底部框架塔

底部框架塔将塔器筒体安装在混凝土或钢结构框架上,以满足具体工艺流程和操作条件的需要,如图 4-59 所示。底部框架塔在结构上主要包括一个悬臂梁和附加的支承框架。早期对底部框架塔的研究大多将框架折算为等刚度的筒体,或将塔器等效为框架和悬臂梁结构的简单加和,并给出塔器固有频率与结构参数的拟合公式,但计算精度有限。有学者考虑了带限位器的复杂底部框架塔,通过数值模拟和试验研究了底部框架塔的模态参数和动力学响应,并建立了塔器顺风向与横风向振动的预测模型。

(二)并排塔器

并排塔器是指相互之间距离较小且按顺序排成一行的塔器,若各塔之间由操作平台相连,也称为排塔,如图 4-60 所示。一方面,并排塔器主要受到周围风场的作用,当气流互相干扰时,各塔的振动也存在不同的耦合形式;另一方面,当操作平台将多个塔器连成一个整体,形成刚性约束后,将出现两个振动方向:沿塔

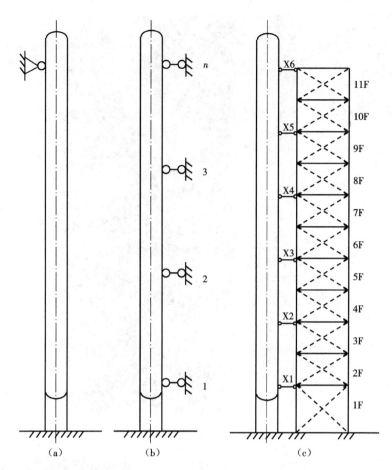

图4-58 侧部框架塔的三种简化模型

(a)固定铰座模型；(b)动铰模型；(c)塔-框架协同作用模型

器排列的方向和垂直于塔器排列的方向。由于排塔在两个方向上刚度的差别很大，其自振周期自然相差较大。另外，考虑到并排塔器中各塔几何尺寸的差异，其抗弯刚度各不相同，存在着载荷再分配的问题，而且操作平台和塔体的连接形式与排塔的自振周期、受力情况都有关系，因此对并排塔器的计算较之于自支承塔器要复杂得多。基于上述原因，对并排塔器的研究开展得较少，因此对并排塔器发生风振的耦合特性尚不清楚，目前普遍认为除典型的涡激振动外，还应考虑尾流驰振。

美国 *Steel Stacks*(ASME STS-1-2016)和欧盟 *Actions on Structures：Wind Actions*(BS EN 1991-1-4)对并排塔器的横风向振动略有提及，根据其耦合效应，对斯特劳哈尔数以及振幅添加了经验常数，如式(4-56)和式(4-57)所示：

$$\begin{cases} St = 0.16 + \dfrac{1}{300}(l-3) & l \leqslant 15 \\ \qquad St = 0.2 & l > 15 \end{cases} \tag{4-56}$$

$$\begin{cases} a = 1.5 - \dfrac{1}{24}(l-3) & l \leqslant 15 \\ \qquad a = 1.0 & l > 15 \end{cases} \tag{4-57}$$

式中：l 为无量纲间距，是并排塔器中心距与塔器直径的比值；St 为斯特劳哈尔数；a 为振幅放大因子，表示并排塔器的振幅是单塔涡激振动振幅的 a 倍。

图 4 –59　底部框架塔

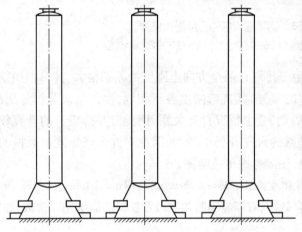

图 4 –60　并排塔器

二、塔器减振设计方法

塔器具有高径比大、固有频率低和阻尼比较小的特点。塔器由于高度较大,受其自身结构和工艺条件的限制,一般多露天放置,因此除了自身载荷和操作载荷外,还会受到风载荷和地震载荷的影响。而相对于地震发生的罕见性,风载荷对塔器的影响则更为普遍。塔器受到风载荷的作用会发生振动,当振动频率接近自身固有频率时会发生共振使得振动加剧。因此,在设计阶段应对塔器进行振动分析,并采取可行的防振措施。塔器防振措施主要有以下三类。

1. 增大塔的自振周期

降低塔高、增大塔的直径都可增大塔的自振周期,但必须与工艺操作条件结合起来一同考虑。加大壁厚或采用密度小、弹性模量大的结构材料也可增大塔的自振周期。如果条件许可,在对应于塔的第二振型曲线节点位置处加设一个铰支座,可以达到有效增大塔的自振周期的目的。此外,利用钢结构框架对塔器位移进行刚性约束,也可以有效地减小塔的挠度,控制塔顶位移。

2. 采用扰流装置

塔器外部的梯子、平台和扰流件都能起到扰乱卡门涡街的作用。在塔上部 1/3 高度的范围内安装具有轴向翅片或螺旋形翅片的扰流器有很好的防振效果,可减小或防止塔的共振。

3. 增大塔的阻尼

增大塔的阻尼对抑制塔的振动有很大的作用。塔盘上的液体或填料都是有效的阻尼物。有研究表明,塔盘上的液体可以使振幅减小 10%。另外,也可采用阻尼器进行耗能减振。

三、减振元件设计

(一)扰流翅片破涡技术

标准 NB/T 47041—2014 在标准释义部分给出了两种常用扰流翅片的结构参数和布置方式,如图 4-61 所示。

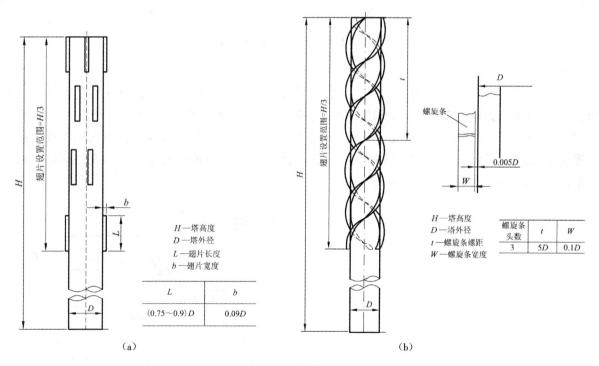

图 4-61 塔器扰流器
(a)轴向翅片;(b)螺旋形翅片

轴向翅片的长度一般为 $(0.75 \sim 0.9)D(D$ 为塔器直径$)$,宽度为 $0.09D$,同一圆周上的翅片数为 4,相互之间的夹角为 $90°$,相邻圆周上的翅片彼此错开 $30°$。装有轴向翅片后,共振时振幅将减小 1/2。

安装螺旋形翅片时,螺旋条头数为 3,相互之间错开 $180°$,螺距为 $5D$,宽度为 $0.1D$,螺旋形翅片与塔器之间的间距为 $0.005D$。一般而言,螺旋形翅片的效果好于轴向翅片。

（二）阻尼器

把塔器中的某些构件（如支撑结构、限位器等）设计成阻尼器，或在塔器某些部位（节点或连接处）安装各种阻尼器，这样在风载荷和小地震作用下结构体系具有足够的抗侧移刚度，可以满足结构正常使用的要求。该方法由于概念简单，效果显著，可靠安全，获得了广泛关注，因此近年来在塔器减振防振领域取得很大发展和成果。目前阻尼器主要包括黏滞阻尼器、摩擦阻尼器、质量阻尼器和橡胶阻尼器等。

1. 黏滞阻尼器

黏滞阻尼器中的缸式黏滞阻尼器应用最为广泛，其结构主要包括缸体、带孔活塞和阻尼介质等，如图4-62所示。其核心结构类似于液压系统，主要利用阻尼介质的滞回性和孔缩效应（由于阻尼液通过活塞孔时截面突然变小而发生能量消耗的现象）进行耗能，进而实现减振（地震或风振）的效果。其工作原理为：当结构受到风载荷或者地震载荷的作用时，活塞杆受力推动活塞在缸体内运动，使得阻尼介质通过活塞上的孔隙并产生阻尼力，从而达到耗能的目的。

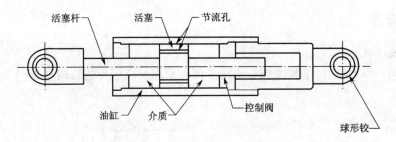

图4-62　缸式黏滞阻尼器结构示意

2. 摩擦阻尼器

摩擦阻尼器通过在摩擦构件之间设置预紧力，利用摩擦构件之间的相对滑动，将结构的振动能量转化为摩擦热能，从而达到耗能的目的。摩擦阻尼器构造简单，造价低廉，材料易得，耗能能力强，且阻尼器的性能受到结构载荷大小、频率的影响相对于其他阻尼器较小。应用于塔器时，摩擦阻尼器在小风或弱震时提供刚度支撑；在强震或大风时，通过摩擦消耗输入结构的部分地震或风振能量，保护结构免遭破坏。几种摩擦阻尼器的结构如图4-63~图4-65所示。

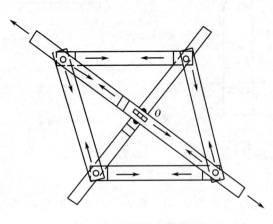

图4-63　Pall型摩擦阻尼器

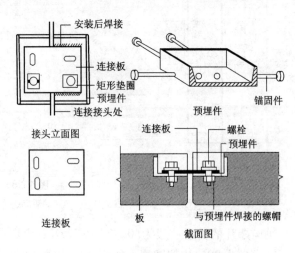

图4-64　限位滑移螺栓节点摩擦阻尼器

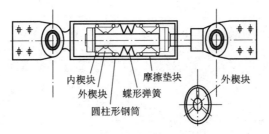

内楔块　外楔块　摩擦垫块　蝶形弹簧　圆柱形钢筒　外楔块

图 4 -65　筒式摩擦阻尼器

习　题

4-1　塔器由哪几部分组成？各部分的作用分别是什么？

4-2　简述整块式塔盘的结构。

4-3　填料塔中的液体分布装置有哪几种类型？

4-4　塔体的紧固件包括哪些？

4-5　简述填料塔中设液体再分布装置的作用。

4-6　填料塔中设置除沫装置的作用是什么？工业上常用的除沫器有哪几种？

4-7　分析户外安装的自支承塔器受哪些载荷的作用，并说明这些载荷将引起何种变形。

4-8　试对塔在正常操作、停工检修和耐压试验三种情况下的载荷进行分析。

4-9　增大塔的自振周期有哪些措施？

4-10　简述基本风压的定义，并分析影响塔器实际风载荷大小的因素。

4-11　在塔器设计中，哪些危险截面需要校核轴向强度和稳定性？如何校核？

4-12　简述塔器设计的基本步骤。

参考文献

[1]　汤善甫,朱思明.化工设备机械基础[M].上海:华东理工大学出版社,2015.

[2]　路秀林,王者相.化工设备设计全书——塔器[M].北京:化学工业出版社,2004.

[3]　全国锅炉压力容器标准化委员会.塔式容器:NB/T 47041—2014[S].北京:中国标准出版社,2014.

[4]　余国琮.化工机械工程手册(中卷)[M].北京:化学工业出版社,2002.

[5]　郑津洋,桑芝富.过程设备设计[M].5版.北京:化学工业出版社,2021.

[6]　俞晓梅,袁孝竞.塔器[M].北京:化学工业出版社,2010.

[7]　袁渭康,王静康,费维扬,等.化学工程手册[M].3版.北京:化学工业出版社,2019.

[8]　PIPINATO A. Innovative bridge design handbook[M]. Oxford, Eng. : Butterworth-Heinemann, 2015.

[9]　ZAHRAEI S M, MORADI A, MORADI M. Using pall friction dampers for seismic retrofit of a 4-story steel building in Iran[C]//Proceedings of the Topics in Dynamics of Civil Structures, Volume 4, New York, NY: Springer, 2013.

[10]　PALL A, MARSH C, FAZIO P. Friction joints for seismic control of large panel structures[J]. PCI Journal, 1980, 25(6): 38-61.

[11]　ATAM E. Friction damper-based passive vibration control assessment for seismically-excited buildings through comparison with active control: a case study[J]. IEEE Access, 2019, 7: 4664-4675.

[12]　杨国义,王者相,陈志伟.NB/T 47041—2014《塔式容器》标准释义与算例[M].北京:新华出版社,2014.

第五章　管壳式热交换器

第一节   概述

热交换器是进行各种热量交换的设备,无论是在炼油、石油化工还是在基础化工、能源化工及轻工等生产过程中都具有极为重要的作用。

根据热交换的目的热交换器可分为加热器、冷却器、冷凝器及再沸器。由于使用条件不同,它又有多种形式与结构。传热效率高、流动阻力小、结构合理紧凑、具有可靠的强度、制作成本低、安装维修方便是优良热交换器的基本性能特点。

按照传热方式热交换器可分为以下三类。

(1)混合热交换器:利用冷热流体直接接触与混合进行热量交换的热交换器。

(2)蓄热热交换器:热量传递通过格子砖或填料等蓄热体来完成的热交换器。

(3)间壁式热交换器:冷、热流体被固体壁面隔开并通过壁面进行传热的热交换器。间壁式热交换器有很多种,主要包括管壳式热交换器、板式热交换器和套管式热交换器,其中管壳式热交换器是应用最为广泛的一种热交换器;板式热交换器是一种具有较高换热效率的紧凑型热交换器,在许多领域已经开始取代管壳式热交换器。

管壳式热交换器又称为列管式热交换器。虽然与新型热交换器相比,它在传热效率、结构紧凑性及金属材料消耗量方面有所不及,但是它具有结构坚固、耐高温高压、制造工艺成熟、工艺适应性较强及选材范围广等优点,因而在工程所用的热交换器中占据主导地位。

在工业生产中,可依据不同的生产工艺要求选用标准系列产品,也可按照特定的工艺条件设计。管壳式热交换器的设计一般分为工艺计算及机械设计两部分,其中机械设计包括:①管壳式热交换器结构形式的选择与设计;②管壳式热交换器各构件形式及连接方式的选择与设计;③管壳式热交换器的强度计算。

本章主要阐述管壳式热交换器机械设计的有关问题,也对其他形式的热交换器进行说明。

第二节   管壳式热交换器的结构形式

管壳式热交换器属于间壁式热交换器的一种。在管壳式热交换器中,传递热量的间壁形状大多为圆管。一些小直径的管子固定在管板上形成一组管束,管束外装有圆筒形薄壳,冷、热流体分别走管内与管间,这两种流体通过间壁的热传导和间壁表面上流体的对流而进行热量交换。由于管束和壳体结构的不同,管壳式热交换器可以进一步划分为固定管板式、浮头式、填料函式、U形管式和薄管板式。

一、固定管板式热交换器

固定管板式热交换器的结构采用两端管板与壳体固定连接的形式。两端管板由管束相互支撑,管板薄,造价低;壳体内所排列的管束多,具有刚性连接结构,且紧凑简单。

固定管板式热交换器如图5-1所示,其中11为排气管,13为排液管。若将卧式改为立式,左端管箱在上,此时13变为排气管,11变为排液管。

这种热交换器的不足之处是管束不可抽出,不能对壳程进行机械清洗和检修,由于壳程和管程流体温

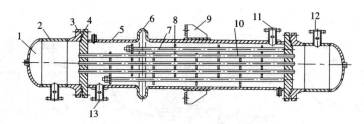

图 5-1 固定管板式热交换器

1—管箱;2—管箱壳体;3—设备法兰;4—管板;5—壳体;6—膨胀节;7—拉杆;8—折流板或支撑板;
9—支座;10—换热管;11—排气管;12—管程接管;13—排液管

度不同而存在温差应力。当管壁与壳体壁的温差较大(如 $\Delta t > 50$ ℃)时,管束与壳体的热膨胀差也较大。为消除过大的热膨胀差引起的温差应力,须设置温差补偿装置,例如配置膨胀节。

固定管板式热交换器适用于壳程不易结垢,管程需清洗,管、壳程温差不太大或者温差虽大但壳程压力较低的工作状态。

二、浮头式热交换器

浮头式热交换器的结构形式如图 5-2 所示。

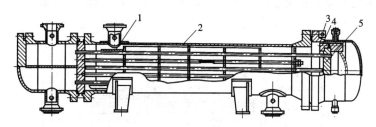

图 5-2 浮头式热交换器

1—防冲板;2—挡板;3—吊耳;4—钩圈;5—浮头管板

热交换器的一端管板与壳体连接,另一端管板可在壳体内自由浮动。壳体与管束受热膨胀变化不同而相互不受约束,因此,无论是壳体还是管束都不会产生温差应力。另外,浮头端设计成可拆装结构,管束易插入或抽出,便于清洗及维修。

浮头式热交换器的结构较复杂,金属材料消耗量较大,浮头端如发生内泄漏不易检查,由于管束与壳体间隙较大,影响传热效果,因此该热交换器适用于管、壳程温差较大,冷、热流体易结垢,管程和壳程均需要机械清洗,介质腐蚀性较小的工作状态。

浮头式热交换器的浮头结构常见的形式如图 5-3 所示。图 5-3(a)所示结构的特点是:浮头盖与活动管板的密封依赖于夹钳形半环、密封垫片和若干个压紧螺钉。这种形式的不足之处是夹钳形半环设计得较笨重,螺钉的夹紧力往往达不到密封的要求,而且拆装较麻烦。图 5-3(b)所示为常用的长紧式钩圈结构。这种浮头结构的特点是浮头盖法兰与钩圈法兰直接通过螺栓紧固,以保证浮头与管板密封的可靠性。这种形式的不足之处是由于该结构钩圈厚度较大,浮头端壳程中流体介质流动的死角区域相应增大,有效传热面积减小。为了克服上述缺陷,对此稍作改进,得到重量轻、结构紧凑的结构,该结构的特点是管板与钩圈采用不同的倾角,其中管板倾角为18°,钩圈倾角为17°,见图 5-4。钩圈厚度一般为 25~30 mm,管板外径与钩圈内径的尺寸间隙控制在 0.2~0.4 mm。这种结构的特点是当拧紧螺栓时既能保证密封作用,又能对螺栓的弯曲变形起到控制作用。

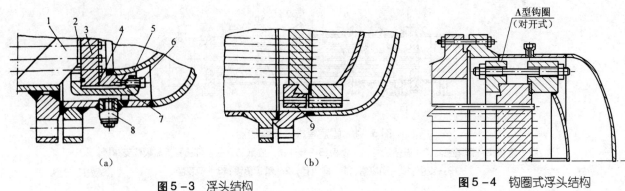

图 5 - 3　浮头结构

(a)结构之一;(b)结构之二

1—支撑板;2—焊缝;3—活动管板;4—垫片;5—浮头盖;6—压紧螺钉;7—夹钳形半环;

8—排液孔;9—钩圈法兰

图 5 - 4　钩圈式浮头结构

三、填料函式热交换器

　　填料函式热交换器的结构特点是浮头与壳体间被填料函密封,同时管束可以自由伸长,见图 5 - 5。这种结构特别适用于介质腐蚀性较大、温差较大且要经常更换管束的冷却器。它有浮头式热交换器的优点,又克服了固定管板式热交换器的不足;与浮头式热交换器相比,它结构简单,制作方便,清洗、检修容易,泄漏时能及时发现。

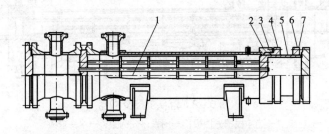

图 5 - 5　填料函式热交换器

1—纵向隔板;2—填料;3—填料函;4—填料压盖;5—浮动管板裙;6—剖分剪切环;7—活套法兰

　　但填料函式热交换器也有它自身的不足,主要是填料函的密封性能较差,故在操作压力及温度较高的工况下,壳体直径较大($DN > 700$ mm)时很少使用。壳程内介质具有易挥发、易燃、易爆及剧毒性质时也不宜应用。

　　填料函式热交换器的浮动管箱结构主要有以下三种。

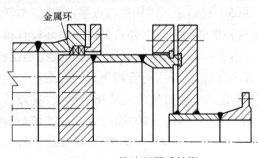

图 5 - 6　外填料函式结构

　　(1)外填料函式结构(图 5 - 6)。填料函设置在管板与壳体法兰之间的环隙中,用填料压环压紧,后管箱的可拆法兰通过剖分的挡环与管箱筒体端部定位,再用螺栓连接管箱平盖。这种结构适用于壳体直径不大的场合。

　　(2)单填料函浮动管板结构(图 5 - 7)。填料函设在壳体法兰内,管箱法兰兼作填料压盖,管板上焊接管板裙,填料在管板裙与填料函之间。在这种结构中,管程和壳程的介质有串通的可能,而且管箱内不能设置分程隔板,如图 5 - 7(a) 所示。这种结构不适用于管、壳程介质严禁混合的情况,一般只适用于双管程的热交换器。后管箱上不宜设置接管,否则妨碍填料的压紧。

　　为了发现填料函的泄漏,可用中间环将填料分成两段。当壳侧或管侧有流体从中间环的检漏孔漏出时,即能发现,并及时拧紧螺栓重新密封,不容易造成管、壳程介质的泄漏、混合,见图5-7(b)。

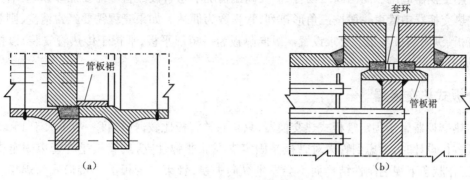

图5-7　单填料函浮头管板结构
(a)结构之一;(b)结构之二

　　(3)双填料函浮动管板结构(图5-8)。内圈填料主要用来分隔管、壳程介质,外圈主要起保险作用,一旦内圈填料有泄漏,外圈填料就能阻止泄漏,可防止有害的介质泄漏到大气环境。一旦发现泄漏,应拧紧螺栓重新密封。

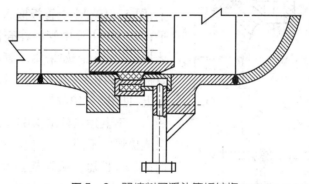

图5-8　双填料函浮头管板结构

四、U 形管式热交换器

　　U 形管式热交换器的结构特点如图5-9所示。这种热交换器的内部管束被弯成 U 形,管子两端被固定在同一块管板上。由于管程与壳程只有一端固定连接,所以不必考虑管程与壳程热膨胀引起的温差应力。又因为该结构仅有一块管板,没有浮头,故结构简单,造价低廉。另外,这种热交换器的管束可从壳体内抽出,便于清洗管外部分。这种热交换器的不足之处在于:管内清洗需要专门的工具;管束内部的管子大部分不能维修和更换;管束中心部分存在空隙,流体易走短路,影响传热效果;管板上管子排列少,结构不紧凑;

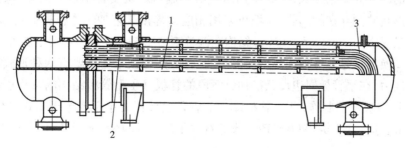

图5-9　U 形管式热交换器
1—中间挡板;2—U 形换热管;3—U 形换热器

管束中各弯管曲率不同,长短不一,物料分布不如固定管板式热交换器均匀;管子因泄漏被堵塞后会损失传热面积;当管内介质流量很大或者壳径很大时管束有可能产生振动。

U形管式热交换器适用于高温高压场合,但在高压情况下弯管段的管壁需要加厚以起到补强作用。

U形管式热交换器中管束一般按三角形排列,管程数为偶数。如果壳程需要经常清洗,则管束可按正方形排列。折流板、纵向隔板按工艺要求设置。纵向隔板为一矩形平板,平行于传热管安装,以提高壳程介质流速,降低结垢速度。

五、薄管板式热交换器

薄管板式热交换器属于固定管板式热交换器,只是它的管板比较薄(厚度一般不大于16 mm)。

对薄管板进行设计时,考虑到管束对管板是固定支撑而非弹性支撑,管板是在管束固定支撑作用下的平板,管束在工作状态下视为刚性结构而不会发生纵向失稳,管束与管板的连接形式为焊接。这样既可避开复杂的管板厚度计算过程,又能节省厚管板所需材料。例如,采用薄管板结构,材料可节约70%～80%,当压力较高时可达90%,这无疑对使用不锈钢及贵重金属(如钛)做管板材料具有很重要的意义。再加之有制作方便的优点,这使得薄管板热交换器具有很好的应用前景。

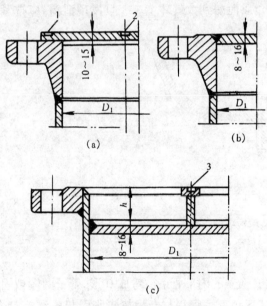

图5－10　几种薄管板的结构形式
(a)结构之一;(b)结构之二;(c)结构之三
1—密封槽;2、3—分程槽

目前,薄管板热交换器的结构大致有三种形式,如图5－10所示。图5－10(a)中管板焊在壳体法兰表面上;图5－10(b)中管板嵌入壳体法兰内,表面焊接后车平;图5－10(c)中管板在壳体内、法兰以下的位置与壳体焊接在一起。如采用多管程结构,分程槽均可开在薄管板上,如图5－10(a)所示,或开在焊接于薄管板的隔板上,见图5－10(c)。

由于上述三种结构中薄管板与壳体法兰的连接位置及连接形式不同,故它们在受力与强度、防腐蚀、制造方面都各有长短。从管板强度看,图5－10(c)的结构较好,这是因为管板与壳体法兰分开,减小了法兰力矩对管板的影响,相应地降低了管板中由法兰引起的应力;图5－10(b)的结构中管板受法兰的力矩最大;图5－10(a)中的结构相对较优。从材料防腐蚀方面看,图5－10(c)的结构对管内走腐蚀介质较有利,因为法兰与腐蚀介质不接触,可以不用耐蚀材料;图5－10(a)中的结构也具有同样的优点;在图5－10(b)的结构中,法兰总会与走管内或者管间的腐蚀介质相接触,故必须用耐蚀材料制造。从设备制造方面看,薄管板热交换器中薄管板焊接后容易变形是共同存在的问题,一般可采用相应的焊接工艺加工。根据资料介绍,图5－10(a)结构中管板最大变形量仅为3 mm,图5－10(c)结构在调整制造工艺及焊接方法后也能够达到平整的要求。

挠性管板式热交换器也是薄管板式热交换器中的一种,其管板结构主要有两种形式,如图5－11所示,为减小管壳间温差应力,在平管板周边设置挠性过渡段的管板。Ⅰ型管板结构的管程设计压力小于或等于0.6 MPa,管板可采用钢板弯曲制作;Ⅱ型管板结构的管程设计压力小于或等于1.0 MPa,需要采用锻件制作。挠性管板在甲醇合成、合成氨、制氢和硫回收等石油化工装置的余(废)热锅炉中有比较广泛的应用。

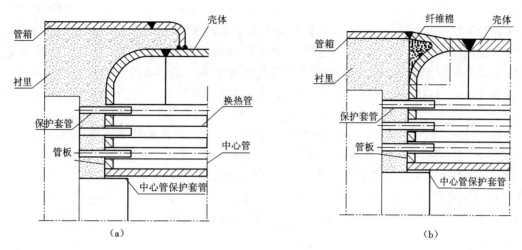

图 5 -11　薄管板结构
(a) I 型管板;(b) II 型管板

六、管壳式热交换器的选型

管壳式热交换器的选型需要考虑的因素很多,主要包括流体的性质、压力、温度、压降及其许可范围,对清洗和维修的要求,材料的价格和制造成本,动力耗费,现场安装和维修,管、壳程温差,使用寿命和可靠性等。

一般在满足生产要求的情况下,仅需要考虑最重要的一个或者几个重要因素。管壳式热交换器选型的基本标准是:

(1)所选的热交换器必须满足工艺要求,即流体经过热交换器后的参数指标符合进入下一个设备或者工艺流程的要求;

(2)热交换器本身能够在工程实际条件下正常工作,能够耐介质和环境的腐蚀,并具有合理的抗结垢能力;

(3)热交换器应便于维护,容易清洗,容易发生失效的构件(如受到腐蚀和振动损伤的构件)应便于更换;

(4)应综合考虑各种费用,使热交换器尽可能实现经济性;

(5)考虑场地情况,设计合理的直径、长度、重量和换热管结构。

第三节　管壳式热交换器的构件

一、管束

热交换器的管束构成热交换器的传热面,管束中管子的尺寸和形状都对热交换器的传热效果有很大影响。管子直径较小时,热交换器中单位体积的传热面积较大,设备较紧凑,单位传热面积的金属材料耗量较小,传热系数也较高,适用于介质清洁及压力较高的场合,但制造较麻烦,不易清洗。管子直径较大时,可用于介质黏性大或较污浊的情况,以减小流体阻力和便于清洗。

我国管壳式热交换器标准中一般采用无缝钢管作为热交换器的管束,其规格(外径×壁厚)如下:材质为碳钢的有 $\phi19 \times 2$、$\phi25 \times 2.5$、$\phi38 \times 3$、$\phi57 \times 3.5$;材质为不锈钢的有 $\phi19 \times 2$、$\phi25 \times 2$、$\phi32 \times$

2.5、$\phi38 \times 2.5$。

热交换器管子的长度与热交换器的长径比有关。对于相同的传热面,管子越长,壳体、封头的直径和壁厚越小,结构就越经济合理。但长到一定程度,这种经济效果就不再显著,因管子过长会给热交换器的清洗、运输、安装带来麻烦,因此我国热交换器的管子长度推荐值为 1 500 mm、2 000 mm、2 500 mm、3 000 mm、4 500 mm、6 000 mm、7 500 mm、9 000 mm、12 000 mm 等,其中 6 000 mm 以上的管长只适用于大传热面积的热交换器。

热交换器的管子材料可根据工艺条件下的压力、温度、介质的腐蚀性等来选择,常用的材质除了碳钢、不锈钢外,还有铜、钛、铝、石墨、镍铬铁合金等。

热交换器中的管子一般为光滑管,这是因为它不但制造容易,通用性强,而且结构简单,强度可靠,使用时流体阻力小,不易结垢。但是它的不足之处是强化传热的能力不够。为此,可应用其他结构形式的传热管,如异型管、翅片管、螺纹管等,见图 5-12~图 5-15。它们分别从增大传热面积及提高对流传热系数这两方面强化传热。

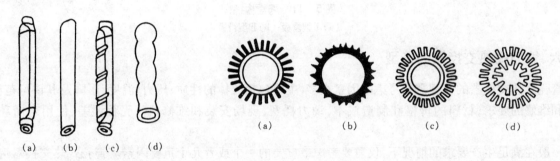

图 5-12　几种异型管
(a)扁平管;(b)椭圆管;(c)凹槽扁平管;(d)波纹管

图 5-13　纵向翅片管
(a)焊接外翅片管;(b)整体式外翅片管;(c)镶嵌式外翅片管;(d)整体式内外翅片管

图 5-14　径向翅片管

图 5-15　螺纹管

二、管板

管板是管壳式热交换器的主要部件之一。在现代化生产的高温高压大型热交换器中,管板的质量甚至可达到 20 t,其厚度也在 300 mm 以上。

管壳式热交换器的管板形状一般为开孔的、具有一定厚度的圆形平板。在板上的孔内安装管束,管板的四周与壳体相连,管板的两面要承受两种介质的压力作用,因此管板的结构形式与管壳式热交换器的类型、管束的安装形式、管板与壳体的连接形式、管板的厚度、材质及工况有关。

(一)管板的厚度

管板的厚度与直径是它的主要外形尺寸。其中管板的直径要根据壳体的直径来确定,而管板的厚度则需通过强度计算来求。在进行管板强度计算时,一般将其看成周边支撑的圆平板。很显然,管板的受力要比平板复杂得多,影响其强度及刚度的因素也很多,归纳起来有以下几点。

1. 管束对管板的支撑作用

热交换器的管束和管板刚性地连在一起。当管板在压力作用下发生弯曲变形时,管束随之发生两种变形:一是沿管束轴线方向的伸缩,二是与管板连接处的弯曲,如图 5-16 所示。由于管束的轴向变形,势必在管束中产生轴向力,这时的管束类似于一组弹簧,对管板产生一种弹性反作用力。又由于管束在与管板连接处受到管板作用的弯矩,所以管束会对管板有一组弹性反力矩,可被看成连续分布的面积力矩的作用。这两种变形及反作用力的存在说明管束对管板起着弹性支撑作用,故管板可以看作支撑于弹性基础上的圆板。这种支撑作用对刚性结构固定管板更为显著。一般来说,管子对管板的支撑作用随管径增大而增大,随折流板间距的增大而减小。

2.管孔对管板的削弱作用

由于管板上开了均匀密布的管孔,管板承载面积大大减小,因而管孔对管板的削弱作用是显而易见的。这种作用可从三个方面考虑:①由于承载面积的损失而使管板整体的强度和刚度都减小;②管孔中的管束又对管板的强度和刚度起到一些强化作用;③忽略管孔边缘处的局部集中应力,在计算中将管板视为均匀连续削弱的当量圆平板。

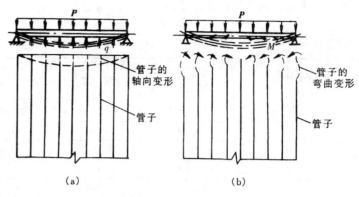

图5-16　管束对管板的支撑作用
(a)轴向变形;(b)弯曲变形

3.管板外边缘的固定形式

管板外边缘的固定形式有夹持简支和半夹持等,通常以介于简支与半夹持之间的形式居多。当管板承载时,相同条件下不同约束形式的管板的挠度及应力都不同。由此可见,不同的固定结构对管板强度和刚度的影响程度也有差别。

4.壳壁与管壁的温差

由于壳壁与管壁的温度存在明显差异,所以它们各自的弹性变形也会有所不同。在固定管板式热交换器中,这种变形会使管束与壳体产生温差应力(热应力)。在不稳定的操作状态(例如设备开车、停车)下容易出现温差应力超过由压力产生的应力值10~100倍的现象。

除以上影响因素外,管板上载荷的大小及作用位置、管板被当作法兰使用时紧固螺栓对管板产生的法兰弯矩也都会对管板上的应力值大小造成影响。

通过前面分析可知,在计算管板厚度时,应全面考虑这些影响因素。目前,许多国家对这些影响因素的认识不尽相同,考虑也各有侧重,因而其设计公式差异较大,但它们的理论依据大致有下列三种。

(1)将管束当作对管板的弹性支撑体,管板为一弹性基础上的圆平板,根据管板上载荷的大小、管束的刚度及管板周边的固定形式来确定管板上的弯曲应力。该种理论考虑问题较全面且实际,计算结果较精确。

(2)将管板当作受均布载荷作用的实心圆板。它以弹性理论得到的圆平板最大弯曲应力为主要依据,引入适当的修正系数以考虑管板开孔及管束支撑的作用等的影响。该理论有长期使用经验,计算结果较安全。

(3)将管板上相邻的4根管子间的菱形面积作为受力分析的几何模型,按照弹性理论计算该模型在均布载荷作用下的最大弯曲应力。该种理论只适用于某些条件,通用性较差。

我国现行的有关管板厚度的设计方法采用上述第一种理论,具体计算时考虑了多种工况,详细计算过程可参考 GB/T 151—2014 相关规定及算例。

实际上,在某些类型的热交换器设计中,可以通过相关资料查出管板厚度的参考值。当然,在特殊情况下还应对此值进行必要的强度校核。

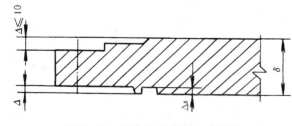

图5-17　兼作法兰的固定式管板

常用的固定式热交换器管板(兼作法兰)见图5-17,其厚度见表5-1。

表5-1中管板设计厚度值等于管板计算厚度值与壳程侧槽深度 Δs 和管程腐蚀裕度 c 之和,其表达式为

$$t_{设} = t_{计} + \Delta s + c \qquad (5-1)$$

由式(5-1)计算出来的管板厚度值 $t_{设}$ 需圆整为

2 的倍数后才能作为管板施工厚度值。

表 5 - 1　管板厚度

序号	设计压力 PN /MPa	壳体内直径×壁厚 $D_i \times \delta$ /(mm×mm)	换热管数目 n	管板厚度/mm			
				$\Delta t = \pm 50$ ℃		$\Delta t = \pm 10$ ℃	
				计算值	设计值	计算值	设计值
1	1.0	400×8	96	33.8	40.0	25.6	32.0
2	1.0	450×8	137	34.9	40.0	26.5	32.0
3	1.0	500×8	172	35.1	40.0	27.4	32.0
4	1.0	600×8	247	35.7	42.0	29.1	34.0
5	1.0	700×8	355	36.4	42.0	30.6	36.0
6	1.0	800×10	469	44.1	50.0	35.4	40.0
7	1.0	900×10	605	44.3	50.0	37.2	42.0
8	1.0	1 000×10	749	44.9	50.0	38.7	44.0
9	1.0	1 100×12	931	50.7	56.0	43.0	48.0
10	1.0	1 200×12	1 117	51.5	56.0	44.3	50.0
11	1.0	1 300×12	1 301	52.3	58.0	45.7	52.0
12	1.0	1 400×12	1 547	52.9	58.0	46.9	52.0
13	1.0	1 500×12	1 755	53.6	60.0	48.1	54.0
14	1.0	1 600×14	2 023	61.7	68.0	53.2	58.0
15	1.0	1 700×14	2 245	62.4	68.0	54.5	60.0
16	1.0	1 800×14	2 559	62.9	68.0	55.6	62.0
17	1.0	1 900×14	2 833	60.5	66.0	55.5	62.0
18	1.0	2 000×14	3 185	61.5	66.0	56.5	62.0
19	1.6	159×4.5	6	24.2	30.0*	23.6	30.0
20	1.6	219×6	20	26.3	32.0*	25.7	32.0
21	1.6	273×8	38	29.7	36.0*	28.5	36.0
22	1.6	325×8	57	32.2	38.0*	29.8	36.0
23	1.6	400×8	96	36.5	42.0	33.0	40.0
24	1.6	450×8	137	37.6	44.0	34.1	40.0
25	1.6	500×8	172	38.7	46.0	35.4	42.0
26	1.6	600×8	247	40.1	46.0	36.7	44.0
27	1.6	700×10	355	46.4	52.0	41.1	48.0
28	1.6	800×10	469	47.4	54.0	43.7	50.0
29	1.6	900×10	605	48.2	54.0	45.3	52.0
30	1.6	1 000×10	749	48.9	56.0	46.8	54.0
31	1.6	1 100×12	931	56.5	64.0	53.0	60.0
32	1.6	1 200×12	1 117	57.4	64.0	54.6	62.0
33	1.6	1 300×14	1 301	65.3	72.0	60.1	66.0
34	1.6	1 400×14	1 547	66.1	72.0	61.7	68.0
35	1.6	1 500×14	1 755	63.9	70.0	61.8	68.0
36	1.6	1 600×14	2 023	64.7	72.0	63.2	70.0
37	1.6	1 700×14	2 245	65.6	72.0*	64.3	70.0
38	1.6	1 800×14	2 559	66.3	72.0*	65.4	72.0
39	1.6	1 900×14	2 833	66.7	74.0*	66.6	74.0

续表

序号	设计压力 PN /MPa	壳体内直径×壁厚 $D_i \times \delta$ /(mm×mm)	换热管数目 n	管板厚度/mm			
				$\Delta t = \pm 50$ ℃		$\Delta t = \pm 10$ ℃	
				计算值	设计值	计算值	设计值
40	1.6	2 000×14	3 185	67.9	74.0*	67.9	74.0
41	2.5	159×4.5	6	24.6	32.0*	24.6	32.0
42	2.5	219×6	20	27.9	34.0*	27.9	34.0
43	2.5	273×9	38	32.6	40.0*	32.6	40.0
44	2.5	325×9	57	35.2	42.0*	35.2	42.0
45	2.5	400×9	96	39.4	46.0	38.8	46.0
46	2.5	450×9	137	40.8	48.0	39.1	46.0
47	2.5	500×9	172	41.8	48.0	40.7	48.0
48	2.5	600×10	247	49.4	56.0	46.4	52.0
49	2.5	700×10	355	50.6	58.0	47.9	54.0
50	2.5	800×10	469	52.5	58.0	55.3	56.0
51	2.5	900×12	605	57.9	64.0	55.9	52.0
52	2.5	1 000×12	749	59.8	66.0	57.6	64.0
53	2.5	1 100×14	931	66.4	72.0	64.4	70.0
54	2.5	1 200×14	1 117	67.9	74.0*	65.5	72.0
55	2.5	1 300×14	1 301	69.8	76.0*	69.8	76.0
56	2.5	1 400×16	1 547	76.3	82.0*	76.3	82.0
57	2.5	1 500×16	1 755	77.7	84.0*	77,7	84.0
58	2.5	1 600×18	2 023	79.4	86.0*	79.4	86.0
59	2.5	1 700×18	2 245	84.9	92.0*	84.9	92.0
60	2.5	1 800×20	2 559	86.3	92.0*	86.3	92.0
61	4.0	159×4.5	6	31.1	38.0*	31.1	38.0
62	4.0	219×6	20	35.2	42.0*	35.2	42.0
63	4.0	273×9	38	38.7	46.0	38.7	46.0
64	4.0	325×9	57	43.5	50.0	43.5	50.0
65	4.0	400×10	96	50.2	50.0	50.2	56.0
66	4.0	450×10	137	52.6	60.0	52.6	60.0
67	4.0	500×12	172	57.9	66.0	57.9	66.0
68	4.0	600×14	247	66.4	74.0	66.4	74.0
69	4.0	700×14	355	70.5	76.0	70.5	76.0
70	4.0	800×14	469	74.1	80.0	74.1	80.0
71	4.0	900×16	605	81.1	88.0*	81.1	88.0
72	4.0	1 000×18	749	88.4	96.0*	88.4	96.0
73	4.0	1 100×18	931	90.9	98.0*	90.9	98.0
74	4.0	1 200×20	1 117	97.7	104.0*	97.7	104.0
75	6.4	159×6	6	41.9	54.0	41.9	54.0
76	6.4	219×9	20	44.3	56.0	44.3	56.0
77	6.4	273×11	38	53.7	66.0	53.7	66.0
78	6.4	325×13	57	61.4	74.0	61.4	74.0
79	6.4	400×14	96	71.2	84.0	71.2	84.0
80	6.4	450×16	137	77.9	92.0	77.9	92.0

序号	设计压力 PN /MPa	壳体内直径×壁厚 $D_i \times \delta$ /(mm×mm)	换热管数目 n	管板厚度/mm			
				$\Delta t = \pm 50\ ℃$		$\Delta t = \pm 10\ ℃$	
				计算值	设计值	计算值	设计值
81	6.4	500×16	172	83.5	96.0	83.5	96.0
82	6.4	600×20	247	98.8	112.0	98.8	112.0
83	6.4	700×20	355	111.9	124.0	111.9	124.0
84	6.4	800×22	469	117.5	130.0	117.5	130.0

注:①$PN < 1$ MPa 时,可选用 $PN = 1$ MPa 的管板厚度;

②表中所列管板厚度适用于多管程的情况;

③当壳程压力与管程设计压力不等时,可按较高设计压力选取表中的管板厚度,并按壳程、管程不同的设计压力确定各自受压的结构尺寸;

④换热管与管板连接处除 $PN = 6.4$ MPa 及带*者为焊接连接外,其余均为胀接连接。

除此之外,确定管板的厚度时还要考虑管束与管板的连接形式:如果是胀接,管板的最小厚度(不包括厚度附加量)可按表 5-2 选取,这是因为管板必须有足够的厚度来保证胀管的连接可靠性;如果是焊接,管板的最小厚度应满足结构设计和制造要求,且不小于 12 mm。

表5-2　管板最小厚度　　　　　　　　　　　　　(mm)

换热管外径 d		≤25	25 < d < 50	≥50
δ_{min}	易爆及毒性程度为极度或高度危害的介质场合	≥d		
	其他场合	≥0.75d	≥0.7d	≥0.65d

对于薄管板热交换器,管板厚度一般为 10～15 mm。

(二)管孔排列方式与管孔间距

1. 管孔排列方式

选择管孔在热交换器管板上的排列方式时应考虑:①管子在热交换器壳体的横截面上均匀而紧凑地排列;②壳程流体的黏度、结垢程度等流体性质与排列方式相适应;③满足壳程的结构设计和相应的制造、维修及清洗等方面的要求。

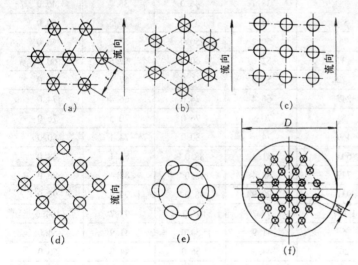

管孔在管板上的排列方式有正三角形排列、转角正三角形排列、正方形排列、转角正方形排列、同心圆排列及组合排列,见图 5-18。

正三角形排列和转角正三角形排列适用于壳程流体污垢较少、不用机械清洗的场合,而且在相同管板面积上可排列更多的管子,见图 5-18(a)和(b)。

正方形排列和转角正方形排列适用于壳程流体污垢较多的场合。此时管间形成一条条直的通道,便于用机械方法清洗管子外表面,但是按该排列方式在相同管板面积上排列的管子数目最少,见图 5-18(c)和(d)。

同心圆排列适用于壳体直径小的热交换器,配合复杂的空间管束结构,具有广阔的应用前景。这种排列较紧凑,在靠近壳体

图5-18　管孔排列方式

(a)正三角形排列;(b)转角正三角形排列;(c)正方形排列;
(d)转角正方形排列;(e)同心圆排列;(f)组合排列

壁附近的分布也很均匀,比三角形排列的管数多,介质不易走短路,见图 5 - 18(e)。

组合排列只适用于多程热交换器的管束排列。例如每一程内采用正三角形排列,而各程之间为了对称安排分程的隔板,相邻两排管子排列则采用正方形排列,见图 5 - 18(f)。

无论采用哪种排管程法,最外圈的管外壁与壳体内壁间的距离都不应小于 10 mm。另外,按正三角形排列的形状是一正六边形,当管束超过 127 根(即六边形层数大于 6)时,必须在最外层管子与壳体间的弓形部分另外安排管子,这样做既能提高热交换器的传热面积,又能消除换热管与壳体内壁间的有害通道。

正三角形排列的管子数目可按下式计算:

$$N_T = 3a(a+1) + 1 \qquad (5-2)$$

式中:a 为六边形的数目;N_T 为排列在六边形内的管数。

管子的配置数目可按表 5 - 3 查取。

表 5 - 3 排管数目

正六边形同心圆的数目（层数）	正三角形排列							同心圆排列	
	六边形对角线上的管数	六边形内的管数	每个弓形部分的管数			弓形部分的管数	管子总数	最外圆周上的管数	管子总数
			第一列	第二列	第三列				
1	3	7					7	6	7
2	5	19					19	12	19
3	7	37					37	18	37
4	9	61					61	25	62
5	11	91					91	31	98
6	13	127					127	37	130
7	15	169	3			18	187	43	173
8	17	217	4			24	241	50	223
9	19	271	5			30	301	56	279
10	21	331	6			36	367	62	341
11	23	397	7			42	439	69	410
12	25	469	8			48	517	75	485
13	27	547	9	2		66	613	81	566
14	29	631	10	5		90	721	87	653
15	31	721	11	6		102	823	94	747
16	33	817	12	7		114	931	100	847
17	35	919	13	8		126	1 045	106	953
18	37	1 027	14	9		138	1 165	113	1 000
19	39	1 141	15	12		162	1 303	119	1 185
20	41	1 261	16	13	4	198	1 459	125	1 310
21	43	1 387	17	14	7	228	1 616	131	1 441
22	45	1 519	18	15	8	246	1 765	138	1 579
23	47	1 657	19	16	9	264	1 921	144	1 723

2. 管孔间距

热交换器管板上相邻两个管孔中心的距离为管孔间距(又称为换热管中心距,用 t 表示)。热交换器的管孔间距 t 不宜太小,一般不小于 $1.25d_o$(d_o 为管外径),以保证管子在与管板焊接时相互不受到热影响及管子在与管板胀接时相邻管板区域内具有足够的强度。常用的管孔间距见表 5-4。另外,当管间需要机械清洗时,应采用正方形排列且管间通道应连续直通,通道宽度不宜小于 6 mm,以便于清洗。

表 5-4　最小管孔间距　　　　　　　　　　　　　　　　　（mm）

换热管外径 d_0	10	12	14	16	19	20	22	25	30	32	35	38	45	50	55	57
换热管中心距 S	13~14	16	19	22	25	26	28	32	38	40	44	48	57	64	70	72
分程隔板槽两侧相邻管中心距	28	30	32	35	38	40	42	44	50	52	56	60	68	76	78	80

三、管板与换热管的连接

在管壳式热交换器的设计和制造中,管板与换热管的连接处承受压力和温度引起的载荷,并形成可靠的密封管接头,是管壳式热交换器设计、制造的关键技术之一,也是管壳式热交换器发生失效的主要部位之一。其泄漏原因大致有:①在高温、高压下发生腐蚀或者应力松弛;②管子在流体冲击下发生振动;③加工工艺不合理,焊接引起的残余应力过大而发生应力腐蚀;④操作不当,温度波动引起疲劳现象。因此,管接头的可靠性直接影响热交换器的使用寿命,在设计与制造中应予以足够的重视。

经常使用的管板与管子连接方法有胀接、焊接及胀焊结合连接。这三种方法各有自己的适用场合,而对于高温高压的工作状态胀焊结合方法更常用。

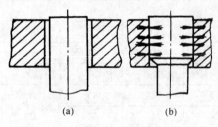

图 5-19　胀管前后示意
(a)胀管前;(b)胀管后

(一)强度胀接

胀接利用机械的(胀管器)、液压的或者爆炸的方法,使管板孔中管子的直径扩大,并使其沿径向产生塑性变形,同时该管板孔相应产生弹性变形。当胀管的外力消失后(例如胀管器由管孔中取出),管板中管孔沿径向产生弹性收缩,并和已产生塑性变形的管子紧密贴合,贴合面的挤压力保证了一定条件下管板上管子的紧固连接与密封的持续作用,见图 5-19。

如果温度升高较多,管板与管子的结合部位中的残余应力就会减小,因此管板对管子的紧固及密封作用即会消失。故胀接结构使用的压力及温度均受到一定限制,一般设计压力不大于 4 MPa,设计温度不超过 300 ℃,用于无剧烈振动、无较大温度波动、无应力腐蚀的场合,且工作介质非易燃易爆品。采用胀接时,管子硬度值应小于管板硬度值,以保证胀接质量,防止当管子产生塑性变形时,管板也产生塑性变形。如果因其他原因达不到上述要求,应对管端部位进行局部退火处理以降低其硬度值,但在有应力腐蚀的时候不可采用此法。

采用胀接时,管板和管子的线膨胀系数及操作温度与室温之差应满足表 5-5 的规定。

管板孔有孔壁上不开槽的(光滑孔)及开槽的两种。当胀接处所受的拉脱力较小时,可采用光滑孔。管端要伸出管板 3~5 mm,见表 5-6。孔壁上开槽可增加连接部位的紧固强度与密封效果,因为胀接后管子局部产生塑性变形,管壁被嵌入槽中,从而提高了抗拉脱能力。

表 5-5　线膨胀系数和温差

线膨胀系数 $\Delta\alpha/\alpha$	温差 Δt
$10\% \leqslant \Delta\alpha/\alpha \leqslant 30\%$	$\Delta t \leqslant 155$ ℃
$30\% \leqslant \Delta\alpha/\alpha \leqslant 50\%$	$\Delta t \leqslant 128$ ℃
$\Delta\alpha/\alpha > 50\%$	$\Delta t \leqslant 72$ ℃

注:$\alpha = \dfrac{1}{2}(\alpha_1 + \alpha_2)$,其中 α_1、α_2 分别为管板与换热管材料的线膨胀系数,1/℃;$\Delta\alpha = |\alpha_1 - \alpha_2|$,1/℃;$\Delta t$ 等于操作温度与室温(20 ℃)之差。

表 5-6　胀接形式及尺寸　　　　　　　　　　　　　　　　　（mm）

换热管外径 d_0	≤14	16~25	30~38	45~57
伸出长度 l_1	3^{+1}		4^{+1}	5^{+1}
槽深 K	(可不开槽)	0.5	0.6	0.8

根据有关规定,当管板厚度 $\delta \leqslant 25$ mm 时可用图 5 – 20(a) 中的结构,当 $\delta > 25$ mm 时需用图 5 – 20(b) 中的结构。图 5 – 20(c) 中的结构则适用于厚管板及防止产生间隙腐蚀的场合。当采用复合管板时,宜在覆层上开槽,见图 5 – 20(d),开槽要求按表 5 – 6 确定。光滑管除没有沟槽尺寸外,其余尺寸与图 5 – 20 相同。

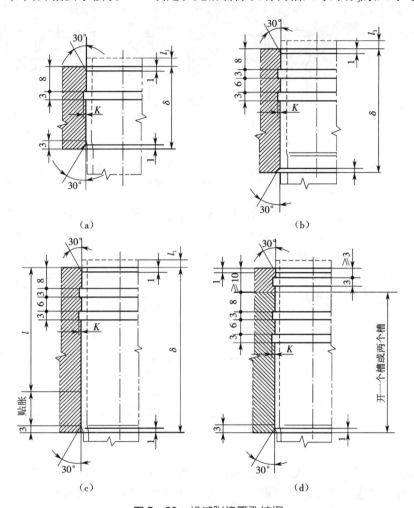

图 5 – 20　机械胀接管孔结构
(a)$\delta \leqslant 25$ mm;(b)$\delta > 25$ mm;(c)厚管板及避免间隙腐蚀的场合;(d)覆层开槽结构

管子在管板内的胀接长度 L 取下列两者中的较小值:①50 mm;②管板名义厚度减去 3 mm 的差值。

管孔胀接部位的粗糙度也直接影响胀接的质量。为保证该部位不发生泄漏,管孔表面不许有贯通的纵向及螺旋状刻痕。介质不易渗透时,粗糙度高度参数为 12.6 μm;介质易渗透时,粗糙度高度参数为 6.3 μm。

(二)强度焊接

管板和管子间采用焊接结构固定是目前广泛使用的方法。强度焊接式换热管与管板在相接的管程侧,采用熔化焊接的方法形成焊接接头。

焊接方法的优点是:管孔在焊接时不用开槽;对管孔光洁度的要求不高;管子端部无须退火及磨光;焊缝单位面积承载能力和抗拉脱力强;高温高压条件下密封性好;焊缝出现泄漏时维修较方便;拆卸漏管更容易;材料焊接性能好,加工比胀接省力,还可用手工焊代替自动焊来完成设备及薄管板式热交换器的加工制造。该方法适用的压力及温度范围较胀接宽。

焊接方法的不足之处是:焊缝处的热应力可能引起应力腐蚀;管子与管板间的环隙处可能产生间隙腐蚀,如图 5 – 21 所示。

焊接接头的结构对于焊接质量至关重要,它的可靠性与焊缝形式和连接尺寸密切相关,见图 5 – 22。

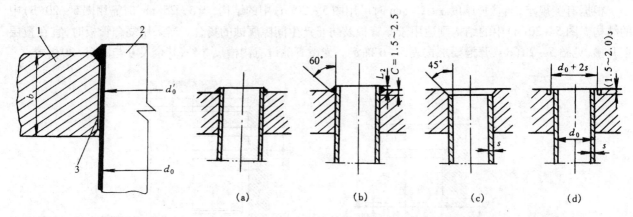

图 5-21　焊接间隙示意
1—管板;2—换热管;3—间隙

图 5-22　焊接接头的结构
(a)管板孔不开坡口;(b)管板孔开60°坡口;(c)管板孔开45°坡口;(d)在管孔四周开环槽

由图 5-22(a)可见,管板孔不开坡口时,焊缝金属只与管板表面和管子凸出来的侧面相接,熔池面积小,焊缝质量差,连接强度不够,只适用于压力较低和管壁较薄的情况。图 5-22(b)中的结构是在管板孔开了 60°的坡口,焊缝与被焊金属连接面积大,焊接结构好,较常使用。图 5-22(c)中的结构适用于立式热交换器,可以防止管板表面上积液,造成不必要的腐蚀破坏。图 5-22(d)中的管板在管孔四周加开一个环槽,可以克服因被焊金属间薄厚不均而引起的焊后变形过大的情况,减小残余应力值。管子在管板上的凸出尺寸见表 5-7。

表 5-7　管板上管子凸出尺寸　　(mm)

管子外径	14	19	25	32	38	45	57
凸出尺寸	1±0.5			2±0.5		3±0.5	

(三)胀焊结合

虽然焊接在许多方面比胀接具有优越性,但其缺点也很明显,例如在管子与管板的间隙处产生间隙腐蚀,在焊缝部位产生应力腐蚀。尤其是在高温高压下受热冲击和热腐蚀的反复作用,连接部位会产生热变形甚至容易发生破坏。因此,无论是上述的哪一种连接形式都难以适应这样苛刻的工作环境。为此一种胀焊结合连接的方法便应运而生。这种连接方法不但能够消除应力腐蚀及间隙腐蚀,而且可以有效地提高连接部位的抗热疲劳能力,延长使用寿命,是目前广泛采用的连接方法。

从制造工艺看,胀焊结合连接方法主要有三种:先强度焊,后贴胀;先强度焊,后强度胀;先强度胀,后密封焊等。其中强度焊能保证结合部位的紧固性与密封性,而密封焊只能保证它的密封性。同样,强度胀与贴胀的区别也大致如此。至于在什么条件下采用什么方法,目前尚无统一标准,但一般趋向于使用先焊后胀的方法。

先焊后胀的方法的长处在于能够避免胀接使用的润滑油在焊接受热时变为气体使焊缝产生气孔,影响焊缝质量。注意要防止胀接时将焊缝胀裂。强度焊加贴胀的结构形式见图 5-23。

先胀后焊的方法不仅可避免产生焊缝裂纹,而且由于热交换器在焊接前已经通过胀接形式进行定位,焊缝质量容易得到保证。但要注意的是胀接后必须将润滑油清洗干净,以防止恶化焊缝质量。强度胀加密封焊的结构形式见图 5-24。

四、管束分程及管板与管箱连接

当工艺要求管壳式热交换器有较大传热面积时,可采用增加管束长度或者增加管束中管子数量的方

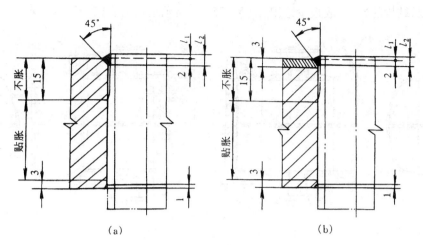

图 5-23　强度焊加贴胀的结构形式
(a)用于整体管板；(b)用于复合管板

法。由于一般热交换器的管长不超过 6 m，故增加管束长度的办法会受到一定的限制；而增加管子数量势必降低管内流体流速，无疑会对传热产生不利影响。因此，可将管束分程，使管内流体依次通过各个管程，借此强化传热效果。但管程并非越多越好，因为这样会导致结构复杂，加工制造困难和流体阻力增大。故管束分程应考虑以下因素：①管程数应为偶数(除单管程外)，这样可使流体的进出口均在前端管箱上，便于设计、制造、安装、操作、维修；②尽量使各管程的管子数量相等，以使流体阻力分布均匀；③分程隔板槽的结构要简单，密封长度尽量短，以利于制造和密封；④相邻管程温差不应超过 20 ℃。

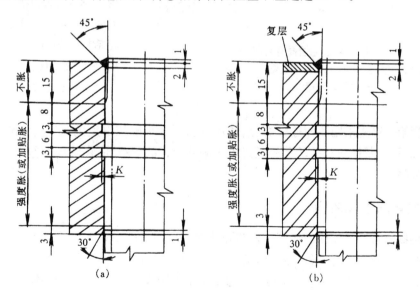

图 5-24　强度胀加密封焊的结构形式
(a)用于整体管板；(b)用于复合管板

　　分程隔板置于管箱之内。管箱的作用是使进入热交换器的流体均匀分布到各热交换器中，或者汇集管中的流体使之流出。如果流体从一端管箱进入，而从另一端管箱流出，则称为单管程，不设置隔板。
　　设置隔板的管箱有几种结构形式。图 5-25(a)所示结构适用于管内走较清洁的介质的情况，这是因为在检查及清洗换热管时，必须将连接管箱的接管管路拆掉，施工起来很不方便；图 5-25(b)所示结构中管箱一端装有平板封头，维修和清洗时拆开此封头即可施工，操作较方便，设计中较为常见，只是耐压及密封性能差些，设备成本略高；图 5-25(c)所示结构中管板与管箱焊成一体，隔板间密封性能好，但也存在

图5-25(a)所示结构的缺点,故很少采用;图5-25(d)所示结构为有四管程的管箱。

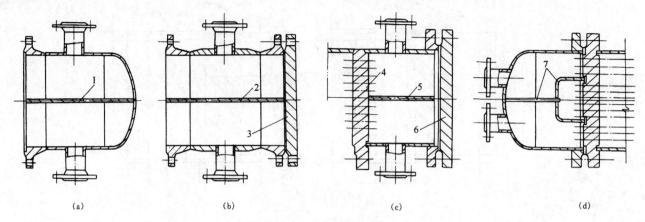

图5-25　管箱结构

(a)管箱结构之一;(b)管箱结构之二;(c)管箱结构之三;(d)管箱结构之四

1、2、5、7—隔板;3、6—箱盖;4—管板

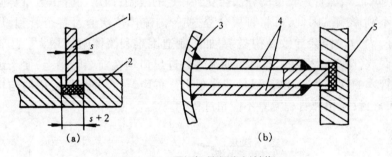

图5-26　隔板与管板密封结构

(a)单层隔板与管板的密封;(b)双层隔板与管板的密封

1、4—隔板;2、5—管板;3—封头

管箱内的分层隔板有单层和双层两种。单层隔板与管板的密封结构见图5-26(a)。隔板的密封面宽度应比隔板厚度大2 mm。隔板材料应与封头材料相同。双层隔板与管板的密封结构见图5-26(b)。当热交换器直径较大时,为了提高分程隔板的刚度可采用此结构。另外,该结构还能够防止热流短路现象,即避免已经被加热或冷却的流体又被另一侧的流体冷却或加热,减少热损失。

分程隔板与管箱内壁应采用双面连续焊接,最小焊脚尺寸为隔板厚度的3/4。由碳钢或低合金钢制作的、焊有分程隔板的管箱及侧向开孔的孔径超过1/3圆筒内径的管箱,应在施焊后作消除应力的热处理(奥氏体不锈钢制隔板除外)。

五、管板与壳体的连接结构

列管式热交换器中管板与壳体的连接结构与壳体的结构特点及热交换器形式有关。

列管式热交换器的壳体虽有各种形式,但基本上是一个圆筒形状的容器,容器壁上安装有接管,供壳程流体进入和排出之用。直径小于400 mm的壳体通常用钢管制成,大于400 mm的则用钢板卷制而成。虽然热交换器的壳体在工作中受力较复杂,但是实际设计其壁厚时,仍可按本书第三章介绍的内压(或外压)圆筒的计算方法确定。由于壳体形状与管板的差别,按照薄膜应力理论得到的壳体设计壁厚明显低于管板的设计厚度。考虑到热交换器的结构特点,管板与壳体的连接结构可以分成可拆式和不可拆式两大类。固定管板式热交换器常采用不可拆连接,而浮头式、填料函式、U形管式热交换器需采用可拆式连接。

(一)不可拆式结构

不可拆式结构中的管板兼作法兰用,两端管板直接焊在壳体上。由于管板较厚,壳体壁较薄,为保证焊缝强度,常采用图5-27中的几种焊接形式。图5-27(a)中的结构的使用压力$p \leqslant 1$ MPa。图5-27(b)中的结构是一种单面焊的对焊结构,必须在保证焊透时才适用于1 MPa$< p \leqslant 4$ MPa的场合。图5-27(c)中的

结构由于加了衬环,提高了对焊的焊接质量,也可用于 1 MPa $< p \leqslant$ 4 MPa 的场合,但是当有间隙腐蚀存在时,应该禁用该结构。

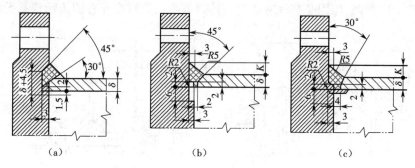

图 5-27　兼作法兰的管板

(a)$\delta \leqslant$ 12 mm,$p_s \leqslant$ 1 MPa,不宜用于含易燃、易爆、易挥发及有毒介质的场合;

(b)1 MPa $< p_s \leqslant$ 4 MPa,$\delta \leqslant$ 12 mm 时 $\kappa = \delta$,$\delta >$ 12 mm 时 $\kappa = 0.7\delta$;

(c)1 MPa $< p_s \leqslant$ 4 MPa,$\delta \leqslant$ 12 mm 时 $\kappa = \delta$,$\delta >$ 12 mm 时 $\kappa = 0.7\delta$

不可拆式结构中的管板不作法兰用时,管板直接与壳体和管箱焊在一起。此结构常见于薄管板式热交换器。由于管板不再兼作法兰,故管板上无法兰力矩的作用,管板的受力情况得到改善,见图 5-28。其中图 5-28(b)中的结构考虑了管板较壳体板材薄厚不等的状况,改进了相应的结构,因此可减小焊接应力,提高焊接质量。

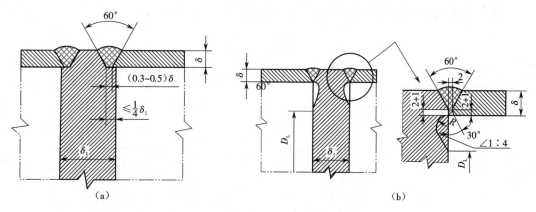

图 5-28　不兼作法兰的管板与壳体的连接结构

(a)$p \leqslant$ 4 MPa;(b)$p <$ 6.4 MPa

(二)可拆式结构

可拆式结构有管板兼作法兰及不作法兰用两种形式。管板兼作法兰时,壳体与管板不焊接在一起,而是通过螺栓连接固定及密封。这时的管板两面均设密封面,其中一面与壳体上的法兰形成密封;另一面与热交换器管箱上的法兰形成密封,见图 5-29(a)。管板不作法兰时,管板夹在壳体法兰与管箱法兰之间,管板上并不开孔,它只是起到一个带有两面密封槽的"垫片"作用,见图 5-29(b)。

可拆式结构便于对热交换器进行检查、维修、清洗,故浮头式、填料函式、U 形管式热交换器常用此结构,以利于管束从壳体内抽出和清洗管间。如果只是需要对管板上的胀口及焊缝口进行检查、维修及清洗管内表面,则选用图 5-29(a)中的结构更合适。图 5-29(c)中的结构适用于压力较大情况下的管板与壳体的连接。

六、折流板和支撑板

在管壳式热交换器中,对流传热是主要传热方式之一。为了提高热交换器壳程内流体的流速,加强流体的湍流程度,延长流体流通的路径,往往在壳体内安装折流板,以增加壳程流体的对流传热系数,改善传热效果。另外,折流板在卧式热交换器中还具有支撑管束的作用,因此又称为支撑板。但有的热交换器也可不设置折流板,例如冷凝器,原因是蒸汽冷凝时的传热系数与蒸汽在壳程的流动状态无关。

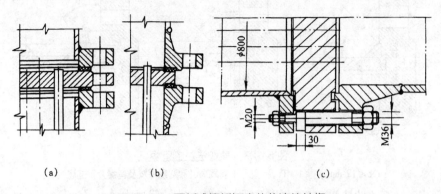

图 5 - 29 可拆式管板与壳体的连接结构
(a)管板兼作法兰时;(b)管板不兼作法兰时;(c)压力较大时

折流板和支撑板按照安装形式可分为横向及纵向两种。前者使流体沿垂直管束的方向流动,后者则使流体平行流过管束。折流板和支撑板按照结构形式可分为弓形、圆盘 - 圆环形及扇形缺口形三种。

折流板和支撑板的厚度与壳体直径、折流板间距有关;同时,热交换器的振动对板厚度也有影响。当壳程流体出现脉动现象,或折流板用作浮头式热交换器中浮头端的支撑板时,则对板厚度值要特别考虑。在一般情况下,折流板和支撑板的最小厚度可按表 5 - 8 选取。

表 5 - 8 折流板和支撑板的最小厚度   (mm)

公称直径 DN	折流板或支撑板间的换热管无支撑跨距 L					
	≤300	>300 ~ 600	>600 ~ 900	>900 ~ 1 200	>1 200 ~ 1 500	>1 500
	折流板或支撑板的最小厚度					
<400	3	4	5	8	10	10
400 ~ 700	4	5	6	10	10	12
>700 ~ 900	5	6	8	10	12	16
>900 ~ 1 500	6	8	10	12	16	16
>1 500 ~ 2 000	—	10	12	16	20	20
>2 000 ~ 2 600	—	12	14	18	22	24
>2 600 ~ 3 200	—	14	18	22	24	26
>3 200 ~ 4 000	—	—	20	24	26	28

折流板和支撑板的最大间距与壳体直径及管径有关,最大间距不超过表 5 - 9 中的数值。非有色金属换热管的最小间距一般不小于壳体内直径的 20% ,且不小于 50 mm。

折流板和支撑板的外缘与壳体的间隙越小,由此泄漏的壳程流体就越少,亦可减少流体的短路现象,提高传热效率,但间隙过小,会给设备安装带来困难。因此,保持适当的间隙很重要。折流板的外径可按表 5 - 10 选取。

折流板的固定是通过拉杆与定距管的组装配合实现的。拉杆与定距管的连接结构见图 5 - 30。拉杆是两端均带螺纹的长杆,其一端拧入管板中,折流板依次穿在杆上,各板之间在杆上套有定距管,最后一块折流板可用拉杆另一端螺纹上的螺母固定。不同直径壳体的拉杆尺寸与数量见表5-11。由表可见,拉杆的直径与数量在某一壳体直径下可以有所变动,但拉杆数量不得少于4根。不锈钢折流板可焊在拉杆上,见图5-31。

表5-9　折流板和支撑板的最大间距　　（mm）

换热管外径	10	12	14	16	19	25	30	32	35	38	45	50	55	57
最大无支撑跨距	900	1 000	1 100	1 300	1 500	1 850	2 100	2 200	2 350	2 500	2 750	3 150		

表5-10　折流板和支撑板的外径及允许偏差　　（mm）

DN	<400	400 ~ <500	500 ~ <900	900 ~ <1 300	1 300 ~ <1 700	1 700 ~ <2 000	2 100 ~ <2 300	2 300 ~ ≤2 600	>2 600 ~ 3 200	>3 200 ~ 4 000
名义外径	$DN-2.5$	$DN-3.5$	$DN-4.5$	$DN-6$	$DN-7$	$DN-8.5$	$DN-12$	$DN-14$	$DN-16$	$DN-18$
允许偏差	0 −0.5	0 −0.8			0 −1.0		0 −1.4	0 −1.6	0 −1.8	0 −2.0

注:①$DN \leqslant 400$ mm 管材做圆筒时,折流板的名义外径为管材实测最小内径减2 mm。
　　②对传热影响不大时,折流板的名义外径的允许偏差可比本表中值大1倍。
　　③采用内导流结构时,折流板的名义外径可适当放大。
　　④对于浮头式热交换器,折流板和支撑板的名义外径不得小于浮动管板外径。

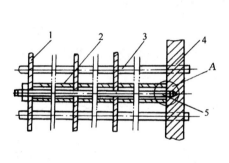

图5-30　折流板的组装
1—折流板;2—定距管;3—管子;4—管板;5—拉杆

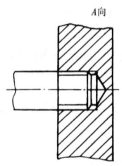

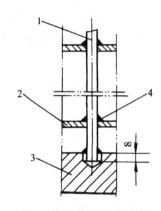

图5-31　拉杆点焊结构
1—拉杆;2—横向折流板;3—管板;4—点焊

表5-11　拉杆尺寸与数量

拉杆直径 d_o/mm	热交换器公称直径 DN/mm								
	<400	400 ~ <700	700 ~ <900	900 ~ <1 300	1 300 ~ <1 500	1 500 ~ <1 800	1 800 ~ <2 000	2 000 ~ <2 300	2 300 ~ <2 600
10	4	6	10	12	16	18	24	32	40
12	4	4	8	10	12	14	18	24	28
16	4	4	6	6	8	10	12	14	16

拉杆直径 d_o/mm	热交换器公称直径 DN/mm						
	2 600 ~ <2 800	2 800 ~ <3 000	3 000 ~ <3 200	3 200 ~ <3 400	3 400 ~ <3 600	3 600 ~ <3 800	3 800 ~ 4 000
10	48	56	64	72	80	88	98
12	32	40	44	52	56	64	68
16	20	24	26	28	32	36	40

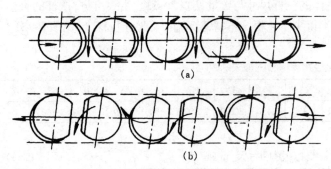

图5-32　弓形折流板的排列及流向
(a)上下排列;(b)左右排列

(二)圆盘-圆环形折流板

如图5-33所示,该结构不易清洗,一般用在压力较高和介质清洁的场合。

(三)扇形缺口形折流板

扇形缺口形折流板如图5-34所示。这种折流板使流体在壳程空间流动时的轨迹近似于螺旋形,故能均匀地流过管束表面,死区少,传热良好。但需要配置纵向隔板一起使用,制作与安装较前两种略显麻烦。

(一)弓形折流板

弓形折流板因结构简单、流动死区少的优点普遍应用于管壳式热交换器中。安装这种折流板,流体只做绕折流板圆缺部分及垂直于管束的流动。弓形折流板的圆缺率为25%左右,折流板切口应靠近管排。弓形折流板在壳程内的位置形式如图5-32所示:图(a)为弓形板圆缺按上下方向排列,可对液体流动造成扰动;图(b)为弓形圆缺按左右方向排列,当设备中伴有气相吸收冷凝时,有利于凝液与气体流动。

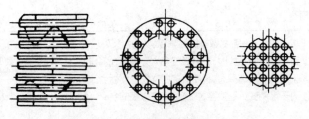

图5-33　圆盘-圆环形折流板

卧式冷凝器的折流板为检修时排除壳体中的凝液等残存液体而设,其底部应开设 $\alpha = 90°$、高为 $15 \sim 20$ mm 的凸形缺口,见图5-35。

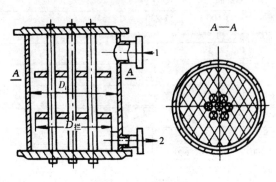

图5-34　扇形缺口形折流板

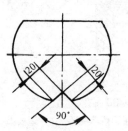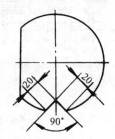

图5-35　折流板底部缺口形状

拦液板也是横向折流板的一种特殊形式,一般用于冷凝器中,目的是减薄管壁上的液膜而提高传热系数,作用是拦截液膜,防止液膜过厚,但对折流板缺口内管不起作用。立式冷凝器中的拦液板见图5-36。拦液板与换热管的间隙同折流板一样。板间距按实际情况确定或按折流板间距选定。拦液板的外径 $D_拦$ 按下式计算:

$$D_拦 = (D_i^2 - D_h^2)^{1/2} \qquad (5-3)$$

式中:$D_拦$ 为拦液板外径,mm;D_i 为壳体内径,mm;D_h 为蒸汽入口管内径,mm。

纵向隔板能够使管壳式热交换器中的流体平行于管束流动,从传热效果看不如垂直于管束流动好。但由于

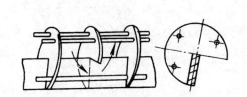

图5-36　拦液板
1—蒸汽入口;2—冷凝液出口

它能相对提高壳程流体中的流速,因此传热效率比不装纵向隔板的情况略有提高。纵向隔板与管板的连接可采用可拆式连接,其结构见图 5 - 37,也可以采用焊接。纵向隔板的主要缺点是与壳体壁的密封不好保证,容易短路。

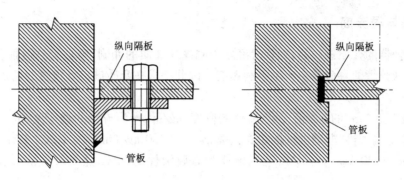

图 5 - 37　纵向隔板与管板的可拆式连接

七、防短路结构

在一些管壳式热交换器(如浮头式热交换器)的壳程和管程间,出于管束排列或者安装浮头法兰的需要,都有一圈没有排列管子且与壳壁存在较大的间隙。在热交换器工作时,一部分壳程流体不与管束接触,而直接由此间隙流过,这种现象称为短路。另外,由于受管束分程或者 U 形管弯曲半径的影响,管束排管不均匀,壳程流体也会因未接触到管束而形成短路。所以,在这些位置应设置挡板防止短路,改善传热效果。一般称这种防短路结构为旁路挡板或挡管。

在壳程壁间隙处增设旁路挡板,见图 5 - 38(a)。该挡板每侧一般设置 2~4 块,采用对称布置。挡板可用 6 mm 厚的钢板或扁钢制成。挡板被加工成规则的长条状,长度等于折流板或支撑板的板间距,挡板两端

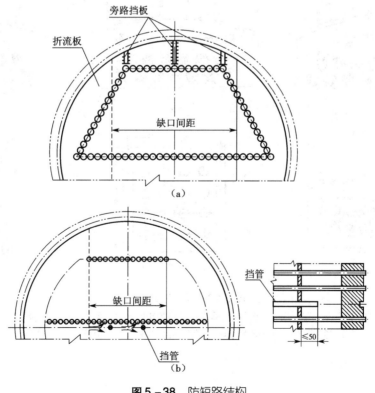

图 5 - 38　防短路结构
(a)旁路挡板布置;(b)挡管布置

焊在折流板或支撑板上。

安置于分程隔板槽背面两管板之间,两端堵死且不起换热作用的管子为挡管,见图5-38(b)。该管子可与折流板点焊固定。

八、防冲结构与导流筒

在管壳式热交换器的介质进口处,列管段经常受到高速介质的冲刷,容易受到侵蚀和产生振动,对热交换器的传热效率及换热管的寿命都会产生不利影响。因此要求在介质进口处设置起防护作用的结构。

(一)防冲板

一般规定,当壳程入口管的 ρu^2 值(ρ 为流体的密度,kg/m^3;u 为流体的线速度,m/s)为下列数值时,应设置防冲板:①对于非腐蚀性、非磨蚀性的单相流体,$\rho u^2 > 2\,230\ kg/(m \cdot s^2)$;②对于有腐蚀性的液体,包括沸点以下的液体,$\rho u^2 > 740\ kg/(m \cdot s^2)$;③当流体为有腐蚀性的气体、蒸汽及气液混合物时,也应设置防冲板。

在进口处安装防冲板时,为保证防冲板与壳体间的距离,往往在该进口处少排列一些传热管。

防冲板一般焊在拉杆上,进口直径较小时也可焊在折流板上。防冲板与筒体内侧的距离 H_1 应大于接管内径的1/4,其通道截面积必须大于接管的流通截面积。

图5-39(a)~(c)中,防冲板均焊接在拉杆上。图5-39(a)和(b)均为拉杆位于换热管上侧的结构。当拉杆间距较大时,可用图5-39(b)中的结构,以保证流体分布均匀及有充足的流通面积。图5-39(c)是拉杆位于换热管两侧的结构。图5-39(d)为带孔的工形防冲板,该板可焊在壳体上。图5-39(e)和(f)分别为带开孔及带开槽的防冲板。一般防冲板可不开孔,若开孔则需要通过计算确定相应的开孔截面积。

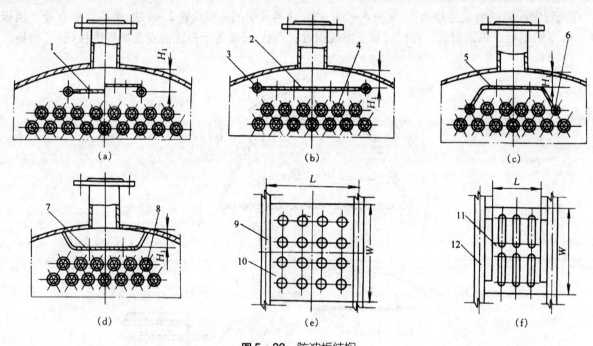

图5-39 防冲板结构

(a)防冲板结构之一;(b)防冲板结构之二;(c)防冲板结构之三;(d)防冲板结构之四;(e)防冲板结构之五;(f)防冲板结构之六

1、7、11—工形防冲板;2、5、10—矩形防冲板;3、6、9、12—拉杆;4、8—加热管

防冲板的参考尺寸见表5-12。

表 5 - 12　防冲板参考尺寸　　　　　　　　　　（mm）

接管直径	25	50	100	150	200	250	300	350	400
防冲板厚度					6				
$L \approx W$	75	100	150	225	300	375	450	500	570

（二）扩大管和直管防冲结构

蒸汽进口管可采用扩大管（喇叭口形状）以起到缓冲作用，其结构详见图 5 - 40。

由图 5 - 40（a）可见，在喇叭形口内侧设一块挡板，用三条筋板将其固定。挡板直径 D 约等于进口管直径，环形通道面积不应小于进口管的流通截面积。图 5 - 40（b）中的结构是在喇叭形口处焊两块导流挡板，以降低气流流速。导流挡板在喇叭口的焊接角度可在 60° ~ 90° 的范围内选择。

如果进口管用直管口形式，可采用图 5 - 40（c）中的结构。若进口管的直径较大，则可采用图 5 - 40（d）中的结构。

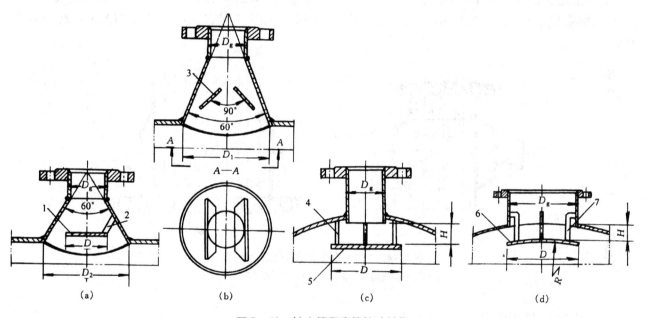

图 5 - 40　扩大管和直管防冲结构
(a)防冲结构之一；(b)防冲结构之二；(c)防冲结构之三；(d)防冲结构之四
1、5、6—挡板；2—筋板(三条)；3—导流板；4、7—支脚(四只)

（三）导流筒

卧式热交换器中导流筒的结构如图 5 - 41 所示。当壳程进出口接管距离管板较远，流体停滞区过大时，应设置导流筒。导流筒不仅起防冲挡板的作用，而且对流体起导向作用，使之均匀地与管束接触，以充分利用传热面积，提高传热效率。

导流筒的形状为薄壁圆筒，它被固定在壳体流体的入口处。有时考虑到环形通道进口处的流体线速度较高，为保证气体沿周向均匀进入管间，导流筒应做成斜口形状，见图 5 - 42（a）。这种结构可以克服等长圆筒形导流装置存在的介质进入管程或壳程时流体阻力不同的缺点，使大部分介质进入管束间的流体阻力相同，而不是只从接口附近进入管间。斜口形导流筒的高、低端的长度随壳体内径而异。但高端处必须有足够的高度以遮挡住进口端处。

根据连续性方程，导流筒端部至管板的距离应使该环形流通面积不小于导流筒外侧的流通截面积。

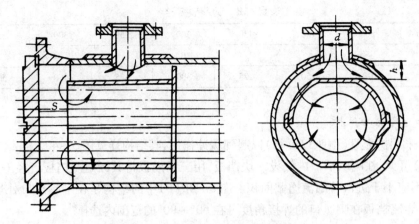

图5-41   卧式热交换器中导流筒结构

在环形通道上,由于气体在离心力的作用下会有一部分液滴分离出来,故在导流筒下方均匀设置数个排液泪孔,以排除凝液或残液,见图5-42(a)。当液体进口在壳体下部时,为使进液均匀,可采用图5-42(b)中的结构。

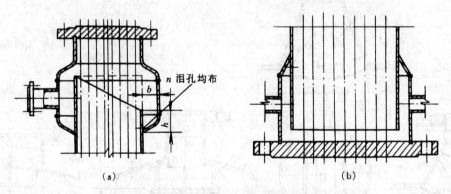

图5-42   立式热交换器中导流筒结构

(a)导流筒结构之一;(b)导流筒结构之二

九、排气孔与排液孔

在管壳式热交换器的管程与壳程中,为了排放或回收介质残气(或残液),可在管板上或靠近管板的壳体上设置排气(或排液)孔,它们的尺寸一般不小于 $\phi15$。

卧式热交换器的壳程排气(或排液)孔多采用图5-43(a)所示的结构,该结构形式置于筒体的上部或者底部。在立式热交换器中,壳程排气(或排液)孔的设置方法是在管板或壳体上开设直径不小于 16 mm 的小孔,孔端采用螺塞或焊上接管法兰,如图5-43(b)和(c)所示,该结构适合清洁的介质,不易堵塞。图5-43(d)和(e)中的结构也可用作排气(或排液)孔,并能将液体排尽。

十、滑道

在浮头式热交换器及U形管热交换器的结构设计中,为了便于将管束从由壳体中抽出清洗及防止管束自身受热伸长变形,常在壳体内设置导向滑道。滑道可采用板式、滚轮式和圆钢条等形式,其中最简单的是板式滑道;滚轮式滑道比较复杂,一般使用较少,适用于重型管束。

图5-44(a)中的结构适用于立式管壳式热交换器,即在每块折流板上对称地焊上两块滑块,且该滑块

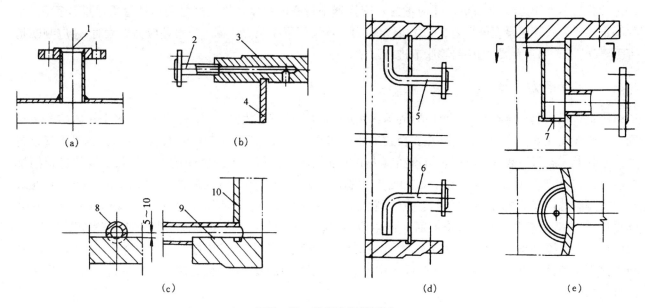

图 5-43　排气(或排液)孔

(a)结构之一;(b)结构之二;(c)结构之三;(d)结构之四;(e)结构之五

1、2、8—排气(或排液)孔;3、9—管板;4、10—筒体;5—排气孔;6—排液孔;7—泪孔

与相邻的折流板上的滑块交叉排列,以便装卸管束。

图 5-44(b)中的结构则适用于卧式浮头式热交换器。为使管束受热后可自由伸长变形,在活动端处可设置滑道。

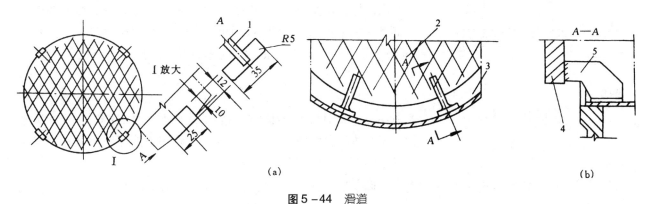

图 5-44　滑道

(a)立式管壳式热交换器;(b)卧式浮头式热交换器

1—折流板;2、4—浮头管板;3—筒体;5—滑块

第四节　管壳式热交换器的温差应力计算

虽然管壳式热交换器的管束和壳体承受压力的作用,但是它的受力情况与一般受压容器有所不同。例如,在固定管板式热交换器中,壳体和管束除受轴向应力和周向应力外,还受到壳壁和管壁温差所引起的轴向热应力,即温差应力。因此,在管壳式热交换器的强度计算中,除壳体和封头、法兰、开孔、接管、支座等的

设计计算与一般压力容器相同外,还应考虑热交换器中特有的强度计算。这主要包括管板厚度计算(常用的固定式管壳式管板厚度值见表5-1)、温差应力计算及管子拉脱力计算。当温差应力较大时,还应判断是否需要膨胀节,如果需要,则要对膨胀节进行强度计算。

一、温差应力计算

固定管板式热交换器产生温差应力的原因可归结为以下三个因素:①结构因素,即热交换器的管束与壳体是刚性连接的;②温差因素,即热交换器的管壁与壳壁存在温度差;③材质因素,即热交换器的管束与壳体材料的线膨胀系数大小不同。当流经管内的温度较高的流体与流经管间的温度较低的流体进行间接换热时,势必出现管束壁温明显高于壳壁温度的现象,因此管束受热的线性膨胀量大于壳体的伸长量(在管壳材料相同的情况下)。由于壳体与管束的刚性连接,壳体与管束会产生协调变形,其结果是管束受压和壳体受拉,并在管束横截面与壳壁横截面上产生应力,这个仅由管壁与壳壁温差引起的应力称为温差应力。管壁与壳壁的温差越大,该应力就越大,大到一定程度时,温差应力可引起管子的弯曲变形,造成管子与管板连接部位泄漏,严重时可使管子从管板上拉脱出来。因此,在对固定管板式热交换器进行设计时,应考虑温差应力的计算。

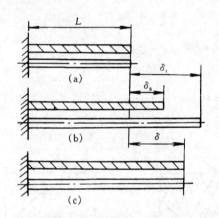

图5-45 壳体及管子的膨胀与压缩
(a)安装温度下的状态;
(b)操作温度下未安装的状态;
(c)操作温度下协调变形的状态

在计算固定管板式热交换器的温差应力时,通常按图5-45所示的力学模型进行假设,即管子及与管子连接的管板均没有挠曲变形,作用于每根管子上的应力值相同,并选用管壁与壳壁的平均温度作为计算温度。

设一个固定管板式热交换器的壳体与管子在安装温度 t_0 下的长度均为 L,如图5-45(a)所示。

当该热交换器处于操作温度下时,图5-45(b)中壳体的壁温是 t_s,而管子的壁温为 t_t,且 $t_t > t_s$,同时 $t_s > t_0$。如果壳体与管子的材料相同,则管子的自由伸长量 δ_t 和壳体的自由伸长量 δ_s 分别为

$$\delta_t = \alpha_t(t_t - t_0)L \tag{5-4}$$
$$\delta_s = \alpha_s(t_s - t_0)L \tag{5-5}$$

式中:α_t、α_s 分别为管子和壳体材料的线膨胀系数,1/℃;t_0 为安装时管子与壳体的温度,℃;t_t、t_s 分别为操作状态下的管壁温度和壳壁温度;L 为安装时管子和壳体的长度,mm。

因管子与壳体刚性连接,故管子与壳体协调变形的结果是二者的实际弹性变形量相等,见图5-45(c)。此时管子受到弹性压缩,压缩长度为 $\delta_t - \delta$;壳体则受到来自管板的拉力,被弹性拉伸,变形的长度为 $\delta - \delta_s$。

根据胡克定律,可由管子的压缩长度计算出管子被压缩的压缩力 F_L,即

$$\delta_t - \delta = \frac{F_L L}{E_t A_t} \tag{5-6}$$

同样,也可以用壳体的弹性伸长量计算出壳体受拉的拉伸力 F_y。很显然压缩力等于拉伸力,即

$$\delta - \delta_s = \frac{F_y L}{E_s A_s} \tag{5-7}$$
$$F_y = F_L = \pm F \tag{5-8}$$

式中:F 为管子的压缩力或壳体的拉伸力(当 F 为正值时表示壳体受拉伸而管子受压缩;当 F 为负值时,则表示壳体受压缩而管子被拉伸),N;E_t、E_s 分别为管子与壳体材料的弹性模量,MPa;A_t、A_s 分别为管子与壳体的横截面面积,mm^2。

联立式(5-6)和式(5-7),得到

$$\delta_t - \frac{FL}{E_t A_t} = \delta_s + \frac{FL}{E_s A_s} \tag{5-9}$$

将式(5-4)与式(5-5)代入式(5-9),可得

$$F = \frac{\alpha_t(t_t - t_0) - \alpha_s(t_s - t_0)}{\dfrac{1}{E_t A_t} + \dfrac{1}{E_s A_s}} \tag{5-10}$$

由式(5-10)可见,作用在管子(壳体)上的拉伸力或压缩力 F 与两壁温差、两种材料的线膨胀系数及管壳的抗拉(压)刚度成正比。如果管子与壳体为同一种材料,即 $\alpha_s = \alpha_t = \alpha$, $E_s = E_t = E$,则式(5-10)又可改写为

$$F = \frac{\alpha E(t_t - t_s)}{\dfrac{1}{A_t} + \dfrac{1}{A_s}} \tag{5-11}$$

由此可计算出管壁所受的压应力为

$$\sigma_t^T = F/A_t \tag{5-12}$$

同时壳体所受的拉应力为

$$\sigma_s^T = F/A_s \tag{5-13}$$

其中

$$A_t = \frac{\pi}{4}(d_o^2 - d_i^2)n \tag{5-14}$$

$$A_s = \pi D_i \delta \tag{5-15}$$

式中: σ_t^T 为管子所受到的温差应力,MPa; σ_s^T 为壳体所受到的温差应力,MPa; A_t 为全部管子的横截面面积,mm²; A_s 为壳体的横截面面积,mm²; d_o 为管子外径,mm; d_i 为管子内径,mm; n 为管子数; D_i 为壳体内径,mm; δ 为壳体壁厚,mm。

在工程实际中,温差应力有时很大,例如当 $\alpha_s = \alpha_t = 11.5 \times 10^{-6}/℃$, $E_s = E_t = 2.1 \times 10^5$ MPa, $A_s = A_t$, $t_t - t_s = 50$ ℃时,代入式(5-10)、式(5-12)及式(5-13)可得, $\sigma_s^T = \sigma_t^T = 60.4$ MPa。尽管管板在工作状态下会发生挠曲变形及管子会产生纵向弯曲,这使得计算温差应力比实际温差应力要大些,但仍然不容忽视它的存在,尤其是在计算拉脱力及膨胀节时更应予以重视。

二、管子拉脱力计算

处于工作状态下的热交换器承受着流体压力和温差应力的共同作用。在这两个力的联合作用下,管子与管板会出现相互脱离的趋势。这种使管子与管板连接部位脱离的力即为拉脱力。拉脱力为管子每平方毫米胀接周边所受到的力,单位为 MPa。试验结果证实:如果管子与管板是焊接结构形式,其连接部位的强度要高于管子自身金属材料的强度,这个拉脱力不足以造成该部位的破坏;但如果管子与管板采用胀接结构形式,则这个拉脱力可能造成管子在管板上的松脱及密封的失效。因此,存在上述第二种情况时应对拉脱力进行校核,以保证管端与管板连接的紧固性和密封的有效性。

在操作压力和温差应力的共同作用下,每平方毫米胀接周边受到的拉脱力可用下式计算:

$$q = |q_p + q_t| \tag{5-16}$$

$$q_p = \frac{pf}{\pi d_o L} \tag{5-17}$$

$$q_t = \frac{\sigma_t a_t}{\pi d_o L} = \frac{\sigma_t(d_o^2 - d_i^2)}{4 d_o L} \tag{5-18}$$

式中:q 为管子受到的拉脱力,MPa;q_p 为在操作压力下,管子每平方毫米胀接周边所受到的力,MPa;q_t 为在温差应力下,管子每平方毫米胀接周边所受到的力,MPa;p 为设计压力,取管程压力和壳程压力二者中的较大值,MPa;d_o 为管子外径,mm;L 为管子胀接部位长度,mm;σ_t 为管子上的温差应力,MPa;a_t 为每根管子的横截面面积,mm²;d_i 为管子内径,mm;f 为相邻 4 根管子之间的面积,mm²。

f 值可根据管子排列方式不同进行计算。当管子呈三角形排列(图 5-46(a))时,有

$$f = 0.866a^2 - \frac{\pi}{4}d_o^2 \qquad (5-19)$$

当管子呈正方形排列(图 5-46(b))时,有

$$f = a^2 - \frac{\pi}{4}d_o^2 \qquad (5-20)$$

式中:a 为管间距,mm。

当力 q_p 与力 q_t 作用方向相同时,两力符号相同,拉脱力方向与两力方向一致。若力 q_p 与力 q_t 作用方向相反时,两力符号相异,拉脱力方向则与 q_p 与 q_t 二者中较大者一致。

换热管的许用拉脱力要根据实验测定。常见的许用拉脱力 $[q]$ 见表 5-13。

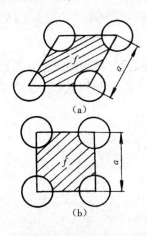

图 5-46 管子之间面积
(a)管子呈三角形排列;(b)管子呈正方形排列

为了保证热交换器中管子与管板连接的紧固性和密封性,由式(5-16)计算得到的拉脱力 q 不得超过该胀接部位的许用拉脱力 $[q]$,于是管子拉脱力的校核条件为

$$q \leqslant [q] \qquad (5-21)$$

实际上,管子的拉脱力还与管子和管板连接的不均匀度、热交换器内流体温度分布的不均匀性及管板对管子的支撑情况等有关。故以上关于力 q 的计算只是近似的。尽管如此,如果计算出来的管子拉脱力 q 大于或等于许用拉脱力 $[q]$,则应考虑设置温差补偿装置。

表 5-13 许用拉脱力   (MPa)

换热管与管板连接结构形式		$[q]$
胀接	钢管	管端不卷边,管孔不开槽	2
		管端卷边或管孔开槽	4
	其他金属管	管孔开槽	3
焊接(钢管、其他金属管)			$0.5\min\{[\sigma]_t^t,[\sigma]_s^t\}$

三、温差补偿装置的设置、结构与计算

为了降低管子拉脱力,可以采取减小热交换器壳体与管束间温差的一些措施,但是这会受到工艺条件及结构条件的限制。因此,在固定管板式热交换器中使用温差补偿设置是切实可行且有效的做法。

(一)温差补偿装置设置的判定

温差补偿装置是安装在固定管板式热交换器上的挠性元件,其作用是对管束与壳体间的弹性膨胀变形差值实施弹性补偿,目的在于减小甚至消除该变形差给热交换器带来的温差应力。

常见的温差补偿装置又称膨胀节。是否需要设置膨胀节主要取决于管程与壳程流体的温差及压差、管束与壳体所用的金属材料。对于受内压的固定管板式热交换器,膨胀节的采用与否应根据下列条件及相应的公式计算结果进行判定:①内压引起的壳壁轴向应力与壳壁温差应力之和是否大于壳体材料允许的强度极限(考虑焊缝系数);②内压引起的管壁轴向应力与管壁温差应力之和是否超过管子材料的许用应力;③管子的拉脱力是否超过管子胀接或焊接的许用拉脱力。

以上三个条件对应的公式是

$$\sigma_s = \sigma_s^p + \sigma_s^T \leqslant 2[\sigma]_s^t \phi \qquad (5-22)$$

$$\sigma_t = \sigma_t^p + \sigma_t^T \leqslant 2[\sigma]_t^t \qquad (5-23)$$

$$q \leqslant [q] \tag{5-24}$$

其中管子与管板焊接时：

$$q \leqslant \frac{1}{2}[\sigma]_t^t \tag{5-25}$$

$$\sigma_s^p = \frac{QE_s}{A_sE_s + A_tE_t} \tag{5-26}$$

$$\sigma_t^p = \frac{QE_t}{A_sE_s + A_tE_t} \tag{5-27}$$

$$Q = \frac{\pi}{4}\left[(D_i^2 - nd_o^2)p_s + n(d_o - 2\delta_t)^2 p_t\right] \tag{5-28}$$

式中：σ_s^p 为壳体受到的轴向应力（由壳程和管程压力引起），MPa；σ_t^p 为管子受到的轴向应力（由壳程和管程压力引起），MPa；p_s 为壳程流体压力，MPa；p_t 为管程流体压力，MPa；δ_t 为管子壁厚，mm；$[\sigma]_s$、$[\sigma]_t$ 分别为壳壁和管子材料的许用应力，MPa；ϕ 为焊缝系数。

若上述三个条件中有任何一个不满足，就需设置膨胀节。

另外，也可根据设计经验来确定，即当管壁与壳壁间温差 $t_t - t_s > 50$ ℃时，就要设置膨胀节。

（二）膨胀节的形式

膨胀节由大于壳体外径的环状凸形曲面构成。它的工作特点是：当受到轴向力后，容易产生相应的轴向弹性变形。因而当固定管板式热交换器中的换热管与壳体温度不同时，它会自行调节管子与壳体间不同的热膨胀量，降低换热管和壳体中的温差应力。常用膨胀节的结构见图5-47。

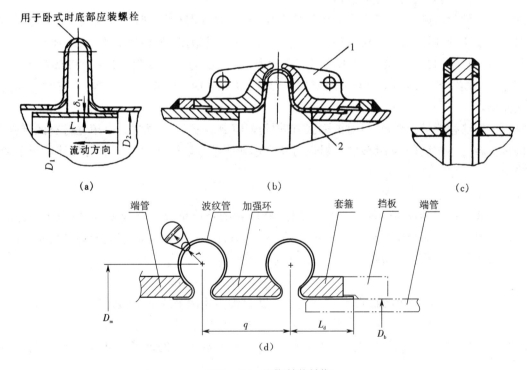

图5-47　膨胀节的结构
（a）U形膨胀节；（b）夹壳式膨胀节；（c）平板焊接式膨胀节；（d）Ω形膨胀节

U形膨胀节是目前最常用的一种结构形式，见图5-47（a）。它是用和壳体相同材料、相同厚度的钢板制成的。一套完整的U形膨胀节由两个半波零件或多块凸形体组焊而成，而周向没有任何焊缝。该膨胀节壁厚一般为3~14 mm,凸形深度为40~180 mm。由此可见,它的优点是结构简单,制造、安装方便,热补偿能力强,使用可靠,不需设其他保护结构。但它的不足是造价相对较高。夹壳式膨胀节的特点是在U形膨胀节的两侧增设了由铸铁制的夹壳(即保护结构),见图5-47(b)。该夹壳由四块对开、半圆形的构件组成。安装时,用螺栓将同侧的两个半圆夹壳连接成一体,夹壳的一端靠近波形膨胀节的侧面,夹壳的另一端由焊在壳体上的挡圈挡住,以此来限制波形膨胀节在受到较高内压时侧面的弯曲变形。它一般由冷加工成型制作,材质常为不锈钢或耐热镍铬铁合金,壁厚相对小些。它适用于壳程压力较高的场合,但造价偏高,安装较复杂。平板焊接式膨胀节的结构如图5-47(c)所示。该膨胀节结构简单,制造方便,但热补偿能力较弱,只适用于常低压的工作场合。Ω形膨胀节是由圆环形截面的波管与附在开口波谷处直边段上的加强环所组成,如图5-47(d)所示,其承载应力强,适用于压力较高的场合。

表5-14　内衬筒最小厚度　　(mm)

膨胀节公称直径 DN/mm	内衬筒最小壁厚 t_{min}/mm
100~250	0.91
300~600	1.22
650~1 200	1.52
1 250~1 800	1.91
>1 800	2.29

为减小因增加膨胀节所造成的流体阻力,防止杂质沉积于膨胀节内部而使其失去补偿作用,可在立式热交换器壳体上或卧式热交换器壳程流体流动方向的上游焊上一个起导流作用的内衬筒,内衬筒的另一端可自由伸缩,见图5-47(a)。内衬筒的最小厚度见表5-14。内衬筒的壁厚应不小于2 mm,且不大于膨胀节的厚度,内衬筒的长度一般应超过膨胀节的波长。立式热交换器的壳程介质为蒸汽或液体,当流动方向朝上时,应在内衬筒下端设置排液口,以便检查、维修及停车时排净壳体流体之用,平时可用堵头封死此排液口。

为提高膨胀节的耐压能力,U形膨胀节可做成多层(也可增大其壁厚,但变形能力会下降)。因多层膨胀节每层的壁厚较小,所以多层比单层有许多优点,如弹性好,灵敏度高,补偿能力强,承压能力强,疲劳强度高,使用寿命长,且结构紧凑。多层U形膨胀节一般为2~4层,每层厚度为0.5~1.5 mm。

膨胀节与热交换器壳体的连接一般采用对接焊形式,其焊缝应采用全焊透结构,并按对壳体的相同要求进行无损探伤。

如单膨胀节的热补偿量不够时,可对该膨胀节进行预压(或预拉)工艺加工,以拓宽材料的弹性范围,提高其热补偿量。若上述做法仍然不够理想,可以将几个单膨胀节串联使用。所需要的热补偿量要依据相应的计算来确定。

(三)膨胀节的补偿量计算

因为膨胀节必须在完全弹性的条件下安全工作,所以它的补偿量有一定限度,可根据相关标准计算得到。表5-15给出了用不同金属材料制作的单层、单波、具有标准尺寸的膨胀节的允许补偿量$[\Delta L]$。而热交换器在工作时所需要的热变形补偿量ΔL_{tc}可以通过下式计算:

$$\Delta L_{tc} = [\alpha_t(t_t - t_0) - \alpha_s(t_s - t_0)]\Delta L \qquad (5-29)$$

若$\Delta L_{tc} < [\Delta L]$,则用一个单波膨胀节;若$\Delta L_{tc} > [\Delta L]$,则需用两个或多个膨胀节。

当热交换器设置膨胀节后,壳体和管束中的温差应力大为降低,但不能完全消除。设壳体上装有膨胀节后,壳体的伸长量增大了ΔL_{ex},则此时(壳体加膨胀节后)轴向载荷F的计算式可由式(5-10)改写为

$$F = \frac{\alpha_t(t_t - t_0) - \alpha_s(t_s - t_0) - \Delta L_{ex}/L}{\dfrac{1}{E_t A_t} + \dfrac{1}{E_s A_s}} \qquad (5-30)$$

式中:ΔL_{ex}为波形膨胀节补偿量,mm。

可将F代入式(5-12)、式(5-13)求得管束与壳体上的温差应力及温差应力的降低幅度。

表 5-15　波形膨胀节单波允许补偿量　　（mm）

公称直径 DN	波的直径 D_0	圆弧半径 r	膨胀节波距 W	公称压力 PN/MPa														
				0.25			0.59			0.98			1.57			2.45		
				单波允许补偿量 [ΔL]														
				1Cr18Ni9Ti	16MnR	Q235A	1Cr18Ni9Ti	16MnR	Q235A	1Cr18Ni9Ti	16MnR	Q235A	1Cr18Ni9Ti	16MnR	Q235A	1Cr18Ni9Ti	16MnR	Q235A
159	239	15		—	—	—	—	—	—	—	—	—	—	1.4	2.7	—	1.3	2.5
219	329	20		—	—	—	—	—	—	—	—	—	—	2	3.8	—	1.8	3.4
273	403	25		—	—	—	—	—	—	—	—	—	—	2.5	4.5	—	2.2	4.1
325	485	30		—	—	—	—	—	—	—	—	—	—	3	5.5	—	2.7	5
400	590	30	$4\gamma+2\delta$	3.9	5.5	10.8	3.4	4.8	8.9	2.9	4.2	7.8	2.5	3.7	6.9	2	3.1	5.6
450	660	30		4.6	6.5	12.6	3.8	5.5	10.3	3.2	4.8	8.4	2.7	4.1	7.3	2.2	3.4	5.7
500	710	30		5	7.2	13.6	3.9	5.8	10.9	3.3	4.9	8.6	2.7	4.2	7.4	2.2	3.4	5.7
600	850	35		6	8.6	16.1	4.7	7	12.8	3.9	5.9	10.4	3.2	5	8.9	2.5	4	7
700	950	35		6.6	9.5	17.5	5	7.3	13.5	3.9	6.2	10.4	3.2	5	8.8	2.5	4	7
800	1 050	35		6.9	10	19.1	5.2	7.6	14	3.9	6.2	10.4	3.1	5	8.8	2.4	4	6.9
900	1 150	35		7.3	10.5	20.3	5.2	7.7	14.3	3.9	6.2	10.4	3.1	5	8.7	2.4	4	6.8
1 000	1 300	45		8.4	12.2	22.7	6.4	9.8	17.2	4.9	7.9	13.4	3.9	6.4	10.6	3.1	5	3.7
1 100	1 400	45		8.7	12.9	24	6.5	10	17.6	4.9	7.9	13.3	3.9	6.3	10.5	3	5	8.6
1 200	1 500	45		9	13.5	25.1	6.6	10.1	17.9	4.9	7.8	13.3	3.8	6.3	10.5	3	4.9	8.5
1 300	1 600	45		9.2	13.4	26.1	6.6	9.7	17.8	4.9	7.8	13.3	3.8	6.3	10.3	3	4.9	8.4
1 400	1 700	45		9.3	14	26.7	6.5	9.6	17.7	4.9	7.8	13.2	3.8	6.3	10.3	3	4.8	8.3
1 500	1 800	45		9.5	14.4	27.1	6.5	9.6	17.7	4.9	7.7	13.1	3.7	6.2	10.2	2.9	4.8	8.2
1 600	1 900	45		9.5	14.6	27.9	6.5	9.5	17.6	4.8	7.7	13	3.7	6.1	10.1	8.9	4.7	8.2
1 700	2 000	45		9.6	14.8	28.5	6.5	9.5	17.6	4.8	7.6	12.9	3.7	6	10	2.7	4.7	7.2
1 800	2 100	45		9.5	14.8	29.1	6.4	9.4	17.4	4.7	7.6	12.7	3.7	9	10	2.7	4.7	7.1
1 900	2 260	45		10.9	16.8	28.7	6.5	11.4	17.2	5	8.2	13.4	3.9	6.4	10.8	3.2	5.1	9.1
2 000	2 360	45		10.9	16.8	28.7	6.5	11.1	17.1	5	8.2	13.3	4	6.4	10.9	3.2	5.1	9.2

注:①表中所列的允许补偿量,碳钢按 200 ℃、奥氏体不锈钢按 350 ℃计算得到,当实际工作温度低于或高于该温度时允许的工作压力可以高于或低于其公称压力;

②表中奥氏体不锈钢膨胀节的补偿量(ΔL)是按许用循环次数 [N] = 3 000 次确定的,如实际需要的循环次数不等于 3 000 次,应进行校正。

（四）U 形膨胀节的相关标准

现行的 U 形膨胀节标准是 GB 16749,该标准适用于各类固定管板式热交换器和压力容器的 U 形膨胀节设计。膨胀节按结构形式分为无加强 U 形、加强 U 形和 Ω 形承受内压或外压的单层或多层波形膨胀节三种。膨胀节的材料有钢材及其他金属材料,设计压力不大于 12 MPa。膨胀节的公称直径不超过 4 000 mm。

对冷作成型的铁素体钢制成的膨胀节,必须进行消除应力的处理;奥氏体钢制成的膨胀节冷作成型后一般不需要进行热处理;对热作成型的膨胀节,应进行固溶处理。

在膨胀节的计算方法中考虑了由内压引起的膨胀节直边段的周向薄膜应力 σ_z、内压引起的波纹管周向薄膜应力 σ_1 及径向薄膜应力 σ_2、内压引起的波纹管径向弯曲应力 σ_3、轴向位移引起的波纹管径向薄膜应力

σ_4 及径向弯曲应力 σ_5。另外,还对用于真空操作或承受外压的 U 形膨胀节的设计计算及膨胀节的轴向刚度、轴向位移计算做了相应规定。

第五节 管壳式热交换器设计的有关标准

实际上,有关膨胀节等部件的设计规范只是管壳式热交换器设计标准中的一小部分。随着我国现代工业的不断发展,热交换器应用的普遍性和重要性日益突出,有关部门已制定出有关热交换器的标准系列。我国 20 世纪 70 年代颁布的标准系列有《列管式固定管板换热器型式与基本参数》(JB 1145—73)、《立式热虹吸式重沸器型式与基本参数》(JB 1146—73),20 世纪 80 年代初颁布的标准有《浮头式换热器、冷凝器型式与基本参数》(JB 1168—80)、《U 形管式换热器型式与基本参数》(JB 2207—80)。20 世纪 80 年代末,国家又颁布了《钢制管壳式换热器》(GB 151—89)的标准,而后再版《管壳式换热器》(GB 151—1999)。现行标准为《热交换器》(GB/T 151—2014)。这些标准为我国工程设计施工的规范化、标准化提供了可靠的理论依据。注:热交换器旧称为换热器,本书仅在标准和文献中保留该名称。

国家对非直接受火的钢制管壳式热交换器的设计、制造、检验与验收做了详细规定。GB/T 151—2014 适用于固定管板式、浮头式、U 形管式、填料函式热交换器。标准中的基本参数范围大致是:公称直径 $DN \leqslant 4\ 000$ mm;公称压力 $PN \leqslant 35$ MPa;公称直径(mm)与公称压力(MPa)乘积的数值不大于 2.7×10^4。

该标准将金属制管壳式热交换器分为两级。

(1)Ⅰ级:采用较高级冷拔换热管,适用于无相变传热和易产生振动的场合。

(2)Ⅱ级:采用普通级冷拔换热管,适用于重沸、冷凝传热和无振动的一般场合。

该标准由 9 章正文和 13 个附录组成。内容包括范围,规范引用文件,术语和定义,通用要求,材料,结构设计,设计计算,制造、检验与验收,安装、操作与维护,传热计算,流体诱发振动,换热管与管板焊接接头的焊缝形式等。

该标准规定热交换器的表示方法为:$\times \times \times DN \dfrac{p_\mathrm{t}}{p_\mathrm{s}} - A \dfrac{LN}{d} \dfrac{N_\mathrm{t}}{N_\mathrm{s}}$ Ⅰ(或Ⅱ)。其中:$\times \times \times$ 表示三个字母,第一个字母代表前端管箱形式,第二个字母代表壳体形式,第三个字母代表后端结构形式,参见标准中的具体规定;DN 为公称直径,mm,对釜式重沸器用分数表示,分子与分母分别表示管箱、圆筒内直径;$p_\mathrm{t}/p_\mathrm{s}$ 中的分子与分母分别为管程与壳程设计压力,MPa,压力相等时只写 p_t;A 为公称换热面积,m^2;LN/d 中 LN 为公称长度,m,d 为热交换器外径,m;N_t 与 N_s 分别为管程数与壳程数,单壳程只写 N_t;Ⅰ(或Ⅱ)表示Ⅰ级(或Ⅱ级)热交换器。

除此之外,该标准也对管束振动及低温管壳式热交换器的设计做了相应的补充说明。

(一)管束振动

热交换器流体诱导振动是指热交换器壳程流体流动时对管束作用的流体力诱发管束的振动。平行于管轴线方向的振动简称为轴向流诱导振动,垂直于管轴线方向的振动简称横向流诱导振动。一般情况下,轴向流诱导振动引起的振幅小,危害性不大,往往可以忽略,而横向流诱导振动对换热管的损伤影响很大,在各国热交换器相关标准中均加以考虑。

管束流致振动的机理主要包括流旋涡脱落、湍流抖振、流体弹性失稳和声共振四种。

(1)旋涡脱落,又称涡街振动。换热管受高雷诺数横流作用时,横流流体流经换热管背面形成周期性交替脱落的旋涡,一侧旋涡脱落会形成局部真空,而此时对称侧仍有流体流过,正处于涡旋形成阶段,此时上、下两侧形成压差使换热管产生位移。旋涡交替脱落会引发换热管往复振动,当旋涡脱落频率与换热管固有频率相近或相同时就会造成换热管强烈振动。

(2)湍流抖振。在管壳式热交换器中,由于换热效率的要求,壳程流体通常处于湍流状态,而密集的管束排布也为流体的湍流运动提供了助力,增大了流体流动状态的复杂性。复杂的湍流流体流经换热管表面时会对换热管施加随机的脉动流体力,受到流体激励换热管会产生受迫振动,振动形式具有很强的随机性。

(3)流体弹性失稳(简称流弹失稳)。流体流经换热管时由于流动的复杂性,会对换热管产生不对称流体力,致使换热管偏离原来位置并改变附近流场形态,流场改变会打破相邻换热管的受力平衡使之产生位移。随着流速增大,作用于换热管的流体力也会增大,当流速增大到某一值时,流体力对换热管的能量输入会大于换热管振动造成的阻尼耗散,这时换热管的位移会大幅增加,从而产生剧烈振动。

(4)声共振。声共振主要存在于壳程流体为蒸汽或气体的工况下。声速和壳程几何形状共同决定一个声学共振频率,当共振频率与换热管背面产生的旋涡脱落频率或设备壳体的固有频率接近时,就会引起壳程气体剧烈震动,主要破坏形式表现为严重的噪声污染。

在管壳式热交换器中,当壳程流体横向流过管束时,在壳体进出口接管附近、折流板缺口区、U形管弯管处易造成管子振动或声振动,可能导致相邻管或管与壳体间的碰撞,使管子和壳体受到磨损而开裂;也可能使管子撞击折流板孔而被切断或管子与管板连接处发生泄漏,以及造成管子的疲劳破坏及噪声污染等。

当壳程流体为气体或液体且满足下列条件时可能会发生管束振动:

(1)卡门涡街频率 f_v 与换热管最低固有频率 f_1 之比大于 0.5;

(2)湍流抖振主频率 f_t 与换热管最低固有频率 f_1 之比大于 0.5;

(3)换热管的最大振幅 $y_{max} > 0.02d_o$;

(4)横流速度 V 大于临界横流速度 V_c。

通过减小壳程流体流量或降低横流速度可改变卡门涡街频率,减小或消除管束振动。具体做法是:①减小管子的跨距或在折流板缺口区不布管及在二阶振型的节点位置上设置支撑件来改变管子的固有频率;②在壳程插入平行于横流方向的纵向隔板(纵向隔板的位置应离开驻波的节点而靠近波腹),以减小特性长度 D(一般情况下取壳体内径),提高声频率;③采用杆状或条状支撑体代替折流板支撑,此举可强化传热,降低流体阻力,减少污垢;④如可能,在管子外表面沿周向缠绕金属丝或沿轴向装金属条,可抑制周期性旋涡的形成。

(二)低温管壳式热交换器

GB/T 151—2014 对低温管壳式热交换器从材料(铜板、钢管、铸件、螺栓、垫片、冲击试验)、设计(结构、温度梯度、不同膨胀系数材料的合理搭配、焊缝等)、制造与验收都做了特殊规定。设计此种热交换器应参考标准中的有关规定。

三、国外标准

TEMA 是美国管式热交换器制造商协会制定的标准。该标准将热交换器结构分为 R、C、B 三类,每一类的设计规范基本相同,差异仅在于尺寸和细节方面。R 类满足较苛刻的工艺技术要求,如可作为石油化工工业处理装置;C 类则满足一般中等技术要求,如可作为通用机械设备;B 类可作为一般化学工业处理装置。

TEMA 标准可用于补充和解释管壳式热交换器应用的 ASME 压力容器标准(不包括套管式热交换器),还可作为补充其他国家标准的有效标准。

API(美国石油协会)也对特定种类的热交换器做出规定,该规定也可以作为一些热交换器设计的参考。

另外,EJMA 标准是美国膨胀节制造者协会制定的关于热交换器中膨胀节的标准。

第六节　用于特殊工况的管壳式热交换器

在现代化工生产中,特殊的工作状态对管壳式热交换器提出了更高的使用要求。例如,要求其具有蒸发空间,耐腐蚀,降低污垢热阻,强化传热,等等。因此,管壳式热交换器的结构要根据这些要求进行改变。现分述如下。

一、釜式重沸器

当壳程介质是蒸汽和液体两相流体时,需要为蒸汽留有适当的空间。带蒸发空间的釜式重沸器就是为这种兼具传热和蒸发作用的双重工作状态而设计的。

釜式重沸器是在壳体的上部设置一定的蒸发空间,同时兼作蒸汽室用。蒸汽室的尺寸由蒸汽性质和蒸发速度决定,液面的最低高度应比加热管管束的最上部高出约50 mm。加热管束可制成浮头式、U形管式和管壳式,如图5-48所示。釜式重沸器适用于压力高且介质较污浊的工况,清洗管间及维修都较方便。

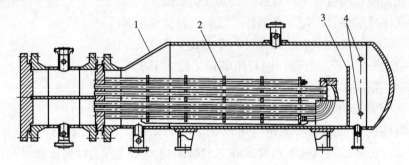

图5-48　釜式重沸器
1—偏心锥段;2—支撑板;3—堰板;4—液位计接口

二、套管式热交换器

套管式热交换器主要由壳体(包括内壳和外壳)、U形肘管、填料函等组成。管子一般被固定在支架上。两种不同介质可在管内逆向(或同向)流动以达到换热的目的。逆向换热时,热流体由上部进入,而冷流体由下部进入,热量通过内管管壁由一种流体传递给另一种流体。热流体由进入端到出口端流过的距离称为管程。流体由壳体的接管进入,从壳体上的一端引入,从另一端流出。

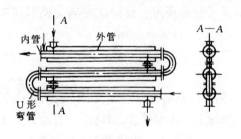

图5-49　套管式热交换器

套管式热交换器的结构见图5-49,一般适用于传热面积较小的场合。当内管过长时,可增加定位翅片,防止其挠曲变形。因热交换器全部由管子做成,故两种流体都可以是高压的。这种热交换器结构简单,制造方便,不易结垢,故广泛应用于冷却装置等。

套管端内管与外管的连接形式有可拆式及不可拆式两种。为使内管与外管容易清洗、检修及更换,也为了减小热应力,可采用可拆式连接形式,见图5-50,但需在管两端增设填料箱等。不可拆式连接形式的优点是套管端密封性能有保证,不会泄漏,缺点是不易清洗和维修。

套管式热交换器已被广泛地应用在石油化工、制冷等工业部门,原来单一的传热方式和传热效率已经不能满足实际生产的需要。目前国内外研究者对套管式热交换器提出了很多种改进方案,以延长套管式热交换器的使用寿命,提高其使用效率。

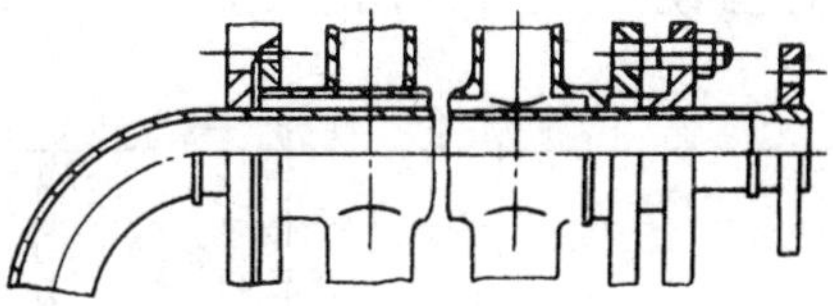

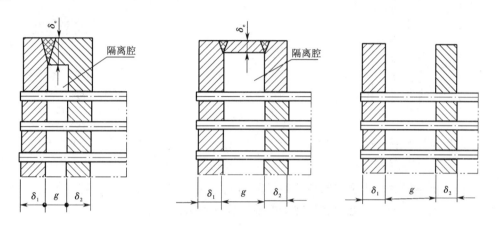

图 5-50　可拆式接头形式

三、双管板管壳式热交换器

双管板管壳式热交换器主要适用于壳程与管程流体介质相互混合会产生严重后果的工作状态,例如混合后将会对管板等造成严重腐蚀。

固定管板式和 U 形管式热交换器可采用双管板结构,双管板结构是单管板结构的组合应用。根据双管板连接的整体程度,分为整体双管板、连接式双管板和分离式双管板,见图 5-51。其中连接式双管板的应用最为普遍。

图 5-51　双管板的连接结构
(a)整体双管板;(b)连接式双管板;(c)分离式双管板

连接式双管板结构的特点如下。

(1)两管板间垫圆环以调整板间距。

(2)上管板与换热管的连接采用焊接或胀接形式,下管板与换热管的连接只采用胀接形式。

(3)当管程介质为腐蚀介质且压力较低时,则可考虑使用薄一些的不锈钢板材做上管板,使用厚一些的碳钢板材做下管板,见图5-52。这样既可以节省不锈钢,又可以满足耐压的要求。

(4)在双管板间用一聚液壳彼此相接,用以收集由其中一块管板间隙渗漏出来的流体,防止有毒气体外泄;也可在聚液壳内充入某种惰性气体,其气压比管内和管间的流体压力稍大且不影响两侧流体的工作状态。

四、流化床热交换器

流化床热交换器是一种高效的管壳式热交换器,其原理是高速流动的液体带动固体颗粒不断地对换热管壁进行刮擦。与传统热交换器相比,具有换热效率高、不结垢等优点,适用于管程介质易结垢的工作环境,在化工及炼油领域、煤化工废水处理领域有较大的应用潜力。

流化床热交换器的外形与常规的立式管壳式热交换器相似。热交换器内部除了管板、换热管外,还设有中央沉降管、固体颗粒沉降室、液相流体分布器等其他部件,见图 5-53。操作时,在管束内,流体向上流动,小的固体颗粒由沉降室流入各个管束且在其中保持稳定的流化状态,并对热交换器的管束内壁起到刷洗、冲磨作用,对壁内早期污垢层进行清除。同时,固体颗粒也在运动中不断地强化湍流流动状态,使管壁的传热边界层中的层流内层变薄,提高了传热效率。如果是循环床,处于流化态的颗粒群还要从管束上部出来,在液体流速下降及颗粒自重的共同影响下与液体分离,液体自换热器上管箱流出,颗粒则通过中央沉降管返回热交换器底部的沉降室中,周而复始进行循环。

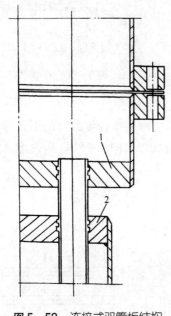

图 5-52　连接式双管板结构
1—不锈钢;2—碳钢

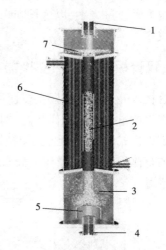

图 5-53　流化床热交换器的基本结构
1—出口管;2—循环下降管;
3—筛板分布器;4—入口管;
5—伞状封帽;6—列管;
7—液固分离室

　　流化床热交换器抗结垢的能力及提高总传热系数的能力如何,关键在于其内部附加部件的结构与尺寸的设计。它的不足之处在于操作状态会受到热交换器液体流速大小的限制。

五、降膜式热交换器

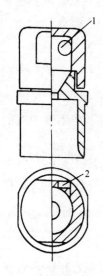

图 5-54　液体分布器
1、2—进液口

　　从基本结构看,降膜式热交换器就是直立的管壳式热交换器,主要结构特点是每根管子的入口管端都有一个特殊的液体分布器,见图 5-54。液体从垂直管的顶部进入后依靠分布器的作用,沿传热管内壁呈薄膜状流动至管端出口。管外的加热或冷却介质则可以对液膜进行加热或冷却,使其蒸发或冷凝等。

　　这种热交换器的主要特点是传热效率高,管束内没有压降,加热时间短,管束易清洗。其结构形式可以是固定管板式或外填料函式。

　　降膜式热交换器可以应用在液体冷却及蒸汽冷凝、蒸发(例如硝酸铵尿素溶液的浓缩)、吸收(吸收剂在管内壁上分散成薄膜下降,被吸收气体在管内与液膜接触;可采用并流或逆流操作)和解吸(也可用气体进行"气提"操作,以降低气相组分的分压,例如尿素中生产的二氧化碳气提器)等过程中。

六、板壳式热交换器

　　板壳式热交换器是介于管壳式与板式热交换器之间的一种结构。它综合了管壳式热交换器和板式热交换器的优点,在国内外已有广泛应用。它的结构特点是用板束来代替管束。板束的一端焊接在管板上,管板和圆柱形的设备壳体之间采用法兰连接,板束的另一端和圆形接管相接,且圆形接管和壳体之间可采用填料密封,以利于板束的线膨胀补偿要求,见图 5-55。板壳式热交换器经常采用的是板束与壳体可拆的连接结构或板束与壳体填料函式的连接结构。

　　板壳式热交换器又称膜式或薄片式热交换器,它的最大优点是传热效率高(例如水与水之间换热时,板壳式热交换器的传热系数为管壳式热交换器的 2 倍),结构紧凑(流通面积相同时,传热面积比通常的管壳式热交换器大3.5倍),压降小,制作成本低,壳程容易清洗等。

制作板壳式热交换器时的材料比较重要。目前国外厂家使用的标准材料为不锈钢、镍合金、钛合金等,国内曾使用 Q235A 钢。由于该种热交换器具有结构紧凑的特点,因此即便使用贵重金属材料也是比较经济的。

板壳式热交换器的设计计算方法和步骤与管壳式热交换器基本相同,只是在传热系数 K 等计算参数上有所不同,因为板壳式热交换器的 K 值要相对大些。

七、列管式石墨热交换器

列管式石墨热交换器由不透性石墨加热管和管板用黏结剂黏结组成管束,放置于钢制圆筒壳体内,两端设置不透性石墨材料或其他防腐蚀材料制成的封头,分别用螺栓紧固而成,可广泛应用于盐酸、硫酸、醋酸和磷酸等腐蚀介质的处理。石墨热交换器除了列管式外还有块孔式、喷淋式、

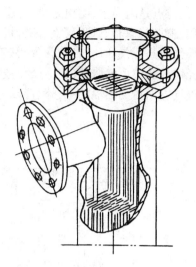

图 5-55　板壳式热交换器的结构

浸没式、套管式、板式等结构形式。列管式石墨热交换器的主要特点是:①结构简单,制作方便;②材料利用率高,单位换热面积造价低;③处理量大,用粗糙表面石墨管可提高传热效果,但传热效率低于块孔式和板式石墨热交换器;④流体阻力小,易清洗、维修;⑤允许操作压力较低,一般不高于 0.3 MPa;⑥允许操作温度较低。

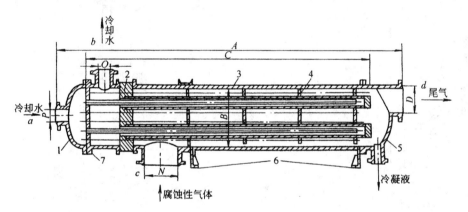

图 5-56　单管板列管式石墨热交换器
1—封头;2—石墨管板;3—带有衬里的钢制壳体;4—挡板;
5—带有衬里的封头;6—支座;7—带有塑料管或橡胶管的管板

图 5-56 是单管板列管式石墨热交换器,换热管内走非腐蚀介质,管间走腐蚀介质,冷却水由管口 a 进入热交换器中的塑料内管,然后再从塑料内管出口处流入塑料管与石墨管中的环形空间,因为塑料管外壁带有螺旋状翅片,因此从该环隙中流过的冷却水呈湍流状。冷却水由环隙流出,从管口 b 排出。而待冷却的有腐蚀性的热流体从管口 c 进入

管间,经过折流板后从管口 d 排出(该热流体为气体)。其冷凝液从热流体出口端封头的下端排出。该类型热交换器可作为含酸性物质气体的冷凝器或冷却器使用。

图 5-57 是浮头列管式石墨热交换器。该热交换器已被纳入行业标准(HG/T 3112—2011)之中,是指用不透性石墨管、不透性石墨作为材料,采用石墨酚醛黏合剂黏结制作的浮头列管式石墨热交换器。管程设计压力为 0.3 MPa(DN≤900 mm)和 0.2 MPa(DN>900 mm),壳程设计压力为 0.3 MPa(DN≤1 100 mm)及 0.2 MPa(DN>1 100 mm)。设计温度为 -20~130 ℃,壳程温度为 -20~120 ℃。

八、管壳式废热锅炉

管壳式废热锅炉在结构上与管壳式热交换器相同,之所以被称为废热锅炉是因为它使高温反应气与低温介质(水)间接换热,为低温介质(水)沸腾汽化回收热能提供空间。按照工艺条件不同,可分为列管式、盘管式、插入式、双套管式、U 形管式等。其中列管式废热锅炉相当于固定管板式热交换器,一般采用耐高温管

材,特点是阻力小,结构简单,制作方便和管内结垢易清洗。这种废热锅炉又分为普通型(立式和卧式)和新型(椭圆形管板、碟形管板、薄管板)两种类型。图5-58为椭圆形管板列管式废热锅炉。该设备直立安装。操作时高温气体(重油裂化气)从下部进口处流入,经列管后从上部出口流出。为防止过大的热应力产生,壳体加装波形膨胀节(由一个大波形膨胀节和周围若干个小波形膨胀节组成),以补偿温差伸缩变形。下部进气管内衬耐热混凝土,外有冷却水夹套等保护结构,防止热损失过大和解决材料耐高温问题。

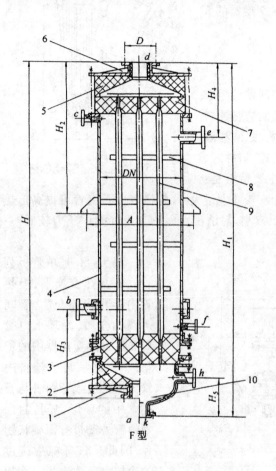

图5-57 浮头列管式石墨热交换器
1—下盖板;2—下封头;3—浮动管板;4—壳体;
5—上封头;6—上盖板;7—固定管板;8—折流板;
9—换热管;10—F型下封头

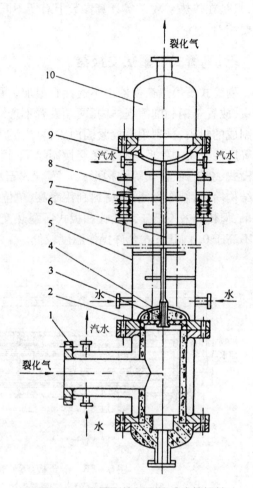

图5-58 椭圆形管板列管式废热锅炉
1—下三通;2—保护板;3—保护套管;4—下管板;5—壳体;
6—列管;7—折流板;8—膨胀节;9—上管板;10—上三通

另一种很有特点的管壳式废热锅炉为组合式U形管废热锅炉。它是为利用高温转化气中的热能加热CO变换气而设计的。工作时,高温转化气自左端进入,通过U形管束在同一端侧面排出。其中进气室与出气室由隔板分开。转化气进气室衬有耐火材料,外部有冷却水夹套。CO变换气从它的右端进入,进气端为椭圆形气室,也用隔板将其分成两个气室供进、出气使用。该设备的结构特点是结构紧凑,占用空间小,见图5-59。

管壳式废热锅炉的整体结构虽然与管壳式热交换器相同,但是有三个主要部位的结构设计还是有其特殊性的,即高温管箱及接管的热防护结构、炉衬结构和气体进口分配结构。

由于高温、高速气体的冲击作用,高温管箱及管中会产生热应力、疲劳和高温腐蚀。因此可根据各种工况,采取相应措施,设法降低温度、减小温度的波动和腐蚀程度,提高设备寿命。对高温管箱的热防护一般是采用耐热隔热材料作为防护衬里。对高温侧管板的防护措施有:在管板上涂非金属耐热绝热层或者通过堆焊等方法包覆耐热合金层,在转化气进入换热管处插入保护套管,在热交换器转化气入口处设置冷却水夹套。

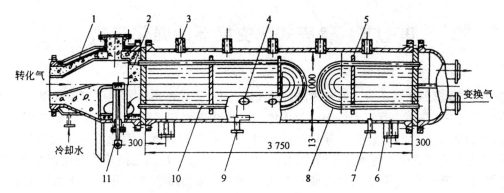

图 5-59　转化气-CO 变换气废热锅炉
1—水气夹套;2—楔管;3—蒸汽上升管;4—水下降管接口;
5—支撑板;6—支座;7—排污口;8—U 形管;
9—蒸汽进口;10—U 形管;11—旁路阀

对炉壳体的保护通常的做法是在高温部位衬耐热隔热材料。国内多采用氧化铝耐热混凝土作为耐热隔热材料,也有设置冷却水夹套来降温的。衬套设计应注意高温下径向热膨胀、高温下轴向热膨胀、壳体衬套与接管的连接、衬套材料选用、衬套结构与施工等方面的问题。

九、绕管式热交换器

绕管式热交换器是一款高效紧凑的热交换器。1898 年德国的林德(Linde)公司第一次研制出这种具有特殊结构的高效能热交换器。我国 20 世纪 70 年代末引进的大化肥装置在低温甲醇洗工艺单元中就采用了德国林德公司的绕管式热交换器,90 年代初引进的德国鲁奇公司低温甲醇洗工艺单元中也有该产品。绕管式热交换器已经开始国产化,最大换热面积可达 7 000 m²,主要应用于大型的空分装置、天然气液化、炼厂加氢、农业化肥以及低温甲醇洗工艺等应用领域。

绕管式热交换器包括绕管芯体和壳体两部分,其中绕管芯体由中心筒、换热管、垫条及管卡等组成。换热管紧密地绕在中心筒上,用平垫条及异型垫条分隔保证管子之间的横向和纵向间距。垫条与管子之间用管卡固定连接,换热管与管板采用强度焊加贴胀的连接结构,中心筒在制造中起支承作用,因而要求有一定的强度和刚度。根据管板的特性,绕管式热交换器分成三种结构形式,分别是整体管板式热交换器、分区布管的整体管板式热交换器和分体管板式热交换器。图 5-60 是整体管板式热交换器结构示意图。

相对于普通的列管式热交换器,绕管式热交换器具有不可比拟的优势,例如适用温度范围广、适应热冲击、热应力自行消除、紧凑度高等,其特殊的构造使得流场充分发展,不存在流动死区,尤其是通过设置多股管程(壳程单股),能够在一台设备内满足多股流体的同时换热。

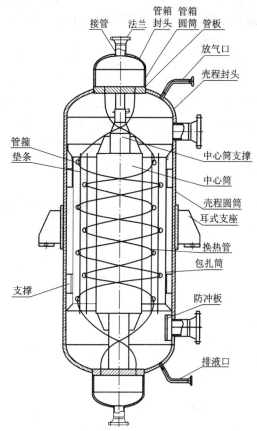

图 5-60　整体管板热式交换器结构示意

第七节   管壳式热交换器的强化传热

对管壳式热交换器的研究不限于对整体结构的改进,关于强化传热技术的研究也取得很大进展。单相强化传热的原理是在传热管内部流动场中通过增加二次传热表面和改变流体速度分布与温度分布强化传热效果,这方面的典型强化技术有扩面强化管技术和管内插入物技术。有相变的强化传热有两种类型:①强化冷凝,它是利用表面张力得到更薄的冷凝膜;②强化蒸发,它是利用换热管的金属特性、表面粗糙度及表面化学性质,实现薄膜态蒸发、对流沸腾和核状沸腾。强化传热措施又可分为被动强化措施和主动强化措施。被动强化措施包括扩面、表面、涂层、表面粗糙度、管内插入物、旋转流场和两相流等技术;主动强化措施是通过机械、表面振动、流体振动、电磁场、虹吸等技术实现强化传热的。本节主要介绍其中的扩面强化管技术、管内插入物技术及折流栅代替折流板技术。

一、扩面强化管技术

所谓扩面强化管技术的实质就是增大传热管内、外的有效传热面积。该技术的基本特点是将传热管的内、外表面轧制成不同的形状,使管内外流体同时产生湍流以提高传热效率。前面提到的螺纹管、翅片管、螺旋槽纹管、缩放管、异型管均属于这一类扩面强化管。

(一)螺旋槽纹管

螺旋槽纹管是一种优良的双面强化换热管,对管内单相流体的换热过程有着显著的强化作用。流体在管内流动时受螺旋槽纹的引导,靠近壁面的部分流体顺槽旋转;另一部分流体顺壁面沿轴向流动时,螺旋形的凸起使流体产生周期性的扰动。前一种作用有利于减薄流体边界层,后一种作用引起边界层中流体质的扰动,因而可以加快壁面至流体主体的热量传递。两种作用综合的结果,使管内换热效果得到加强。螺旋槽纹管简称 S 管,它是将光滑管放置在车床上轧制而成的,见图 5-61。主要结构参数有肋深 e、肋间距 H 和螺旋角 β,形式有单头和多头。

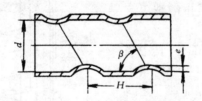

图 5-61   螺旋槽纹管

(二)缩放管

缩放管由管子的收缩段与扩大段依次相接构成,其结构见图 5-62。流体在流动时,在扩大段中速度降低,静压提高;在收缩段中速度提高,静压降低,由此产生了边界层分离现象和出现旋涡,有利于强化传热效果,尤其适用于雷诺数 Re 较高的工况。有实验表明:当 Re 为 $10^4 \sim 10^5$

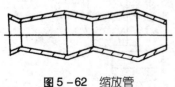

图 5-62   缩放管

(流体阻力损失相等)时,传热量较光滑管增加70%。

(三)异型截面管

由于具有细长截面形状的异形管的流体阻力远小于圆形光滑管,应用后可以有效地节能。异型截面管有蛋形管、豆状管、菱形管、滴形管、扭曲管、椭圆管等。

二、管内插入物技术

用管内插入物技术强化管内单相流体传热,尤其是强化气体、低雷诺数流动状态或高黏度流体的传热更有效。这是因为插入物能改变管内流体的通道,降低管内流体流动的临界雷诺数。管内插入物大致可分为湍流促进器、旋流器和置换型强化器等。

(一)湍流促进器

湍流促进器主要有螺旋悬体内插件、片条内插件及斜环内插件等几种形式。螺旋悬体内插件可应用于任意管长,管径为 6 ~ 100 mm,材质为碳钢、不锈钢、铜、铝和钛等。在热交换器的传热管中装入该内插件后可使管侧传热速率提高至原来的 2 ~ 15 倍,还提高了抗结垢能力。

(二)旋流器

旋流器主要有扭(曲)带和半扭带两种形式。在热交换器的传热管中装入此旋流器后可使流体呈涡流状流动,增加流体与传热内表面的接触,提高 50% 的传热性能。国内研究开发的适用于液 – 液传热的扭带扰流子内插件在工业应用中已取得成效。例如用这种扭带扰流子内插件可使热交换器的总传热系数提高 20% ~40% (油 – 油换热)或提高 50% ~80% (油 – 水换热),而相应的压降增量并不大。

(三)置换型强化器

置换型强化器主要有球形体、交叉锯齿形带及静态混合器三种形式。它是能够促使管内不同部位的流体质点不断地相互置换及混合的一种内插件。

实际应用的球形体内插件是一种串联、带沟槽、均匀排列在连接杆上的球形体内插件。实验测得采用球形体内插件的热交换器的传热系数通常可提高 2 ~3 倍,抗结垢能力也大为提高。

交叉锯齿形带具有省料、易加工等优点。在原油 – 蜡油的换热中,总传热系数比光滑管提高 50% 。

静态混合器特别适用于强化热阻较大一侧的对流传热过程。它能明显地增大传热系数,尤其对热阻集中在气体或高黏度流体一侧的工况,强化效果更明显。

三、折流栅代替折流板技术

以折流栅代替折流板的管壳式热交换器又称折流杆热交换器。这种热交换器在内挡板结构上做了改进,用以提高管间传热系数,增加壳程流体的湍动性,减小换热面积,降低热交换器吨位。

该热交换器通过排布许多支撑杆形成一系列壳程折流栅结构,如图 5 –63 所示。每副单一折流栅的主要构件包括支撑杆、折流环、拉杆、分隔板和纵向滑动杆。支撑杆的两端焊在折流环上,采用四种不同的布置方式的折流栅构成一折流栅组,见图 5 –64。支撑杆紧靠传热管外壁,故四副折流栅即可将传热管支撑

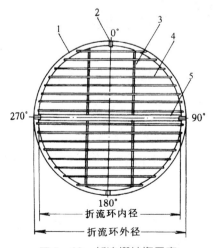

图 5 –63　折流栅结构示意

1—折流环;2—纵向滑动杆;3—拉杆;4—支撑杆;5—分隔板

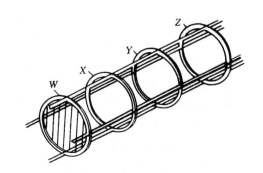

图 5 –64　折流栅骨架组装件

住。四副折流栅等距离隔开,并用四根纵向滑动杆固定形成折流栅骨架组装件。

折流杆热交换器壳内由这些折流栅骨架组装件矩阵建立起畅通的流体流动通道,形成了主要为纵向的流通区域,因此具有良好的流体力学性能和传热性能。再加上流体在折流栅区域内形成的涡流流动和文丘里效应,该热交换器的热力学性能尤为突出。此外,折流栅骨架组装件还有效地抑制了传热管的振动,延长了传热管的使用寿命,且结构紧凑,壳程压降小,清洗方便,不易堵塞杂物。

第八节　其他形式的热交换器及其应用

热交换器实际上有多种形式,如管壳式热交换器、板式热交换器和微通道热交换器等,本章前七节主要针对管壳式热交换器进行了详细的阐述,本节将对其他形式的热交换器做一简单介绍。

热交换器是用于热量传递的设备,既是承压设备又是过程设备,广泛应用于化工、炼油、能源、制药、食品、轻工、机械等行业。近年来,节能增效的发展动力和节能环保的约束压力,促使过程工业越发重视换热网络的优化和高效热交换器的使用。

一、板式热交换器

板式热交换器是由一系列具有一定形状的金属板片叠装而成的一种高效紧凑型热交换器,各种板片之间形成薄矩形通道,通过板片进行热量交换,如图5-65所示。板式热交换器主要有板框型、焊接箱体型和可拆箱板型三种类型,其中图5-66是板框型板式热交换器。板片形式主要有人字形(斜波纹)、波纹形和鼓泡形。

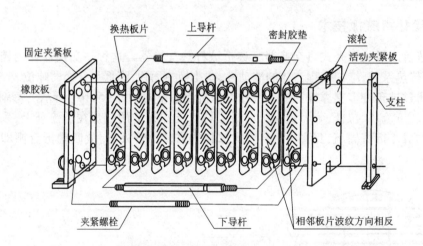

图5-65　板式热交换器结构示意

板式热交换器是液-液、液-汽进行热交换的理想设备,广泛应用于化工、冶金、制冷、热回收及自然能源利用等行业。一般在经常需要清洗、工作空间要求十分紧凑的场合下使用。介质可以是大多数液体、气体、含固体小颗粒或少量纤维的物料或具有腐蚀性的流体。板式热交换器主要有四个优点。①传热系数高。②制作方便,金属耗量小,结构紧凑,占地面积小。板式热交换器单位体积内的换热面积为管壳式的2~5倍,占地面积为管式热交换器的1/3。③温度能精确控制,末端温差小,热损失小,传热效率高。两种介质的平均温差可以小至1 ℃,热回收效率可达99%以上。④拆装方便,利于调节传热面积或流程组合,便于维修和清洗。板式热交换器的缺点是:①流道狭窄,处理量小,流动阻力大;②操作温度受密封垫片材料性能的限制而不宜过高;③密封面太多太长,渗漏的可能性也大;④承压能力低,工作压力在 4.0 MPa 以下。

随着经济水平的提高,工业发展的日新月异,我国对板式热交换器的需求量仍将持续攀升。板式热交换器的结构优化主要集中在板片表面形状和板片间布置方式,如压花表面、二次波纹表面和表面粗糙化处理等。但现有结构在增强换热效果的同时伴随较大的压降,提高了运行成本,因此仍然需要进一步改进,以寻求最优的综合传热性能。可对波纹板表面采用多种改进方式,优化板片布置形式,实现单位压降条件下传热性能的提升。

二、螺旋板式热交换器

螺旋板式热交换器是一种高效热交换器,广泛应用于石油、化工、冶金等行业的气相与气相、气相与液相、液相与液相的传热中,特别适合高黏度流体或含有固体颗粒的悬浮液的换热。

螺旋板式热交换器由两张间隔一定距离的平行薄金属板卷制而成,形成了两个同心的均匀螺旋通道。为了防止流道受压发生变形,采用设置定距柱的方式来固定流道间距;为了分隔螺旋体中心的冷、热流体,在螺旋体的中心设置了中心隔板,在螺旋板两侧焊有盖板。一种流体通过螺旋体中心进入流道,沿着流道从螺

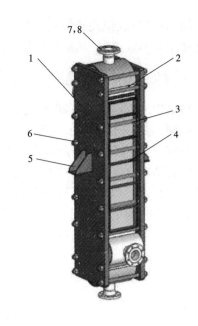

图 5 - 66　板框型板式热交换器
1—压紧板;2—侧板;3—拉杆(夹紧螺柱);
4—拉筋;5—支座;6—螺母;
7—接管;8—接管法兰

旋体外周离开,另一种流体与其逆向流动,两者恰好通过板壁进行换热。如图 5 - 67 和图 5 - 68 所示。

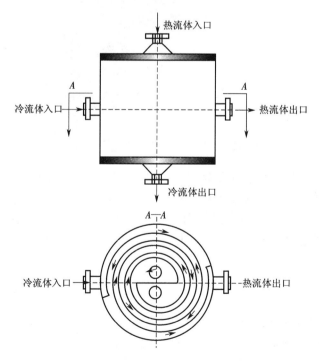

图 5 - 67　螺旋板式热交换器结构示意

图 5 - 68　螺旋板式热交换器实物图

螺旋板式热交换器的优点是:①结构简单,制造方便;②两种传热介质可进行全逆流流动,增强了换热效果,可实现较小温差下的热交换,可充分利用低温热源;③由于螺旋通道的曲率是均匀的,阻力小,因而可提高设计流速,使之具备较高的传热能力;④流体作螺旋湍动,有自冲刷作用,因此热交换器不易结垢和堵

塞;⑤具有可拆式螺旋板结构,通道可拆开清洗,特别适合有黏性、有沉淀的液体的热交换。它的缺点是:①操作压力不宜过高,一般公称压力小于2.5 MPa;②整个热交换器为卷制而成,如发现泄漏,维修困难。

三、微通道热交换器

微通道的工程背景是20世纪80年代高密度电子器件的冷却问题和90年代出现的微电子机械系统的传热问题,为此人们研制了用于两流体热交换的微通道热交换器。国内市场最先将微通道技术产业化的是汽车空调行业。随着微制造技术的发展和微电子产业的高度集成,微通道热交换器得到了广泛研究和应用。

微通道热交换器按外形尺寸可分为微型微通道热交换器和大尺度微通道热交换器,如图5-69和图5-70所示。微型微通道热交换器主要应用于电子行业,是一类结构紧凑、轻巧、高效的热交换器,按结构形式又可分为平板错流式微型热交换器和烧结网式多孔微型热交换器。大尺度微通道热交换器主要用于传统的工业制冷、余热利用、汽车空调等,其结构形式有平行流管式散热器和三维错流式散热器。

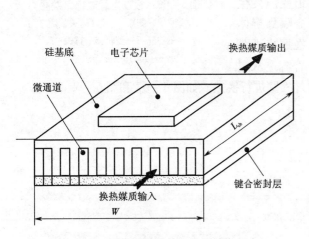

图5-69 微型微通道热交换器结构示意

图5-70 大尺度微通道热交换器实物图

微通道热交换器换热效率高,节能效果明显,具有结构紧凑、质量轻、运行安全可靠等特点,在微电子、航空航天、医疗、化学生物工程、材料科学、高温超导体的冷却、薄膜沉积中的热控制、强激光镜的冷却等领域以及其他一些对换热设备的尺寸和重量有特殊要求的场合得到广泛使用,特别是在微型核反应堆的试运行、燃料电池动力潜艇的试航、微透平机械以及微化学仪器的应用中,微型化的换热装置发挥了举足轻重的作用。

四、印刷电路板热交换器

印刷电路板热交换器是一种细微通道紧凑型板式热交换器,具有耐高压(50 MPa)、耐高温(700 ℃)、超高效(高达98%)、低压降、高紧促度(为传统管壳式热交换器的1/6~1/4)、耐腐蚀、寿命长等诸多优点。

该类热交换器的换热通道采用光化学刻蚀法加工制成,通道直径一般为1~2 mm甚至更小,冷、热流体通道交替堆叠,流体之间形成纯逆流换热,堆叠好的板片通过扩散接合技术向板片施加一定的压力和温度。板片之间的接触面可以相互黏合,成为一个不可拆卸的金属换热芯体,而且热交换器内部接合良好,不会出现夹层,黏合处可达到母材强度,如图5-71所示。

印刷电路板热交换器按内部通道结构可以分为连续型和非连续型两种,涵盖直通道、梯形通道、蛇形通

图 5-71　印刷电路板热交换器结构示意

道、正弦曲线通道、锯齿通道等多种样式,通道直径为 0.5~2 mm,通道截面形式包括半圆形、矩形、三角形、梯形等。

印刷电路板热交换器可以实现较小温差传热,减少不可逆损失,适用于高温高压等苛刻条件,目前在天然气凝液加工、地热发电、燃料电池和燃气加热领域得到了广泛应用,在新一代核电、光热发电、氢能领域呈现出潜在的应用前景。

习　　题

5-1　管壳式热交换器主要有哪几种结构? 各有何特点?

5-2　管壳式热交换器的主要构件有哪些? 机械设计包括哪些内容?

5-3　换热管在管板上有哪几种固定方式? 各有何优缺点?

5-4　管壳式热交换器的温差应力产生的原因和计算方法是什么?

5-5　热应力计算公式的应用有无限制条件? 其理由是什么?

5-6　两台设备间的连通管道中出现的热应力和固定管板式热交换器壳体与管束产生的热应力有无不同之处? 其表现是什么?

5-7　产生热应力的构件是否一定会留下残余应力? 举例说明。

5-8　工作介质对热交换器产生的腐蚀有哪几种? 表现在管壳式热交换器的哪些部分?

5-9　在管壳式热交换器中,壳方程和在壳方加折流板是否同一概念? 为什么?

5-10　管壳式热交换器中管方程和串联热交换器两种处理方式的区别和优缺点是什么?

5-11　国家标准中对钢制管壳式热交换器标记做了规定,其中哪几项特性指标应被列入其中?

5-12　令 ΔL_{ex} 为一节波形膨胀节补偿量,则加 n 节波形膨胀节时,轴向载荷 F 的计算式是什么?

5-13　在钢制石油化工压力容器的设计规定中,容器按压力、介质危害程度及作用分为三类,涉及管壳式热交换器的规定有几条? 分别为哪类容器?

5-14　有一固定管板列管式热交换器。管内空间为某种腐蚀介质,其压力为 0.4 MPa,管间为加热蒸汽,压力为 0.3 MPa。已知管壁温度为 70 ℃,壳壁温度为 160 ℃,壳体直径 D_i = 500 mm,壁厚为 6 mm,壳体材料为 Q235B。管子为 184 根 $\phi25\times2.5$ 不锈钢管,管间距为 32 mm,管板与管子材料相同,均为 S31608。采用焊接结构。试计算其温差应力。

5-15　有一等截面直杆,两端固定。已知该杆由两种材料连接而成,材料为铜的杆的长度为 1 m,$\alpha_{铜}$ = 1.5×10^{-5}/℃,$E_{铜}$ = 100×10^{9} N/m²。材料为钢的杆的长度为 1.5 m,$\alpha_{钢}$ = 1.25×10^{-5}/℃,$E_{钢}$ = 200×10^{9} N/

m^2。求当温差为 50 ℃时杆的各段横截面上的应力。

5-16　两设备间有一根 $\phi57 \times 3.5$ 的直管,材料为 10 号无缝钢管,其中 $E = 2.1 \times 10^5$ MPa,$\alpha = 12.6 \times 10^{-6}$/℃,该直管可视为两端固定连接,若材料 $\sigma_s = 205$ MPa,$n_s = 1.6$,稳定安全系数 $n = 1.8$,管长为 6 m,安装温度为 20 ℃。试求满足该管强度条件和稳定条件的最高工作温度。

参考文献

[1]　热交换器:GB/T 151—2014 [S]. 北京:中国标准出版社,2014.

[2]　张延丰,邹建东,朱国栋,等. GB/T 151—2014《热交换器》标准释义及算例[M]. 北京:新华出版社,2015.

[3]　袁渭康,王静康,费维扬. 化学工程手册:第 2 卷[M]. 3 版. 北京:化学工业出版社,2019.

[4]　郑津洋,桑芝富. 过程设备设计[M]. 5 版. 北京:化学工业出版社,2021.

[5]　化工设备设计全书[M]. 北京:化学工业出版社,2019.

[6]　压力容器波形膨胀节:GB/T 16749—2018 [S]. 北京:中国标准出版社,2018.

[7]　浮头列管式石墨换热器:HG/T 3112—2011 [S]. 北京:化学工业出版社,2011.

[8]　螺旋板式热交换器:NB/T 47048—2015 [S]. 北京:新华出版社,2015.

第六章 搅拌反应釜

○○ —— ○○ ○ ○○ ————————

第一节 概述

在化工生产过程中,为化学反应提供反应空间和反应条件的装置称为反应釜或反应设备。为了使化学反应快速均匀进行,需对参加化学反应的物质进行充分混合,且对物料加热或冷却,采取搅拌操作才能得到良好的效果。实现搅拌的方法有机械搅拌、气流搅拌、射流搅拌、静态(管道)搅拌和电磁搅拌等。其中机械搅拌应用最早,至今仍被广泛采用。机械搅拌反应釜简称搅拌反应釜。

搅拌反应釜适用于各种物性(如黏度、密度)和各种操作条件(温度、压力)的反应过程,广泛应用于合成塑料、合成纤维、合成橡胶、医药、农药、化肥、染料、涂料、食品、冶金、废水处理等行业。实验室中反应釜的容积可小至数十毫升,而工业大型反应釜的容积可达数千立方米。搅拌反应釜除用作化学反应釜和生物反应釜外,还大量用于混合、分散、溶解、结晶、萃取、吸收或解吸、传热等。

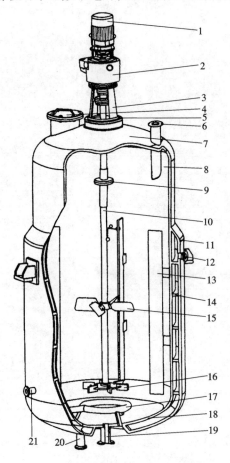

图 6-1 通气式搅拌反应釜的典型结构
1—电动机;2—减速机;3—机架;4—人孔;
5—密封装置;6—进料口;7—上封头;8—筒体;
9—联轴器;10—搅拌轴;11—夹套;
12—载热介质出口;13—挡板;
14—螺旋导流板;15—轴向流搅拌器;
16—径向流搅拌器;17—气体分布器;18—下封头;
19—出料口;20—载热介质进口;
21—气体进口

一、搅拌的目的

搅拌既可以是一种独立的单元操作,以促进混合为主要目的,如进行液-液混合、固-液悬浮、气-液分散、液-液分散和液-液乳化等;又往往是完成其他单元操作的必要手段,以促进传热、传质、化学反应为主要目的,如进行流体的加热与冷却、萃取、吸收、溶解、结晶、聚合等操作。

概括起来,搅拌反应釜的操作目的主要表现为四个方面:①使不互溶液体混合均匀,制备均匀混合液、乳化液,强化传质过程;②使气体在液体中充分分散,强化传质过程或促进化学反应;③制备均匀悬浮液,促使固体加速溶解、浸取或促进液-固化学反应;④强化传热,防止局部过热或过冷。

二、搅拌反应釜的基本结构

一般来讲,搅拌反应釜主要由反应釜、搅拌装置、传动装置和轴封等组成。反应釜包括釜体和传热装置,它是提供反应空间和反应条件的部件,如蛇管、夹套和端盖工艺接管等。搅拌装置由搅拌器和搅拌轴组成,靠搅拌轴传递动力,由搅拌器达到搅拌目的。传动装置包括电动机、减速机及机座、联轴器和底座等附件,它为搅拌器提供搅拌动力和相应的条件。轴封为反应釜和搅拌轴之间的密封装置,以封住釜体内的流体不致泄漏。

图 6-1 是通气式搅拌反应釜的典型结构,由电动机驱动,经减速机带动搅拌轴及安装在轴上的搅拌器以一定转速旋转,使流体获得适当的流动场,并在流动场内进行化学反应。为满足工艺的换热要求,釜体上装有夹套,夹套内螺旋导流板的作用是改善传热性能。釜体内设置有气体分布器、挡板等附件。在搅拌轴下部安装径向流搅拌器、上层为轴向流搅拌器。

三、搅拌反应釜机械设计的依据

搅拌反应釜的机械设计是在工艺设计之后进行的。工艺设计所确定的对搅拌反应釜的工艺要求是机械设计的依据。

搅拌反应釜的工艺要求通常包括反应釜的容积、最大工作压力、工作温度、工作介质及腐蚀情况、传热面积、换热方式、搅拌形式、转速及功率、接口管方位与尺寸的确定等。

四、搅拌反应釜机械设计的内容

搅拌反应釜机械设计大体上包括：①确定搅拌反应釜的结构形式和尺寸；②选择材料；③计算强度或稳定性；④选用主要零部件；⑤绘制图样；⑥提出技术要求。

第二节　釜体与传热装置

搅拌反应釜釜体的主要部分是圆柱形容器，其结构形式与传热形式有关。常用的传热形式有两种：夹套式壁外传热（简称夹套传热）和釜体内部蛇管传热（简称蛇管传热），如图6-2所示。必要时也可将夹套和蛇管联合使用。根据工艺要求，釜体上还需安装各种工艺接管。由此可见，搅拌反应釜釜体和传热装置设计的主要内容包括釜体的结构形式与各部分尺寸、传热形式与结构、各种工艺接管的安装与设置等。

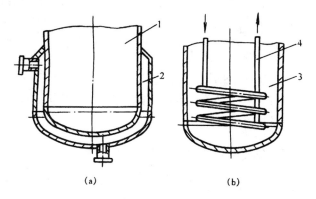

图6-2　传热形式
（a）夹套传热；（b）蛇管传热
1、3—筒体；2—夹套；4—蛇管

一、釜体几何尺寸的确定

釜体的几何尺寸主要指筒体的内径 D_i、高度 H，如图6-3所示。

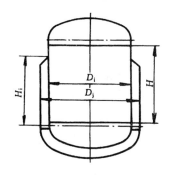

图6-3　釜体几何尺寸

釜体的几何尺寸首先要满足化工工艺要求。对于带搅拌器的反应釜来说，容积 V 为主要决定参数。由于搅拌功率与搅拌器直径的五次方成正比，而搅拌器直径往往需随釜体直径的增大而增大，因此在同样的容积下，筒体的直径太大是不适宜的。对于发酵类物料的反应釜，为使通入的空气能与发酵液充分接触，需要有一定的液位高度，故筒体的高度不宜太小。若采用夹套传热结构，单从传热角度考虑，一般也希望筒体高一些。根据实践经验，反应釜的 H/D_i 值可按表6-1选取。

在确定反应釜直径及高度时，还应考虑反应釜操作时所允许的装料程度——装料系数 η 等，通常装料系数 η 可取 0.6~0.85。如果物料在反应过程中产生泡沫或呈沸腾状态，η 应取较低值，一般为 0.6~0.7；若反应状态平稳，可取 0.8~0.85（物料黏度大时，可取最大值）。因此，釜体的容积 V 与操作容积 V_0 应有如下关系：$V_0 = \eta V$。在工程实际中，要合理选用装料系数，以尽量提高设备利用率。

表6-1   反应釜的 H/D_i 值

种类	釜内物料类型	H/D_i
一般反应釜	液-液相或液-固相物料	1~1.3
	气-液相物料	1~2
发酵罐类	气-液相物料	1.7~2.5

对直立反应釜来说,釜体容积通常是指圆柱形筒体及下封头所包含的容积之和。

根据釜体容积 V 和物料性质,选定 H/D_i 值,估算筒体内径 D_i。

若已知

$$V \approx \frac{\pi}{4}D_i^2 H \approx \frac{\pi}{4}D_i^3\left(\frac{H}{D_i}\right)$$

则

$$D_i = \sqrt[3]{\frac{4V}{\pi\left(\frac{H}{D_i}\right)}} \tag{6-1}$$

式中: V 为釜体容积,m^3;H 为筒体高度,m;D_i 为筒体内径,m。

将计算所得结果圆整为标准直径,然后按下式计算筒体高度 H:

$$H = \frac{V - V_h}{\frac{\pi}{4}D_i^2} \tag{6-2}$$

式中: V_h 为下封头所包含的容积。

再将计算结果圆整后得到筒体高度,并计算 H/D_i 值,看是否符合表6-1的要求。若数值相差较大,需重新调整尺寸,直到符合要求。

二、夹套的结构和尺寸

所谓夹套,就是在釜体的外侧用焊接或法兰连接的方式装设各种形状的钢结构,使其与釜体外壁形成密闭的空间。在此空间内通入加热或冷却介质,可加热或冷却反应釜内的物料。夹套的主要结构形式有整体夹套、型钢夹套、蜂窝夹套和半圆管夹套等,其适用的温度和压力范围见表6-2。当釜体直径较大或者传热介质压力较高时,常采用型钢夹套、半圆管夹套或蜂窝夹套代替整体夹套。这样不仅能提高传热介质的流速,改善传热效果,而且能提高筒体承受外压的稳定性和刚度。

表6-2   各种碳素钢夹套的适用温度和压力范围

夹套形式		最高温度/℃	最高压力/MPa
整体夹套	U形	350	0.6
	圆筒形	300	1.6
型钢夹套		200	2.5
蜂窝夹套	短管支撑式	200	2.5
	折边锥体式	250	4.0
半圆管夹套		350	6.4

(一)整体夹套

常用整体夹套的结构形式见图6-4。图6-4(a)为圆筒形夹套,仅在圆筒部分有夹套,传热面积较小,适用于换热量要求不大的场合;图6-4(b)为U形夹套,圆筒一部分和下封头包有夹套,是最常用的典型结构;图6-4(c)为分段式夹套,适用于釜体细长的场合,为了减小釜体的外压计算长度(当按外压计算釜体壁厚时),或者为了实现在釜体的轴线方向分段控制温度、进行加热和冷却而对夹套分段,各段之间设置加强圈或采用能够起到加强圈作用的夹套封口件;图6-4(d)为全包式夹套,与前三种相比,传热面积最大。

整体夹套与釜体的连接方式有可拆式和不可拆式,如图6-5所示。图6-5(a)为可拆式连接结构,适用于需要检修内筒外表面以及定期更换夹套,或者由于特殊要求夹套与内筒之间不能焊接的场合;图6-5(b)为常用的不可拆式连接结构,夹套与内筒之间采用焊接连接,加工简单,密封可靠。

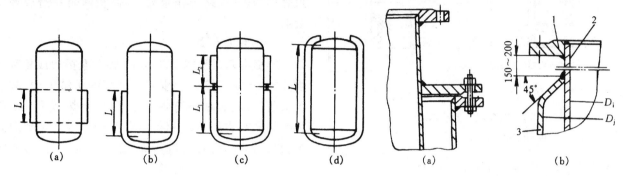

图6-4 整体夹套的结构形式
(a)圆筒形夹套;(b)U形夹套;(c)分段式夹套;(d)全包式夹套

图6-5 夹套与釜体的连接结构
(a)可拆式;(b)不可拆式
1—容器法兰;2—筒体;3—夹套

夹套上设有介质进出口。当用蒸汽作为载热体时,蒸汽一般从上端进入夹套,冷凝液从夹套底部排出;如用液体作为冷却液则相反,采取下端进、上端出的方式,使夹套中经常充满液体,以充分利用传热面,加强传热效果。

当采用液体作为载热体时,为了加强传热效果,也可以在釜体外壁焊接螺旋导流板,如图6-6所示。导流板以扁钢绕制而成,与筒体可采用双面交错焊的连接方式,导流板与夹套筒体内壁间隙越小越好。

夹套内径 D_j 一般公称尺寸系列选取,以利于按标准选择夹套封头,具体可根据筒体内径 D_i 按表6-3中的推荐数值选用。

夹套筒体高度 H_j 主要由传热面积确定,一般应不低于料液高度,以保证充分传热。根据装料系数 η、操作容积 ηV,夹套筒体的高度 H_j 可由下式估算:

$$H_j = \frac{\eta V - V_h}{\frac{\pi}{4} D_i^2} \qquad (6-3)$$

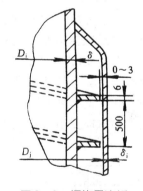

图6-6 螺旋导流板

确定夹套筒体高度还应考虑两个因素:当反应釜筒体与上封头采用法兰连接时,夹套顶边应在法兰下150~200 mm处(视法兰螺栓长度及拆卸方便而定),参见图6-5(b);当反应釜具有悬挂支座时,夹套顶部位置应避免影响支座的焊接。

表6-3 夹套内径与筒体内径的关系

D_i	500~600 mm	700~1 800 mm	2 000~3 000 mm
D_j	$D_i + 50$ mm	$D_i + 100$ mm	$D_i + 200$ mm

(二)型钢夹套

型钢夹套一般用角钢与筒体焊接制成,如图6-7所示。角钢主要有两种布置方式:沿筒体外壁螺旋布置和沿筒体外壁轴向布置。由于型钢的刚度大,因而与整体夹套相比,型钢夹套能承受更高的压力,但其制造难度也相应增大。

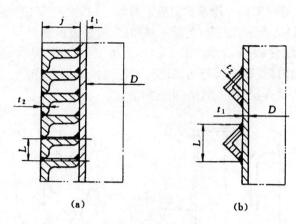

图6-7 型钢夹套
(a)螺旋形角钢互搭式;(b)角钢螺旋形缠绕式

(三)半圆管夹套

半圆管夹套如图6-8所示。半圆管在筒体外的布置,既可螺旋形缠绕在筒体上,也可沿筒体轴向平行焊在筒体上或沿筒体圆周方向平行焊接在筒体上。半圆管由带材压制而成,加工方便。半圆管夹套的缺点是焊缝多,焊接工作量大,筒体较薄时易造成焊接变形。

(四)蜂窝夹套

蜂窝夹套以整体夹套为基础,采取折边或短管等加强措施,提高筒体的刚度和夹套的承载能力,减小流道面积,从而减小筒体厚度,强化传热效果。常用的蜂窝夹套有折边式和拉撑式两种形式。夹套向内折边与筒体贴合好再进行焊接的结构称为折边式蜂窝夹套,如图6-9(a)所示。拉撑式蜂窝夹套是用冲压的小锥体或钢管做拉撑体,图6-9(b)所示为短管拉撑式蜂窝夹套。蜂窝孔在筒体上呈正方形或三角形布置。

近年来出现了激光焊接式蜂窝夹套,如图6-10所示。夹套薄平板与筒体紧密贴合,用高能激光束对按正三角形或正方形布置的蜂窝点进行深熔焊接,再压力鼓胀使其成为蜂窝状的夹套。与其他蜂窝夹套相比,激光焊接式蜂窝夹套蜂窝点不开孔,应力集中程度小,相同条件下的夹套

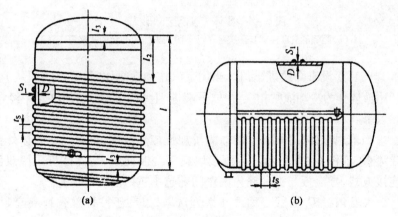

图6-8 半圆管夹套
(a)螺旋形缠绕式;(b)平行排管式

厚度较小。且该新型夹套的通道高度较小,载热介质流动快,同时蜂窝点对流体有扰动作用,传热系数大,换热效果好。此外,激光具有方向性强、能量集中、焊接变形小、焊缝表面光洁等优点,且焊接过程可通过数控系统自动控制,加工精度高,焊接质量稳定可靠,更换焊接图样便捷,因而可以满足不同冷媒的需要以及耐压和换热需要。

三、釜体和夹套壁厚的确定

釜体和夹套的强度和稳定性设计可按内、外压容器的设计方法进行。

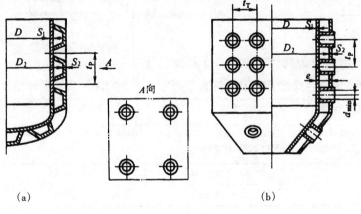

(a)   (b)

图6-9 蜂窝夹套
(a)折边式;(b)拉撑式

对于釜体,当受内压时,若不带夹套,则筒体与上、下封头均按内压容器设计。真空反应器按承受外压设计。带夹套的反应器,按承受内压和外压分别进行计算。按内压计算时,最大压力差为釜体内的工作压力;按外压计算时,最大压力差为夹套内的工作压力或夹套内工作压力加0.1 MPa(当釜体内为真空操作

时）。若上封头不被夹套包围，则不承受外压作用，只按内压设计，但通常取与下封头相同的壁厚。

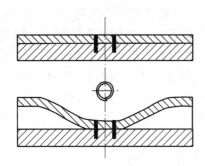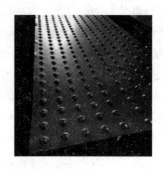

图6-10 激光焊接式蜂窝夹套

夹套的筒体和封头壁厚则完全按照内压容器设计方法进行。

釜体制造好以后在安装夹套之前，要进行水压试验，水压试验压力的确定同一般压力容器，即

$$p_T = 1.25p \frac{[\sigma]}{[\sigma]^t}$$

式中：p 为釜体的设计压力。

夹套的水压试验压力要以夹套设计压力为基础，如果夹套的试验压力超过了釜体的稳定计算压力，在夹套进行水压试验时，应在釜体内保持一定的压力以保证釜体的安全。

四、蛇管的布置

当所需传热面积较大而夹套传热不能满足要求，或釜体内有衬里隔热而不能采用夹套时，可采用蛇管传热。它沉浸在物料中，热量损失小，传热效果好，同时，还可与夹套联合使用，以增大传热面积。但蛇管检修较麻烦。

蛇管一般用无缝钢管做成螺旋状，如图6-11所示。蛇管还可以几组按竖式对称排列，除传热外，蛇管还起到挡板作用，如图6-12所示。蛇管管径通常为 25～57 mm。

（一）蛇管的长度与排列

蛇管不宜太长，因为冷凝液可能积聚，降低这部分传热面的传热作用，而且从很长的蛇管中排出蒸汽中的不凝性气体也很困难。因此，当蛇管以蒸汽为载热体时，管长不应太长，其长径比可按表6-4选取。

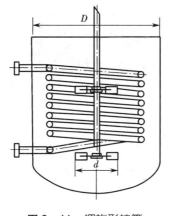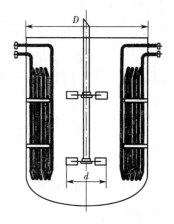

图6-11 螺旋形蛇管   **图6-12 竖式蛇管**

表6-4 蛇管长径比

蒸汽压力/MPa	0.045	0.125	0.2	0.3	0.5
长径比最大值	100	150	200	225	275

为了减小蛇管的长度，又不影响传热面积，可将多根蛇管串联使用，形成同心圆的蛇管组，如图6-13所示。内圈与外圈的间距 t 一般可取 $(2～3)d_o$，各圈蛇管的垂直距离 h 可取 $(1.5～2)d_o$，最外圈直径 D_1 可取 $D_i - (200～300)$ mm。

（二）蛇管的固定

蛇管要在釜体内进行固定,固定蛇管的方法很多。如果蛇管的中心圆直径较小或圈数不多、质量不大,可以将蛇管进出口接管固定在釜体的顶盖上,不再另设支架固定蛇管。当蛇管中心圆直径较大、比较笨重或搅拌有振动时,则需要安装支架以增强蛇管的刚性。常用的固定形式如图6-14所示。图中(a)型制造方便,缺点是难以拧紧且拧紧时易偏斜,可用于操作时蛇管振动不大及管径较小(一般在45 mm 以下)的场合。弯钩采用φ8~φ10的圆钢制成。(b)、(c)型都能很好地固定蛇管,U形螺栓在管径为57 mm 以下时可采用 M8~M10,在管径为60~89 mm 时可采用 M10~M12。(d)型安装方便,蛇管温度变化时伸缩自由,但经不起振动。(e)型用于蛇管紧密排列的情况,蛇管还可起导流筒作用。(f)型工作安全可靠,用于有剧烈振动的场合。

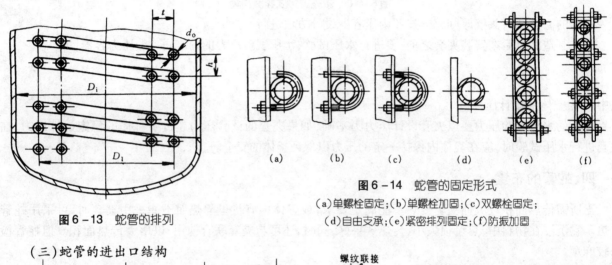

图6-13　蛇管的排列

图6-14　蛇管的固定形式
(a)单螺栓固定;(b)单螺栓加固;(c)双螺栓固定;
(d)自由支承;(e)紧密排列固定;(f)防振加固

（三）蛇管的进出口结构

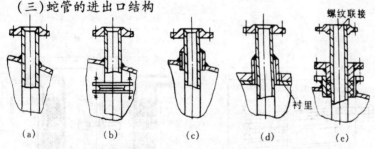

图6-15　蛇管的进出口结构形式
(a)与封头固定;(b)用法兰连接;(c)与短圆筒节焊接;(d)带衬里结构;(e)螺纹连接

蛇管的进出口一般都设置在釜体的顶盖上,常见的结构形式如图6-15所示。图中(a)型用于蛇管和封头可以一起抽出的情况;(b)型用于蛇管需要经常拆卸,而釜体内部有足够空间允许装卸法兰的情况;(c)型结构简单,使用可靠,需拆卸接头时,可在釜体外面从短筒节的焊缝处割断,安装时再焊上;(d)型为有衬里的蛇管进出口结构;(e)型管端法兰采用螺纹连接,用于要求拆卸的场合,但碳钢制螺纹易腐蚀而使拆卸困难。

五、工艺接管

反应釜上的工艺接管包括进料接管、出料接管、仪表接管、温度计及压力表接管等,其结构与容器接管结构基本相同。这里仅介绍反应釜上常用的进、出料管的结构和形式。

（一）进料管

进料管一般从顶盖引入伸进釜体内,并在管端开45°的切口,可避免物料沿釜体内壁流动,切口朝向搅拌反应釜中央,这样可减少物料飞溅到筒体壁上,从而降低物料对釜壁的局部磨损与腐蚀。其结构如图6-16所示。图6-16(a)为常用的结构形式;对于易磨损、易堵塞的物料,为了便于清洗和检修,进料管宜使用可拆式结构,如图6-16(b)所示;图6-16(c)所示结构的进料管口浸没于料液中,可减少冲击液面而产生泡沫,有利于稳定液面,液面以上部分开有φ5的小孔,以防止虹吸现象。

（二）出料管

反应釜出料有上出料和下出料两种方式。

当反应釜内液体物料需要被输送到位置更高或与它并列的另一设备时，可采用压料（上出料）管结构，如图 6－17 所示。利用压缩空气或惰性气体将物料压出。压料管采用可拆式结构，反应釜内由管卡固定出料管，以防止搅拌物料时引起出料管晃动。压料管下部应与釜体内壁贴合。下管口安置在反应釜的最低处，并切成 45°～60°的角，加大压料管入口处的截面积，使反应釜内物料能近乎全部压出。

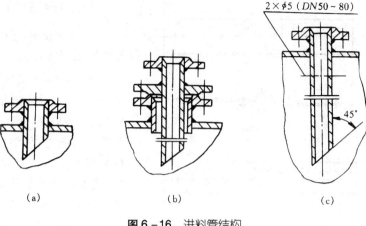

图 6－16　进料管结构
（a）固定式；（b）可拆式；（c）内伸式

当反应釜内物料需放入位置较低的设备、物料黏稠或物料含有固体颗粒时，可采用下出料方式，接管和夹套处的结构与尺寸如图 6－18 及表 6－5 所示。

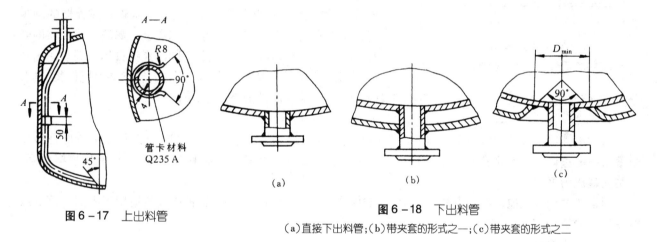

图 6－17　上出料管

图 6－18　下出料管
（a）直接下出料管；（b）带夹套的形式之一；（c）带夹套的形式之二

表 6－5　夹套下部和接管尺寸　　　　　　　　　　（mm）

接管公称直径 DN	50	70	100	125	150
D_{min}	130	160	210	260	290

第三节　反应釜的搅拌装置

搅拌装置由搅拌器和搅拌轴组成。电动机驱动搅拌轴上的搅拌器按一定的方向、以一定的转速旋转，使静止的流体形成对流循环，并维持一定的湍流强度，从而达到加强混合、提高传热和传质速率的目的。

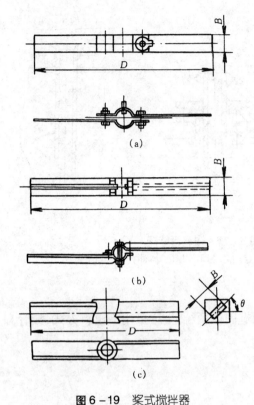

图6-19　桨式搅拌器

(a)直叶桨式;(b)直叶单面加筋;(c)斜叶桨式

一、搅拌器的形式和选用

(一)搅拌器的形式

1.桨式搅拌器

图6-19为桨式搅拌器,其结构简单,桨叶一般用扁钢制造,材料可以采用碳钢、合金钢、有色金属,或碳钢包橡胶、环氧树脂、酚醛玻璃布等。桨叶有直叶和斜叶两种。直叶的叶面与其旋转方向垂直,斜叶则与旋转方向成一倾斜角度。直叶主要使物料产生切线方向的流动,斜叶除了能使物料做圆周运动外,还能使物料上下运动,因而斜叶的搅拌作用比直叶更充分。

在料液层比较高的情况下,为了搅拌均匀,常装有几层桨叶,相邻两层桨叶交错成90°安装。

2.涡轮式搅拌器

涡轮式搅拌器是应用较广的一种搅拌器,能有效地完成几乎所有的搅拌操作,并能处理黏度范围很广的流体。图6-20给出了几种典型的涡轮式搅拌器。涡轮式搅拌器常用开启式和圆盘式两类,此外还有闭式。开启涡轮式搅拌器的叶片直接安装在轮毂上,一般叶片数为2~6;圆盘涡轮式搅拌器的圆盘直接安装在轮毂上,而叶片安装在圆盘上。涡轮式搅拌器的叶片有直叶、斜叶、弯叶等,以达到不同的搅拌目的。圆盘涡轮式搅拌器的叶片还有锯齿式、锯齿圆盘式,属于高速搅拌桨,具有分裂、破碎作用,产生较大的轴向流,功耗小,适用于溶解、混合和液液反应等操作。

3.锚式和框式搅拌器

这类搅拌器底部的形状与反应釜下封头相似,如图6-21所示。图中(a)、(b)型适用于有椭圆形或碟形下封头的釜体;(c)型适用于有锥形封头的釜体。反应釜的直径较大或物料黏度很大时,常用横梁加强,其结构就成为框式。

通常锚式和框式搅拌器的直径 D 较大,取釜体内径 D_i 的2/3~9/10。这种搅拌器适用于有固体沉淀或容易挂料的场合。

4.推进式搅拌器

推进式搅拌器有三瓣螺旋形叶片,其螺距与桨直径 D 相等。

推进式搅拌器常整体锻造,加工方便,焊接时需模锻后再与轴套焊接,加工较困难。制造时应做静平衡试验。搅拌器可用轴套以平键或紧定螺钉与轴连接,如图6-22所示,直径 D 取反应釜内径 D_i 的1/4~1/3。

在搅拌时,推进式搅拌器能使物料在反应釜内循环流动,以容积循环作用为主,切向作用小,上下翻腾效果好。当需要更大的液流速度和促进液体循环时,可安装导流筒。这种搅拌器适用于低黏度、大流量的场合。

5.其他形式搅拌器

除上述几种常见的搅拌器外,还有许多不同形式的搅拌器。

布尔马金式搅拌器的桨叶前端加宽,后有弯角,排出性能好,动力消耗少,剪切力小,可以认为是开启涡轮的改进,如图6-23(a)所示。

MIG式搅拌器的桨叶属于斜叶桨的改型,桨叶前端增加一个与主桨倾斜90°的小桨,如图6-23(b)所示,多用于多层式搅拌器,低速时为水平环向流和轴向流,高速时为径向流和轴向流。桨叶前端有较强的涡

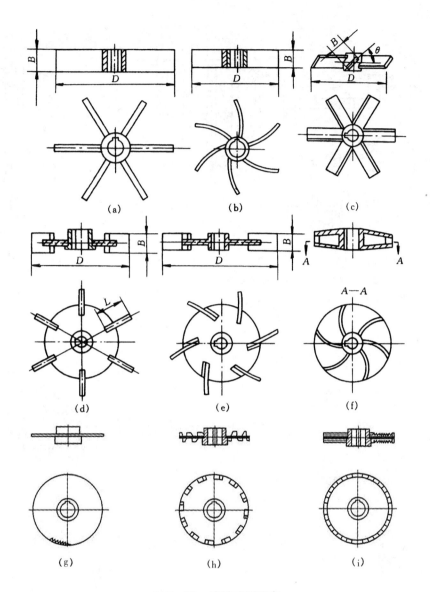

图 6-20　涡轮式搅拌器

(a)直叶开启涡轮式；(b)弯叶开启涡轮式；(c)斜叶开启涡轮式；

(d)直叶圆盘涡轮式；(e)弯叶圆盘涡轮式；(f)弯叶闭式涡轮式；

(g)平齿形圆盘锯齿式；(h)翻齿形圆盘锯齿式；(i)贴齿形圆盘锯齿式

流。可在层流区及湍流区工作。

螺带式搅拌器包括螺带式和锥底螺带式两种,螺带外廓与搅拌槽内壁接近,搅拌直径大,可强化罐壁附近液体的上下循环,专门用于搅拌高黏度液体及拟塑性流体,通常在层流状态下操作,如图 6-23 (c)和(d)所示。

(二)搅拌器的选型

搅拌器的选型既要考虑搅拌效果、物料黏度和釜体的容积大小,也应该考虑动力消耗、操作费用,以及制造、维护和检修等因素。因此,一个完整的选型方案必须满足效果、安全和经济等各方面的要求。常用的搅拌器选型方法如下。

1.按搅拌目的选型

仅考虑搅拌目的时搅拌器的选型见表 6-6。

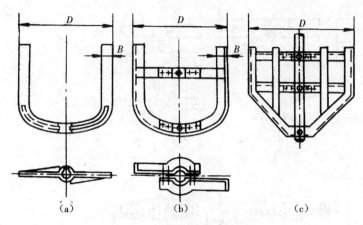

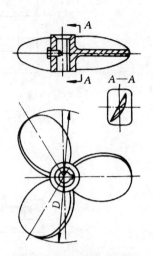

图6-21　锚式和框式搅拌器

(a)适用于有椭圆形或碟形下封头的锚式搅拌器;

(b)适用于有椭圆形或碟形下封头的框式搅拌器;

(c)适用于有锥形封头的搅拌器

图6-22　推进式搅拌器

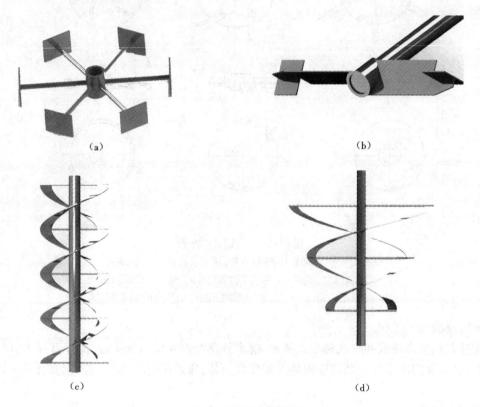

图6-23　其他形式搅拌器

(a)布尔马金式;(b)MIG式;(c)螺带式;(d)锥底螺带式

表6-6 搅拌目的与推荐的搅拌器形式

搅拌目的	挡板条件	推荐形式	流动状态
互溶液体的混合及在釜中进行化学反应	无挡板	三叶斜叶开启涡轮式、六叶斜叶开启涡轮式、桨式、圆盘涡轮式	湍流（低黏度流体）
	有导流筒	三叶斜叶开启涡轮式、六叶斜叶开启涡轮式、推进式	
	有或无导流筒	桨式、螺杆式、框式、螺带式、锚式	层流（高黏度流体）
固-液相分散及在釜中溶解和进行化学反应	有或无挡板	桨式、六叶斜叶开启涡轮式	湍流（低黏度流体）
	有导流筒	三叶斜叶开启涡轮式、六叶斜叶开启涡轮式、推进式	
	有或无导流筒	螺带式、螺杆式、锚式	层流（高黏度流体）
液-液相分散（互溶的液体）及在釜中强化传质和进行化学反应	有挡板	三叶斜叶开启涡轮式、六叶斜叶开启涡轮式、桨式、圆盘涡轮式、推进式	湍流（低黏度流体）
液-液相分散（不互溶的液体）及在釜中强化传质和进行化学反应	有挡板	圆盘涡轮式、六叶斜叶开启涡轮式	湍流（低黏度流体）
	有反射物	三叶斜叶开启涡轮式	
	有导流筒	三叶斜叶开启涡轮式、六叶斜叶开启涡轮式、推进式	
	有或无导流筒	螺带式、螺杆式、锚式	层流（高黏度流体）
气-液相分散及在釜中强化传质和进行化学反应	有挡板	圆盘涡轮式、闭式涡轮式	湍流（低黏度流体）
	有反射物	三叶斜叶开启涡轮式	
	有导流筒	三叶斜叶开启涡轮式、六叶斜叶开启涡轮式、推进式	
	有导流筒	螺杆式	层流（高黏度流体）
	无导流筒	锚式、螺带式	

2. 按搅拌器形式和适用条件选型

按搅拌器形式和适用条件选型见表6-7。由表可见,对于低黏度流体的混合,推进式搅拌器最适合,它循环能力强,动力消耗小,可应用到很大容积的釜中;涡轮式搅拌器的应用范围最广,对各种搅拌操作都适用,但流体黏度不可超过50 Pa·s;桨式搅拌器结构简单,适用于小容积釜内的流体混合,对于大容积釜内的流体混合则循环能力不足;对于高黏度流体的混合,则以锚式、螺杆式、螺带式搅拌器更为合适。

表6-7 按搅拌器形式和适用条件选型

搅拌器形式	流动状态			搅拌目的									搅拌参数		
	对流循环	湍流循环	剪切流	低黏度液体混合	高黏度液体混合及传热反应	分散	溶解	固体悬浮	气体吸收	结晶	传热	液相反应	搅拌设备容量/m³	转速/(r/min)	最高黏度/(Pa·s)
圆盘涡轮式	○	○	○	○	○	○	○	○	○	○	○	○	1~100	10~300	50
桨式	○	○	○	○	○						○	○	1~200	10~300	50
推进式	○	○		○		○	○	○		○		○	1~1 000	100~500	2
开启斜叶涡轮式	○	○		○		○	○	○				○	1~1 000	10~300	50
锚式	○				○		○						1~100	1~100	100
螺杆式	○				○		○						1~50	0.5~50	100
螺带式	○				○		○						1~50	0.5~50	100

注:表中"○"为适合,空白为不适合或不许。

二、流型

搅拌器旋转时把机械能传递给流体,在搅拌器附近形成高湍动的充分混合区,并产生高速射流推动流体在搅拌釜内循环流动。这种循环流动的途径称为流型。搅拌釜内的流型取决于搅拌器的形式、搅拌釜和搅拌附件的几何特征、流体性质、搅拌器转速等因素。对于顶插入式中心安装的立式圆筒,有以下三种基本流型。

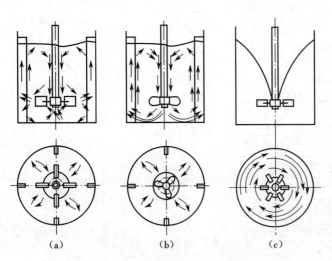

图 6 - 24   反应釜内流体的流型
(a)径向流;(b)轴向流;(c)切向流

(一)径向流

流体的流动方向垂直于搅拌轴,沿径向流动,碰到釜体壁面分成两股流体向上、向下流动,再回到叶端,不穿过叶片所在水平平面,形成上下两个循环流,如图 6 - 24(a)所示。

(二)轴向流

流体的流动方向平行于搅拌轴,流体由桨叶推动向下流动,遇到釜体底面再翻上,形成上下循环流,如图 6 - 24(b)所示。

(三)切向流

在无挡板的搅拌釜内,流体绕轴做旋转运动,流速高时流体表面会形成旋涡,这种流型称为切向流,如图 6 - 24(c)所示。此时流体的混合效果很差。

三、搅拌附件

为了改善物料的流动状态,在搅拌反应釜内增设的零件称为搅拌附件,通常指挡板和导流筒。

(一)挡板

搅拌器在搅拌黏度不高的液体时,只要搅拌器转速足够高,都会产生切向流,严重时可使全部流体在反应釜中央围绕搅拌器的圆形轨道旋转,形成"圆柱状回转区"。在这一区域内,液体没有相对运动,所以混合效果差。另外,液体在离心力作用下甩向釜壁,使周边的液体沿釜壁上升,而中心部分的液面下降,于是形成一个大的旋涡,如图 6 - 24(c)所示。搅拌器的转速越高,旋涡越深,这种现象叫作打旋。打旋时几乎不产生轴向混合作用。如果被搅拌的物料是多相系统,这时在离心力的作用下不是发生混合,而是发生分层或分离,其中的固体颗粒被甩向釜壁,然后沿釜壁沉落在釜底。

为了消除"圆柱状回转区"和"打旋"现象,可在反应釜中装设挡板,通常径向安装 4 块宽度为釜体内径的 1/12 ~ 1/10 的挡板。当釜体内径很大或很小时,可酌量增加或减小挡板的数量。

挡板有竖挡板和横挡板两种,常用竖挡板,如图 6 - 25 所示。安装竖挡板时,挡板一般紧贴釜体壁,挡板上端与静液面相齐,下端略低于下封头与筒体的焊缝线即可,如图 6 - 25(a)所示。当物料中含有固体颗粒或液体黏度达 7 ~ 10 Pa·s 时,为了避免固体堆积或液体黏附,挡板需离壁安装,如图 6 - 25(b)所示。

在高黏度物料中使用桨式搅拌器时,可装设横挡板以增加混合作用,如图 6 - 26 所示。挡板宽度可与桨叶宽度相同。横挡板与搅拌器的距离越近,剪切切向流的作用越大。

(二)导流筒

无论搅拌器的形式如何,流体总是从各个方向流向搅拌器。在需要控制流回的速度和方向以确定某一特定流型时,可在反应釜中设置导流筒。

导流筒的作用在于提高混合效率。一方面它提高了对筒内液体的搅拌程度,加强搅拌器对液体的直接机械剪切作用;另一方面,由于限制了流体的循环路径,确定了充分循环的流型,反应釜内所有物料均能通过导流筒内的强烈混合区,减小了走短路的机会。图6-27为推进式搅拌器与导流筒的结构与尺寸关系。

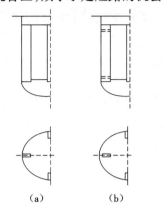

（a）　　　　　　（b）

图6-25　竖挡板

（a）挡板紧贴釜壁安装;

（b）挡板离壁安装

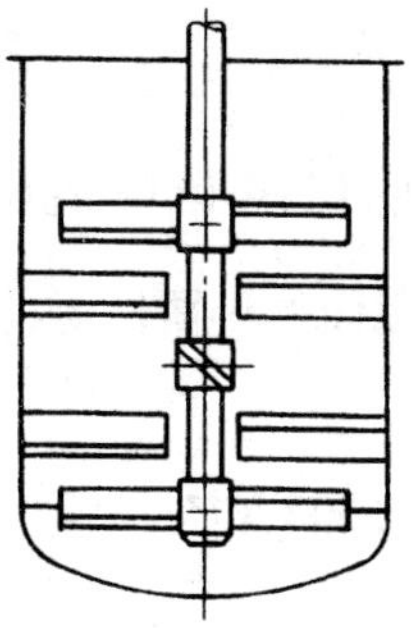

图6-26　横挡板

四、搅拌轴

（一）搅拌轴直径的确定

搅拌轴的材料常用45钢,有时需要进行适当的热处理,以提高轴的强度和耐磨性。对于要求较低的搅拌轴可采用普通碳素钢（如Q235A）制造。当耐磨性要求较高或釜内物料不允许被铁离子污染时,应当采用不锈钢或采取防腐措施。

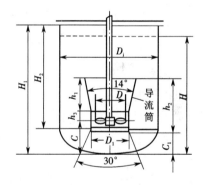

图6-27　推进式搅拌器与导流筒

搅拌轴受到扭转和弯曲的组合作用,其中以扭转为主,所以工程上采用近似的方法来确定搅拌轴的直径,即假定搅拌轴只承受扭矩的作用,然后用增大安全系数以降低材料许用应力的方法来弥补由于忽略搅拌轴受弯曲作用所引起的误差。

1. 搅拌轴的强度计算

搅拌轴的扭转强度条件为

$$\tau_{max} = \frac{M_T}{W_\rho} \leqslant [\tau]$$

式中:τ_{max}为搅拌轴横截面上的最大剪应力,MPa;M_T为搅拌轴所传递的扭矩,N·mm;W_ρ为搅拌轴的抗扭截面模量,mm³;$[\tau]$为降低后的材料的许用应力,MPa,对45钢取30~40 MPa,对Q235A取12~20 MPa。

而

$$M_T = 9.55 \times 10^6 \frac{P}{n}$$

对于实心搅拌轴,有

$$W_\rho = \frac{\pi d^3}{16}$$

综上可得

$$d \geqslant 365 \sqrt[3]{\frac{P}{n[\tau]}} \tag{6-4}$$

式中:d 为搅拌轴直径,mm;P 为搅拌轴传递的功率,kW;n 为搅拌轴转速,r/min。

2.搅拌轴的刚度计算

为了防止搅拌轴产生过大的扭转变形,从而在运转中引起振动,影响正常工作,应把搅拌轴的扭转变形限制在一个允许的范围内,即规定一个设计的扭转刚度条件。工程上以单位长度的扭转角 θ 不得超过许用扭转角 $[\theta]$ 作为扭转的刚度条件,即

$$\theta = \frac{M_T}{GJ_\rho} \times 10^3 \times \frac{180}{\pi} \leqslant [\theta]$$

式中:θ 为搅拌轴扭转变形的扭转角,°/m;G 为搅拌轴材料的剪切弹性模量,MPa,对于碳钢及合金钢为 8.1×10^4 MPa;J_ρ 为搅拌轴截面的极惯性矩,mm^4,对于实心搅拌轴 $J_\rho = \frac{\pi d^2}{32}$;$[\theta]$ 为许用扭转角,°/m,对于一般传动,取 $(0.5 \sim 1.0)$°/m。

由上式可导出实心搅拌轴的直径

$$d \geqslant 1\,537 \sqrt[4]{\frac{P}{Gn[\theta]}} \tag{6-5}$$

搅拌轴的直径应同时满足强度和刚度两个条件,取二者中的较大值。考虑到搅拌轴上的键槽或孔对搅拌轴横截面的局部削弱以及介质对搅拌轴的腐蚀,应将计算直径适当增大并圆整到适当的轴径后作为搅拌轴直径,以便与其他零件相配合。

(二)搅拌轴的临界转速

当搅拌轴的转速达到其自振频率时会发生剧烈振动,并出现很大的弯曲,这个速度称为临界转速 n_c。搅拌轴在接近临界转速转动时,常因剧烈振动而破坏,因此工程上要求搅拌轴的转速应避开临界转速。通常把工作转速 n 低于第一临界转速的轴称为刚性轴,要求 $n \leqslant 0.7n_c$;把工作转速 n 大于第一临界转速的轴称为柔性轴,要求 $n \geqslant 1.3n_c$。轴还有第二、第三临界转速。搅拌轴一般转速较低,很少达到第二、第三临界转速。

低速旋转的刚性轴,一般不会发生共振。当搅拌轴转速 $n \geqslant 200$ r/min 时,应进行临界转速的验算。

搅拌轴的临界转速与支撑形式、支撑点距离及轴径有关,不同形式支撑轴的临界转速计算公式不同。对于常用的双支撑、一端外伸单层及多层搅拌器(图6-28),其第一临界转速 n_c 按下式计算:

$$n_c = \frac{30}{\pi} \sqrt{\frac{3EJ_\rho}{m_D L_1^2 (L_1 + B)}} \tag{6-6}$$

式中:n_c 为临界转速,r/min;E 为搅拌轴材料的弹性模量,Pa;J_ρ 为轴的惯性矩,m^4;m_D 为等效质量,kg,$m_D = m_1 + m_2(L_2/L_1)^3 + m_3(L_3/L_1)^3 + m_0 A$(其中:$m_0$ 为轴外伸部分的质量,kg;A 为系数,随外伸部分长度与支撑点距离的比值 L_1/B 的变化而变化,从表6-8中查取;m_1、m_2、m_3 为搅拌器的质量,kg)。

表6-8　双支撑、一端外伸等截面轴的系数 A

L_1/B	1.0	1.1	1.2	1.4	1.6	1.8	2.0	2.5	3.0	3.5	4.0	5.0
A	0.279	0.277	0.275	0.271	0.268	0.266	0.264	0.259	0.256	0.254	0.252	0.249

从临界转速计算式中可以看出,增大轴径、增加一个支撑点或缩短搅拌轴的长度、降低轴的质量(如空心轴或阶梯轴),都会提高轴的刚性,即提高轴的临界转速 n_c。工程设计时也常采取这些措施来保证搅拌轴能在安全范围内工作。

(三)搅拌轴的支撑

在一般情况下,搅拌轴依靠减速机内的一对轴承支撑。但是,由于搅拌轴往往较长而且悬伸在反应釜

内进行搅拌操作(图6-29),因此运转时容易发生振动,导致轴扭弯,甚至完全破坏。

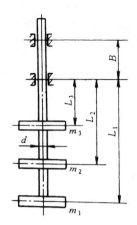

图6-28　搅拌轴临界转速计算

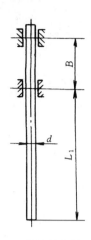

图6-29　搅拌轴支撑结构示意

为保持悬臂搅拌轴的稳定,悬臂轴长度L_1、搅拌轴直径d、两轴承间的距离B之间应满足以下条件:

$$\frac{L_1}{B} \leqslant 4 \sim 5 \tag{6-7}$$

$$\frac{L_1}{d} \leqslant 40 \sim 50 \tag{6-8}$$

当轴的直径裕量较大、搅拌器经过平衡及处于低转速时,$\dfrac{L_1}{B}$及$\dfrac{L_1}{d}$可取偏大值。

当不能满足上述要求,或搅拌转速较快而密封要求较高时,可考虑安装中间轴承(图6-30)或底轴承(图6-31)。

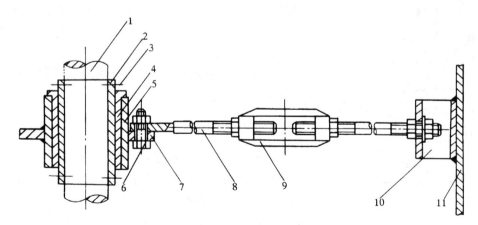

图6-30　中间轴承(釜体内径大于1 m)

1—轴;2—轴承;3—紧定螺钉;4—轴瓦;5—轴承座;6—螺栓;
7—托盘;8—拉杆;9—左右螺栓;10—拉杆支座;11—设备筒体

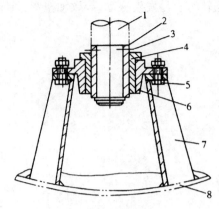

图 6 - 31　底轴承
1—轴;2—轴承;3—紧定螺钉;4—轴瓦;
5—螺栓;6—轴承座;7—支架;8—下封头

第四节　传动装置

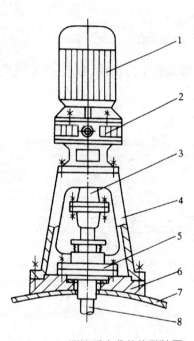

图 6 - 32　搅拌反应釜的传动装置
1—电动机;2—减速机;3—联轴器;
4—机座;5—轴封装置;6—底座;
7—上封头;8—搅拌轴

　　搅拌反应釜的传动装置通常设置在反应釜的顶盖(上封头)上,一般采取立式布置。电动机经减速机使转速达到工艺要求的搅拌转速,再通过联轴器带动搅拌轴旋转。电动机与减速机配套使用。减速机下设置一机座,安装在反应釜的上封头上。考虑到传动装置与轴封装置安装时要求保持一定的同心度以及装卸、检修的方便,常在上封头上焊一底座。整个传动装置连同机座及轴封装置一起安装在底座上。图 6 - 32 为搅拌反应釜传动装置的一种典型布置形式。

　　根据上述情况,搅拌反应釜的传动装置包括电动机、减速机、联轴器、机座和底座等。

一、电动机

　　电动机的型号应根据功率、工作环境等因素选择,其中工作环境包括防爆、防护等级和腐蚀环境等。同时,选用电动机时,应特别考虑与减速机的匹配问题。电动机与减速机一般配套供应,设计时可根据选定的减速机选用配套的电动机。

　　电动机功率包括搅拌器运转功率及传动装置和密封系统(一般为轴封)的功率损耗,可按下式计算:

$$P_e = \frac{P_a + P_f}{\eta} \qquad (6-9)$$

式中:P_e 为电动机功率,kW;P_a 为搅拌功率,kW;P_f 为密封摩擦损失功率,kW;η 为传动系统的机械效率。

二、减速机

　　搅拌反应釜往往在载荷变化、有振动的环境下连续工作,选择减速机时应考虑这些特点。常用的减速机有摆线针轮行星减速机、齿轮减速机和三角皮带减速机,如图6-33～图6-35所示,其传动特点见表6-9。我国于1978年专门制定并颁布了釜用立式减速机的行业标准,即HG/T 3139～HG/T 3142;2001年在原标准基础上进行了全面修订,大范围扩充了标准内容,形成了《釜用立式减速机》(HG/T 3139.1～HG/T 3139.12)标准族。新标准共包括三大类减速机68种机型,共3 800多个规格的产品。2018年又对该标准族进行了部分更新。

一般根据功率、转速选择减速机。选用减速机时应优先考虑传动效率高的齿轮减速机和摆线针轮行星减速机。

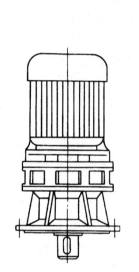
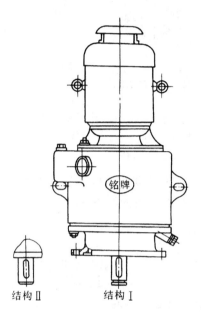
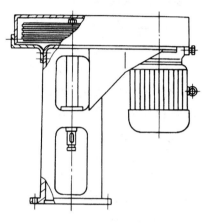

图6-33 摆线针轮行星减速机　　图6-34 齿轮减速机　　图6-35 三角皮带减速机

表6-9 常用减速机的基本特性

特性	减速机类型		
	摆线针轮行星减速机	齿轮减速机	三角皮带减速机
传动比i	11～87	6～12	2.96～4.53
输出轴转速/(r/min)	17～160	65～250	200～500
输入功率/kW	0.04～245	0.55～数万	0.55～200
传动效率	0.9～0.95	0.95～0.995	0.95～0.96
传动原理	利用少齿差内啮合行星传动	两级同中距并流式斜齿轮传动	单级三角皮带传动
主要特点	该机具有体积小、质量轻、传动比大、传动效率高、故障少、使用寿命长、运转平稳可靠、拆卸方便、容易维修、承载能力强、耐冲击、惯性力矩小、适用于启动频繁和正反转的场合等特点	该机传动比准确,使用寿命长;在相同速度比范围内,较之于其他传动装置,具有体积小、效率高、制造成本低、结构简单、装配和检修方便等特点	该机结构简单,过载时会产生打滑现象,因此能起到安全保护作用,但皮带滑动使其不能保证精确的传动比
应用条件	对过载和冲击有较强承受能力,可短期过载75%,启动转矩为额定转矩的2倍,允许正反旋转,可用于有防爆要求的场合,与电动机直连供应,可依轴承寿命来计算允许的轴向力	允许正反旋转,可采用夹壳联轴器或弹性块式联轴器与搅拌轴连接;不允许承受外加轴向载荷或只允许在搅拌轴向力较小的场合使用,可用于有防爆要求的场合,与电动机直连供应	允许正反旋转,适用于环境温度为-20～60℃,环境相对湿度为50%～80%的场合,但不能用于有防爆要求的场合,也不允许在传动胶带与油、酸、碱、有机溶剂接触的或污染的环境下使用

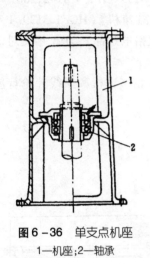

图6-36　单支点机座
1—机座;2—轴承

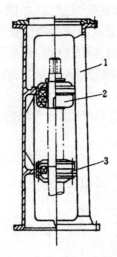

图6-37　双支点机座
1—机座;2—上轴承;
3—下轴承

三、传动装置的机座

立式搅拌反应釜的传动装置通过机座安装在反应釜封头上,机座内应留有足够位置,以容纳联轴器、轴封装置等部件,并保证安装操作所需要的空间。在大多数情况下,机座中间还要安装中间轴承装置,以改善搅拌轴的支承条件。

机座按形式可分为无支点机座、单支点机座(图6-36)和双支点机座(图6-37)。无支点机座一般仅适用于传递小功率和轴向载荷较小的情况。单支点机座适用于电动机或减速机可作为一个支点,或反应釜内可设置中间轴承和底轴承的情况。双支点机座适用于悬臂轴。

搅拌轴的支承有悬臂式和单跨式两种。考虑到简体内不设置中间轴承或底轴承时,不仅维护、检修方便,特别是对卫生要求高的生物反应器来说,而且减少了简体内的构件,因此应优先采用悬臂轴。

四、底座

底座焊接在釜体的上封头上,如图6-32所示。减速机的机座和轴封装置的定位安装面均在底座上,这样可使二者在安装时有一定的同心度,保证搅拌轴既可与减速机顺利连接,又可穿过轴封装置,实现良好运转。根据釜内物料的腐蚀情况,底座有不衬里和衬里两种。不衬里的底座材料可用Q235A;要求衬里的底座,则在与物料可能接触的表面衬一层耐腐蚀材料,通常为不锈钢。图6-38为一种带有耐腐蚀衬里的整体底座,车削应在焊好后进行。安装时,先将搅拌轴、减速机及机座和轴封装置与底座装配好,放在上封头上,位置找准、试运转顺利后再将底座点焊定位于上封头上,然后卸去整个传动装置和轴封装置,最后将底座与上封头焊牢。底座下端形状按上封头曲率加工,也可做成图6-39的形式,以简化底座下端的加工。

有时轴封装置的箱体采取直接焊在上封头上的方式,如图6-40所示。此时底座上只需安装机座,但为了保证机座与轴封装置的同心度,要求机座定位肩尺寸D和轴封箱体上决定搅拌轴定位的孔径D_1应有一定的同心度,因此需在焊好后连封头一起装在车床上,再车削这两个定位面。

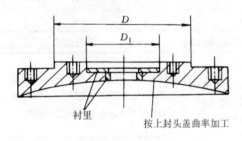

图6-38　衬里底座

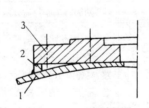

图6-39　简化底座
1—上封头;2—支撑块;3—底座

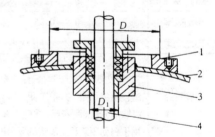

图6-40　焊接底座
1—底座;2—上封头;3—填料箱;4—搅拌轴

第五节 轴封装置

反应釜中介质的泄漏会造成物料浪费并污染环境,易燃、易爆、剧毒、腐蚀介质的泄漏会危及人身安全和设备安全。因此,选择合理的密封装置是非常重要的。

为了防止介质从转动轴与封头之间的间隙泄漏而设置的密封装置称为轴封装置。反应釜中使用的轴封装置主要有填料密封和机械密封两种。

一、填料密封

填料密封是搅拌反应釜最早采用的轴封结构,其特点是结构简单、易于制造,适用于低压、低温场合。

(一)填料密封的结构和工作原理

填料密封结构如图6-41所示。在压盖压力作用下,装在搅拌轴与填料箱之间的填料产生径向扩张,对搅拌轴表面施加径向压紧力,塞紧了间隙,从而阻止介质的泄漏。由于填料中含有一定量的润滑剂,因此在对搅拌轴产生径向压紧力的同时形成一层极薄的液膜,它一方面使搅拌轴得到润滑,另一方面阻止设备内流体流出或外部流体渗入而达到密封效果。

虽然填料中含有一些润滑剂,但其数量有限且在运转中不断消耗,故填料箱上常设置添加润滑油的装置。

填料密封不可能达到绝对密封,因为压紧力太大会加速轴与磨损,使密封失效更快。从延长密封寿命出发,允许有一定的泄漏量(150~450 mL/h),运转过程中需调整压盖的压紧力,并规定更换填料的周期。

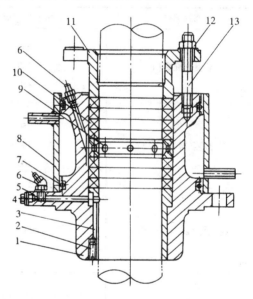

图6-41 填料密封结构
1—箱体;2—螺钉;3—衬套;4—螺塞;5—油圈;
6、9—油杯;7—O形密封圈;8—水夹套;
10—填料;11—压盖;12—螺母;13—双头螺柱

(二)填料

填料是保证密封的主要零件。填料选用正确与否对填料的密封性起关键作用。对填料的基本要求是:①富有弹性,这样在压紧压盖后,填料能贴紧搅拌轴并对轴产生一定的抱紧力;②具有良好的耐磨性;③与搅拌轴的摩擦系数要小,以便降低摩擦功率损耗,延长填料寿命;④导热性良好,使摩擦产生的热量能较快地传递出去;⑤耐介质及润滑剂的浸泡和腐蚀。此外,对在高温高压下使用的填料还要求耐高温及有足够的机械强度。

填料的选用应根据反应釜内介质的特性(包括对材料的腐蚀性)、操作压力、操作温度、转轴直径、转速等进行选择。

在低压($PN \leq 0.2$ MPa),介质无毒,非易燃、易爆的场合,可选用一般石棉绳,安装时外涂黄油,或者采用油浸石棉填料。

在压力较高,介质有毒,易燃、易爆的场合,最常用的是石墨石棉填料和橡胶石棉填料。

几种常用填料的型号、规格和应用条件见表6-10。

在安装石棉填料时,先将填料开斜口,如图6-42所示,然后把填料放入填料箱内,并注意使每圈的斜口错开,否则切口处会发生泄漏。

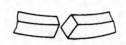

图6-42　开斜口填料

(三)填料箱

填料箱有的用铸铁铸造,有的用碳钢或不锈钢焊接而成。通常用螺栓将填料箱固定在封头的底座上,填料箱法兰与底座采用凹凸密封面连接,填料箱为凸面,底座为凹面。

当反应釜内操作温度大于或等于100℃,或搅拌轴线速度大于或等于1 m/s时,填料箱应带水夹套,其作用是降低填料温度,保持填料良好的弹性,延长填料的使用寿命。

填料箱中设置油环的作用是使从油杯注入的油通过油环润滑填料和搅拌轴的密封面,以提高密封性能,减少轴的磨损,延长使用寿命。

在填料箱底部设置衬套,使安装搅拌轴时容易对中,尤其是对悬臂较长的轴可起到支承作用。

对于常用的填料箱,一般使用条件下均可按标准选用。

表6-10　填料材料选用表

填料名称	极限介质温度/℃	极限介质压力/MPa	适用条件(接触介质)
油浸石棉填料	250 350 450	4.5 4.5 6.0	蒸汽、空气、工业用水、重质石油、弱酸液等
石棉浸四氟乙烯填料	250 200 200	20	强酸、强碱及其他腐蚀性物质,如液化气(氧、氮等)、气态有机物、汽油、苯、甲苯、丙酮、乙烯、联苯、二苯醚、海水等
纯四氟乙烯编织填料	−200~290	30	强酸、强碱以及其他腐蚀性强的介质(熔融碱金属和液氟除外); 油浸后不宜用于液氧
石棉线和尼龙线浸渍四氟乙烯填料	−30~200	25	弱酸、强碱(如氢氧化钠)、纸浆废液、液氨、海水等
柔性石墨填料	在非氧化性介质中为−200~1 600,在氧化性介质中为400	20	醋酸、硼酸、柠檬酸、盐酸、硫化氢、乳酸、硝酸、硫酸、硬脂酸、氨水、氢氧化钠、氯化钠、溴、矿物油料、汽油、二甲苯、四氯化碳等
碳纤维	−250~320	20	酸、强碱、溶剂

二、机械密封

机械密封是用垂直于轴的两个密封元件(静环和动环)的平面相互贴合,并做相对运动以达到密封效果的装置,又称端面密封。机械密封耗功小,泄漏量小,密封可靠,广泛应用于搅拌反应釜的轴封。

（一）机械密封的结构和工作原理

图6-43是一种典型的反应釜机械密封的结构。从图中可以看出，静环14依靠螺母1、双头螺栓2和静环压板16固定在静环座17上，静环座与反应釜底座连接。弹簧座9依靠3个紧定螺钉10固定在轴上，而双头螺栓6使弹簧压板11与弹簧座9进行轴向连接，3个固定螺钉又使动环13与弹簧压板进行周向固定。所以当轴转动时，搅拌轴带动弹簧座、弹簧压板、动环等零件一起旋转。由于弹簧力的作用，动环紧紧压在静环上，而静环静止不动，这样动环和静环相接触的环形端面就阻止了介质的泄漏。

机械密封有4个密封点，如图6-44所示。A点是静环座和反应釜底座之间的密封，属于静密封。通常反应釜底座做成凹面，静环座做成凸面，形成凹凸密封面，中间用一般垫片。B点是静环座与静环之间的密封，也属于静密封，通常采用各种形状具有弹性的密封圈。C点是动环和静环间有相对旋转运动的两个端面密封，是机械密封的关键部分，属于动密封，依靠弹性元件及介质的压力使两个光滑而平直的端面紧密接触，而且端面间形成一层极薄的液膜以起到密封作用。D点是动环与搅拌轴或轴套之间的密封，也属于静密封，常用的密封元件是O形环。

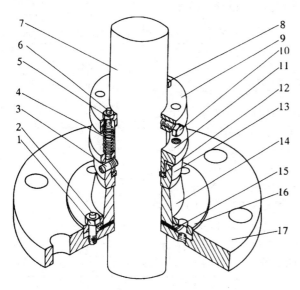

图6-43 机械密封的结构
1、5—螺母；2、6—双头螺栓；3—固定螺钉；4—弹簧；
7—搅拌轴；8—弹簧固定螺丝；9—弹簧座；
10—紧定螺钉；11—弹簧压板；12—密封圈；13—动环；
14—静环；15—密封垫；16—静环压板；17—静环座

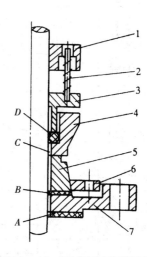

图6-44 机械密封的密封点
1—弹簧座；2—弹簧；3—弹簧压板；4—动环；
5—静环；6—静环压板；7—静环座

（二）机械密封的结构形式

机械密封的结构形式很多，常见结构形式分类如表6-11所示。

（三）搅拌反应釜用机械密封

搅拌反应釜用机械密封有多部行业标准，如《釜用机械密封类型、主要尺寸及标志》（HG/T 2098—2011）、《搅拌传动装置——机械密封》（HG 21571—1995）等，有定点厂生产并供应各种规格的产品。常用的结构形式有单端面大弹簧非平衡型、单端面小弹簧非平衡型、单端面大弹簧平衡型、单端面小弹簧平衡型、双端面小弹簧非平衡型和双端面小弹簧平衡型等。设计者可根据介质特性、使用条件以及对密封的要求选择结构形式和参数。

表6-11 机械密封常见结构形式分类

分类		结构简图	特点	适用范围
按液体压力平衡情况分类	非平衡型		不能平衡液体压力对端面的作用,端面比压随液体压力增大而增大; 载荷系数 $K \geqslant 1$; 在较高液体压力下,由于端面比压增大,容易引起磨损; 结构简单	适用于液体压力低的场合; 对于一般液体,可用于密封压力小于或等于 0.7 MPa,$p_c v$ 为 4~6 MPa·m/s 的场合; 对于润滑性差及具有腐蚀性的液体,可用于压力为 0.3~0.5 MPa 的场合
	平衡型		能部分或全部平衡液体压力对端面的作用,但通常采用部分平衡; 载荷系数 $K < 1$ 且 $K \geqslant 0$; 端面比压随液体压力增大而缓慢增大,可以改善端面磨损情况; 结构比较复杂	适用于液体压力较高的场合; 对于一般液体,可用于密封压力为 0.7~4.0 MPa,甚至可达 10 MPa,$p_c v$ 为 90~200 MPa·m/s 的场合; 对于润滑性较差、黏度低、密度小于 600 kg/m³ 的液体(如液化气),可用于液体压力较高的场合
按摩擦副对数分类	单端面密封		用一对摩擦副,结构简单,制造、拆装容易; 一般不需要外供封液系统,但需设置自冲洗系统,以延长使用寿命	应用广泛,适用于一般液体场合,如油品等; 与其他辅助装置合用时,可用于带悬浮颗粒、高温、高压液体等场合
	双端面密封		用两对背靠摩擦副; 密封腔内通入介质压力为 0.05~0.15 MPa 的外供封液,起"堵封"和润滑密封端面等作用; 结构复杂,需设置外供封液系统	适用于腐蚀、高温、液化气带固体颗粒及纤维、润滑性能差的介质,以及易挥发、易燃、易爆、有毒、易结晶和贵重的介质
按密封介质泄漏方向分类	内流式		密封介质在密封端面间的泄漏方向与离心力方向相反,泄漏量较外流式小	应用较广泛,多用于内装式密封,适用于含有固体悬浮颗粒介质的场合
	外流式		密封介质在密封端面间的泄漏方向与离心力方向相同,泄漏量较大	多用于外装式机械密封中
按弹簧数量分类	单弹簧		单个大弹簧,端面比压不均匀,转速高时受离心力影响较大; 因丝径大,腐蚀对弹簧力影响较小; 一种轴径需用一种规格弹簧,弹簧规格多,轴向尺寸大,径向尺寸小,安装、维修简单	使用广泛,适用于油品、液化气、腐蚀性液体及小轴径泵,但泵轴旋向应与弹簧旋向相同
	多弹簧		多个小弹簧,端面比压均匀; 不同轴径可用数量不同的小弹簧,使弹簧规格减少; 轴向尺寸小,径向尺寸大; 安装烦琐,但更换弹簧时,不需拆下密封装置	适用于无腐蚀介质及大轴径的泵

注:载荷系数 K 指流体压力作用在动环上,使之与静环趋于闭合的有效作用面积与密封环面积之比。

三、机械密封与填料密封的比较

综上所述,机械密封与填料密封有很大区别。首先,从密封性质讲,在填料密封中轴和填料的接触是圆柱形表面,而在机械密封中动环和静环的接触是环形平面。其次,从密封力看,填料密封中的密封力靠拧紧压盖螺栓后,使填料发生径向膨胀而产生,在轴的运转过程中,伴随着填料与轴的摩擦发生磨损,从而减小了密封力,会引起泄漏。而在机械密封中,密封力是靠弹簧压紧动环和静环而产生的,当两个环有微小磨损后,密封力基本保持不变,因而介质不容易泄漏。故机械密封比填料密封要优越得多。表6-12列出了机械密封与填料密封的比较情况。

表6-12　填料密封与机械密封的比较

比较项目	填料密封	机械密封
泄漏量	180~450 mL/h	一般平均泄漏量为填料密封的1%
摩擦功耗	机械密封为填料密封的10%~50%	
轴磨损	有磨损,用久后轴要更换	几乎无磨损
维护及寿命	需要经常维护,更换填料,个别情况8 h(每班)更换一次	寿命半年至一年或更长,很少需要维护
高参数	高压、高温、高真空、高转速、大直径等条件下的密封很难解决	高压、高温、高真空、高转速、大直径等条件下的密封可以解决
加工及安装	加工要求较低,填料更换方便	动环、静环表面粗糙度要求高,不易加工,成本高,拆装不便
对材料要求	一般	动环、静环要求有较高的减磨性能

习　　题

6-1　搅拌反应釜由哪些主要部分构成?各部分的作用分别是什么?

6-2　搅拌反应釜常用的传热形式有哪几种?各有什么特点?

6-3　反应釜釜体中筒体的直径和高度如何确定?

6-4　搅拌器的作用是什么?搅拌器的结构形式有哪些?各有什么特点?

6-5　搅拌反应釜内常见的流型有哪几种?各有什么特点?

6-6　"圆柱状回转区"和"打旋"是怎么回事?它们对搅拌有何影响?

6-7　搅拌轴主要承受什么载荷作用?怎样确定搅拌轴的直径?

6-8　什么情况下要计算搅拌轴的临界转速?计算目的是什么?

6-9　搅拌反应釜的电动机功率如何计算?

6-10　简述填料密封的结构特点、工作原理及优缺点。对填料有什么要求?如何选择填料?

6-11　简述机械密封的结构特点、工作原理及优缺点。

6-12　试对填料密封和机械密封进行比较。

参考文献

[1]　全国锅炉压力容器标准化技术委员会.压力容器:GB 150.1~150.4—2011[S].北京:中国标准出版社,2012.

[2]　郑津洋,桑芝富.过程设备设计[M].5版.北京:化学工业出版社,2020.

[3]　王凯,虞军.搅拌设备[M].北京:化学工业出版社,2003.

[4]　李克永.化工机械手册[M].天津:天津大学出版社,1991.

[5]　机械工程手册编辑委员会,电机工程手册编辑委员会.机械工程手册[M].2版.北京:机械工业出

版社,1997.

[6] 陈志平,章序文,林兴华.搅拌与混合设备设计选用手册[M].北京:化学工业出版社,2004.

[7] 陈志平,曹志锡,潘浓芬.过程设备设计与选型基础[M].杭州:浙江大学出版社,2005.

[8] 王凯,冯连芳.混合设备设计[M].北京:机械工业出版社,2000.

[9] 蔡仁良,顾伯勤,宋鹏云.过程装备密封技术[M].2 版.北京:化学工业出版社,2002.

[10] 董大勤.化工设备机械基础[M].北京:化学工业出版社,2003.

[11] 中国石油和化学工业联合会.机械搅拌设备:HG/T 20569—2013[S].北京:中国计划出版社,2014.

[12] 化学工业机械设备标准化技术委员会.搅拌器标准:HG/T 3796.1～12—2005[S].北京:中国计划出版社, 2006.

附录

附录 1　碳素钢和低合金钢钢板许用应力

钢号	钢板标准	使用状态	厚度/mm	室温强度指标 R_m/MPa	R_{eL}/MPa	在下列温度(℃)下的许用应力/MPa ≤20	100	150	200	250	300	350	400	425	450	475	500	525	550	575	600
Q245R	GB 713	热轧,控轧,正火	3~16	400	245	148	147	140	131	117	108	98	91	85	61	41					
			>16~36	400	235	148	140	133	124	111	102	93	86	84	61	41					
			>36~60	400	225	148	133	127	119	107	98	89	82	80	61	41					
			>60~100	390	205	137	123	117	109	98	90	82	75	73	61	41					
			>100~150	380	185	123	112	107	100	90	80	73	70	67	61	41					
Q345R	GB 713	热轧,控轧,正火	3~16	510	345	189	189	189	183	167	153	143	125	93	66	43					
			>16~36	500	325	185	185	183	170	157	143	133	125	93	66	43					
			>36~60	490	315	181	181	173	160	147	133	123	117	93	66	43					
			>60~100	490	305	181	181	167	150	137	123	117	110	93	66	43					
			>100~150	480	285	178	173	160	147	133	120	113	107	93	66	43					
			>150~200	470	265	174	163	153	143	130	117	110	103	93	66	43					
Q370R	GB 713	正火	10~16	530	370	196	196	196	196	190	180	170									
			>16~36	530	360	196	196	196	193	183	173	163									
			>36~60	520	340	193	193	193	180	170	160	150									
18MnMoNbR	GB 713	正火加回火	30~60	570	400	211	211	211	211	211	211	211	207	195	177	117					
			>60~100	570	390	211	211	211	211	211	211	211	203	192	177	117					
13MnNiMoR	GB 713	正火加回火	30~100	570	390	211	211	211	211	211	211	211	203								
			>100~150	570	380	211	211	211	211	211	211	211	200								
15CrMoR	GB 713	正火加回火	6~60	450	295	167	167	167	160	150	140	133	126	122	119	117	88	58	37		
			>60~100	450	275	167	167	157	147	140	131	124	117	114	111	109	88	58	37		
			>100~150	440	255	163	157	147	140	133	123	117	110	107	104	102	88	58	37		
14Cr1MoR	GB 713	正火加回火	6~100	520	310	193	187	180	170	163	153	147	140	135	130	123	80	54	33		
			>100~150	510	300	189	180	173	163	157	147	140	133	130	127	121	80	54	33		
12Cr2Mo1R	GB 713	正火加回火	6~150	520	310	193	187	180	173	170	167	163	160	157	147	119	89	61	46	37	

续表

钢号	钢板标准	使用状态	厚度/mm	室温强度指标 R_m/MPa	室温强度指标 R_{eL}/MPa	≤20	100	150	200	250	300	350	400	425	450	475	500	525	550	575	600
12Cr1MoVR	GB 713	正火加回火	6~60	440	245	163	150	140	133	127	117	111	105	103	100	98	95	82	59	41	
			>60~100	430	235	157	147	140	133	127	117	111	105	103	100	98	95	82	59	41	
12Cr2Mo1VR	—	正火加回火	30~120	590	415	219	219	219	219	219	219	219	219	219	193	163	134	104	72		
16MnDR	GB 3531	正火,正火加回火	6~16	490	315	181	181	180	167	153	140	130									
			>16~36	470	295	174	174	167	157	143	130	120									
			>36~60	460	285	170	170	160	150	137	123	117									
			>60~100	450	275	167	167	157	147	133	120	113									
			>100~120	440	265	163	163	153	143	130	117	110									
15MnNiDR	GB 3531	正火,正火加回火	6~16	490	325	181	181	181	173												
			>16~36	480	315	178	178	178	167												
			>36~60	470	305	174	174	173	160												
15MnNiNbDR	—	正火,正火加回火	10~16	530	370	196	196	196	196												
			>16~36	530	360	196	196	196	193												
			>36~60	520	350	193	193	193	187												
09MnNiDR	GB 3531	正火,正火加回火	6~16	440	300	163	163	163	160	153	147	137									
			>16~36	430	280	159	159	157	150	143	137	127									
			>36~60	430	270	159	159	150	143	137	130	120									
			>60~120	420	260	156	156	147	140	133	127	117									
08Ni3DR	—	正火,正火加回火,调质	6~60	490	320	181	181														
			>60~100	480	300	178	178														
06Ni9DR	—	调质	6~30	680	560	252	252														
			>30~40	680	550	252	252														

在下列温度（℃）下的许用应力/MPa

续表

钢号	钢板标准	使用状态	厚度/mm	室温强度指标 Rm/MPa	室温强度指标 ReL/MPa	≤20	100	150	200	250	300	350	400	425	450	475	500	525	550	575	600
						在下列温度(℃)下的许用应力/MPa															
07MnMoVR	GB 19189	调质	10~60	610	490	226	226	226	226												
07MnNiVDR	GB 19189	调质	10~60	610	490	226	226	226	226												
07MnNiMoDR	GB 19189	调质	10~50	610	490	226	226	226	226												
12MnNiVR	GB 19189	调质	10~60	610	490	226	226	226	226												

附录 2　高合金钢钢板许用应力

钢号	钢板标准	厚度/mm	≤20	100	150	200	250	300	350	400	450	500	525	550	575	600	625	650	675	700	725	750	775	800	注
			在下列温度(℃)下的许用应力/MPa																						
S11306	GB 24511	1.5~25	137	126	123	120	119	117	112	109															
S11348	GB 24511	1.5~25	113	104	101	100	99	97	95	90															
S11972	GB 24511	1.5~8	154	154	149	142	136	131	125																
S21953	GB 24511	1.5~80	233	233	223	217	210	203																	
S22253	GB 24511	1.5~80	230	230	230	230	223	217																	
S22053	GB 24511	1.5~80	230	230	230	230	223	217																	
S30408	GB 24511	1.5~80	137	137	137	130	122	114	111	107	103	100	98	91	79	64	52	42	32	27					1
S30403	GB 24511	1.5~80	137	114	103	96	90	85	82	79	76	74	73	71	67	62									1
S30409	GB 24511	1.5~80	137	137	137	130	125	118	113	111	109	107	106	105	96	81	65	50	38	30					1
S31008	GB 24511	1.5~80	137	137	137	137	134	130	125	122	119	115	113	105	84	61	43	31	23	19	15	12	10	8	1
S31608	GB 24511	1.5~80	137	137	137	134	125	118	113	111	109	107	106	105	96	81	65	50	38	30					1
S31603	GB 24511	1.5~80	120	120	117	108	100	95	90	86	84														1

续表

钢号	钢板标准	厚度/mm	在下列温度（℃）下的许用应力/MPa																						注
			≤20	100	150	200	250	300	350	400	450	500	525	550	575	600	625	650	675	700	725	750	775	800	
S31668	GB 24511	1.5~80	137	137	137	134	125	118	113	111	109	107													1
			137	117	107	99	93	87	84	82	81	79													
S31708	GB 24511	1.5~80	137	137	137	134	125	118	113	111	109	107	106	105	96	81	65	50	38	30					1
			137	117	107	99	93	87	84	82	81	79	78	78	76	73	65	50	38	30					
S31703	GB 24511	1.5~80	137	137	137	134	125	118	113	111	109														1
			137	117	107	99	93	87	84	82	81														
S32168	GB 24511	1.5~80	137	137	137	130	122	114	111	108	105	103	101	83	58	44	33	25	18	13					1
			137	114	103	96	90	85	82	80	78	76	75	74	58	44	33	25	18	13					
S39042	GB 24511	1.5~80	147	147	147	147	144	131	122																1
			147	137	127	117	107	97	90																

注1：该许用应力仅适用于允许产生微量永久变形之元件,对于法兰或其他有微量永久变形就引起泄漏或故障的场合不能采用。

附录 3　碳素钢和低合金钢钢管许用应力

钢号	钢管标准	使用状态	壁厚/mm	室温强度指标 Rm/MPa	室温强度指标 ReL/MPa	≤20	100	150	200	250	300	350	400	425	450	475	500	525	550	575	600	注
						在下列温度(℃)下的许用应力/MPa																
10	GB/T 8163	热轧	≤10	335	205	124	121	115	108	98	89	82	75	70	61	41						
20	GB/T 8163	热轧	≤10	410	245	152	147	140	131	117	108	98	88	83	61	41						
Q345D	GB/T 8163	正火	≤10	470	345	174	174	174	174	167	153	143	125	93	66	43						
10	GB 9948	正火	≤16	335	205	124	121	115	108	98	89	82	75	70	61	41						
10	GB 9948	正火	>16~30	335	195	124	117	111	105	95	85	79	73	67	61	41						
20	GB 9948	正火	≤16	410	245	152	147	140	131	117	108	98	88	83	61	41						
20	GB 9948	正火	>16~30	410	235	152	140	133	124	111	102	93	83	78	61	41						
20	GB 6479	正火	≤16	410	245	152	147	140	131	117	108	98	88	83	61	41						
20	GB 6479	正火	>16~40	410	235	152	140	133	124	111	102	93	83	78	61	41						
16Mn	GB 6479	正火	≤16	490	320	181	181	180	167	153	140	130	123	93	66	43						
16Mn	GB 6479	正火	>16~40	490	310	181	181	173	160	147	133	123	117	93	66	43						
12CrMo	GB 9948	正火加回火	≤16	410	205	137	121	115	108	101	95	88	82	80	79	77	74	50				
12CrMo	GB 9948	正火加回火	>16~30	410	195	130	117	111	105	98	91	85	79	77	75	74	72	50				
15CrMo	GB 9948	正火加回火	≤16	440	235	157	140	131	121	117	108	101	95	93	91	90	88	58	37			
15CrMo	GB 9948	正火加回火	>16~30	440	225	150	138	124	117	111	103	97	91	89	87	86	85	58	37			
15CrMo	GB 9948	正火加回火	>30~50	440	210	145	127	117	111	105	97	92	87	85	84	83	81	58	37			
12Cr2Mo1	—	正火加回火	≤30	450	280	167	167	163	157	153	150	147	143	140	137	119	89	61	46	37		1
1Cr5Mo	GB 9948	退火	≤16	390	195	130	117	111	108	105	101	98	95	93	91	83	62	46	35	26	18	
1Cr5Mo	GB 9948	退火	>16~30	390	185	123	111	105	101	98	95	91	88	86	85	82	62	46	35	26	18	
12CrMoVG	GB 5310	正火加回火	≤30	470	255	170	153	143	133	127	117	111	105	103	100	98	95	82	59	41		
09MnD	—	正火	≤8	420	270	156	156	150	143	130	120	110										1
09MnNiD	—	正火	≤8	440	280	163	163	157	150	143	137	127										1
08Cr2AlMo	—	正火加回火	≤8	400	250	148	148	140	130	123	117											1
09CrCuSb	—	正火	≤8	390	245	144	144	137	127													1

注 1：这钢管的技术要求见 GB 150.2—2011 的附录 A。

附表4　高合金钢钢管许用应力

在下列温度（℃）下的许用应力/MPa

钢号	钢管标准	壁厚/mm	≤20	100	150	200	250	300	350	400	450	500	525	550	575	600	625	650	675	700	725	750	775	800	注
06Cr19Ni10 (S30408)	GB 13296	≤14	137	137	137	130	122	114	111	107	103	100	98	91	79	64	52	42	32	27					1
			137	137	114	96	90	85	82	79	76	74	73	71	67	62	52	42	32	27					
06Cr19Ni10 (S30408)	GB/T 14976	≤28	137	137	137	130	122	114	111	107	103	100	93	91	79	64	52	42	32	27					1
			137	137	114	96	90	85	82	79	76	74	73	71	67	62	52	42	32	27					
022Cr19Ni10 (S30403)	GB 13296	≤14	117	117	117	110	103	98	94	91	88														1
			117	117	97	81	76	73	69	67	65														
022Cr19Ni10 (S30403)	GB/T 14976	≤28	117	117	117	110	103	98	94	91	88														1
			117	117	97	81	76	73	69	67	65														
06Cr18Ni11Ti (S32168)	GB 13296	≤14	137	137	137	130	122	114	111	108	105	103	101	83	58	44	33	25	18	13					1
			137	137	114	96	90	85	82	80	78	76	75	74	58	44	33	25	18	13					
06Cr18Ni11Ti (S32168)	GB/T 14976	≤28	137	137	137	130	122	114	111	108	105	103	101	83	58	44	33	25	18	13					1
			137	137	114	96	90	85	82	80	78	76	75	74	58	44	33	25	18	13					
06Cr17Ni12Mo2 (S31608)	GB 13296	≤14	137	137	137	134	125	118	113	111	109	107	106	105	96	81	65	50	38	30					1
			137	137	117	99	93	87	84	82	81	79	78	78	76	73	65	50	38	30					
06Cr17Ni12Mo2 (S31608)	GB/T 14976	≤28	137	137	137	134	125	118	113	111	109	107	106	105	96	81	65	50	38	30					1
			137	137	117	99	93	87	84	82	81	79	78	78	76	73	65	50	38	30					
022Cr17Ni12Mo2 (S31603)	GB 13296	≤14	117	117	117	108	100	95	90	86	84														1
			117	117	97	80	74	70	67	64	62														
022Cr17Ni12Mo2 (S31603)	GB/T 14976	≤28	117	117	117	108	100	95	90	86	84														1
			117	117	97	80	74	70	67	64	62														
06Cr17Ni12Mo2Ti (S31668)	GB 13296	≤14	137	137	137	134	125	118	113	111	109	107	106	105	96	81	65	50	38	30					1
			137	137	117	99	93	87	84	82	81	79	78	78	76	73	65	50	38	30					
06Cr17Ni12Mo2Ti (S31668)	GB/T 14976	≤28	137	137	137	134	125	118	113	111	109	107	106	105	96	81	65	50	38	30					1
			137	137	117	99	93	87	84	82	81	79	78	78	76	73	65	50	38	30					
06Cr19Ni13Mo3 (S31708)	GB 13296	≤14	137	137	137	134	125	118	113	111	109	107	106	105	96	81	65	50	38	30					1
			137	137	117	99	93	87	84	82	81	79	78	78	76	73	65	50	38	30					

续表

钢号	钢管标准	壁厚/mm	在下列温度(℃)下的许用应力/MPa																						注
			≤20	100	150	200	250	300	350	400	450	500	525	550	575	600	625	650	675	700	725	750	775	800	
06Cr19Ni13Mo3 (S31708)	GB/T 14976	≤28	137	137	137	131	125	118	113	111	109	107	106	105	96	81	65	50	38	30					1
06Cr19Ni13Mo3 (S31708)	GB 13296	≤14	137	117	107	99	93	87	84	82	81	79	78	78	76	73	65	50	38	30					
022Cr19Ni13Mo3 (S31703)	GB/T 14976	≤28	117	117	117	117	117	117	113	111	109														1
022Cr19Ni13Mo3 (S31703)	GB 13296	≤14	117	117	107	99	93	87	84	82	81														
022Cr19Ni13Mo3 (S31703)	GB/T 14976	≤28	117	117	117	117	117	117	113	111	109														1
022Cr19Ni13Mo3 (S31703)	GB 13296	≤14	117	117	107	99	93	87	84	82	81														
06Cr25Ni20 (S31008)	GB/T 14976	≤28	137	137	137	137	134	130	125	122	119	115	113	105	84	61	43	31	23	19	15	12	10	8	1
06Cr25Ni20 (S31008)	GB 13296	≤14	137	121	111	105	99	96	93	90	88	85	84	83	81	61	43	31	23	19	15	12	10	8	
06Cr25Ni20 (S31008)	GB/T 14976	≤28	137	137	137	137	131	130	125	122	119	115	113	105	84	61	43	31	23	19	15	12	10	8	1
06Cr25Ni20 (S31008)	GB 13296	≤14	137	121	111	107	99	96	93	90	88	87	84	83	81	61	43	31	23	19	15	12	10	8	
07Cr19Ni10 (S30409)	GB/T 14976	≤28	137	137	137	130	122	111	111	107	105	100	98	91	79	64	52	42	32	27					1
07Cr19Ni10 (S30409)	GB 13296	≤14	137	137	103	96	90	85	82	79	76	74	73	71	67	62	52	42	32	27					
S21953	GB/T 21833	≤12	233	233	223	217	210	203																	
S22253	GB/T 21833	≤12	230	230	230	230	223	217																	
S22053	GB/T 21833	≤12	243	243	243	243	240	233																	
S25073	GB/T 21833	≤12	296	296	296	280	267	257																	
S30408	GB/T 12771	≤28	116	116	116	111	104	97	94	91	88	85	83	77	67	54	44	36	27	23					1,2
S30408	GB/T 12771	≤28	116	97	88	82	77	72	70	67	65	63	62	60	57	53	44	36	27	23					2
S30403	GB/T 12771	≤28	99	99	99	94	88	83	80	77	75														1,2
S30403	GB/T 12771	≤28	99	82	74	69	65	62	59	57	55														2
S31608	GB/T 12771	≤28	116	116	116	114	106	100	96	94	93	91	90	89	82	69	55	43	32	26					1,2
S31608	GB/T 12771	≤28	116	99	91	84	79	74	71	70	69	67	66	66	65	62	55	43	32	26					2
S31603	GB/T 12771	≤28	99	99	99	92	85	81	77	75	71														1,2
S31603	GB/T 12771	≤28	99	82	74	65	63	60	57	54	53														2
S32168	GB/T 12771	≤28	116	116	116	111	104	97	94	92	89	88	86	71	49	37	28	21	15	11					1,2
S32168	GB/T 12771	≤28	116	97	88	82	77	72	70	68	66	65	64	63	49	37	28	21	15	11					2

续表

钢号	钢管标准	壁厚/mm	在下列温度（℃）下的许用应力/MPa																						注
			≤20	100	150	200	250	300	350	400	450	500	525	550	575	600	625	650	675	700	725	750	775	800	
S30408	GB/T 24593	≤4	116	116	116	111	104	97	94	91	88	85	83	77	67	54	44	36	27	23					1、2
		≤4	116	97	88	82	77	72	70	67	65	63	62	60	57	53	44	36	27	23					2
S30403	GB/T 24593	≤4	99	99	99	94	88	83	80	77	75														1、2
		≤4	99	82	74	69	65	62	59	57	55														2
S31608	GB/T 24593	≤4	116	116	116	114	106	100	96	94	93	91	90	89	82	69	55	43	32	26					1、2
		≤4	116	99	91	84	79	74	71	70	69	67	66	66	65	62	55	43	32	26					2
S31603	GB/T 24593	≤4	99	99	99	92	85	81	77	73	71														1、2
		≤4	99	82	74	68	63	60	57	54	53														2
S32168	GB/T 24593	≤4	116	116	116	111	104	97	94	92	89	88	86	71	49	37	28	21	15	11					1、2
		≤4	116	97	88	82	77	72	70	68	66	65	64	63	49	37	28	21	15	11					2
S21953	GB/T 21832	≤20	198	198	190	185	179	173																	2
S22253	GB/T 21832	≤20	196	196	196	196	190	185																	2
S22053	GB/T 21832	≤20	207	207	207	207	204	198																	2

注1：该行许用应力仅适用于允许产生微量永久变形之元件，对于法兰或其他有微量永久变形就引起泄漏或故障的场合不能采用。

注2：该行许用应力已乘焊接接头系数0.85。

附录 5　碳素钢和低合金钢锻件许用应力

钢号	钢锻件标准	使用状态	公称厚度/mm	室温强度指标		在下列温度(℃)下的许用应力/MPa																注
				R_m/MPa	R_{eL}/MPa	≤20	100	150	200	250	300	350	400	425	450	475	500	525	550	575	600	
20	NB/T 47008	正火、正火加回火	≤100	410	235	152	140	133	124	111	102	93	86	84	61	41						
			>100~200	400	225	148	133	127	119	107	98	89	82	80	61	41						
			>200~300	380	205	137	123	117	109	98	90	82	75	73	61	41						
35	NB/T 47008	正火、正火加回火	≤100	510	265	177	157	150	137	124	115	105	98	85	61	41						1
			>100~300	490	245	163	150	143	133	121	111	101	95	85	61	41						
16Mn	NB/T 47008	正火、正火加回火,调质	≤100	480	305	178	178	167	150	137	123	117	110	93	66	43						
			>100~200	470	295	174	174	163	147	133	120	113	107	93	66	43						
			>200~300	450	275	16	167	157	143	130	117	110	103	93	66	43						
20MnMo	NB/T 47008	调质	≤300	530	370	196	196	196	196	196	190	183	173	167	131	84	49					
			>300~500	510	350	189	189	189	189	187	180	173	163	157	131	84	49					
			>500~700	490	330	181	181	181	181	180	173	167	157	150	131	84	49					
20MnMoNb	NB/T 47008	调质	≤300	620	470	230	230	230	230	230	230	230	230	230	177	117						
			>300~500	610	460	226	226	226	226	226	226	226	226	226	177	117						
20MnNiMo	NB/T 47008	调质	≤500	620	450	230	230	230	230	230	230	230	230									
35CrMo	NB/T 47008	调质	≤300	620	440	230	230	230	230	230	230	223	213	197	150	111	79	50				1
			>300~500	610	430	226	226	226	226	226	226	223	213	197	150	111	79	50				
15CrMo	NB/T 47008	正火加回火,调质	≤300	480	280	178	170	160	150	143	133	127	120	117	113	110	88	58	37			
			>300~500	470	270	174	163	153	143	137	127	120	113	110	107	103	88	58	37			
14Cr1Mo	NB/T 47008	正火加回火,调质	≤300	490	290	181	180	170	160	153	147	140	133	130	127	122	80	54	33			
			>300~500	480	280	178	173	163	153	147	140	133	127	123	120	117	80	54	33			
12Cr2Mo1	NB/T 47008	正火加回火,调质	≤300	510	310	189	187	180	173	170	167	163	160	157	147	119	89	61	46	37		
			>300~500	500	300	185	183	177	170	167	163	160	157	153	147	119	89	61	46	37		
12Cr1MoV	NB/T 47008	正火加回火,调质	≤300	470	280	174	170	160	153	147	140	133	127	123	120	117	113	82	59	41		
			>300~500	460	270	170	163	153	147	140	133	127	120	117	113	110	107	82	59	41		

续表

钢号	钢锻件标准	使用状态	公称厚度/mm	室温强度指标 R_m/MPa	室温强度指标 R_eL/MPa	≤20	100	150	200	250	300	350	400	425	450	475	500	525	550	575	600	注
12Cr2Mo1V	NB/T 47008	正火加回火、调质	≤300	590	420	219	219	219	219	219	219	219	219	219	193	163	134	104	72			
12Cr2Mo1V	NB/T 47008	正火加回火、调质	>300~500	580	410	215	215	215	215	215	215	215	215	215	193	163	134	104	72			
12Cr3Mo1V	NB/T 47008	正火加回火、调质	≤300	590	420	219	219	219	219	219	219	219	219	219	193							
12Cr3Mo1V	NB/T 47008	正火加回火、调质	>300~500	580	410	215	215	215	215	215	215	215	215	215	193							
1Cr5Mo	NB/T 47008	正火加回火、调质	≤500	590	390	219	219	219	219	217	213	210	190	136	107	83	62	46	35	26	18	
16MnD	NB/T 47009	调质	≤100	480	305	178	178	167	150	137	123	117										
16MnD	NB/T 47009	调质	>100~200	470	295	174	174	163	147	133	120	113										
16MnD	NB/T 47009	调质	>200~300	450	275	167	167	157	143	130	117	110										
20MnMoD	NB/T 47009	调质	≤300	530	370	196	196	196	196	196	190	183										
20MnMoD	NB/T 47009	调质	>300~500	510	350	189	189	189	189	187	184	173										
20MnMoD	NB/T 47009	调质	>500~700	490	330	181	181	181	181	180	173	167										
08MnNiMoVD	NB/T 47009	调质	≤300	600	480	222	222	222	222													
10Ni3MoVD	NB/T 47009	调质	≤300	600	480	222	222	222	222													
09MnNiD	NB/T 47009	调质	≤200	440	280	163	163	157	150	143	137	127										
09MnNiD	NB/T 47009	调质	>200~300	430	270	159	159	150	143	137	130	120										
08Ni3D	NB/T 47009	调质	≤300	460	260	170																

注1：该钢锻件不得用于焊接结构。

附录6　高合金钢锻件许用应力

钢号	钢锻件标准	公称厚度/mm	在下列温度(℃)下的许用应力/MPa																						注
			≤20	100	150	200	250	300	350	400	450	500	525	550	575	600	625	650	675	700	725	750	775	800	
S11306	NB/T 47010	≤150	137	126	123	120	119	117	112	109															
S30408	NB/T 47010	≤300	137	137	137	130	122	114	111	107	103	100	98	91	79	64	52	42	32	27					1
			137	137	137	130	122	114	111	107	76	74	73	71	67	62	52	42	32	27					
S30403	NB/T 47010	≤300	117	117	117	110	103	98	94	91	88														1
			117	98	87	81	76	73	69	67	65														
S30409	NB/T 47010	≤300	137	137	137	130	122	114	111	107	103	100	98	91	79	64	52	42	32	27					1
			137	137	137	130	122	114	111	107	76	74	73	71	67	62	52	42	32	27					
S31008	NB/T 47010	≤300	137	137	137	134	134	130	125	122	119	115	113	105	84	61	43	31	23	19	15	12	10	8	1
			137	121	110	105	99	96	93	90	88	85	84	83	81	73	43	31	23	19	15	12	10	8	
S31608	NB/T 47010	≤300	137	137	137	134	125	118	113	111	109	107	106	105	96	81	65	50	38	30					1
			137	117	107	99	93	87	84	82	81	79	78	78	76	73	65	50	38	30					
S31603	NB/T 47010	≤300	117	117	117	108	100	95	90	86	84														1
			117	97	87	80	74	70	67	64	62														
S31668	NB/T 47010	≤300	137	137	137	134	125	118	113	111	109	107	106	105	96	81	65	50	38	30					1
			137	117	107	99	93	87	84	82	81	79	78	78	76	73	65	50	38	30					
S31703	NB/T 47010	≤300	130	130	130	125	118	113	113	111	109														1
			130	117	107	99	93	87	84	82	81														
S32168	NB/T 47010	≤300	137	137	137	130	122	114	111	108	105	103	101	83	58	44	33	25	18	13					1
			137	114	103	96	90	85	83	80	78	76	75	74	58	44	33	25	18	13					
S39042	NB/T 47010	≤300	147	147	147	147	144	131	122																1
			147	137	127	117	107	97	90																
S21953	NB/T 47010	≤150	219	210	200	193	187	180																	
S22253	NB/T 47010	≤150	230	230	230	230	223	217																	
S22053	NB/T 47010	≤150	230	230	230	230	223	217																	

注:该行许用应力仅适用于允许产生微量永久变形之元件,对于法兰或其他有微量永久变形就会引起泄漏或故障的场合不能采用。

附录7　筒体的容积、面积及质量(钢制)

公称直径 DN /mm	1 m高的容积 V_1/m³	1 m高的内表面积 A_1/m²	1 m高筒节钢板质量/kg 壁厚 δ/mm															
			3	4	5	6	8	10	12	14	16	18	20	22	24	26	28	30
300	0.071	0.94	22	30	37	44	59											
(350)	0.096	1.10	26	35	44													
400	0.126	1.26	30	40	50	60	79	99	119									
(450)	0.159	1.41	34	45	56	67												
500	0.196	1.51	37	50	62	75	100	125	150	175								
(550)	0.238	1.74	41	55	68	82	150	180	211									
600	0.283	1.88	45	60	75	90	121	150	180	211								
(650)	0.332	2.04		65	81	97	130											
700	0.385	2.20		69	87	105	140	176	213	250								
800	0.503	2.51		79	99	119	159	200	240	280								
900	0.636	2.83		89	112	134	179	224	270	315	363	408						
1 000	0.785	3.14			124	149	199	249	296	348	399	450	503					
(1 100)	0.950	3.46			136	164	218	274										
1 200	1.131	4.77			149	178	238	298	358	418	479	540	602	662				
(1 300)	1.327	4.09			161	193	258	323										
1 400	1.690	4.40			173	208	378	348	418	487	567	630	700	770	840	914	930	1 068
(1 500)	1.767	4.71			186	223	297	372	446									
1 600	2.017	5.03			198	238	317	397	476	556	636	720	800	880	960	1 040	11 241	1 206
1 800	2.545	5.66				267	356	446	536	627	716	806	897	987	1 080	1 170	1 263	1 353
2 000	3.142	6.8				296	397	495	596	695	795	895	995	1 095	1 200	1 300	1 400	1 501
2 200	3.801	6.81				322	546	545	655	714	874	984	1 093	1 204	1 318	1 429	1 540	1 650
2 400	4.524	7.55				356	475	596	714	834	960	1 080	1 194	1 314	1 435	1 556	1 677	1 798
2 600	5.309	8.17					514	644	774	903	1 030	1 160	1 290	1 422	1 553	1 684	1 815	1 946
2 800	6.158	8.80					554	693	831	970	1 110	1 250	1 390	1 531	1 671	1 812	1 953	2 094
3 000	7.030	9.43					593	742	881	1 040	1 190	1 338	1 490	1 640	1 790	1 940	2 091	2 242
3 200	8.050	10.05					632	791	950	1 108	1 267	1 425	1 587	1 745	1 908	2 069	2 229	2 390
3 400	9.075	10.68					672	841	1 008	1177	1 346	1 517	1 687	1 857	2 027	2 197	2 367	2 538
3 600	10.180	11.32					711	890	1 070	1 246	1 424	1 606	1 785	1 965	2 145	2 325	2 505	2 686
3 800	11.340	11.83					751	939	1 126	1 315	1 514	1 693	1 884	2 074	2 263	2 453	2 643	2 834
4 000	12.566	12.57					790	988	1 186	1 383	1 582	1 780	1 980	2 185	2 380	2 585	2 785	2 985

附录8　EHA椭圆形封头总深度、内表面积和容积

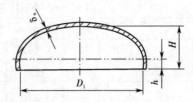

序号	公称直径 DN/mm	总深度 H/mm	内表面积 A/m²	容积 V/ m³	序号	公称直径 DN/mm	总深度 H/mm	内表面积 A/m²	容积 V/ m³
1	300	100	0.121 1	0.005 3	34	2 900	765	9.480 7	3.456 7
2	350	113	0.160 3	0.008 0	35	3 000	790	10.132 9	3.817 0
3	400	125	0.204 9	0.011 5	36	3 100	815	10.806 7	4.201 5
4	450	138	0.254 8	0.015 9	37	3 200	840	11.502 1	4.611 0
5	500	150	0.310 3	0.021 3	38	3 300	865	12.219 3	5.046 3
6	550	163	0.371 1	0.027 7	39	3 400	890	12.958 1	5.508 0
7	600	175	0.437 4	0.035 3	40	3 500	915	13.718 6	5.997 2
8	650	188	0.509 0	0.044 2	41	3 600	940	14.500 8	6.514 4
9	700	200	0.586 1	0.054 5	42	3 700	965	15.304 7	7.060 5
10	750	213	0.668 6	0.066 3	43	3 800	990	16.103 3	7.636 4
11	800	225	0.756 6	0.079 6	44	3 900	1 015	16.977 5	8.242 7
12	850	238	0.849 9	0.094 6	45	4 000	1 040	17.846 4	8.880 2
13	900	250	0.948 7	0.111 3	46	4 100	1 065	18.737 0	9.549 8
14	950	263	1.052 9	0.130 0	47	4 200	1 090	19.649 3	10.252 3
15	1 000	275	1.162 5	0.150 5	48	4 300	1 115	20.583 2	10.988 3
16	1 100	300	1.398 0	0.198 0	49	4 400	1 140	21.538 9	11.758 8
17	1 200	325	1.655 2	0.254 5	50	4 500	1 165	22.516 2	12.564 4
18	1 300	350	1.934 0	0.320 8	51	4 600	1 190	23.515 2	13.406 0
19	1 400	375	2.234 6	0.397 7	52	4 700	1 215	24.535 9	14.284 4
20	1 500	400	2.556 8	0.486 0	53	4 800	1 240	25.578 2	15.200 3
21	1 600	425	2.900 7	0.586 4	54	4 900	1 265	26.642 2	16.154 5
22	1 700	450	3.266 2	0.699 9	55	5 000	1 290	27.728 0	17.147 9
23	1 800	475	3.653 5	0.827 0	56	5 100	1 315	28.835 3	18.181 1
24	1 900	500	4.062 4	0.968 7	57	5 200	1 340	29.964 4	19.255 0
25	2 000	525	4.493 0	1.125 7	58	5 300	1 365	31.115 2	20.370 4
26	2 100	565	5.044 3	1.350 8	59	5 400	1 390	32.287 6	21.528 1
27	2 200	590	5.522 9	1.545 9	60	5 500	1 415	33.481 7	22.728 8
28	2 300	615	6.023 3	1.758 8	61	5 600	1 440	34.697 5	23.973 3
29	2 400	640	6.545 3	1.990 5	62	5 700	1 465	35.935 0	25.262 4
30	2 500	665	7.089 1	2.241 7	63	5 800	1 490	37.194 1	26.596 9
31	2 600	690	7.654 5	2.513 1	64	5 900	1 515	38.474 9	27.977 6
32	2 700	715	8.241 5	2.805 5	65	6 000	1 540	39.777 5	29.405 3
33	2 800	740	8.850 3	3.119 8	—	—	—	—	—

附录 9　以内直径为基准的碳素钢、普通低合金钢、复合钢钢板制椭圆形封头的质量　　(kg)

序号	公称直径 DN/mm	封头名义厚度 δ_n/mm																	
		2	3	4	5	6	8	10	12	14	16	18	20	22	24	26	28	30	32
1	300	1.9	2.8	3.8	4.8	5.8	7.8	9.9	12.1	14.3									
2	350	2.5	3.7	5.0	6.3	7.6	10.3	13.0	15.8	18.7	21.6								
3	400	3.2	4.8	6.4	8.0	9.7	13.1	16.5	20.0	23.6	27.3								
4	450	3.9	5.9	7.9	10.0	12.0	16.2	20.4	24.8	29.2	33.7								
5	500	4.8	7.2	9.6	12.1	14.6	19.6	24.7	30.0	35.3	40.7								
6	550	5.7	8.6	11.5	14.4	17.4	23.4	29.5	35.7	41.9	48.3								
7	600	6.7	10.1	13.5	17.0	20.4	27.5	34.6	41.8	49.2	56.7								
8	650	7.8	11.7	15.7	19.7	23.8	31.9	40.2	48.5	57.0	65.6	74.4	83.2	92.2					
9	700	9.0	13.5	18.1	22.7	27.3	36.6	46.1	55.7	65.4	75.3	85.2	95.3	105.5					
10	750	10.2	15.4	20.6	25.8	31.1	41.7	52.5	63.4	74.4	85.6	96.8	108.3	119.8					
11	800	11.6	17.4	23.3	29.2	35.1	47.1	59.3	71.5	83.9	96.5	109.2	122.0	135.0	148.2	161.4	174.9		
12	850		19.6	26.1	32.8	39.4	52.9	66.5	80.2	94.1	108.1	122.3	136.6	151.1	165.8	180.6	195.5		
13	900		21.8	29.2	36.5	44.0	58.9	74.1	89.3	104.8	120.4	136.1	152.0	168.1	184.4	200.8	217.3		
14	950		24.2	32.3	40.5	48.8	65.3	82.1	99.0	116.1	133.3	150.7	168.3	186.0	203.9	222.0	240.3		
15	1 000		26.7	35.7	44.7	53.8	72.1	90.5	109.1	127.9	146.9	166.0	185.3	204.8	224.5	244.4	264.4	284.6	305.0
16	1 100		32.1	42.9	53.7	64.6	86.5	108.6	130.9	153.3	176.0	198.9	221.9	245.2	268.6	292.2	316.1	340.1	364.3
17	1 200		38.0	50.7	63.5	76.4	102.2	128.3	154.6	181.1	207.8	234.7	261.8	289.1	316.6	344.4	372.3	400.5	428.9
18	1 300		44.3	59.2	74.2	89.2	119.3	149.7	180.3	211.1	242.2	273.4	304.9	336.7	368.6	400.8	433.2	465.9	498.7
19	1 400		51.2	68.4	85.6	102.9	137.7	172.7	208.0	243.5	279.2	315.2	351.4	387.9	424.6	461.5	498.7	536.2	573.8
20	1 500		58.5	78.2	97.9	117.7	157.4	197.4	237.6	278.1	318.9	359.9	401.1	442.7	484.4	526.5	568.8	611.4	654.2
21	1 600		66.4	88.7	111.0	133.4	178.4	223.7	269.2	315.0	361.1	407.5	454.1	501.1	548.3	595.7	643.5	691.5	739.8
22	1 700		74.7	99.8	124.9	150.1	200.7	251.6	302.8	354.3	406.1	458.1	510.5	563.1	616.0	669.3	722.8	776.6	830.7
23	1 800		83.6	111.6	139.7	167.8	224.4	281.2	338.4	395.8	453.6	511.7	570.1	628.7	687.8	747.1	806.7	886.6	926.9
24	1 900			124.0	155.2	186.5	249.3	312.5	375.9	439.7	503.8	568.2	632.9	698.0	763.4	829.1	895.2	961.6	1 028.3
25	2 000			137.1	171.6	206.2	275.6	345.3	415.4	485.8	556.6	627.7	699.1	770.9	843.0	915.5	988.3	1 061.4	1 134.9
26	2 100			154.0	192.7	231.5	309.4	387.7	466.3	545.2	624.6	704.2	784.3	864.7	945.4	1 026.6	1 108.0	1 189.9	1 272.1
27	2 200			168.6	210.9	253.4	338.6	424.2	510.2	596.5	683.2	770.3	857.8	945.6	1 033.8	1 122.4	1 211.4	1 300.7	1 390.5

续表

序号	公称直径 DN/mm	封头名义厚度 δ_n/mm																	
		2	3	4	5	6	8	10	12	14	16	18	20	22	24	26	28	30	32
28	2 300			183.8	230.0	276.3	369.1	462.4	556.0	650.1	744.5	839.3	934.5	1 030.1	1 126.1	1 222.1	1 319.3	1 416.5	1 514.1
29	2 400				249.8	300.1	401.0	502.2	603.9	706.0	808.4	911.3	1 014.6	1 118.3	1 222.1	1 327.0	1 431.9	1 537.3	1 643.0
30	2 500				270.5	325.0	434.1	543.7	653.7	764.1	875.0	986.3	1 098.0	1 210.1	1 322.7	1 435.6	1 549.1	1 662.9	1 777.2
31	2 600					350.8	468.6	586.8	705.5	824.6	944.2	1 064.2	1 184.6	1 305.5	1 426.8	1 548.6	1 670.8	1 793.5	1 916.6
32	2 700					377.6	504.3	631.6	759.3	887.4	1 016.0	1 145.0	1 274.5	1 404.5	1 534.9	1 665.8	1 797.2	1 929.0	2 061.3
33	2 800					405.4	541.4	678.0	815.0	952.5	1 090.4	1 228.9	1 367.8	1 507.1	1 647.0	1 787.3	1 928.2	2 069.4	2 211.2
34	2 900					434.2	579.8	726.0	872.7	1 019.9	1 167.5	1 315.6	1 464.3	1 613.4	1 763.0	1 913.1	2 063.7	2 214.8	2 366.4
35	3 000					463.9	619.6	775.7	932.4	1 089.5	1 247.2	1 405.4	1 564.1	1 723.3	1 883.0	2 043.2	2 203.9	2 365.1	2 526.9
36	3 100						660.6	827.1	994.0	1 161.5	1 329.5	1 498.1	1 667.1	1 836.7	2 006.9	2 177.5	2 348.7	2 520.4	2 692.6
37	3 200						703.0	880.0	1 057.7	1 235.8	1 414.5	1 593.7	1 773.5	1 953.8	2 134.7	2 316.1	2 498.1	2 680.6	2 863.6
38	3 300						746.6	934.7	1 123.3	1 312.4	1 502.1	1 692.4	1 883.2	2 074.6	2 266.5	2 459.0	2 652.0	2 845.7	3 039.8
39	3 400						791.6	990.9	1 190.8	1 391.3	1 592.3	1 793.9	1 996.1	2 198.9	2 402.2	2 606.1	2 810.6	3 015.7	3 221.4
40	3 500						837.9	1 048.8	1 260.4	1 472.5	1 685.2	1 898.5	2 112.4	2 326.8	2 541.9	2 757.6	2 973.8	3 190.7	3 408.1
41	3 600						885.5	1 108.4	1 331.9	1 556.0	1 780.7	2 006.0	2 231.8	2 458.4	2 685.5	2 913.3	3 141.6	3 370.6	3 600.2
42	3 700							1 169.6	1 405.4	1 641.8	1 878.8	2 116.4	2 354.7	2 593.6	2 833.1	3 073.3	3 314.0	3 555.4	3 797.4
43	3 800							1 232.5	1 480.8	1 729.9	1 978.6	2 229.3	2 480.8	2 732.4	2 984.6	3 237.5	3 491.0	3 745.2	4 000.0
44	3 900							1 296.9	1 558.3	1 820.3	2 082.9	2 346.2	2 610.2	2 874.8	3 140.1	3 406.0	3 672.6	3 939.9	4 207.8
45	4 000							1 363.1	1 637.7	1 913.0	2 188.0	2 465.6	2 742.2	3 020.9	3 299.5	3 578.2	3 858.9	4 139.5	4 420.9
46	4 100							1 430.9	1 719.1	2 008.0	2 297.6	2 587.9	2 878.9	3 170.1	3 462.9	3 755.9	4 049.7	4 344.1	4 639.2
47	4 200							1 500.3	1 802.4	2 105.3	2 408.9	2 713.1	3 018.1	3 323.8	3 630.2	3 937.3	4 245.1	4 553.6	4 862.8
48	4 300								1 887.8	2 204.9	2 522.8	2 841.3	3 160.7	3 480.1	3 801.4	4 122.9	4 445.1	4 768.0	5 091.7
49	4 400								1 975.1	2 306.8	2 639.3	2 972.5	3 306.5	3 641.2	3 976.6	4 312.8	4 649.7	4 987.4	5 325.8
50	4 500								2 064.3	2 411.0	2 758.5	3 106.7	3 455.8	3 805.2	4 155.8	4 507.0	4 859.0	5 211.7	5 565.2
51	4 600								2 155.6	2 517.5	2 880.3	3 243.7	3 608.0	3 973.0	4 338.9	4 705.4	5 072.8	5 440.9	5 809.8
52	4 700								2 248.8	2 626.4	3 004.7	3 383.8	3 763.7	4 144.4	4 525.4	4 908.2	5 291.5	5 675.1	6 059.7
53	4 800								2 344.0	2 737.5	3 131.7	3 526.8	3 922.7	4 319.6	4 716.4	5 115.2	5 514.3	5 914.2	6 314.9
54	4 900								2 441.2	2 850.9	3 261.4	3 672.8	4 085.0	4 498.0	4 911.6	5 326.4	5 741.9	6 158.2	6 575.3

续表

序号	公称直径 DN/mm	封头名义厚度 δ_n/mm															
		2	3	4	5	6	8	10	12	14	16	18	20	22	24	26	28	30	32
55	5 000								2 540.3	2 966.6	3 393.7	3 821.7	4 250.5	4 680.2	5 110.7	5 542.0	5 974.2	6 407.2	6 841.0
56	5 100								2 641.4	3 084.6	3 528.7	3 973.6	4 419.4	4 866.0	5 313.5	5 761.8	6 211.0	6 661.0	7 112.0
57	5 200								2 744.5	3 205.0	3 666.3	4 128.5	4 591.5	5 055.4	5 520.2	5 985.9	6 452.5	6 919.9	7 388.2
58	5 300								2 849.6	3 327.6	3 806.5	4 286.3	4 766.9	5 248.5	5 730.9	6 214.3	6 698.5	7 183.6	7 669.6
59	5 400								2 956.6	3 452.5	3 949.3	4 447.0	4 945.7	5 445.2	5 945.6	6 446.9	6 949.2	7 452.3	7 956.4
60	5 500								3 065.6	3 579.7	4 094.8	4 610.8	5 127.7	5 645.5	6 164.2	6 683.9	7 204.4	7 725.9	8 248.4
61	5 600								3 176.6	3 709.3	4 242.9	4 777.4	5 312.9	5 849.4	6 386.7	6 925.1	7 170.5	8 004.5	8 545.6
62	5 700								3 289.5	3 841.1	4 393.6	4 947.1	5 501.5	6 056.9	6 613.2	7 170.5	7 728.8	8 288.0	8 848.1
63	5 800								3 404.4	3 975.2	4 547.0	5 119.7	5 693.4	6 268.0	6 843.7	7 420.3	7 997.8	8 576.4	9 155.9
64	5 900								3 521.3	4 111.7	4 703.5	5 295.3	5 888.5	6 482.8	7 078.1	7 674.3	8 271.5	8 869.7	9 468.9
65	6 000								3 640.2	4 250.8	4 861.6	5 473.8	6 087.0	6 701.2	7 316.4	7 932.6	8 549.8	9 168.0	9 787.2

附录 10　无缝钢管的尺寸范围及常用系列(GB/T 17395—2008)

轧态		冷拔(冷轧)无缝钢管				热轧无缝钢管			
尺寸范围	外径/mm	2 ~ 150				32 ~ 630			
	壁厚/mm	0.25 ~ 14				2.5 ~ 75			
77 通常长度/m		1.5 ~ 7(壁厚≤1 mm)				4 ~ 12.5			
		1.5 ~ 9(壁厚 > 1 mm)							
常用无缝钢管	外径系列	10	12	14	16	18	19	20	22
		25	28	30	32	35	38	40	42
		45	48	50	51	57	60	76	89
		108	133	159	219	273	325		
	壁厚系列	1.5	2.0	2.5	2.8	3.0	3.5	4.0	4.5
		5.0	5.5	6.0	7.0	8.0	9.0	10.0	1 1.0
		12.0	14.0	16.0	18.0	20.0	24.0	26.0	28.0
		34.0							

一般中、低压用无缝钢管外径与壁厚/mm	ϕ10	ϕ14	ϕ18	ϕ25	ϕ38	ϕ45	ϕ57	ϕ76		ϕ89		ϕ108	
	1.5	2	3	3	3.5	3.5	3.5	4	5	4	5	4	6
	ϕ133		ϕ159			ϕ219		ϕ273		ϕ325			
	4		6	4.5	6	6	9	8	11	8	13		

化工用高压无缝钢管外径与壁厚/mm	ϕ14	ϕ24	ϕ35	ϕ43	ϕ49	ϕ68	ϕ83	ϕ102	ϕ127	ϕ159	ϕ180	ϕ150
	4	6	9	10	10	13	15	17	21	28	30	35

热交换器用无缝钢管外径与壁厚/mm	ϕ19	ϕ25		(ϕ32)		ϕ38	(ϕ51)		ϕ57	
	2	2	2.5	3	2.5	3	3.5	2.5	3.5	

附录 11　法兰垫片宽度

（mm）

DN/mm＼PN/MPa	0.25 平面 软	0.25 平面 缠	0.25 平面 金	0.25 凹凸或榫槽 软	0.25 凹凸或榫槽 缠	0.25 凹凸或榫槽 金	0.6 平面 软	0.6 平面 缠	0.6 平面 金	0.6 凹凸或榫槽 软	0.6 凹凸或榫槽 缠	0.6 凹凸或榫槽 金	1.0 平面 软	1.0 平面 缠	1.0 平面 金	1.0 凹凸或榫槽 软	1.0 凹凸或榫槽 缠	1.0 凹凸或榫槽 金	1.6 平面 软	1.6 平面 缠	1.6 平面 金	1.6 凹凸或榫槽 软	1.6 凹凸或榫槽 缠	1.6 凹凸或榫槽 金	2.5 平面 软	2.5 平面 缠	2.5 平面 金	2.5 凹凸或榫槽 软	2.5 凹凸或榫槽 缠	2.5 凹凸或榫槽 金	4.0 平面 软	4.0 平面 缠	4.0 平面 金	4.0 凹凸或榫槽 软	4.0 凹凸或榫槽 缠	4.0 凹凸或榫槽 金	6.4 平面 软	6.4 平面 缠	6.4 平面 金	6.4 凹凸或榫槽 软	6.4 凹凸或榫槽 缠	6.4 凹凸或榫槽 金
300	17.5	14	无	14	14	无	17.5	14	无	14	14	无	17.5	14	无	14	14	无	20	17.5 13.5	无	14	14	无	20	18 13.5		14	14		27.5 22	16		14	14		22	16		14	14	
(350)																																									
400																																					22	16		14	14	
(450)																																									
500																																									
(550)											14		20 17.5		无		14																									
600																			27.5 22	16			16		27.5 22	16			16		27.5 22	16		14			26	18		16	16	
(650)																																									
700																																									
800													20 17.5																												
900																																									
1000																																									
(1100)																																									
1200																																									
(1300)																																									
1400																																									
(1500)																																									
1600									17.5			16	27.5 22		16		16																									
(1700)																																									
1800																																									
(1900)																																									
2000	20 17.5	22	16		16			17.5			16																														
2200																																									
2400	25	22	16				25																																		
2600																																									
2800																																									
3000																																									

注：软——非金属软垫片；
缠——缠绕垫片；
金——金属包垫片

附录 12　长颈法兰的最大允许工作压力（NB/T 47020—2012）

（MPa）

公称压力 PN/MPa	法兰材料（锻件）	工作温度/℃								备注
		$-70 \sim < -40$	$-40 \sim 20$	$> -20 \sim 200$	250	300	350	400	450	
0.60	20			0.44	0.40	0.35	0.33	0.30	0.27	
	16Mn			0.60	0.57	0.52	0.49	0.46	0.29	
	20MnMo			0.65	0.64	0.63	0.60	0.57	0.50	
	15CrMo			0.61	0.59	0.55	0.52	0.49	0.46	
	14Cr1Mo			0.61	0.59	0.55	0.52	0.49	0.46	
	12Cr2Mo1			0.65	0.63	0.60	0.56	0.53	0.50	
	16MnD		0.60	0.60	0.57	0.52	0.49			
	09MnNiD	0.60	0.60	0.60	0.60	0.57	0.53			
1.00	20			0.73	0.66	0.59	0.55	0.50	0.45	
	16Mn			1.00	0.96	0.86	0.81	0.77	0.49	
	20MnMo			1.09	1.07	1.05	1.00	0.94	0.83	
	15CrMo			1.02	0.98	0.91	0.86	0.81	0.77	
	14Cr1Mo			1.02	0.98	0.91	0.86	0.81	0.77	
	12Cr2Mo1			1.09	1.04	1.00	0.93	0.88	0.83	
	16MnD		1.00	1.00	0.96	0.86	0.81			
	09MnNiD	1.00	1.00	1.00	1.00	0.95	0.88			
1.60	20			1.16	1.05	0.94	0.88	0.81	0.72	
	16Mn			1.60	1.53	1.37	1.30	1.23	0.78	
	20MnMo			1.74	1.72	1.68	1.60	1.51	1.33	
	15CrMo			1.64	1.56	1.46	1.37	1.30	1.23	
	14Cr1Mo			1.64	1.56	1.46	1.37	1.30	1.23	
	12Cr2Mo1			1.74	1.67	1.60	1.49	1.41	1.33	
	16MnD		1.60	1.60	1.53	1.37	1.30			
	09MnNiD	1.60	1.60	1.60	1.60	1.51	1.41			
2.50	20			1.81	1.65	1.46	1.37	1.26	1.13	
	16Mn			2.50	2.39	2.15	2.04	1.93	1.22	
	20MnMo			2.92	2.86	2.82	2.73	2.58	2.45	$DN <$ 1 400 mm
	20MnMo			2.67	2.63	2.59	2.50	2.37	2.24	$DN \geqslant$ 1 400 mm
	15CrMo			2.56	2.44	2.28	2.15	2.04	1.93	
	14Cr1Mo			2.56	2.44	2.28	2.15	2.04	1.93	
	12Cr2Mo1			2.67	2.61	2.50	2.33	2.20	2.09	
	16MnD		2.50	2.50	2.39	2.15	2.04			
	09MnNiD	2.50	2.50	2.50	2.50	2.37	2.20			

公称压力 PN/MPa	法兰材料（锻件）	工作温度/℃								备注
		−70 ~ < −40	−40 ~ 20	> −20 ~ 200	250	300	350	400	450	
4.00	20			2.90	2.64	2.34	2.19	2.01	1.81	
	16Mn			4.00	3.82	3.44	3.26	3.08	1.96	
	20MnMo			4.64	4.56	4.51	4.36	4.13	3.92	DN < 1 500 mm
	20MnMo			4.27	4.20	4.14	4.00	3.80	3.59	DN ≥ 1 500 mm
	15CrMo			4.09	3.91	3.64	3.44	3.26	3.08	
	14Cr1Mo			4.09	3.91	3.64	3.44	3.26	3.08	
	12Cr2Mo1			4.26	4.18	4.00	3.73	3.53	3.35	
	16MnD		4.00	4.00	3.82	3.44	3.26			
	09MnNiD	4.00	4.00	4.00	4.00	3.79	3.52			
6.40	20			4.65	4.22	3.75	3.51	3.22	2.89	
	16Mn			6.40	6.12	5.50	5.21	4.93	3.13	
	20MnMo			7.42	7.30	7.22	6.98	6.61	6.27	
	20MnMo			6.82	6.73	6.63	6.40	6.07	5.75	DN < 400 mm
	15CrMo			6.54	6.26	5.83	5.50	5.21	4.93	DN ≥ 400 mm
	14Cr1Mo			6.54	6.26	5.83	5.50	5.21	4.93	
	12Cr2Mo1			6.82	6.68	6.40	5.97	5.64	5.36	
	16MnD		6.40	6.40	6.12	5.50	5.21			
	09MnNiD	6.40	6.40	6.40	6.40	6.06	5.64			

附录 13 压力容器设计常用标准和国家法规

本附录给出中国压力容器设计常用的法规、国家标准、化工标准、机械行业标准。随着科学研究的深入和生产经验的积累,这些法规和标准会不断修改、补充和更新,设计工程师应关注法规和标准的变动情况,并采用最新版本。

1. 法规

《中华人民共和国特种设备安全法》

《特种设备安全监察条例》(中华人民共和国国务院第549号)

《固定式压力容器安全技术监察规程》(TSG 21—2016)

《移动式压力容器安全技术监察规程》(TSG—R0005—2011)

2. 设计、制造和检验标准

GB 150 压力容器

GB/T 151 热交换器

GB 12337 钢制球形储罐

GB/T 34019 超高压容器

GB/T 18442 固定式真空绝热深冷压力容器

GB/T 324 焊缝符号表示法

GB/T 985.1 气焊、焊条焊弧焊、气体保护焊和高能束焊的推荐坡口

GB/T 985.2 埋弧焊的推荐坡口

GB/T 9019 压力容器公称直径

GB/T 17261 钢制球型储罐型式和基本参数

GB/T 20663 蓄能压力容器

GB/T 21432 石墨制压力容器

GB/T 21433 不锈钢压力容器晶间腐蚀敏感性检验

GB/T 26929 压力容器术语

GB/T 28712.1 热交换器型式与基本参数 第1部分:浮头式热交换器

GB/T 28712.2 热交换器型式与基本参数 第2部分:固定管板式热交换器

GB/T 28712.3 热交换器型式与基本参数 第3部分:U形管式热交换器

GB/T 28712.4 热交换器型式与基本参数 第4部分:立式热虹吸式重沸器

GB/T 28712.5 热交换器型式与基本参数 第5部分:螺旋板式热交换器

GB/T 28712.6 热交换器型式与基本参数 第6部分:空冷式热交换器

HG/T 3145~3154 普通碳素钢和低合金钢贮罐标准系列

HG/T 3796.1 搅拌器型式及基本参数

HG/T 20569 机械搅拌设备

HG/T 20580 钢制化工容器设计基础规范

HG/T 20581 钢制化工容器材料选用规范

HG/T 20582 钢制化工容器强度计算规范

HG/T 20583 钢制化工容器结构设计规范

HG/T 20584 钢制化工容器制造技术规范

HG/T 20585 钢制低温压力容器技术规范

HG/T 20660 压力容器中化学介质毒性危害和爆炸危险程度分类标准

HG/T 21563 搅拌传动装置系统组合、选用及技术要求

JB 4732 钢制压力容器——分析设计标准(2005年确认版)

JB/T 4734 铝制焊接容器

JB/T 4745 钛制焊接容器

JB/T 4755 铜制压力容器

JB/T 4756 镍及镍合金制压力容器

NB/T 10558 压力容器涂敷与运输包装

NB/T 47003.1 钢制焊接常压容器

NB/T 47004.1 板式热交换器 第 1 部分:可拆卸板式热交换器

NB/T 47007 空冷式热交换器

NB/T 47011 锆制压力容器

NB/T 47013.1 承压设备无损检测 第 1 部分:通用要求

NB/T 47013.2 承压设备无损检测 第 2 部分:射线检测

NB/T 47013.3 承压设备无损检测 第 3 部分:超声检测

NB/T 47013.4 承压设备无损检测 第 4 部分:磁粉检测

NB/T 47013.5 承压设备无损检测 第 5 部分:渗透检测

NB/T 47013.6 承压设备无损检测 第 6 部分:涡流检测

NB/T 47013.7 承压设备无损检测 第 7 部分:目视检测

NB/T 47013.8 承压设备无损检测 第 8 部分:泄漏检测

NB/T 47013.9 承压设备无损检测 第 9 部分:声发射检测

NB/T 47013.10 承压设备无损检测 第 10 部分:衍射时差法超声检测

NB/T 47013.11 承压设备无损检测 第 11 部分:X 射线数字成像检测

NB/T 47013.12 承压设备无损检测 第 12 部分:漏磁检测

NB/T 47013.13 承压设备无损检测 第 13 部分:脉冲涡流检测

NB/T 47014 承压设备焊接工艺评定

NB/T 47015 压力容器焊接规程

NB/T 47016 承压设备产品焊接试件的力学性能检验

NB/T 47041 塔式容器

NB/T 47042 卧式容器

3. 零部件标准

GB 567.1 ~ 567.4 爆破片安全装置

GB/T 6170 1 型六角螺母

GB/T 16749 压力容器波形膨胀节

GB/T 41 1 型六角螺母 C 级

GB/T 901 等长双头螺柱 B 级

GB/T 1237 紧固件标记方法

GB/T 5780 六角头螺栓 C 级

GB/T 5782 六角头螺栓

GB/T 12241 安全阀 一般要求

GB/T 12242 压力释放装置 性能试验方法

GB/T 12243 弹簧直接载荷式安全阀

GB/T 13402 大直径钢制管法兰

GB/T 13403 大直径钢制管法兰用垫片

GB/T 13404 管法兰用非金属聚四氟乙烯包覆垫片

GB/T 14566 爆破片型式与参数

GB/T 25198 压力容器封头

GB/T 29463.1 管壳式热交换器用垫片 第 1 部分:金属包垫片

GB/T 29463.2 管壳式热交换器用垫片 第 2 部分:缠绕式垫片

GB/T 29463.3 管壳式热交换器用垫片 第 3 部分:非金属软垫片

HG/T 20592 ~ 20635 钢制管法兰、垫片、紧固件

HG/T 21506 补强圈

HG/T 21514 ~ 21535 钢制人孔和手孔

HG/T 21537 填料箱

HG/T 21550 防霜液面计

HG/T 21574 化工设备吊耳设计选用规范

HG/T 21588 玻璃板液面计标准系列及技术要求

HG/T 21589 透光式玻璃板液面计

HG/T 21590 反射式玻璃板液面计

HG/T 21591 视镜式玻璃板液面计

HG/T 21592 玻璃管液面计标准系列及技术要求

HG/T 21619 视镜标准图

HG/T 21620 带颈视镜 标准图

HG/T 21622 衬里视镜 标准图

NB/T 47065.1 容器支座 第 1 部分:鞍式支座

NB/T 47065.2 容器支座 第 2 部分:腿式支座

NB/T 47065.3 容器支座 第 3 部分:耳式支座

NB/T 47065.4 容器支座 第 4 部分:支承式支座

NB/T 47065.5 容器支座 第 5 部分:刚性环支座

JB/T 4736 补强圈 钢制容器用封头

NB/T 47020 压力容器法兰分类与技术条件

NB/T 47021 甲型平焊法兰

NB/T 47022 乙型平焊法兰

NB/T 47023 长颈对焊法兰

NB/T 47024 非金属软垫片

NB/T 47025 缠绕垫片

NB/T 47026 金属包垫片

NB/T 47027 压力容器法兰用紧固件

4. 材料标准

GB/T 709 热轧钢板和钢带的尺寸、外形、重量及允许偏差

GB/T 713 锅炉和压力容器用钢板

GB/T 3087 低中压锅炉用无缝钢管

GB/T 3531 低温压力容器用钢板

GB/T 5310 高压锅炉用无缝钢管

GB/T 6479 高压化肥设备用无缝钢管

GB/T 9948 石油裂化用无缝钢管

GB/T 21833 奥氏体 – 铁素体型双相不锈钢无缝钢管

GB/T 13296 锅炉、热交换器用不锈钢无缝钢管

GB/T 18248 气瓶用无缝钢管

GB/T 19189 压力容器用调质高强度钢板

GB/T 24510 低温压力容器用镍合金钢板

GB/T 24511 承压设备用不锈钢和耐热钢钢板和钢带

GB/T 3274 碳素结构钢和低合金结构钢热轧钢板和钢带

GB/T 3280 不锈钢冷轧钢板和钢带

GB/T 4237 不锈钢热轧钢板和钢带

GB/T 8163 输送流体用无缝钢管

GB/T 8165 不锈钢复合钢板和钢带

GB/T 14976 流体输送用不锈钢无缝钢管

NB/T 47002 压力容器用复合板

NB/T 47008 承压设备用碳素钢和合金钢锻件

NB/T 47009 低温承压设备用合金钢锻件

NB/T 47010 承压设备用不锈钢和耐热钢锻件

NB/T 47018 承压设备用焊接材料订货技术条件

NB/T 47019 锅炉、热交换器用管订货技术条件